普通高等教育"十四五"规划教材

环境经济学

葛成军　主编

中国农业大学出版社
·北京·

内容简介

《环境经济学》一书以环境与经济之间的关系为主线，系统地介绍了环境经济学的基本知识。在理论层面上，阐述了环境经济学研究的经济学基础、外部性理论、公共物品理论、环境价值理论等；在技术层面上，进行了环境影响的费用效益分析、环境工程项目经济评价等；在政策层面上，探讨了环境税收政策、生态环境补偿政策、环境产权政策、环境金融政策等。本书适合环境经济学以及相关专业的本科生、研究生使用，也可以作为相关研究人员的参考用书。

图书在版编目(CIP)数据

环境经济学 / 葛成军主编. —北京：中国农业大学出版社，2021.6
ISBN 978-7-5655-2551-3

Ⅰ.①环… Ⅱ.①葛… Ⅲ.①环境经济学 Ⅳ.①X196

中国版本图书馆 CIP 数据核字(2021)第 104279 号

书　名 环境经济学
作　者 葛成军　主编

策划编辑 梁爱荣　　**责任编辑** 梁爱荣　刘彦龙
封面设计 郑　川
出版发行 中国农业大学出版社
社　址 北京市海淀区圆明园西路 2 号　　**邮政编码** 100193
电　话 发行部 010-62733489,1190　　读者服务部 010-62732336
编辑部 010-62732617,2618　　出　版　部 010-62733440
网　址 http://www.caupress.cn　　**E-mail** cbsszs @ cau. edu. cn
经　销 新华书店
印　刷 涿州市星河印刷有限公司
版　次 2021 年 7 月第 1 版　　2021 年 7 月第 1 次印刷
规　格 787mm×1092mm　16 开本　22.25 印张　555 千字
定　价 65.00 元

图书如有质量问题本社发行部负责调换

编写人员

主　编　葛成军（海南大学）

副主编　谷秀兰（海南大学）

刘　洁（海南医学院）

李玉凤（海南大学）

王晨野（海南省环境科学研究院）

彭丽成（海南大学）

前言

从时间长度上来看，在地球近50亿年的生命历程中，人类文明的出现仅仅数十万年，短之又短；而如果从影响的深度来说，人类社会在发展的历程中，给地球环境造成的影响却是极其巨大的。在人类给环境施加影响的行为中，以财富增长为目的的资源开发利用、生产生活过程等有关的经济行为往往具有溢出效应，从而造成外部性影响。而与工业发展，尤其是传统工业发展密切相关的外部性往往表现为外部不经济性，给资源、环境和经济的可持续发展带来负面影响，也成为人类社会实现可持续发展亟须破解的难题。为了实现整个人类社会的可持续发展，学者们开始深入研究环境与经济之间的关系问题，去寻找“为什么环境问题的本质是经济问题?”这一经典问题的答案。

把环境问题作为一门科学来研究，是20世纪50年代才开始的，其发源地在北美洲。首先是生物、化学、地理学家等自然科学家对环境问题进行研究和探索，指出了环境污染的来源、迁移、转化过程和影响的严重后果，取得了重大进展。而后，经济学家从经济理论的角度对环境污染产生的经济根源展开探讨，作出了一些有价值的结论。许多经济学家意识到，正是因为传统经济学理论的缺陷及其指导下的实践才产生了严重的环境污染与破坏。传统经济学理论缺陷主要有两点:一是不考虑“外部不经济性”。在生产成本中，没有把废物的处置费用计算在内，而是以牺牲环境质量为代价来获取高额利润，将一笔隐藏而沉重的费用转嫁给社会。其后果是增加了公共费用的开支，或是破坏了自然环境。二是衡量经济增长的经济学指标——国民生产总值(GNP)，不能真实地反映经济福利。因为根据经济增长所反映的“经济发展速率”并不能正确地反映人们生活水平的高低。环境问题实质上是一个经济问题，这是因为:①环境问题是随着经济活动开展而产生的，它是经济发展的副产品。经济活动需要从环境中开采资源，因此会造成生态破坏；经济活动所排放的废弃物，又造成了环境污染。②环境问题使人类社会遭受巨大经济损失，且限制了经济的进一步发展。③环境问题的最终解决还有赖于经济的进一步发展，经济发展将为解决环境问题奠定物质基础。因为解决环境问题需要大量的人力、物力、财力的投入，否则环境问题是无法解决的。正是这种状况促使经济学与环境科学日益结合，环境经济学作为一门新的学科，便应运而生了。

我国是一个发展中的大国，改革开放40多年取得了举世瞩目的成就，但也存在环境与经济发展不协调的问题。当前，中国社会正处于经济快速发展和转型的关键时期，在这个过程中面临着既要解决已有环境经济问题又要避免产生新的不协调。因此，寻找解决环境经济问题的有效路径成为必然的选择。吸收国内外的先进理论和实践经验，以实事求是的态度、尊重国情的理念、创新的思维方式改之、用之，为中国社会可持续发展奠定长远基础是学者开展科研和育人的职责所在与历史使命。

《环境经济学》一书可以作为环境领域相关的本科生、研究生学习环境经济学的理论基础、技术方法和政策体系等的教材和参考书。一般认为环境领域相关专业的学生应该具备微观经济学和福利经济学的理论基础，但是从当前环境类专业学生学习实际来看，并非如此。系统性的环境经济学理论框架、方法研究、政策体系等在环境领域专业学习中依然相对欠缺，这与环境类学科发展中注重工程实践而较少开展理论研究密切相关。因此，为了更好地满足环境科学、环境工程、生态学科等相关专业学生系统学习环境经济学的需要，编者参考了国内外环境经济学、资源与环境经济学、资源经济学等的相关内容，并结合多年来的教学和科研实践编写完成了本书。编者试图通过化繁为简、由浅入深的知识体系，引导学生开展经济、环境、资源、社会等相关内容的学习。本书以环境与经济之间的关系为主线，系统地介绍了环境经济学的基本知识。在理论层面上，阐述了环境经济学研究的经济学基础、外部性理论、公共物品理论、环境资源价值理论等；在技术层面上，进行了环境影响的费用效益分析、环境工程项目经济评价等；在政策层面上，探讨了环境税收政策、生态环境补偿政策、环境产权政策、环境金融政策等。

全书共12章，各章的内容和具体编写人员是：第一章环境经济学的产生与发展，谷秀兰；第二章经济学基础，刘洁；第三章环境外部性理论，刘洁；第四章环境公共物品理论，谷秀兰；第五章环境资源价值理论，彭丽成；第六章环境影响的费用效益分析，葛成军；第七章环境工程项目经济评价，李玉凤；第八章环境经济政策概述，王晨野；第九章环境税收政策，王晨野；第十章生态环境补偿政策，王晨野；第十一章环境产权政策，王晨野；第十二章环境金融政策，王晨野；全书由葛成军修改定稿。

本书在编写过程中吸收国内外最新研究成果，经系统修改、补充、整理完成。编者参阅和引用了众多已有的文献资料，在此表示衷心的感谢！由于我们正处在一个知识不断更新的年代，加之环境经济学的发展极为迅速，书中的错误与不当之处在所难免，诚望同行专家、学者和其他读者提出宝贵意见，以便我们及时修改，使这本教材臻于完善。

编　者

2020年12月于海南海口

目　录

第一章

环境经济学的产生与发展

要把生态环境保护放在更加突出位置，像保护眼睛一样保护生态环境，像对待生命一样对待生态环境，在生态环境保护上一定要算大账、算长远账、算整体账、算综合账，不能因小失大、顾此失彼、寅吃卯粮、急功近利。

——习近平

大自然是善良的慈母，同时也是冷酷的屠夫。

——雨果

本章学习目标

1. 了解当今全球面临的环境危机及其产生的危害；
2. 理解“绿水青山就是金山银山”的内涵和保护生态环境的重要性；
3. 掌握环境经济学的四大原理；
4. 掌握环境经济学的定义、产生和发展、研究对象。

引导案例

寂静的春天

春天是鲜花盛开、百鸟齐鸣的季节,春天里不应是寂静无声,尤其是在春天的田野。可是并不是人人都会注意到,从某一个时候起,突然地,在春天里就不再听到燕子的呢喃、黄莺的啁啾,田野里变得寂静无声了。美国的海洋学家蕾切尔·卡逊(Rachel Carson,1907—1964)却不一样,她有这种特殊的敏感性,首次真正结合经济社会问题开展生态学研究。1962年,一本名为《寂静的春天》的书的出版,如一阵强劲暴风席卷了全世界,冲击着人们"征服大自然"的传统认识。它那惊世骇俗的关于农药危害人类环境的预言,不仅受到与之利害攸关的生产与经济部门的猛烈抨击,而且也强烈震撼了社会广大民众。

作者蕾切尔·卡逊在书中指出:"现在,我们正站在两条道路的交叉口上。……我们长期以来一直行驶的这条道路使人容易错认为是一条舒适的、平坦的超级公路,我们能在上面高速前进。实际上,在这条路的终点却有灾难在等待着。这条路的另一条岔路——一条很少有人走过的岔路——为我们提供了最后唯一的机会让我们保住我们的地球。"

人类社会经济同自然生态环境的关系自古以来就普遍存在。社会经济发展要同其生态环境相适应,是一切社会和一切发展阶段所共有的经济规律。

资料来源:杨志.推开低碳经济之窗.北京:经济管理出版社,2010

第一节 环境经济学的产生

恩格斯说过,科学的发生和发展一开始就是由生产决定的。环境经济学作为一门新兴的学科,也是在人类经济社会发展的过程中对自身发展需求与环境供给能力之间关系认识逐步深入的过程中形成的。对于环境与经济关系问题的研究,有助于人类更好地解决发展过程中所遇到的环境问题,实现人类社会的可持续发展。

一、环境及其功能

人类自诞生以来就离不开环境。人是环境的产物,也是环境的创造者、改造者、塑造者。人的一言一行都与环境息息相关。在自然界中存在着直接或间接影响着人类生产、生活和发展的自然要素,以及以自然要素为载体的人类劳动结晶共同构成了我们的环境,包括过去、现在和将来会对人类社会发展造成影响的所有因子。

1. 环境的内涵

关于环境的内涵,不同学科从各自的研究角度进行了各有侧重的阐述和理解。从不同学科对环境的界定来看,地理学从自然要素构成的角度来定义"环境"一词,即地理环境是由包括气候、水文、土地、生物等在内的各自然要素,在一定的地理空间内,以一定的内部结构构成的,具有相互联系和一定功能的自然综合体。这里更多地强调了环境的物理要素的构成及结构。社会学则从人类与环境的关系紧密程度对环境进行界定,强调了环境是人类生存的基础,是人类行为和社会关联的空间。19世纪时,马克思就使用了"代谢"这个词来表述人类社会与自然环境之间的关系;邓拉普等从"环境三维竞争功能"的角度认为"可以为人类和其他生物提供生存空间、生存资源、废弃物储存空间的即是人类生存的环境"。在经济学上,环境是可以为人类提供服务、增加福利的载体,其既可以直接作为一种投入为人类提供某种生产服务,也可以作为消费品满足某种生活需要,经济学给出的内涵强调了供给和需求以及环境的服务功能。

尽管从不同的学科研究角度对环境的内涵给出了区别化的界定,但是我们都可以从中看出在不同的学科界定中对于环境重要性的体现。环境是人类社会须臾不可离开的立体空间,人类生于斯长于斯,现在和今后也将更加仰赖于斯。在人类社会粗放式发展的过程中,很长时间采用的"先污染后治理"的经济发展模式导致世界范围内环境的性状发生改变,其功能性受到严峻挑战。中国作为负责任的发展中国家,在自身经济发展还面临较大压力的情况下,坚定走可持续发展之路。2012 年党的十八大作出了"大力推进生态文明建设"的战略决策,从 10 个方面绘出生态文明建设的宏伟蓝图,同年 5 月发布了《中共中央国务院关于加快推进生态文明建设的意见》,进一步明确了生态文明建设的重要意义。

为了更好地实践生态文明建设的宏伟目标,我国于 2015 年 1 月 1 日起施行了《中华人民共和国环境保护法》,其中对于环境的界定是"影响人类生存和发展的各种天然的和经过人工改造的自然因素的总体,包括大气、水、海洋、土地、矿藏、森林、草原、湿地、野生生物、自然遗迹、人文遗迹、自然保护区、城市和乡村等",这也是本书在后续章节所采用的关于环境的内涵的界定。以此内涵为基础,保护和改善环境,防治污染和其他公害,保障公众健康,推进生态文明建设,最终促进经济社会可持续发展。

2. 环境的分类

对于环境分类有不同的划分标准,可以根据学科研究角度差异划分为生态环境、物理环境、化学环境等;也可以根据介质类型分为水环境、大气环境、土壤环境等;还可以按照与人类的关系,分为自然环境和人文环境。自然环境通常是指较少有人类干预、没有经过人类改造而天然存在的自然要素,是客观存在于自然界中的各要素的综合,包括天然状态下的大气环境、水环境、地质环境、土壤环境和存在于其中的生物环境等,也就是我们通常所说的地球的外部圈层——大气圈、水圈、岩石圈、土壤圈和生物圈等五大圈层。人文环境通常是指在人类社会发展中经过人类干预或改造而形成的物质和非物质的人类劳动成果的结晶,包括园林建筑、文物古迹、器皿用具等物质的和法律制度、语言文字、风俗习惯等非物质的总和。从人类文明发展历史来看,人类社会经历了原始社会文明、农业文明、工业文明和生态文明等四个文明发展阶段。在每一个阶段,人类以其所掌握的知识、技术及工具不断向自然环境的纵深探究,人类文明的结晶灿若繁星,所以很多时候自然环境和人文环境在现实中往往很难截然分开。

3. 环境的功能

纵观整个人类发展史,人类是离不开环境的。环境对于人类的生产、生活具有特定的职能和作用,为人类的发展提供了多种服务功能。

(1)环境为人类提供了不可或缺的生存空间,是人类的生命支持系统　存在近 50 亿年的地球是迄今为止人类发现的天体中唯一适合人类生存的地理空间。在这个空间里,环境提供了适宜人类生存的大气层、水资源、生物环境等条件。这一恰当的环境,一方面可以保护人类免受宇宙环境不利的影响;另一方面又为人类提供了赖以生存的立体空间,使其得以在这个空间里面生存发展至今。同时,我们也要意识到,正是因为地球环境是当下和今后相当长的时间内人类唯一的生存场所,而人类在仰赖于环境而存在的过程中施加于其上的各种影响也在以我们所无法预知的广度和深度影响着人类自身。

(2)环境为人类的生产生活提供了最基础的物资来源,是人类的资源库　在人类社会发展的各个阶段,从采集渔猎到农业社会,再到工业社会,环境为人类提供了生产的原材料和最初级的生活消费品,为人类社会从无到有、从小到大、从低级到高级的发展提供了物质保障。

(3)环境容纳了大部分的人类社会废弃物,是人类的“副产品”接纳者　人类物质部门的生产过程和衣食住行的全过程都在消耗着大量的资源和能源,同时也在产生着大量的垃圾废物。这些经过不同程度处理的废弃物最终进入环境中,由具有自净能力的环境经过物理、化学、生物等过程,对废弃物进行容纳、稀释、分解、转化后开始新的循环。缺少了环境的自净能力,地球表面空间将成为巨大的垃圾场。表 1-1、图 1-1 分别为 2018 年各类直排海污染源污水及主要污染物排放总量和排放比例。从中可以看出,一个国家一年中向环境排放如此多的污染物,那么从全球尺度及更长时间跨度上,环境所容纳的废弃物是惊人的。

表 1-1　2018 年各类直排海污染源污水及主要污染物排放总量

污染源类别	排口数/个	污水量/万 t	化学需氧量/t	石油类/t	氨氮/t	总氮/t	总磷/t	六价铬/kg	铅/kg	汞/kg	镉/kg
工业	188	387643	32078	92.7	915	5984	124	435.42	2095.45	19.15	18.00
生活	63	83641	15318	69.5	921	6657	207	482.89	1382.08	42.50	128.38
综合	202	395140	100229	295.4	4381	38232	949	3053.74	4760.35	215.29	260.49
合计	453	866424	147625	457.6	6217	50873	1280	3972.05	8237.88	276.94	406.87

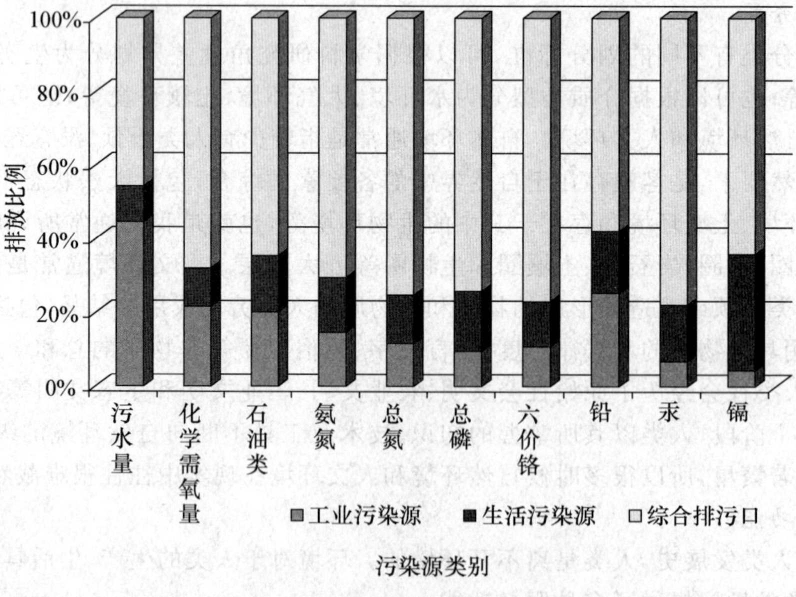

图 1-1　2018 年各类直排海污染源污水及主要污染物排放总量和排放比例

资料来源:中华人民共和国生态环境部《2018 年中国海洋生态环境状况公报》

(4)环境为人类提供了创造的源泉和丰富的精神食粮,是人类社会发展的“能量加油站”　优美的环境可以让人放松身心,有利于维护人的身体健康,提高生产生活的效率,实现人与生态环境的良性循环,反之则会影响到社会的可持续发展,也会让生活在其中的人深受其害。

二、环境问题的产生

对于地球本身来说，环境问题并不是固有的，而是在人类社会发展的进程中逐渐出现并积累，以至影响到人类自身的一些现象。人类出现之初，无论从其数量或是其需求，以及产生的“副产品”都是有限的，对于环境所造成的影响也是极其微弱的。随着时间的推移，人类社会从原始社会进入了农业社会、工业社会，人口状况也从规模小、分布散、欲望低，发展到规模大、分布密、欲望高的阶段。18 世纪 60 年代以后，人类社会发展到工业化社会阶段，生产力水平得到快速提升，人类对于自然环境的干预不论是广度还是深度都大大超过了以往任何阶段。这种经济上的快速发展和资源、环境的大量消耗一直延续到整个 19 世纪和 20 世纪中叶。近 200 年，以钢铁工业、化石能源等重工业和以大量施用农药、化肥为代表的传统农业取得了长足的发展，这种发展在给人类社会创造了大量物质财富的同时，也给环境造成了严重的负面影响，这种影响甚至超出了环境自身的承载能力，即便在 20 世纪后半叶人们意识到环境问题的严重性后采取了一定的措施，但是所累积的破坏效应和新出现的环境问题已经破坏了环境的可持续能力，威胁到了人类的生存发展。这里，我们根据环境问题产生的原因，将环境问题分为以下几种。

(1)原生环境问题　即自然原因所造成的威胁人类生存环境的现象。原生环境问题一般是因为地球本身的构造运动或宇宙环境改变等原因所造成的，如地震、火山、海啸、洪水、旱灾等，这种环境问题一般具有一定的自然规律和区域性，虽然影响规模较大，但是所造成的破坏多是物理性的，可以采取一定的措施避免或降低其危害，而且，所造成的影响具有一定的可预测性、可控制性和可恢复性。

(2)次生环境问题　即人为原因所造成环境破坏问题，也是本书所指的主要环境问题。从人类社会整个发展历程来看，经济社会的发展必然以一定的资源消耗和环境破坏为代价，这种代价多以某种形式的环境问题表现出来。例如，生产、生活废弃物的不合理处理所造成的环境污染问题，如废气超标排放所引发的雾霾、过量施用化肥农药所造成的土壤污染、工业废渣的无序填埋所造成的土壤、地下水污染等一系列环境问题；资源环境的过度开发利用所带来的生态系统的退化问题，如过度或不合理垦殖带来的土地退化沙化盐碱化问题、过度砍伐造成的森林规模减小和生态系统退化问题、无序养殖所带来的水域系统水质恶化问题等。

环境问题已经影响到人类生活的方方面面，直面这些问题并反思问题产生的原因，进而寻找解决环境问题的方法和途径已经成为当下人类社会发展无法绕开的瓶颈问题。

三、环境与经济的关系

目前，“环境问题的实质是经济问题”这一论断已经成为学术界的共识。回顾整个人类社会发展史就是一部以资源环境为基础的经济发展史。对于人类来说，环境与经济这两个发展要素缺一不可，而环境与经济之间也相互影响、相互制约。

一方面，经济发展是以资源为原材料生产出可以满足人类需要的产品这一过程为其内容的，产品的生产过程和消费过程伴随着大量生产性“三废”和生活性垃圾的产生，这些废弃物最终会进入环境中。当废弃物超出环境容量时，必然造成环境破坏，进而引发环境问题。

另一方面，被破坏的环境问题反过来又成为经济发展的负担和障碍。生态环境部环境规划院《中国经济生态生产总值核算发展报告 2018》课题组构建的经济—生态生产总值(GEEP)

综合核算框架体系的计算数据显示，2015 年我国 GEEP 为 122.78 万亿元，其中 GDP 为 72.3 万亿元，生态破坏成本为 0.63 万亿元，污染损失成本为 2 万亿元，生态系统生态调节服务为 53.1 万亿元，生态系统破坏成本和污染损失成本总占比约为 2.1%，严重影响了我国经济增长的速度。

由此可以看出，环境和经济之间存在着相互制约，但是换个角度来看，环境和经济之间也有着相互的促进作用。无论是中国还是其他国家，在经济发展的初期阶段都是经历了“先污染后治理”的传统经济发展模式，均积累了一定的环境问题。这些问题的治理和解决除了时间成本以外，还需要很大的经济成本的投入。从某种程度上说，环境问题的解决是需要考虑经济和技术的双重可行性的。没有一定的经济实力，环境问题的治理无从谈起。因此，在一定程度上可以说经济发展为环境问题的解决提供了可能性。同时，良好的环境也是经济可持续发展的保证，“绿水青山就是金山银山”这一理念充分体现了环境对于经济发展的促进作用，达成生态文明型社会的建设目标也需要好的环境为保证。

四、环境经济学的产生

第二次世界大战结束后，资本主义国家如西欧和日本，为了尽快恢复生产，摆脱频发的经济危机，在凯恩斯主义的影响下，出台了各种刺激经济增长的政策措施，取得了短期的经济快速增长。经济增长成为西方经济学界最优先的经济议题。但是，在人为推动下，经济快速增长的同时也让环境付出了沉重的代价，导致严重的环境污染。

在 1962 年美国科普作家蕾切尔·卡逊创作的《寂静的春天》一书出版之前，人们对于环境问题还处于懵懂状态，虽然在生活中经常会遇到“烟雾”(洛杉矶光化学烟雾事件)、生物(包括人类自身)的莫名死亡等奇怪的事情，但是人们还很少去讨论环境污染的问题。《寂静的春天》的出版被认为是现代环境运动的肇始，因此和《汤姆叔叔的小屋》相提并论，因为人们认为两者在不同的方面改变了当时的社会认知。

1968 年 4 月，包括科学家、教育家、经济学家、人文主义者、公务员等在内的 30 位人士应奥雷利奥·佩西博士的邀请聚集到罗马的林西研究院，就人类目前和未来的困难处境问题进行讨论。因为这次聚会是非正式的，所以产生了一个非正式国际性协会——罗马俱乐部。俱乐部成员虽然国籍、背景大相径庭，但是研究目标是一致的，即关于人类困境的研究计划。罗马俱乐部所形成的第一个研究报告，即后来一再被提起的《增长的极限》一书，它是由美国麻省理工学院教授丹尼斯·梅多斯等人完成的。《增长的极限》以整个世界为对象，重点研究人口、工业发展、污染、粮食生产和资源消耗等 5 种因素之间的内在联系。研究结论表明：如果维持当时的人口增长率和资源消耗速度不变，那么，由于世界粮食短缺，或者由于资源耗竭，或者由于污染严重，世界人口和工业生产能力将会发生非常突然和无法控制的崩溃，唯一可行的解决办法就是在 1975 年停止人口的增长，到 1992 年停止工业投资的增长，以达到“增长为零”的“全球性平衡”。

许多人把梅多斯等人的世界模型称作“世界末日模型”，它的缺点在于忽视了技术进步、技术知识对经济发展过程的促进作用以及价格机制作用。但是撇开这些缺点，《增长的极限》一书所揭示的经济增长产生的压力和由此造成的环境问题是确实存在的，这促使人们开始反思经济增长问题和环境保护问题。

传统经济学为研究环境问题提供了分析工具和模型，但是由于环境问题不仅仅是简单的数量关系的分析，环境后果的难以预测和难以度量都为基于一般经济学分析方法的应用增加了难度，正如《增长的极限》一书的缺点一样。因此，要研究环境与经济之间的关系，需要有一个新的基于经济学原理去研究自然资源与环境问题的学科——环境经济学。《增长的极限》一书的出版推动了环境经济学的发展。在此之后，许多经济学家和自然资源领域的学者开始将两个学科结合起来研究环境与经济的问题，就经济运行中所造成的环境污染后果的量化、弥补这种污染后果所需要的经济代价等开展研究，从投入—产出、费用—效益的角度积极寻找控制污染的途径和措施，在实践中也开始运用市场和政府两种手段的结合来解决环境问题。

综上所述，环境经济学是研究经济发展与环境保护之间关系的一门科学，是在作为经济学的一个分支的基础上发展起来的，但是在具体实践中并不能单纯地用一般的经济学的理论来研究环境问题。环境经济学是综合运用经济学、环境学的相关理论与方法研究社会再生产过程中人口再生产、经济再生产与环境再生产的关系问题。基于费用最低、效益最高的角度选择构建一个经济发展、环境优美、社会和谐的宜居社会，是践行"绿水青山就是金山银山"理念的发展路径选择。

第二节　环境经济学的发展

一、环境经济学的发展历程

第一次世界大战以前，世界经济发展的重心主要在欧洲，各经济强国还处于工业发展的快速量增阶段，环境问题虽然也有发生，但是总体还是集中在欧洲的德国、英国、法国等几个国家，没有引起世界过多的关注。第一次世界大战结束到第二次世界大战爆发前，由于第一次世界大战后的制裁和 1929 年、1937 年的两次严重经济危机，包括英国、法国、美国、德国、日本等在内的资本主义国家面临着经济发展停滞的困境。为了摆脱经济危机，这些资本主义国家纷纷开展扩军备战，世界多个国家陷入战争的漩涡，经济发展和环境保护更加无从谈起。直到第二次世界大战结束后，随着冷战时代的开始，各个国家开始把关注点放回国内经济发展上，各经济体也进入了发展的快车道。随着经济的高速发展和环境压力的日益增加，环境问题也慢慢凸显。回顾历史，可以对环境经济学的发展历程划分为以下三个阶段。

1.环境经济学思想的培育期(第二次世界大战结束—1972 年)

第二次世界大战结束后，世界各国经济走上了恢复和增长的快车道，尤其是西方欧美国家在经济得到快速增长的同时，也给本已不堪重负的资源环境造成了更加严重的负担。随着战争的结束，经历过战争摧残的世界各国对于和平的到来是极其欢迎的，摆脱战争阴霾的各国政府和人民把关注力聚焦在了经济实力的提升上，使得社会生产力得到了极大的提升，人口规模也有了快速的增长。据统计，1945 年第二次世界大战结束时世界人口约 25 亿人，到了 1970 年全世界人口约 37 亿人，年均增长率超过 1.9%。人口规模和经济密度的迅速膨胀意味着需要从自然界中索取更多的资源和向环境排放更多的废弃物，资源的供给能力和环境的承载能力对于经济持续发展的支撑能力引起各国政府和社会的关注，促使经济学家、生态学家、自然资源学家开始开展相关的研究。1950 年出现了污染经济学、公害经济学和资源经济学等新的学科。日益耗竭的资源和恶化的生态环境在1970年前后达到了阶段性的峰值，各国频发的人和资源的矛盾以及严重的环境事件影响到了经济的发展，也给人们带来了警醒，迫使人们不得不把放在发展经济上的关注力分出一部分去关注环境问题，这为环境经济学的兴起奠定了基础。

2. 环境经济学的成长期(1972—2000年)

1972年6月5—16日，联合国人类环境会议在瑞典斯德哥尔摩召开。会议的目的是要促使人们和各国政府注意人类的活动正在破坏自然环境，并给人们的生存和发展造成了严重的威胁。在本次会议上通过了旨在推动全球性保护环境行动的《联合国人类环境会议宣言》和《人类环境行动计划》，提出了"人类只要一个地球"的口号，成立了联合国环境规划署，并将每年的6月5日定为"世界环境日"。这是一次具有里程碑意义的会议，评估了全球人类对环境的影响，明确了发展与环境之间的关系。会议还指出，环境问题的解决不单单是技术层面的问题，还需要从经济发展层面去寻找解决途径；也不仅仅是自然科学的问题，同时也是社会科学的问题，唯有多个学科的合力才可以达到既治标又治本的目的。

1980年国际自然保护同盟的《世界自然资源保护大纲》提出"必须研究自然的、社会的、经济的以及利用自然资源过程中的基本关系，以确保全球的可持续发展"；1987年，世界环境与发展委员会出版了《我们共同的未来》一书，书中系统分析了人类面临的一系列重大经济、社会和环境问题，深刻指出人类应迫切地感受到生态压力对经济发展所带来的重大影响，因此需要寻找一条新的发展道路——可持续发展的道路。可持续发展理念的提出立足于环境资源和人类社会持续发展，把人们单纯的环保运动转向环保与发展结合的方向，是人类关于环境与发展思想的重大飞跃。

专栏1-1 我们共同的未来

世界环境与发展委员会于1984年10月召开了第一次会议，900天以后，即1987年4月发表了它的报告。在这些日子里，在非洲，由干旱引起的环境—发展危机达到了顶峰，将3500万人置于危急之中，造成大约100万人死亡；印度博帕尔一农药厂发生泄漏，造成2000人死亡，数千人失明和残废；墨西哥城液化气罐爆炸，造成1000人死亡，数千人无家可归；切尔诺贝利核反应堆爆炸，核尘埃遍布欧洲，增加了人们将来患癌症的危险性；在瑞士一仓库的火灾中，农用化学品、溶剂和汞冲到了莱茵河中，数百万条鱼被毒死，还威胁到德意志联邦共和国和荷兰的饮用水；由于饮用水不安全和营养不良，有大约6000万人死于腹泻，其中大部分是儿童。

资料来源：Our Common Future，布伦特兰委员会，1987

在距离1972年联合国人类环境会议20年后的1992年6月3—14日，一次比斯德哥尔摩会议规模更大、级别更高的会议在巴西的里约热内卢召开。这次会议由183个国家代表团、70个国际组织代表、102位国家元首或政府首脑参加。本次会议是在全球环境持续恶化、经济发展面临更大挑战的情况下召开的，会议期间分别有153个和148个国家和欧共体签署了《联合国气候变化框架公约》和《联合国生物多样性公约》。会议通过了《关于环境与发展的里约热内卢宣言》和《21世纪行动议程》。会议成果要求发达国家承担更多的义务，同时也照顾到发展中国家的特殊情况和利益。世界各国对“和平、发展和保护环境是相互依存、不可分割的”达成了共识，也是人类在环境保护与持续发展问题上取得的进一步成果。

在这一阶段，环境经济学学科也取得了较大的发展。首先在20世纪70年代初发达国家的一些经济学家从福利经济学的角度分析经济发展与环境退化之间的关系问题，或从商品消费的角度分析消费者的代价问题，但是都缺少对人类行为对环境影响本质的挖掘。20世纪70年代后期，有学者从生态学的角度研究经济与环境关系问题，认为环境的生态承载力问题即环境容量是影响经济发展的重要因素——经济发展在环境容量以内，经济可以持续发展；反之经济则无法持续发展，甚至引发环境问题。生态观点的引入催生了关于生态经济学、环境经济学、资源经济学等学科的大量研究成果。三者虽然在研究侧重点上各有不同，但是在研究内容上有着密切的联系。它们既有共性问题，也有个性问题，从学科发展的角度相互促进又彼此独立。

3. 环境经济学的迅速发展期(2000年至今)

2000年以后全球进入一个全新的世纪，全世界人口规模已经达到了61亿人，全球GDP总量达到33.28万亿美元。与此同时，世界有约11亿人无法取得安全饮水，因饮水污染和供水不足所造成的疾病占发展中国家所有疾病的10%；全世界25%的哺乳动物和11%的鸟类面临着极大的灭绝危险。

在过去的几十年中，世界各国经济取得了前所未有的发展，同时，社会的快速发展所带来的副作用也在日益显现，人力资源和自然资源承受着极大的压力。另外，人口快速增长，工业化国家的生产形态和消费方式使自然资源以前所未有的速度消失，不可持续的经济运行方式不仅没有缓解已经存在的环境污染问题，反而造成了新的污染，这不仅威胁到区域的环境和生态系统，还影响到了全球环境。按照这种发展模式继续下去，世界经济发展将无法持续。

在全世界关注发展与环境问题的大环境下，环境经济学也取得了快速的发展，各国学者从构建经济—环境巨系统的角度出发，研究如何运用经济学理论、环境科学理论、资源学理论、生态学理论、社会学理论等来分析经济发展与环境保护的关系，并将数学模型、信息技术、人工智能等研究方法综合运用到学科问题的研究中，探索以何种方式协调经济再生产和资源环境再生产过程，如何确保经济发展中生态平衡和社会发展，如何使经济发展规模与环境承载力之间平衡等一系列的问题，以便用最小的资源环境代价取得社会经济持续发展。另外，效用函数、费用—效益分析、库兹涅茨曲线等研究也为环境经济学的发展提供了新的内容。

二、环境经济学在中国的发展

中国古代就有“物竞天择、顺应自然”的朴素资源观，从孔孟的儒家思想到庄子的道家文化都在倡导万物有灵、天人合一的思想。孟子的“斧斤以时入山林，材木不可胜用也”，庄子的“无以人灭天，无以故灭命，无以得殉名。谨守而勿失，是谓反其真”，这些思想都提出了人要善待自然，与自然环境和谐相处。

现代环境经济学的研究在中国起步较晚。新中国成立后的前30年虽然为了满足社会经济发展的需要进行了全国范围和重点区域的资源调查，也取得了一定的研究成果，但是这些成果主要着眼于通过资源的开发利用服务于经济发展的需要，对于经济发展过程中出现的环境问题并没有开展系统性的研究，环境经济学还未作为一门独立的学科而进行研究。

中国环境保护工作从20世纪70年代中期开始起步，全国规模的环境保护会议开始召开。

1973 年 8 月国务院委托国家计委在北京召开第一次全国环境保护会议，揭开了中国环境保护事业的序幕，随后分别在 1983 年、1989 年、1996 年、2002 年、2006 年连续召开了 6 次全国环境保护大会，展示了我国在环境保护领域的重要进展。

与此同时，相关的学术会议也在紧锣密鼓地召开。1980 年 2 月在山西太原召开了全国环境管理学、环境功能经济学、环境法学会议，1981 年 7 月在江苏镇江召开了全国第一次环境经济学术讨论会，1983 年 9 月在四川峨眉县召开了中国环境法学学术讨论会，1983 年 11 月在北京召开了环境污染与人体健康学术讨论会，1984 年 4 月在石家庄召开了全国污染源治理学术讨论会，1985 年 12 月在香港召开了国际城市环境污染学术讨论会，1986 年 8 月在清华大学召开了全国环境科学研究生学术讨论会，等等。近年来，环境经济学领域学术会议举办频繁，取得了丰硕成果。

国家层面上的政府机构设置方面：1974 年 1 月，国务院环境保护领导小组正式成立；1982 年第五届全国人大常委会第 23 次会议决定，将国家建委、国家城建总局、建工总局、国家测绘局、国务院环境保护领导小组办公室合并组建城乡建设环境保护部，部内设环境保护局；1984 年 5 月我国成立国务院环境保护委员会，领导和协调全国的环境保护工作，委员会主任由副总理兼任；1988 年 7 月进行环保工作分离，成立独立的国家环境保护局(副部级)；1991 年成立了中国国家保护臭氧层领导小组，由 18 个部委联合组成，是政府跨部门间的协调机构，负责履行《维也纳公约》《蒙特利尔议定书》，组织实施国家方案等。1998 年 6 月国家环境保护局升格为国家环境保护总局(正部级)，2008 年 7 月升格为环境保护部，成为国务院组成部门。2018 年 2 月 28 日党的十九届三中全会通过《深化党和国家机构改革方案》，决定组建生态环境部和生态环境保护综合执法队伍。

第三节　环境经济学原理

一、环境经济学的理论基础

1. 价值理论

价值理论是经济学的基础，从开始有简单的商品交换到完成政治经济学理论体系的构建，在 2000 多年的时间长河中价值理论体系在不断发展。价值理论沿着“客观价值论—主观价值论—均衡价值论”这样一个轨迹发展，亚当·斯密和大卫·李嘉图创立、发展了劳动价值理论。到了 19 世纪中叶，马克思和恩格斯从唯物主义世界观和方法论的角度发展了马克思劳动价值理论，指出了抽象劳动形成了价值的实体，是商品经济中社会劳动的存在形式，商品的生产过程是劳动过程和价值形成过程的统一，具体劳动创造了商品的使用价值，是价值形成的过程。从这个角度来说，作为客观存在于自然界中的环境因子，大气、水、土壤、原始森林等未经过人类劳动而天然存在的这些自然物是没有价值的，仅仅有使用价值而已，那么这些是否具有商品价值呢？习近平总书记于 2014 年两会期间在贵州代表团会议现场曾幽默地说可以制作贵州的“空气罐头”，这虽然只是一句玩笑话，但是我们从中可以感受到习近平对于环境保护问题的关注。

随着工业经济的快速发展，生产力水平提高的同时，人口规模也在不断增大，为满足人类社会各种生产生活需求而消耗了更多的资源，也向环境排放了大量的废弃物，造成了各种环境问题。从马斯洛的需求层次的角度来看，人类社会发展到现在，对物质财富的追求得到了一定程度的满足之后，对于精神和生态层面的需求满足程度成为影响幸福感的重要因素。事实上，现在没有人为影响的环境资源已经极少了。在人类长期干预之下，环境资源的破坏和退化现象很常见。所以在现有环境基础上的保护和修复，是缓解环境、经济冲突，提升环境价值的必然选择。

云南滇池就是一个很典型的例子，从治理前后其对经济发展的正负效应体现了环境资源价值的货币化表现。“20 世纪 50 年代淘米洗菜、60 年代摸虾做菜、70 年代游泳痛快、80 年代水质变坏、90 年代风光不再”，这短短几句话深刻刻画出滇池在短短几十年内的变迁。20 世纪 90 年代，滇池成为我国污染最严重的湖泊之一。昆明守着云贵高原上最大的淡水湖却成为一座严重缺水的城市，需要投巨资在更远的地方兴建城市供水系统，每年因为污染导致工业用水、生活用水、渔业、旅游业、房地产业等方面的经济损失达到 700 亿元，甚至 1999 年的昆明世博会因滇池污染太严重而不得不另外选择在距离滇池较远的地方举办。为了治理滇池水质，昆明在 20 多年间投入了 500 多亿元，综合运用工程技术、生物技术、信息技术、自动化控制等各种技术手段，采取了从事后末端处理向事前源头控制延伸的治理方式。所实施的牛栏江—滇池补水工程，自 2013 年 12 月建成通水试运行至 2018 年 11 月底，累计向滇池补水 28.37 亿 m^3，是滇池总水量 15.6 亿 m^3 的 1.82 倍，有效降低了滇池水体污染，推动滇池保护治理实现了“与湖争水”向“还水于湖”的历史性转变。2018 年，滇池草海、外海水质均达到Ⅳ类，为 1988 年建立滇池水质数据监测库 30 年以来的最好水质。因为水环境改善，滇池不仅再次成为昆明居民的“休闲天堂”，滇池国家旅游度假区的上百个观光度假特色项目也发展起来，加上对相关产业的带动，未来收益将有望抵销滇池治污的费用，环境资源的价值得到充分体现。

无论是在理论层面还是在实践层面，环境资源的价值和使用价值是客观存在的。西方价值理论中无论是古典政治经济学还是庸俗政治经济学，抑或是马克思科学政治经济学，对于价值理论中价值实体的客观认知都是一致的。马克思的劳动价值理论在古典劳动价值论的基础上，兼收并蓄了其他经济理论，对劳动二重性、劳动力商品学说等进行了阐述。以价值理论为支撑，改变传统的环境资源无价值的观念和理论，确立环境资源是有价值的理念，并将环境资源价值融入国民经济核算体系进行科学量化是衡量社会经济可持续发展质量的重要手段。

2. 经济外部性理论

外部性又称溢出效应或外部效应。经济行为的外部效应是客观存在的，一个个体或集团的行为对其他个体或集团产生了不被接受的实质性不利影响时，外部性问题就存在了。这是经济学的重要理论发展之一，马歇尔、庇古和科斯等三位经济学家对于外部性理论的发展作出了重要贡献。

20 世纪英国“剑桥学派”创始人、新古典经济学派代表马歇尔虽然没有明确提出“外部性”的概念，但是在其 1890 年出版的《经济学原理》一书中提出了“外部经济”的概念。马歇尔认为生产者通过改变其生产要素来保证企业的内部经济，而外部要素如距离、市场、行业发展等则会影响企业外部经济，例如，企业间的分工可以提高生产效率等就是外部经济的一种表现。

庇古是马歇尔经济学的继承和发展者，其 1920 年出版的《福利经济学》是西方经济学发展中第一部系统论述福利经济学相关问题的专著，因此庇古也被称为“福利经济学之父”。庇古用现代经济学的方法系统研究了外部性问题，在马歇尔提出"外部经济"的基础上扩充了"外部不经济"的概念和内容，将外部性问题的研究从外部因素对企业的影响效果转向企业之间或企业和居民之间的交互影响效果，分析了边际私人净产值与边际社会净产值的背离，阐释了外部性的根源。外部性既有有利于社会的影响，即"边际社会收益"，也就是"外部经济"；也有不利于社会的影响，即"边际社会成本"，也就是"外部不经济"。庇古的观点是对马歇尔观点的引申和发展，区别在于马歇尔从"外部经济"的角度分析外部因素对企业的有利影响，而庇古则是着眼于企业活动对于外部的不利影响，揭示了"外部不经济"的存在，为"庇古税"的提出奠定了理论基础。

科斯是另外一位对外部性理论进行了阐述的学者之一，是新制度经济学的奠基人。他也因"发现和澄清了交易费用和财产权对经济的制度结构和运行的意义"而获得了1991年的诺贝尔经济学奖。科斯在《社会成本问题》一书中提到庇古税，认为外部效应是双向的，在不同条件下(交易费用是否为零)采取庇古税以外的手段也可以实现"庇古税"同样的效果。科斯提出的"科斯定理"认为可以采用市场交易的形式解决外部性，是对基于政府手段的"庇古税"的一种扬弃。

尽管也有学者对于"外部性"的概念界定及其存在条件存疑，但是从20世纪70年代后对于马歇尔"外部性"理论有了更多的发展。1970年齐普曼在《规模的外在经济与竞争均衡》一书中继承了"外部经济"的观点；1986年罗默在《收益递增与长期增长》一书中首次建立了具有外部性效应的竞争性动态均衡模型，都是对外部性理论的再发展。外部性理论研究已经成为现代经济学研究的新热点。

3.产权理论

马克思理论中对于"产权理论"也有相关的阐述。马克思的生产关系理论是产权理论的基础和核心，产权理论是特定生产关系下的市场交易中所发生的权利关系。西方经济学的产权理论是在对外部性问题研究的基础上形成的。古典经济学理论假设认为产权制度的安排可以为市场机制的运行提供保障。科斯被认为是现代产权理论的奠基者，其对经济学的研究更多地关注经济运行背后的制度基础，即财产权利的设定。1937年科斯在《企业的性质》一文中对微观经济学中市场机制运行中存在的不足进行了批判，随后在20世纪五六十年代从产权的经济功能对于外部性问题的解决进行的阐述，认为制度可以保证资源配置的有效性，1960年发表的《社会成本问题》一文是科斯产权理论的重要代表作。

从不同学科对产权进行的界定来看，经济学意义上的产权与法理学意义上的产权具有不同的内涵。经济学层面上更多地强调财产关系，或财产权，是一种基于"物"的客观经济关系的反映。这里的"物"既可以是具有具体载体的实物，也可以是不具有实际载体的虚物。因此产权不等同于法权。关于产权的界定有不同的表述，但是不外乎两个方面：一是产权是排他性权利，用以规范不同权利人的行为，二是产权是一种权利约束，产权制度是对一系列产权关系的制度约束。

产权理论在回答"为什么会出现企业?"这个问题时，认为市场和企业是两种不同的劳动分工方式，当企业的交易费用低于市场交易费用时，企业就出现了。受企业内部运行成本和外部市场成本的影响，企业的规模不可能无限扩张，因此企业存在边界。有了企业，还需要清晰界定企业产权界区，这样才能为市场价格机制下的企业交易成本可控提供保障。产权理论认为，没有产权的社会是一个效率绝对低下、资源配置绝对无效的社会，清晰的产权可以解决外部不经济。基于产权制度安排的经济行为可以确保人们在相应权利支持或约束下更有效地进行基于市场的权利交易，从而实现社会总福利的最大化。完善产权制度对于人口、资源与环境的协调和人类社会的可持续发展具有深远的意义。

二、环境经济学四大原理①

(1)环境经济学原理之一——“双赢原理” 决策者所制定的环境经济政策必须取得环境规律与经济规律的协同才能实现环境与经济的双赢。

规律是事物发展中本质的、必然的、稳定的联系，体现事物发展的基本趋势、基本秩序，是千变万化的现象世界中相对静止的内容，它具有客观、隐蔽、普遍、稳定、强制和适应等特性。规则是人为规定的，是规范人类行为的伦理道德、规章制度、法律条例、标准规范等的总和。人类实践已反复证明，偏离规律的规则往往是事物发展的离心力，背离规律的规则常常是发展的阻力，只有顺应规律的规则才是发展的动力。环境经济政策作为一种规则，同样适合这一结论：只有同时顺应环境规律与经济规律，才能成为发展的动力，取得环境与经济双赢的效果。

(2)环境经济学原理之二——“状态转换原理” 属于共有态的环境资源需要通过政府引导最大限度地进入市场态或公共态。

总体来说，经济中的物品按人类对其管理的状态大致可分为3类：第一类是市场态物品，它们由市场进行配置，如粮食、衣服、电视机等；第二类是公共态物品，它们主要由政府提供，人们不必直接付费即可享用，如国防、教育等；第三类是共有态物品，由自然界提供(没有人主动提供)，如海洋生物、矿藏、河流、森林、大气、土地等环境资源。市场态与公共态的物品由于具备可持续的供给与可持续的需求，运行效果良好。共有态的物品虽然具备了可持续的需求，但由于人类过度地利用往往缺乏可持续的供给能力，出现“共有地的悲剧”。因此，通过政府宏观调控政策的引导，改变环境资源的原有状态，将其最大限度地转入市场态，由市场进行配置，或者使之进入公共态，由政府协助配置，从而避免共有地的悲剧，这是解决环境问题的有效途径。

(3)环境经济学原理之三——“内在化原理” 市场的环境外部性要最大可能的内在化。

外部性是指市场双方交易产生的福利结果超出了原先的市场范围，给市场外的其他人带来了影响。外部性多种多样，与环境有关的外部性，特别是负外部性的存在是环境经济学产生的直接原因之一。

在一些对环境产生外部性的市场中，经济活动产生的环境成本(或收益)却并没有在市场价格中体现出来，因此，某些产品和服务的价格其实是被低估(或高估)了。例如，将燃煤与燃气加以比较，天然气的成本，反映了气田的基础设施建设、输送管道的铺设、给家庭安装和维修所需的费用；煤的成本，包括建造矿井、开采煤炭、运输煤炭的费用，但是这里它却还存在没有被包括的成本：煤炭燃烧过后所排放的二氧化碳对气候的破坏——破坏性更大的风暴、冰盖的融化、海平面的上升、热岛效应加剧等全球变暖带来的负面影响；燃煤过程中产生的SO_2导致酸雨、酸雾对淡水湖和森林的破坏以及煤燃烧产生的粉尘使人们患呼吸道疾病所引起的医疗费用。因此，煤的市场价格，其实远远低于使用它的成本。而每个家庭或企业做出经济决策，都以市场信号为指导。于是，人们便按照有误差的市场信号选择以价格低廉的煤作为燃料，导致环境变得越来越糟糕。还有另外一种情况，市场对环境产生正外部性，例如，无氟

① 引自左玉辉《环境经济学》，高等教育出版社.

冰箱的兴起、世界银行对环境问题的研究、教育及投资的加大……但市场对它们的评价却远小于它们对环境产生的益处。于是，他们生产的积极性降低，这些对环境很有好处的东西慢慢地变少。

为了对这种状态进行补救，就必须尽可能使市场产生的环境外部性最大可能地内在化，从而使企业、组织及个人生产或消费更少的对环境有负外部性的产品，提供更多的对环境具有正外部性的产品。办法是将外部费用引进到价格之中。例如，可以在计算全球变暖、酸雨和空气污染的成本后，将其作为燃煤的一种税负，加到现行的价格中去；也可以对生产无氟冰箱的企业，进行环境研究、教育的单位进行补贴。这些经济措施将激励市场中的买卖双方改变理性选择，生产或购买更接近社会最优的量，纠正外部性的效率偏差，给环境带来益处。

(4)环境经济学原理之四——“环境生产力原理” 环境也是生产力。

生产力是推动人类文明、社会进步和经济发展的根本动力，而环境正成为一种新兴的生产力。随着人们对环境质量要求的提高，环境不仅是支撑经济系统发展的物质基础，而且正成为扩大对外贸易、促进经济发展的重要因素。

目前，我国的区域经济发展已经进入一个以创造良好环境为中心的新的竞争阶段。城市的竞争主要是环境的竞争。作为城市对外的“名片”，环境不仅是“引凤求凰”——吸引各种经济主体前来生存和发展的载体，也是城市竞争力的重要体现，它所产生的环境效益、品牌效益和经济效益可转换为促进城市发展的直接成分和重要因素。所以，就一座城市，尤其是致力于发展外向型经济的城市而言，环境是品牌，环境是效益，环境是竞争力，环境是实现可持续发展的持久动力。一言以蔽之，环境也是生产力。

第四节 环境经济学的研究对象与性质

一、环境经济学的研究对象

环境经济学是研究社会经济发展过程中出现的资源环境问题的一门学科，其所研究的对象是人类社会发展过程中客观存在的环境—经济系统。环境—经济系统存在于人类社会巨系统中，由于人类为满足自身各种需求而向自然环境索取和排放废弃物的经济行为导致环境—经济系统无法正常运行，进而影响到人类社会的可持续发展。环境经济学就是要研究在环境—经济系统中存在的影响人类可持续发展的这些问题，寻找可以解决这些系统问题的经济的、社会的、技术的方法和手段。

环境—经济系统存在于人类社会巨系统中(图 1-2)，这个巨系统包括自然、社会、经济与环境等 4 个因子，这 4 个因子以人类活动为核心支撑着人类社会的发展，从而构成了环境—经济系统。环境经济学就是研究社会经济发展过程中出现的资源环境问题的一门学科，其所研究的对象是人类社会发展过程中客观存在的环境—经济系统。由于人类为满足自身各种需求而向自然环境索取和排放废弃物的经济行为导致环境—经济系统无法正常运行，进而影响到人类社会的可持续发展。环境经济学就是要研究在环境—经济系统中存在的影响人类可持续发展的这些问题，寻找可以解决这些系统问题的经济的、社会的、技术的方法和手段。

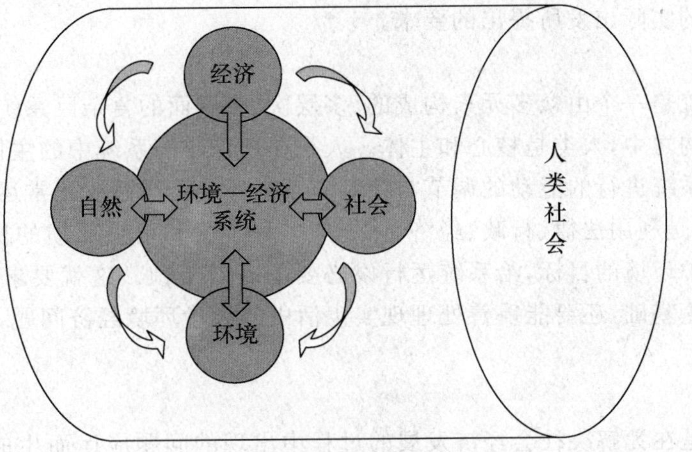

图 1-2　环境—经济系统构成

二、环境经济学的学科性质

1. 边缘性

环境经济学是以环境—经济系统为研究对象，从人类社会可持续发展的角度研究人类社会经济系统运行与环境系统运行的边缘学科。社会生产力的发展必然以资源消耗和一定量的环境污染为代价，环境经济学试图寻找解决经济行为的外部性问题的途径，而作为经济行为主体的"人"势必成为外部性问题解决的主导者。因此，从学科从属的角度来看，环境经济学是一门从属于经济学、社会学、自然科学的边缘学科。

2. 实用性

环境经济学是在解决社会发展面临的实际问题中产生的一门学科，其研究对象、研究内容、研究方法等都是围绕人类社会发展中的现实状况而开展的。对于经济运行中对环境所造成的损害量化以及对于既有环境问题的解决成本量化等都是为环境保护相关政策的制定提供科学、可靠的政策依据，因此环境经济学具有很强的实用性。

三、环境经济学的特点

从学科归属来看，环境经济学是属于经济学科类的一门学科。它研究的是环境领域中的经济问题，而不是技术问题。但是，它又是一门具有鲜明跨学科性质的学科。因此，与一般经济学科相比，它又具有以下特点。

1. 整体性

环境经济学的整体性是由环境经济系统的整体性决定的。环境经济系统是环境系统与经济系统相结合的统一有机整体。在这个统一整体之中，各元素和各子系统之间有着内在的本质联系，形成一个完整的系统。环境经济学必须从环境经济系统的整体性出发，即从环境与经济的全局出发，才能揭示环境经济问题的本质，才能找到解决问题的有效途径。

2. 复合性

环境经济系统是由环境系统和经济系统复合而成的系统，这就要求环境经济学应该集中研究环境系统与经济系统在各个侧面、各个层次形成的复合关系，即不必研究单纯的环境问题与单纯的经济问题，而要集中研究环境与经济两者复合过程中形成的环境经济问题，这是从解决环境经济问题的实际出发所提出的要求。

3. 实用性

环境经济系统是一个由众多元素构成的、多层次、多侧面的复杂巨系统。在环境经济系统这一多维网络结构之中，人类是核心和主体。人类在环境经济系统中的主体作用，集中表现在人类对环境经济系统进行的能动的调节与控制。它是环境经济系统正常运行的重要前提。这种调节与控制，就是利用法律、行政、经济、计划等多种手段和信息反馈的机制，围绕一定的社会经济发展与保护环境的目标，给系统运行以必要的有效干预。这就要求环境经济学不仅应有自己坚实的理论基础，还要能妥善处理现实生活中的大量环境经济问题，为环境经济管理决策提供科学依据。

4. 交叉性

环境经济学是在为解决社会经济发展的过程中出现的问题应运而生的一门学科，是从经济学分离出来与环境科学、自然资源学等学科再次结合而独立出来的一个分支。环境经济学研究的问题涉及自然、社会、经济等不同因素；需要充分运用经济的、社会的、技术的手段去解决面临的环境问题；既要考虑经济、技术上的可行性，也要遵循自然、社会发展规律。

5. 科学性

无论是其理论基础，还是其实践途径，抑或是其研究目标，环境经济学都是在科学的指引下开展的，也唯有秉持科学的理念和坚持科学的手段才能更好地解决环境与经济发展过程中出现的实际问题。

6. 综合性

环境—经济系统具有内部结构，其环境子系统和经济子系统均由不同的影响因子构成。在分析环境经济问题时，不能单纯地考虑某一个因子或某几个因子。因为从系统论的角度看，任何一个因子的变动都会影响到整个系统发生变化。因此，在开展环境经济学研究时，应在考虑主导因素的基础上，还要考虑系统内部其他因子所受到的影响和可能对系统引起的变动。

7. 区域性

自然地理环境受海陆分布、地形地貌、气象气候等自然因素和经济发展、人为干预等人为因素的影响而呈现出明显的地域性。沿海和内陆、平原与山地、城市与乡村等不同地域单元，因自然条件和开发利用过程等具有不同的环境承载力，所面临的环境问题也就各有不同。在运用环境经济学的理论和方法研究环境—经济问题时，要充分考虑到区域之间的差异性，做到因地制宜、因人制宜。

8. 动态性

社会经济处于不断的发展变化之中，即使在工业社会阶段，也有起步、发展、成熟等发展周期的差异。马斯洛的需求层次理论也体现了不同的社会发展阶段人们需求的不同，也因需求差异而产生对环境和经济不同的偏好。如同环境问题的出现是逐渐累积的过程一样，环境问题的解决也不是一蹴而就的，因问题根源、严重程度、影响途径等因素采取阶段性的环境经济手段是十分必要的。

四、环境经济学的性质

一门学科的性质是由该学科的研究对象决定的。环境经济学是经济科学和环境科学交叉的学科，它既是经济科学的分支学科，又是环境科学的分支学科，环境经济学具有边缘性和应用性的特点。

1. 边缘性或交叉性

环境科学和经济科学都是综合性科学。环境经济学的研究要涉及自然、经济、技术等各个方面的因素，不仅与经济学、环境科学有直接关系，而且与地学、化学、生物学、工程学、管理学及至法学等许多学科在内容和研究领域上有很多的交叉渗透。正是由于这种边缘性，所以在研究环境经济问题时，既要发挥经济规律的作用，又要重视自然规律的制约。例如，对污染物在环境中的迁移转化等规律的研究，就要求研究环境经济学的专家、学者既要掌握经济学知识，又要掌握环境科学知识，以便更好地探讨、研究环境经济学的问题。再如，在评价环境的健康效应时，评价者不仅要掌握污染与人体健康的剂量反映关系以及流行病学统计方法，而且还要了解非市场的人体健康效应的经济评价技术。

2. 应用性和实践性

所谓应用性，是指运用基础科学的理论和方法，来解决实际问题。环境经济学的应用性直接来源于其产生或形成的条件。从某种意义上说，环境经济学是经济学家试图通过传统经济理论的一些变革，来形成解决外部性问题的手段（或途径）。也就是说，环境经济学主要是运用经济学和环境科学的理论和方法，研究经济发展和环境保护的关系，解决经济活动中的环境效应。

环境经济学研究虽然在早期过多地侧重于理论研究，但是近年来研究重点已转到如何应用这些理论解决实际环境问题。例如，将许多学科已经建立、发展起来的研究方法（如费用—效益分析、投入—产出技术以及数学规划方法等）应用于环境经济分析，使它们成为解决环境保护和经济发展协调中的有力工具。

五、环境经济学的作用

1. 构建基于可持续发展理念的环境经济学理论基础

环境经济学是 20 世纪 70 年代工业社会发展过程中经济与环境出现冲突时应时而生的一门学科，与经济学、自然科学等有着天然的联系，学科所具有的交叉性使其在发展的过程中不断地吸纳、发展相关学科的理论观点作为学科发展的理论支撑。作为一门独立的学科，基于自身研究对象的特殊性、研究领域的差异性等，有必要发展满足学科发展的理论基础。从学科兴起至今，可持续发展已经成为各学科、各领域发展的重要理念之一，环境经济学的深入研究有助于构建起对于学科发展有专门性、导向性意义的理论基础，为可持续发展理念在学科中的融入提供保证。

2. 开展基于环境资源可持续利用的经济评价

“环境与经济的关系究竟是一种什么样的关系?”“究竟该如何正确且合时宜地处理经济发展和环境保护之间的关系?”……诸如此类的问题始终伴随着环境经济学发展。要很好地回答这些问题，仅有定性的阐述是不足以说明问题和令人信服的，需要将定量和直观的结果比较、权衡，才能最终作出科学的决策。通过对环境经济问题开展经济评价，对某一现象或行为的投入—产出、费用—效益等进行定量化的评价和评估，在可持续发展目标的指引下作出相应的发展选择。

3. 探索环境与经济协调发展的实践模式

"绿水青山就是金山银山"是国家层面对于未来经济社会发展方向的科学论断,改革开放所取得的经济发展成果和资源环境代价也鲜活地印证了环境与经济之间的互动关系。西方资本主义国家在300多年的工业发展过程中对于环境与经济协调发展的实践无法给出一个理想的模式,作为发展中国家的中国来说,面对已有的经济发展成果和资源环境现状,探索一条环境与经济协调发展的中国特色的实践模式是十分迫切而必要的。

4. 指导制定满足可持续发展要求的环境经济制度与政策

资源环境是公共产品,对其所开展的生产和消费仅仅有市场经济是无法解决所有问题的,也需要政府的参与。无论是宏观层面上的制度架构、政策制定,还是微观层面的投资决策、环境整治等,我们面临着已有经验的匮乏和国外经验的水土不服的内外问题交合。环境经济学通过理论与实践的结合、国外与国内的比较、区域个性发展的特点研究,指导制定环境和经济社会发展计划、指导政策和项目评估、指导管理环境和自然资源等;还可以指导不同空间尺度、不同时间序列、不同区域特色的制度构建、政策制定和决策实践等。

六、环境经济学的研究任务

环境经济学研究的对象和性质决定了这门学科的任务,就是要正确地控制与调节经济发展与环境保护之间的关系,实现人类社会的可持续发展。具体地说,研究任务主要有以下3个方面。

(1)研究经济发展符合自然规律的要求,并考虑人类活动对自然和社会的近、远期影响

环境问题的改善在很大程度上取决于客观规律的认识和运用,所以,环境经济学研究的一个重要任务就是要遵循自然规律来发展经济。环境问题的自然规律主要是生态规律,人类在改造或利用某一环境要素时,要考虑对其他环境要素的不利影响,物质和能量的转换要保持平衡。这个平衡主要是指:①排入环境的废物不能超过环境的净化能力,以避免造成环境污染和破坏;②人类从自然环境中所获取的可更新资源不能超过它的再生增殖能力,以保障资源的永续利用;③从环境中索取不可更新资源,要合理开发,注重节约集约和循环利用。

因此,经济社会发展规划必须列入环境保护内容,经济社会的决策必须考虑生态学的要求,以使得经济发展和环境保护协调进行。

(2)环境保护投入要尽量地小,而环境效益和经济效益要尽量地大　如前所述,经济发展会带来环境污染与破坏,而保护环境则需要消耗一定的物质财富,同时环境质量的改善程度与经济发展水平有关系。因此,环境经济学把环境经济效果作为重要的研究内容。即在开发利用自然资源中,研究环境系统变化所带来的经济损失,进行费用—效益分析比较,以选择最优化的开发方案;在生产建设中,研究防治污染、保护环境措施的经济效果,为制定最佳的防治污染方案提供依据;在环境管理中,研究各类环境标准的水平变化和环保投资增减的比例关系,为制定适合我国经济水平的环境标准提供经济依据。

(3)发展经济要保护和改善环境,使环境更适合人类生活水平提高的要求　当今世界经济迅速发展,人口急剧增加,因此对环境的压力已经达到相当紧张的程度。世界环境与经济发展委员会在一份报告中指出:"超负荷、超速度地过量开采环境资源,使其不能不被耗竭……虽然我们这一代是受益的,但我们的子孙则会承受损失。后代人可能会责怪我们挥霍浪费,但他们却无法向我们讨债。"因此,环境经济学研究的一个重要任务,就是要正确地调控经济与环境之

间的关系，既要保证当代人的健康，又要为子孙后代造福；既要为当前生产发展服务，又要为长远的经济发展考虑。此外，环境经济学还要研究生物圈提供环境资源的能力，以保障人类生存的质量。

第五节 环境经济学的研究方法

对于任何一门学科，其研究方法的使用是解决理论和实践问题的重要保证。环境经济学在几十年的发展过程中，大量吸收了经济学、生态学、社会学、地理学、信息技术等传统学科的研究方法以及新技术的引用等，在学科发展中形成了包括理论研究、方法研究、实证研究和规范研究等方法。

一、理论研究

环境经济学作为一门近几十年才发展起来的新兴交叉学科，相较于发展历史较久的地理学、经济学等学科，其理论基础还需要不断地兼收并蓄、持续夯实。理论研究法是通过对社会调查资料进行统计、分析，并进一步进行系统性思维加工，揭示本学科某一方面的发展规律，从而形成具有学科特色的理论、观点。理论研究法是从实践到理论、从具体到抽象、从定量到定性的过程，是学科发展研究的重要基础。

二、方法研究

费用—效益分析又称成本—效益分析，在具体环境项目分析时较为常用。费用—效益分析从社会发展的角度分析项目实施对于国民经济发展的贡献度。在进行费用—效益分析时，要对环境损害事实、环境破坏或污染所造成的经济损失、环境修复或治理所需要的经济成本、项目进行中的社会贴现率等概念进行厘清，综合运用市场价值法、机会成本法、防护费用法、重置成本法、影子工程法、人力资本法、资产价值法、旅行费用法、投标博弈法等，对于项目不同实施方案的费用、效益进行比较，选出最佳方案。

三、实证研究

环境经济学是研究在社会发展过程中经济发展与环境保护关系的科学，是通过对人类社会发展过程中客观存在的现象进行分析进而找出解决问题的途径。通过对某一环境现象的构成要素、相互关系、影响因子等进行分析，在条件设定的基础上对所提出的假说进行验证。实证研究是描述经济运行及市场相关制度及其如何运作的。环境经济问题源于实践，其解决途径也必然需要实践的验证，这也是环境经济学实证研究方法的起点和落点。

四、规范研究

规范研究是利用一定的工具和手段指导政策制定，并以此作为政府干预市场运作的依据。“市场失灵”问题在实际市场运行中是存在的，解决“市场失灵”的手段就是一定的宏观干预。政府作为干预主体需要以经济运行规律为基础，通过一定的政策规范市场行为，解决环境产品的市场供需问题。例如，规范研究可以用于分析评价一个环境污染控制条例或环境保护项目的可行性等，或者针对存在任意多可能性时作出最好或最佳的选择。最近十几年里，环境经济学在制定环境政策和区域发展规划、评价开发建设项目等领域发挥了日趋重要的作用。经济手段在环境管理中的应用以及评估环境与自然资源的经济价值逐渐成为环境与资源经济学的主要发展方向。

在实际开展研究时，通常会根据情况采用不同的方法。在市场经济条件下，能够产生经济刺激或经济动力的政策和措施被认为是最有效率的管理环境的方法。特别是对于经济处于高速发展时期的发展中国家，在国家资金有限、财力不足的情况下，经济手段不仅可以提供有效的管理，同时还是国家和地方政府筹集环保资金的有效途径。经济评价是通过专门的技术和方法，评价改善环境质量或者保护自然资源可能获得的经济效益。鉴于环境质量和许多自然资源都是没有市场价格的公共物品，经济评价的首要任务是给这些物品合理定价。这项工作可以直接或间接地参照一些私人物品的市场价格，也可以利用统计调查的方法。

第六节　环境经济学的研究领域与发展前景

环境经济学作为从20世纪70年代兴起的一门学科，相对于古老的数学、地理学等发展时间较短，但因其与人类的现实生活联系密切，因此发展速度很快，今后也将会继续影响人类社会生活的诸多方面。

一、环境经济学的研究领域

从研究领域来看，环境经济学主要关注以下几个方面。

(1)环境与经济的关系　这是环境经济学的研究基础。前面介绍过的《增长的极限》一书运用大量的数据分析了在人类社会经济发展的过程中对于资源的消耗、环境的破坏等所造成的影响，而这种影响又反过来制约了人类社会的发展。经济学中有一般均衡理论，这对于分析经济发展与环境之间的关系是适用的。

(2)关于环境价值评估的问题　环境具有价值，可以满足人的某种需求，具有使用价值，因此对于环境价值进行评估，确定环境价值的高低，以明确环境(包括资源在内)对于国家发展的重要性。要不断完善经济指标的核算方法，确定科学合理的经济发展规划，来评价制定国家发展政策和区域发展战略等，最典型的应用就是绿色GDP核算。

(3)利用经济手段实现环境保护的目标　最常用的手段就是庇古税，它对于解决经济发展中的外部性问题是一种极具适用性的经济手段。此外还有排污许可证制度等。

(4)可持续发展问题和全球性环境问题　这也是环境经济学一直致力于研究的问题。在环境问题研究中会发现环境问题是没有区域界限的，全球气候变暖、森林覆盖率的下降、荒漠化等问题直接威胁整个人类社会的发展。

当前，全球经济发展进入新的时期，中国作为正在崛起中的发展中大国，在经济发展中不断强化生态文明理念的重要性。在价值观念上，强调以平等态度和充分的人文关怀关注和尊重生态环境，使经济社会发展与资源环境相协调；在实现路径上，努力走出一条资源节约和生态环境保护的新道路，倡导和推行自觉自律的生产生活方式，基本形成节约能源资源和保护生态环境的产业结构、增长方式、消费模式，全面推进经济社会的绿色繁荣；在目标追求上，注重增进公众的经济福利和环境权益，促进社会和谐；在时间跨度上，可持续发展是长期艰巨的建设过程，既要补上工业文明的课，又要走好生态文明的路[①]。

二、环境经济学的发展前景

1.环境价值评估与构建绿色国民经济核算体系

环境经济学研究的问题不是一般的经济学问题，所以运用传统经济学工具研究环境问题时总会有一定程度的偏颇，导致所得出的结论不能客观地反映环境经济问题的实质。近年来，在对环境经济问题分析时虽然吸收了其他学科，尤其是经济学的新理论、新方法，但是环境经济学，尤其是针对环境价值评估的分析工具还比较浅显。经济活动的开展必然会对环境造成影响，历史环境问题的积累以及新增经济项目可能对环境造成的损害等导致环境资源日益稀缺，因此对于环境价值评估理论和方法的研究势在必行。

2015年8月12日，天津发生"8・12"爆炸事故，相当于20多吨TNT爆炸当量的剧烈爆炸造成165人遇难，8人失踪，798人受伤住院治疗，304幢建筑物、12428辆商品汽车、7533个集装箱受损，直接经济损失近70亿元。本次事故检出的有害物质包括硫化氢、氰化氢、氨、环氧乙烷、苯、甲苯、二甲苯、三氯甲烷、挥发性有机物等，对于空气、水环境、土壤等造成了不同程度的损害。由于部分环境损害具有一定的潜在性、隐蔽性和滞后性，导致对于所造成的环境价值损失的评估无法通过常规手段完成，需要综合运用动静态结合、趋势模拟等方法，以期更全面地评估事故造成的损害后果。

绿色国民经济核算体系是把环境和资源核算纳入国民经济核算体系，这是实现可持续发展战略的保障之一，也是环境经济学研究的重点内容。一直以来，国民经济总量(GDP、GNP)核算体系里面只注重社会生产直接要素的核算，而没有考虑环境和资源因子，导致以此核算结果为政府决策依据时不免出现政策偏差，甚至可成为可持续发展的障碍性因素。

从20世纪80年代开始，联合国统计署、世界银行环境局就开始进行相关研究项目，建立了环境核算和国民经济核算体系之间的关系。美国、日本、欧盟、泰国、墨西哥、菲律宾、印度尼西亚等国家都不同程度地开展了涉及环境因子的国民经济核算体系的构建。但是也有一些国家，包括中国在内的发展中国家在绿色国民经济核算体系的构建上还存在不足：一是对资源和环境因子的内涵界定不清晰，尤其需根据不同区域情况进行差异化的界定；二是在环境和资源核算中只单纯地考虑自然资源核算或是生态环境价值核算，没有根据相关关系强弱及本质特征分离经济价值和生态价值，不能为后续政策制定提供针对性的依据。

2.循环经济

20世纪70年代全球环保运动开始以来，环境保护成为国际共识。环保运动起源于对经济活动中"三废"排放所造成的环境损害的关注，因此环保运动之初人们提出了在生产过程中应控制和减少"三废"的排放，提倡清洁生产，并以此为目标制定一系列的规范要求，从生产源头到产品使用结束进行全过程的管理，将对环境的损害控制在最低限度，即"低消耗、低污染、高产出"的生产模式。清洁生产相对于传统的"命令—控制"式的环境管理手段来说，更强调生产者的主动性和参与性，形成政府—企业"合作伙伴"式的环境保护路径。20世纪90年代，发达国家开始实施循环经济，通过循环使用提高废弃物资源化，从而减少进入最终处置环节的废

① 观点引自周生贤《中国特色生态文明建设的理论创新和实践》。

弃物数量。德国、日本等国家通过立法的形式提出了循环经济的具体措施和政策。相对于传统"资源—产品—消费—排放"单向线性经济运行方式来说,循环经济是一种"资源—产品—消费—再生资源—排放"的物质闭环流动型经济运行方式,通过循环利用提高资源使用效率,将向环境排放的废弃物和造成的损害降到最低。从关联性上来说,清洁生产是循环经济的具体表现,循环经济是清洁生产的最终目标。

循环经济的本质是生态经济,以"减量、再用、循环"(reduce,reuse,recycle)为社会经济运行准则,从企业、区域、社会三个空间尺度形成企业—区域—社会的整体经济循环,即"大、中、小"循环。目前就如何选择合适的尺度对生态过程进行研究还没有形成完整的理论和方法体系,对不同尺度生态过程相互作用的研究还不充分;如何评价区域发展循环经济的状况和程度,由哪些指标来表征以及如何通过指标来评估是否具有可持续性等问题还需要深入研究。

3. 全球性环境经济问题分析

全球性的环境问题主要包括酸雨蔓延、全球气候变化、生物多样性减少、海洋污染、淡水资源污染、土壤污染、臭氧层破坏、持久性有机污染物等,这些环境问题都是在社会经济不同领域里因自然的或人为的因素造成的,尤其以人为因素造成的各种污染物进入环境中,超出了环境容量而造成的环境污染或破坏为甚。

以持久性有机污染物为例,尽管联合国环境规划署通过的有关国际环境公约《关于在国际贸易中对某些危险化学品和农药采用事先知情同意程序的鹿特丹公约》《控制危险废物越境转移及其处置的巴塞尔公约》《关于持久性有机污染物的斯德哥尔摩公约》等,都对持久性有机污染物的生产者、用户、政府和公众等对这些化学品危害特性信息方面进行宣传和提示,但由于这些物质具有长期残留性、生物蓄积性、半挥发性和高毒性等,加之其在相当长的时间中曾是农业杀虫、环境除虫的重要依赖性手段,因此,尽管近些年来包括中国在内的很多国家停止使用这种杀虫药剂,但其在环境中的残留依然较多,对人类健康和环境仍具有严重危害性。严格控制此类物质的使用并对已经造成的危害进行监控和治理也是环境经济学研究的方向之一。

当然,随着工业社会的进一步发展,在21世纪及其今后一段时间,人类还将面临一系列的环境问题。郝静在其完成的《2018/2019前沿报告》中,从合成生物学的创新和伦理困境,到国际适应气候变化行动的选择等方面探讨了地球面临的新兴环境问题。比如,在监管到位的情况下,最前沿的基因拼接技术会惠及人类和环境健康吗?如果及时行动,能否防止永久冻土泥炭地进一步退化,避免全球变暖达到失控的"临界点"?能否避免整体气候变化适应不良的陷阱,将其损害降至最低,以确保所有人而非少数群体的利益?报告涵盖5大新兴问题,包括合成生物学的发展现状、景观连接度的关键优势、永久冻土泥炭地复杂的相互作用和脆弱性、氮污染肆虐引发的环境挑战以及在应对气候变化过程中适应不良产生的危害。报告旨在将最新科研成果与以结果为导向的政策联系起来,重点关注环境健康及可持续发展等相关问题。

复习思考题

一、名词解释

1. 生态危机
2. 可持续发展

3.循环经济

二、简答题

1.人类社会面临哪些典型的环境问题？产生的原因是什么？

2.为什么要走可持续发展道路？走可持续发展道路应该注意哪些方面？

3.环境经济学兴起的背景是什么？简要说明其发展历程。

4.什么是环境经济学？环境经济学的特点有哪些？

三、论述题

1.请阐述你对“两山理论”内涵的理解。

2.经济发展与环境保护的平衡点何在？如何实现两者的共赢？

3.试分析中国改革开放以来的发展中，哪些经济发展是可持续的，哪些是不可持续的？

4.如何理解环境经济学科的交叉性？

5.如何理解环境问题的本质是经济问题？

第二章

经济学基础

地力之生物有大数，人力之成物有大限。取之有度，用之有节，则常足；取之无度，用之无节，则常不足。

——司马光，《资治通鉴》

本章学习目标

1. 了解当今全球十大经济学原理；
2. 理解市场中的供给、需求和均衡；
3. 掌握福利经济学的相关概念和帕累托效率；
4. 理解可持续发展、生态文明的内涵。

引导案例

“洛阳纸贵”的故事

“洛阳纸贵”这个成语用来比喻作品为世所重，风行一时，流传甚广。其原意是指洛阳之纸，一时求多于供，货缺而贵。但它的原意与喻意是如何联系在一起的呢？原来，在西晋太康年间出了位很有名的文学家左思，其所作《三都赋》在京城洛阳广为流传，被人们啧啧称赞。由于当时还没有发明印刷术，喜爱《三都赋》的人只能争相抄阅，因为抄写的人太多，京城洛阳的纸张供不应求，一时间全城纸价大幅度上扬。它反映了人们对某种商品的需求变化对该商品价格的影响。

第一节　经济学十大基本原理

经济学是研究社会如何管理自己的稀缺资源，在大多数社会中，资源是通过千百万家庭和企业的共同选择来配置的。而贯穿于经济学领域的十大基本原理，主要研究人们是如何做出决策的，人们如何进行相互交易，整体经济是如何运行的。

一、人们如何做出决策

原理一：人们面临权衡取舍

事实上，“鱼和熊掌不可兼得”这句话能够很好地解释取舍，即为了得到一样东西通常不得不放弃另外一样东西。比如，对于个人来说时间是稀缺的，当你多花费一小时在休闲娱乐上，就不得不在其他的事情上减少一小时，这是由时间的稀缺性决定的。

一个家庭也面临权衡取舍，父母可以把他们的收入用来购买食物、衣服或者度假。当他们把钱花在食物上更多时，就必须在旅游度假上少花费一些，这是钱的稀缺性。当人们组成社会时，也面临各种不同的权衡取舍。现代社会，人们比较关注的是清洁的环境和高收入水平。这要求企业通过减少排放各类污染物使其达到排放标准，从而增加了生产物品的成本。成本提高使企业赚取的利润减少，因此企业会尽可能地降低工人的工资。尽管污染管制带来的是更清洁的环境以及人们健康水平的提高，但付出的代价是企业以及工人收入的减少。

从以上的例子可以看出，小到个人，大到整个社会都面临权衡取舍。当然，人们只有了解了他们所面临的选择，才有可能作出良好的决策。

原理二：某种东西的成本是为了得到它所放弃的东西

由于面临权衡取舍，所以人们在作出决策时会比较成本和收益。以篮球运动员科比·布莱恩特为例，尽管在高中毕业时他得到了不错的 SAT 成绩，可以进入不错的大学。但他的决策是直接进入 NBA 而放弃大学。如果他读大学，他的成本是什么？即科比为了上大学必须放弃什么？他必须放弃的是在读大学的 4 年期间可以在 NBA 获得的高收入。所以许多 NBA 球员常常决定，不值得花费这么高的成本来获得上大学的收益。

原理三：理性人考虑边际量

在可用机会为既定的条件下，理性人指的是系统而有目的地尽最大努力实现其目标的人。例如，企业为实现利润最大化，要决定雇用工人和制造产品的数量；个人决定把多少时间用于工作，购买什么样的物品和劳务，以便获得最大可能的满足。

理性人通常通过比较边际收益和边际成本来作出决策。例如一个收费的公园为什么不通宵开放？通宵开放一个晚上，公园的边际成本和边际收益是什么？边际收益是晚上来参观公园的人所付的门票费用，边际成本是一晚的电费、维护费、工作人员的加班费等。显然，边际收益远远小于边际成本。所以公园的经营者作为一个理性人会把边际成本和边际收益做比较，随后作出理性的选择。

为什么一个企业的工业废水处理到刚好满足污染物排放相关标准，而不进行更深度处理呢？废水中含有的有毒有害物质种类多，成分复杂，越深度处理，花费的成本就越高，即边际成本越高。企业深度处理废水可获得的边际收益是什么呢？边际收益可能就是政府给予的奖励和补贴。显然边际收益与边际成本相比要小得多，因此企业经营者也一样会考虑边际量。当且仅当一种行为的边际收益大于边际成本时，一个理性决策者才会采取这种行动。

原理四：人们会对激励做出反应

激励是指激发人的行为的心理过程。理性人通过比较成本与收益作出决策，所以他们会对激励作出反应。例如，政府决策者使用激励，征收汽油税，从而鼓励人们开小型节油性的汽车；同时还鼓励人们拼车或乘坐公共交通工具，鼓励人们在离自己住所近的地方工作。

二、人们如何进行相互交易

原理五：贸易可以使每个人的状况变得更好

大家也许在新闻中听到过，在世界经济中美国是日本的竞争对手，因为美国企业和日本企业生产很多相似的产品，在汽车、电脑和许多其他物品市场上争夺相同的顾客。但是两国之间的贸易并不像体育比赛一样，一方赢而另一方输。事实上正好相反，两国之间的贸易可以使两个国家的状况变得更好。

经济中每个家庭与其他家庭之间也会相互竞争，因为每个家庭都想以最低的价格购买最好的物品。尽管如此，把你的家庭与其他家庭隔绝开来并不会使你的家庭过得更好。因为如果隔绝开来的话，你的家庭就必须自己种粮食，自己做衣服，自己盖房子。显然，这是不可能的。通过与其他人贸易，人们可以以较低的成本获得各种各样的物品与劳务。

原理六：市场通常是组织经济活动的一种好方法

市场经济指的是当许多企业和家庭在物品与服务市场上相互交易时，通过他们的分散决策配置资源的经济。企业决定雇用谁和生产什么，家庭决定为哪家企业工作，以及用自己的收入购买什么。这些企业和家庭在市场上相互交易，价格和利己引导着他们的决策。乍一看，市场经济的成功是一个谜。毕竟，在市场经济中，没有一个人追求整个社会的经济福利。自由市场包括大量物品和服务的许多买者和卖者，而所有人都主要关心自己的福利。尽管市场中存在的是分散的决策和利己的决策者，但事实已经证明，市场经济在促进总体经济福利方面非常成功。

经济学家亚当·斯密在其1776年出版的著作《国民财富的性质和原因的研究》中提出了经济学中最著名的观察结果：家庭和企业在市场上相互交易，他们仿佛被一只“看不见的手”所指引，并导致了合意的市场结果。事实上，这只看不见的手就是价格。价格是用来指引经济活动的工具。在任何一个市场上，当买者决定需求多少时，他们盯着价格；当卖者决定供给多少时，他们也盯着价格。作为买者与卖者决策的结果，市场价格既反映了一种物品的社会价值，也反映了生产该物品的社会成本。亚当·斯密的重要洞察是，价格会自发调整，指引单个买者和卖者达到某种结果，该结果在大多数情况下会实现整个社会福利的最大化。

原理七：政府有时可以改善市场结果

既然市场这只“看不见的手”如此有效，那么为什么还需要政府？因为有时会出现市场失灵。市场失灵指的是市场本身不能有效配置资源的情况。引起市场失灵的因素有 3 个:外部性、市场势力以及价格缺陷。

外部性指的是一个人的活动对旁观者福利的影响,最典型的例子就是污染排放。一个工厂向大气中排放烟尘,如果不让这个工厂承担排放烟尘的费用,它就会大量排放,“看不见的手”不能调节这种情况,政府就可以通过出台相应的污染物排放法律法规来限制企业的排污行为。

市场势力指的是一个经济活动者或者经济活动者的一个小集团对市场价格有显著影响的能力。例如,一个村里只有一口井,村里的每个人都需要水,这口井的主人对水的销售有市场势力,井的主人就是垄断者。规定垄断者收取的价格有可能提高经济效率。

价格缺陷指的是由于价格不能确保公平地分配经济结果,这使不同职业和行业中最优秀的人的收入存在差别。

政府有时可以改善市场结果并不意味着它总会这样。公共政策不是天使制定的,而是由不完善的政治程序制定的,有时所设计的政策有片面性,有时政策是由动机良好但信息不充分的领导者制定的。

三、整体经济如何运行

原理八:一国的生活水平取决于它生产物品与服务的能力

世界各国人们生活水平的差别是惊人的。在横向上比较,2017 年,美国的人均收入约 59000 美元,墨西哥的人均收入约 9000 美元,而非洲的几内亚人均收入只有 700 美元。这种平均收入的巨大差别反映在各种衡量生活质量的指标上。高收入国家的公民比低收入国家的公民拥有更多的电视机、更多的汽车、更好的营养、更好的医疗保健,以及更长的预期寿命。

在时间纵向上比较,改革开放 40 多年来,我国的人均年收入增长了 22.8 倍,人们的生活水平和消费质量得到巨大的改善。用什么来解释各个国家之间以及同一个国家不同时期生活水平的巨大差别呢?答案非常简单,就是生产率——每一单位劳动投入所生产的物品与服务数量的差别,几乎所有生活水平的差别都可以归因于各国生产率的差别。那些工人每单位时间能生产大量物品与服务的国家,大多数人享有高生活水平;而工人生产率低的国家,大多数人生活水平较低。

生产率与生活水平之间的关系如此重要,在考虑一项政策如何影响生活水平时,关键问题是这项政策如何影响生产率。为了提高生活水平,决策者需要通过让工人受到良好的教育、拥有生产物品与服务需要的工具以及获取最好的技术来提高生产率。

原理九:当政府发行了过多货币时,物价上升

通货膨胀指的是经济中物价总水平的上升。大多数严重或持续的通货膨胀,其罪魁祸首是货币量的增长。当一个国家的政府发行了大量本国货币时,货币的价值就下降了。由于高通货膨胀给社会带来了各种代价,世界各国都把保持低通货膨胀作为经济政策的一个目标。

原理十:社会面临通货膨胀与失业之间的短期权衡取舍

大多数经济学家是这样描述货币注入的短期效应:经济中货币量的增加刺激了社会的整体支出水平,从而增加了对物品和服务的需求。需求的增加随着时间的推移,引起企业提高物价，但同时，也鼓励企业雇用更多的工人，生产更多的物品和劳务。更多工人被雇用意味着更少的失业。上述过程得出一种在整个经济范围内的一种最终权衡取舍：通货膨胀与失业之间的短期权衡取舍。二者之间的交替关系只是暂时的，但可以达数年之久，特别是决策者在运用政策工具时可以利用这种关系。

第二节　需求、供给和市场均衡

一、需求

个人需求指的是一个人在某一特定时期内，在各种可能的价格下，愿意而且能够购买的某种商品的各种数量。个人对于某种商品产生需求需要具备两个条件：第一，个人具有购买意愿；第二，个人具有支付能力。没有支付能力的购买意愿只是一种需要而不构成需求。一般来说，用横轴来表示需求量 Q，用纵轴来表示价格 P，将价格与对应的需求量确定的点在坐标轴上标出来，然后连接它们成为光滑的曲线，这条曲线称为需求曲线 D，如图 2-1 所示。需求曲线可以是直线型的，也可以是曲线型的，在微观经济分析中通常使用直线型的。从图中可以看出，当价格上升时，需求量就会下降，因此需求曲线的走势从左向右下方倾斜。

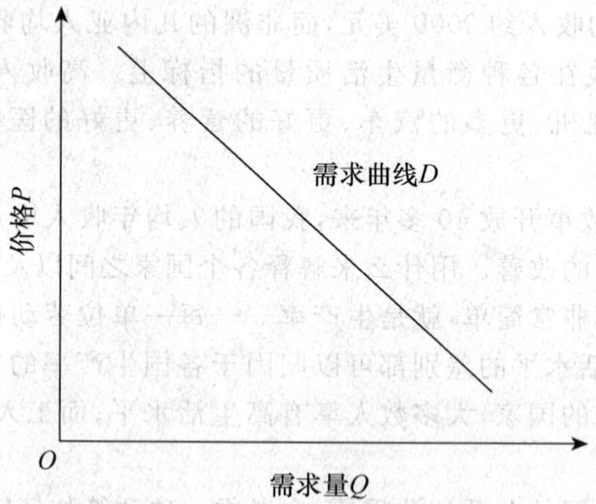

图 2-1　消费者需求曲线

市场需求是在每一种价格水平下的市场所有买者需求量总和。现实中的市场，买者成千上万，为了得出任何一种价格水平下的总需求量，只需要把在个人需求曲线的横轴上标出的个人需求量相加，就可以得到市场需求。市场需求曲线依然是一条向右下方倾斜的曲线。

物品的需求量与价格相关，随着价格上升而减少，随着价格下降而增加。实际上这种关系非常普遍，经济学家把它称为需求规律：在其他条件不变的情况下，物品的需求量与价格呈反方向变动。在理解需求规律时，要特别注意"其他条件不变"这一假设条件，需求规律只有在此假设下才成立，离开了这一假设需求规律无法成立。例如，消费者的收入增加了，商品本身的价格和需求量就不一定是反方向变动了。

现实中的大多数商品都满足需求规律，但也有例外的情况，即有些商品并不遵循需求规律。对于违背需求规律的商品可分为以下两大类。

第一类为吉芬品。1854 年英国经济学家罗伯特·吉芬在爱尔兰发现由于当地发生的大饥荒而使得土豆的价格大幅度上涨，人们对土豆的需求量增加了。这种现象显然违背需求规律，因而称为吉芬之谜。后来，人们把那种随着价格上升需求量也增加的低档物品称为吉芬品。之所以会发生吉芬之谜这种现象，原因在于当时人们太穷了，人们平时所能消费的肉类不太多，如今土豆涨价了，相对来说他们更穷了，穷到买不起原本消费肉类的数量，结果只好增加对土豆的购买。

第二类为炫耀性物品，指的是那些用来满足人们虚荣心的物品，比如钻石。这类物品常因其价格上涨，而越能显示出其珍贵及拥有者的社会地位。因此，往往这类商品价格越高，需求量反而越大。

前面提到的需求曲线是以其他因素不变为前提来研究需求量与商品自身价格的关系的。如图 2-2 所示，当价格由 P_1 下降至 P_2 时，需求量由 Q_1 增至 Q_2，也就是在同一条需求曲线上，由 A 点移至 B 点，这称为沿着需求曲线移动。

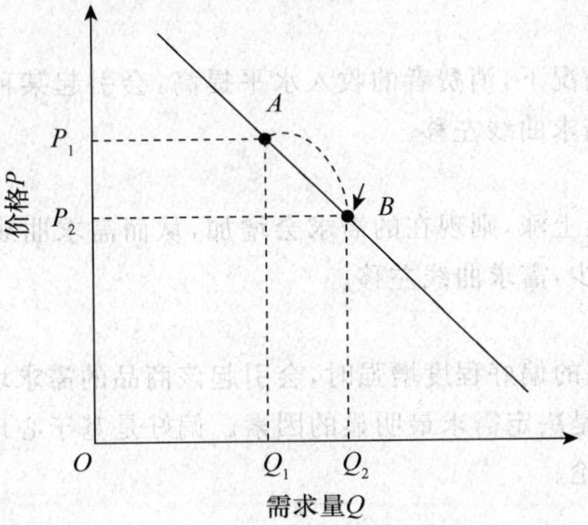

图 2-2　沿着需求曲线的移动

由于市场需求曲线是假设其他条件不变，但随着时间的推移，需求曲线不一定是稳定的。如果某种因素改变了任何一种既定价格水平下的需求量，需求曲线就会发生移动。需求曲线向右移动，表现为需求增加；相反，需求减少时，需求曲线表现为向左移动。如图 2-3 中需求曲线向左移动到 D_1，向右移动到 D_2。

现实中，往往是所有要素共同影响需求变化，以下是几种重要的影响需求的因素。

1. 互补品的价格

互补品是指需要一起消费才能满足消费者某种需求的两种商品。它的特点是一种物品价格上升引起另一种物品需求减少的两种物品。例如汽油与汽车、电脑与软件、钢笔与墨水等。在其他条件不变的情况下，墨水价格上涨，人们对墨水的需求减少，同时作为墨水互补品的钢笔，对它的需求也减少，需求曲线向左移动。

2. 替代品

替代品是指能够满足人们某种类似需求或者愿望的两种商品。它的特点是一种物品价格上升会引起另一种物品需求增加。如羊肉和牛肉、可口可乐和百事可乐、羽绒衫与羊毛大衣

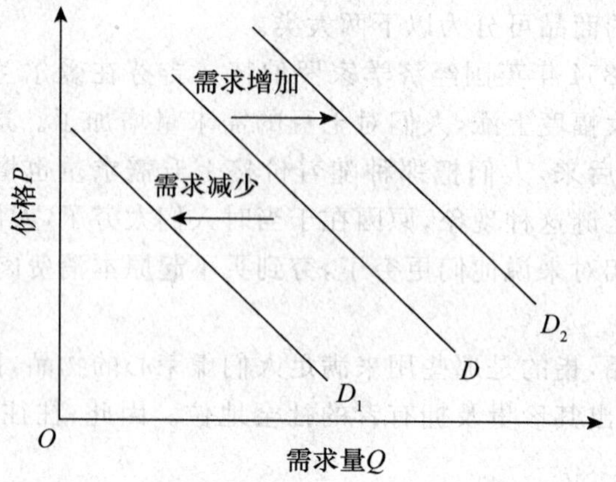

图 2-3 需求曲线的移动

等。例如，猪肉的价格上涨，人们对猪肉的需求量下降了，但间接地导致人们对其替代品——牛肉的消费增加了。

3. 消费者的收入水平

在其他条件不变的情况下，消费者的收入水平提高，会引起某种商品的需求增加，从而引起需求曲线右移；反之，需求曲线左移。

4. 预期

当预期未来的物价会上涨，则现在的需求会增加，从而需求曲线右移；当预期未来价格会下降，则现在的需求会减少，需求曲线左移。

5. 偏好

当消费者对某种商品的偏好程度增强时，会引起该商品的需求增加，需求曲线右移；反之，向左移动。事实上，偏好是决定需求最明显的因素。偏好是基于心理等因素的，它超越了经济学范围，这里不做过多讨论。

6. 其他因素

天气状况、社会风俗习惯、政府的消费政策等也都会影响消费者需求。以天气状况为例，夏天天气炎热时，人们会多消费空调、冷饮等降温品，使这些降温品的需求增加。

必须看到，影响需求的因素是非常复杂的，因此不可能全部列举。消费不仅是一种自然行为，同时也是一种社会行为，会受到文化、传统、风俗习惯、宗教等因素的影响。

二、供给

现在转向市场的另一方——供给者的供给。个人供给是指在特定期间（或在其他条件不变下），生产者对某种商品在各种价格下，所愿提供且能够提供的各种数量。随着价格的增长，卖者供给的数量越来越大。用横轴代表供给量 Q，纵轴代表价格 P，可以得到一条向右上方倾斜的曲线，这条曲线称为供给曲线，如图 2-4 所示。供给曲线反映的是价格与供给量之间的关系，表示的是一种物品的供给量如何随着它的价格变动而变动。

现实中供给者成千上万，为了得出任何一种价格水平下的总供给量，要把在个人供给曲线的横轴上标出个人供给量相加，市场供给依然是一条向右上方倾斜的曲线。

同样，在其他条件不变的情况下，物品的供给量与其价格呈同方向变化，即供给量随商品

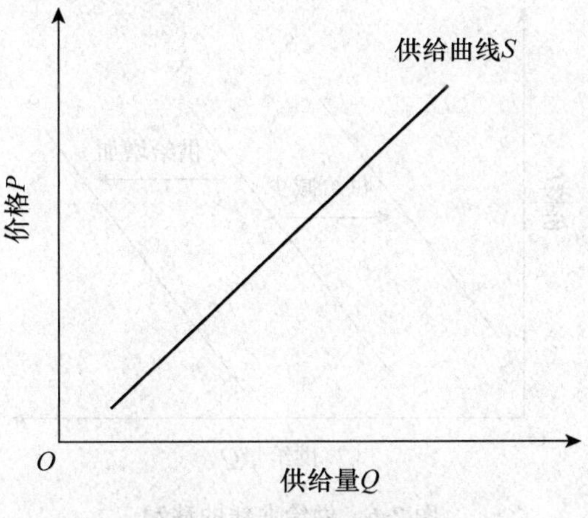

图 2-4　供给者供给曲线

本身价格的上升而增加，随商品本身价格的下降而减少，这就是供给规律。在理解供给规律时，也要注意它的假设条件，离开“其他条件一定”这个假设，供给规律无法成立。例如，如果卖者生产某种产品不是为了实现利润最大化，而是为了某种社会目的，那么商品本身的价格与供给量就不一定呈同方向变动。虽然现实经济中大多数商品的供给都符合供给规律，但也有例外的情况。比如古董、名画、古玩、名贵邮票等珍贵商品，价格上升到一定程度后，持有者意识到这是值钱的东西，会待价而沽，反而使供给减少。证券、黄金这类商品的供给，也常出现价格大幅度上升使供给出现不规则变化的情况。

当商品本身的价格发生变化时，会引起供给量的变动。如图 2-5 所示，当价格由 P_1 上升至 P_2 时，供给量由 Q_1 增加到 Q_2，即在同一条供给曲线上，由 A 点移至 B 点，表现为沿着供给曲线移动。

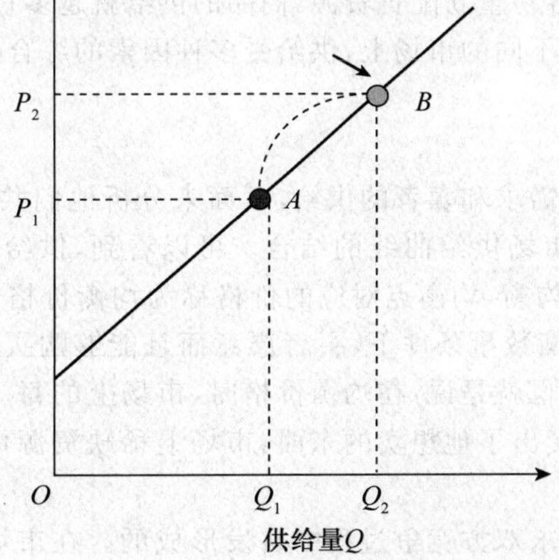

图 2-5　沿着供给曲线移动

和需求曲线的移动一样，供给的移动指的是在商品本身的价格不变的条件下，其他因素发生改变而导致整条供给曲线的移动。供给曲线向右移动，表现为供给增加；相反，供给减少时，表现为向左移动。如图 2-6 中供给曲线向左移动到 S_1，向右移动到 S_2。

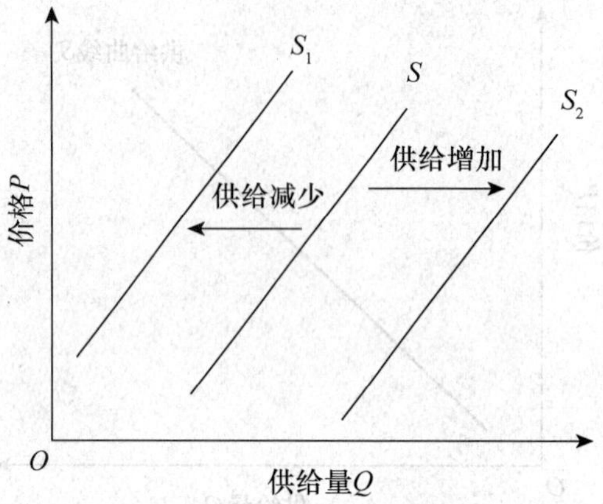

图 2-6 供给曲线的移动

现实中，影响供给移动的因素很多，除了商品自身的价格以外，主要有以下几种因素。

1. 生产技术水平

生产技术水平高，在单位时间内生产的商品就越多，供给也就越多，供给曲线向右移动；反之，商品的供给就会减少。

2. 生产要素的价格

生产要素价格的高低直接影响到商品的生产成本。在商品价格不变的条件下，生产要素的价格提高，产品成本也升高，利润就越少，商品的供给减少。

3. 预期

如果生产者预计自己商品的价格不久会上涨，就会囤积居奇，待价而沽，这种商品现期的供给就会减少；反之，商品现期的供给就会增加。

4. 时间的长短

时间越长，生产者越容易重新配置资源，商品的供给就越多；反之，商品的供给就越少。

总之，在不同的时期、不同的市场上，供给受多种因素的综合影响。

三、均衡

考察完市场中买者的需求和卖者的供给，下面来分析他们共同作用得到的市场结果。图 2-7 表示市场需求曲线与市场供给曲线的结合。可以看到，供给曲线与需求曲线相交于一点 E，在这一点，市场达到了均衡，均衡点对应的价格称为均衡价格 P^*，对应的数量称为均衡数量 Q^*。在均衡价格和均衡数量条件下，买者愿意而且能够购买的物品量正好与卖者愿意而且能够出售的数量相等。也就是说，在均衡价格时，市场上的每一个人都得到了满足，买者买到了他想买的东西，卖者卖出了他想卖的东西，市场上稀缺资源可以达到最佳配置，是一种理想状态。

供求均衡是市场上供求双方竞争过程中自发形成的。在市场上，需求和供给对市场价格变化做出的反应是相反的。由于均衡是暂时的、相对的，而不均衡是经常的，因此供不应求或供过于求经常发生。图 2-8 表示的是一个空气净化器市场，均衡价格是 2000 元，均衡数量是 10 万台。假设市场价格高于均衡价格，当市场上空气净化器的价格为 3000 元时，供给量增加到 16 万台，需求量减少为 6 万台，这种情况被称为超额供给。此时，卖者发现在现行价格下不能卖出他们想卖出的量。于是，某些卖者将价格降低一些，希望从其他卖者那里争取一些顾

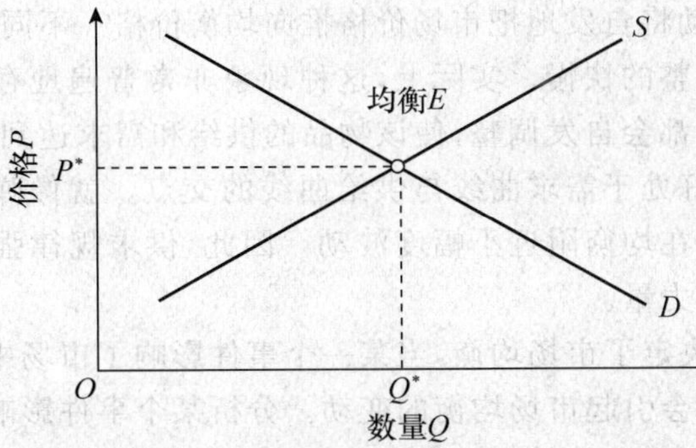

图 2-7　需求和供给的均衡

客。当一个供给者降价时，他的竞争对手就会作出响应。随着价格的下降，买者购买的数量将会增加，如此继续下去，直到市场达到新的均衡价格和数量为止。

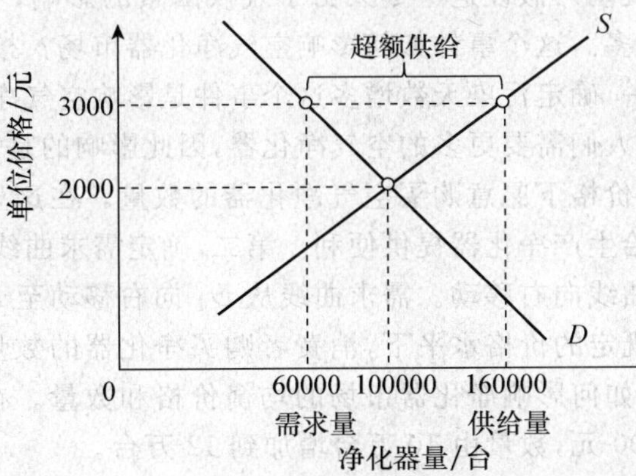

图 2-8　超额供给

假设市场价格低于均衡价格，如图 2-9 所示。市场上净化器价格为 1500 元。供给量为 6 万台，需求量为 12 万台，这种情况被称为超额需求。此时，需求者不能按现行价格买到他们想买到的量，而供给者则发现如果现在提高净化器的价格，买的人还是很多，不愁卖不出去。于是，有一些卖者开始将价格提高，其他的卖者觉得这样有利可图也跟着提高价格，并逐渐增加供给量希望能赚到更多的钱。随着价格升高，买者购买的数量将会降低，市场又一次向均衡变动。

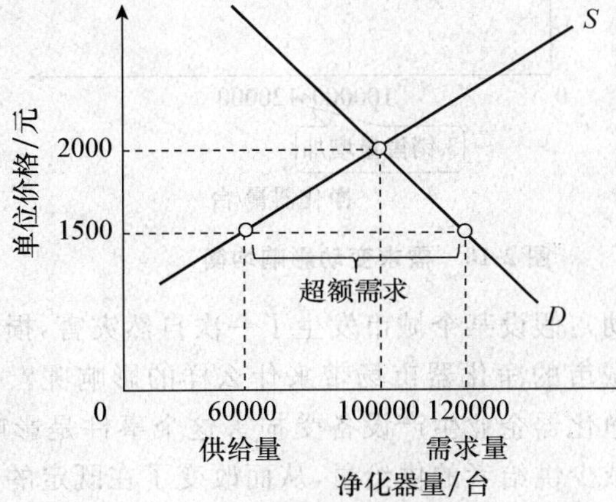

图 2-9　超额需求

许多买者与卖者的活动将自发地把市场价格推向均衡价格。不同市场上达到均衡的快慢是不同的,这取决于价格调整的快慢。实际上,这种现象非常普遍地存在,因此被称为供求规律,即任何一种物品的价格都会自发调整,使该物品的供给和需求达到平衡。但这一规律并不意味着每时每刻价格都正好处于需求曲线与供给曲线的交点。就像弹簧下的重物一样,当市场处于调整过程中时,它会在均衡附近小幅度波动。因此,供求规律强调的是,当市场偏离均衡时,存在改变这种状态的力量。

既然供给与需求共同决定了市场均衡,当某一个事件影响了市场中的供给或需求,或者同时影响了供给和需求时,就会引起市场均衡的变动。分析某个事件影响一个市场时,可以按以下3个步骤进行:第一,确定该事件是移动供给曲线还是需求曲线(或者两者都移动);第二,确定曲线是向右移动,还是向左移动;第三,用供求图来考察这种移动如何影响均衡价格和数量。以下分析三种不同情况如何影响市场价格和数量的变化。

第一种情况(关于需求变动):假设这个冬天由于气候因素的影响,不利于污染物的扩散,导致中度污染的天数比往年多。这个事件如何影响空气净化器市场?按照分析均衡的3个步骤,可以进行以下分析。第一,确定污染天数增多这个事件是影响空气净化器的供给曲线还是需求曲线。污染天数增多使人们需要更多的空气净化器,因此影响的是需求曲线。也就是说,污染严重改变了人们在任意价格下愿意购买空气净化器的数量。在这里,假定供给暂时没有发生改变,因为污染并不能给生产净化器提供便利。第二,确定需求曲线移动的方向。人们需要更多的净化器,所以需求曲线向右移动。需求曲线从 D_1 向右移动至 D_2,如图2-10所示,它表明需求增加了,在每一种既定的价格水平下,消费者购买净化器的数量都增加了。第三,在供求关系图上考察这种移动如何影响净化器市场的均衡价格和数量。在新的均衡时,净化器的价格从2000元上升到2500元,数量由10万台增加到12万台。

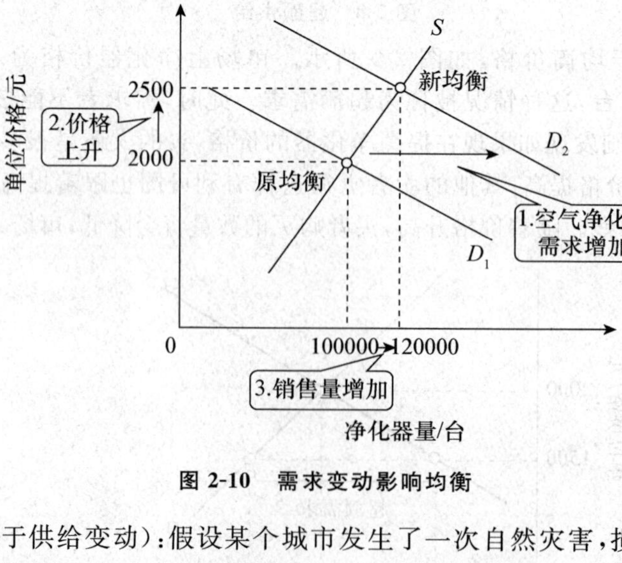

图2-10　需求变动影响均衡

第二种情况(关于供给变动):假设某个城市发生了一次自然灾害,损坏了很多空气净化器企业的生产设备,这个事件给城市的净化器市场带来什么样的影响呢?仍然用分析均衡的3个步骤分析。第一,确定空气净化器企业生产设备受损害这个事件是影响供给曲线还是需求曲线。显然生产设备损害,会减少供给者的供给量,从而改变了在既定的价格下企业生产并销售的净化器的数量,因此影响的是净化器的供给曲线。而需求曲线没变,因为设备损害这件事情并没有改变个人希望购买的净化器数量。第二，确定供给曲线移动的方向。在这种情况下，在任何价格水平下，企业愿意并且能够提供的商品数量减少了，所以净化器的供给曲线向左移动，供给曲线从 S_1 移动到 S_2，供给减少，如图 2-11 所示。第三，在供求关系图上考察这种移动如何影响空气净化器市场的均衡价格和数量。在新的均衡时，空气净化器的价格从 2000 元上升到 3000 元，数量由 10 万台减少到 8 万台。

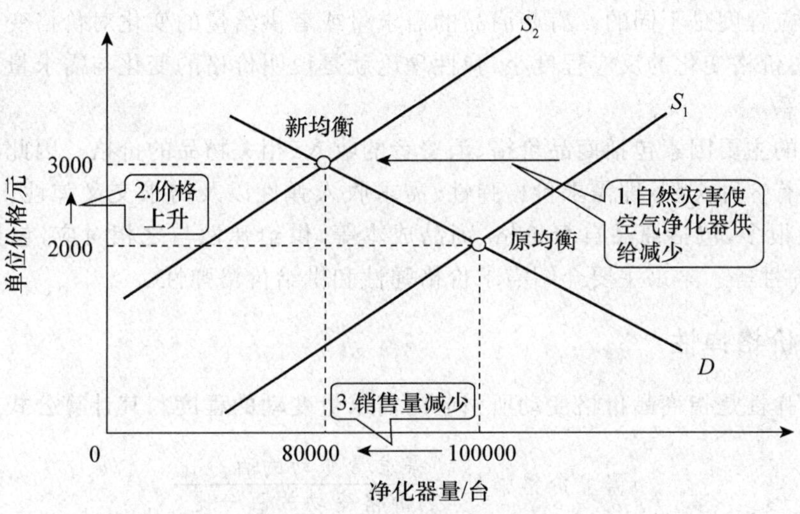

图 2-11 供给变动影响均衡

第三种情况(供给和需求都发生变化)：假定污染天数增加和生产设备受损这两件事情同时发生，对空气净化器市场产生什么样的影响呢？用同样的方法进行分析。第一，确定污染天数增加和生产设备受损两个事件同时发生，供给和需求曲线都发生移动。第二，确定两条曲线的移动方向，和前面的分析相同，即需求曲线向右移动，供给曲线向左移动。第三，在供求关系图上考察这两个事件如何影响净化器市场的均衡价格和数量。根据需求和供给移动幅度的相对大小，可能会出现图 2-12 所示的两种结果。在图 2-12(a)中，需求大幅度增加，而供给减少很少，均衡数量增加了。与此相比，在图 2-12(b)中，供给大幅度减少，而需求增加很少，均衡数量减少了。在这两种情况下，均衡价格都上升了，但它们对净化器销售量的影响是不确定的，也就是说，销售量减少或增加都是可能的。

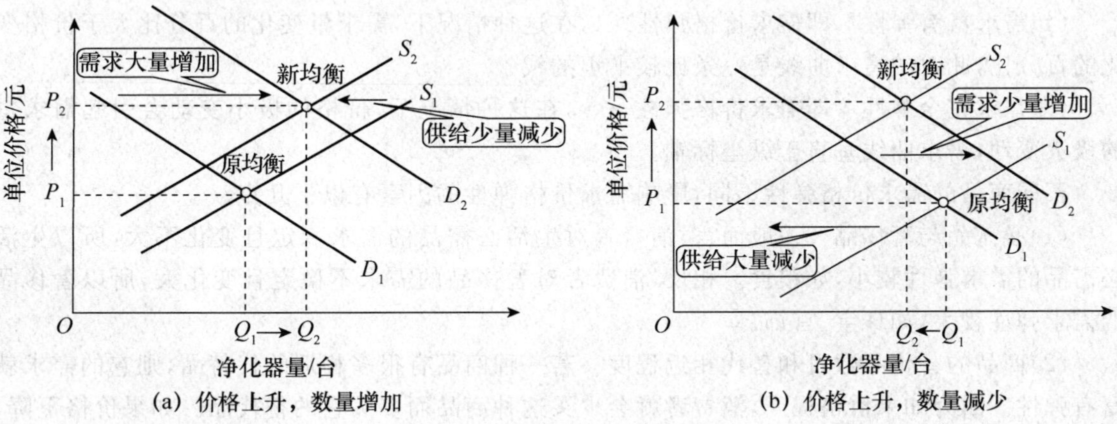

图 2-12 供给需求都变动影响均衡

第三节 弹性及应用

价格的变化会引起需求量或者供给量的变化，不同的商品其需求量或者供给量的变化随价格变化的反应程度是不同的。有些商品的需求量或者供给量的变化对价格变化的反应程度大，有些商品对价格变化的反应程度小，弹性理论就是说明价格的变化与需求量或者供给量的变化之间的关系。

影响需求的主要因素包括商品价格、消费者的收入、相关物品的价格。因此与之相对应的需求弹性主要有3种类型，即需求价格弹性、需求收入弹性以及需求交叉弹性。同样，影响供给的因素也有很多，包括商品自身价格、商品成本等，供给弹性与之相对应，包括供给价格弹性、供给成本弹性等。本书主要介绍需求价格弹性和供给价格弹性。

一、需求价格弹性

需求价格弹性是指商品价格变动所引起的需求量变动的程度。其计算公式如下：

$$\text{需求价格弹性}=\frac{\text{需求量变动的百分比}}{\text{价格变动的百分比}}$$

需要说明的是，需求价格弹性可以是正数，也可以是负数。这取决于两个变量是同方向变化还是反方向变化。如果是正数，则表示两个变量是同方向变化；如果是负数，则表示两个变量是反方向变化。

根据需求价格弹性数值的大小，可以将其分为5类，需求曲线的趋势如图2-13所示。

(1)需求完全无弹性　即需求价格弹性＝0，在这种情况下，不管价格如何变化，需求量都不会变化，此时的需求曲线是垂直于横轴的直线。

(2)需求缺乏弹性　即需求价格弹性＜1，在这种情况下，需求量变化的百分比小于价格变化的百分比，此时的需求曲线是一条比较陡峭的线。

(3)需求单位弹性　即需求价格弹性＝1，在这种情况下，需求量变化的百分比等于价格变化的百分比，此时的需求曲线是单位弹性的。

(4)需求富有弹性　即需求价格弹性＞1，在这种情况下，需求量变化的百分比大于价格变化的百分比，此时的需求曲线是一条比较平坦的线。

(5)需求完全弹性　即需求价格弹性→∞，在这种情况下，价格的极小变动会引起需求量的极大变动，需求曲线垂直于纵坐标轴。

不同商品的需求价格弹性不同，影响需求价格弹性的因素有以下几点。

(1)必需品与奢侈品　一般而言，消费者对生活必需品的需求稳定且变化不大，所以生活必需品的需求弹性较小，如粮食。相反，消费者对奢侈品的需求不稳定且变化大，所以奢侈品的需求弹性较大，如珠宝、首饰。

(2)商品的替代品数目和替代相近程度　若一种商品有很多相近的代替品，则它的需求就富有弹性。因为如果价格提高，消费者就会少买这种商品而多买它的替代品。如果价格下降，消费者就会多买这种商品而少买它的替代品。如果把一种商品的范围限定得越狭窄，它的替

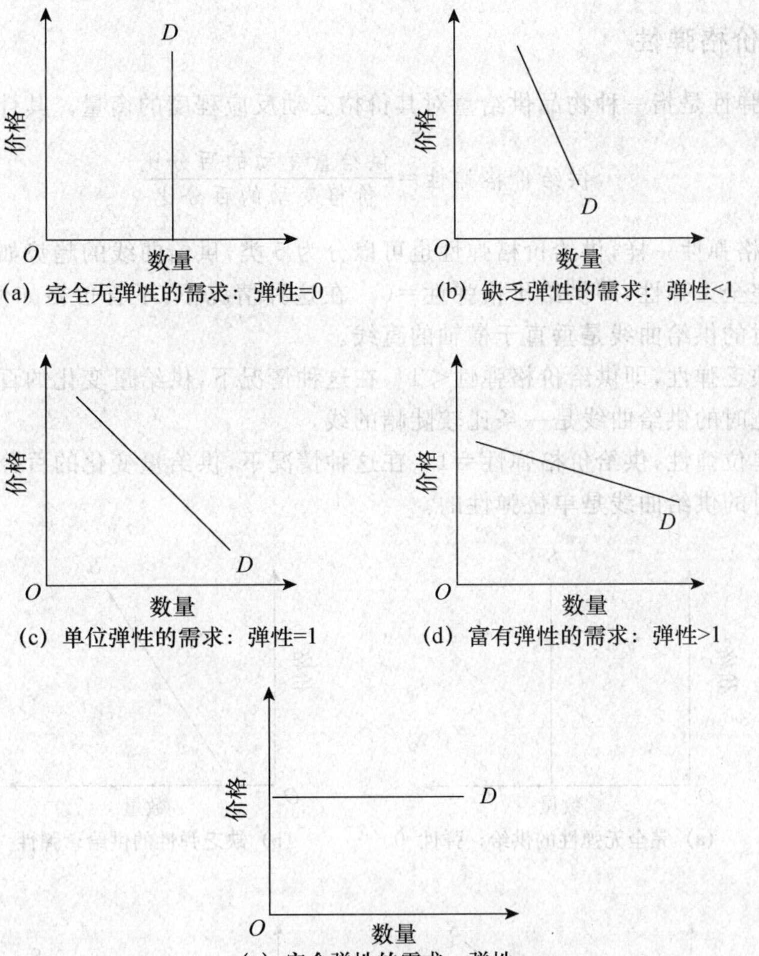

(a) 完全无弹性的需求：弹性=0　(b) 缺乏弹性的需求：弹性<1

(c) 单位弹性的需求：弹性=1　(d) 富有弹性的需求：弹性>1

(e) 完全弹性的需求：弹性→∞

图 2-13　需求价格弹性

代品就越多，则需求弹性越大。比如，某种特定品牌的洗衣粉，它的替代品包括许多其他品牌的洗衣粉，但如果所指的商品是洗衣粉，它的替代品就只有洗衣液。所以某种特定品牌的洗衣粉的需求弹性大于泛指各种品牌的洗衣粉的需求弹性。

(3)商品在家庭总支出中所占比例的大小　比如洗衣粉、蔬菜之类的商品，它的需求弹性很小。不仅仅因为它们是生活必需品，还因为它们在家庭总支出中一般占的比例比较小，它们的价格变化对家庭的需求影响就小。

(4)商品用途的广泛性　如果某种商品的用途越多，其需求弹性越大；相反，某种商品的用途越少，其需求弹性越小。

(5)时间的长短　一般来说，时间越长，需求就越有弹性。因为时间越长，消费者就越容易找到相应的替代品。

某种商品的需求价格弹性大小，是由以上因素综合决定的，不能只考虑其中的某一种。另外，某种商品的需求价格弹性也会因时间、消费者收入水平等的不同而有所不同。

二、供给价格弹性

供给价格弹性是指一种物品供给量对其价格变动反应程度的衡量。其计算公式如下：

$$供给价格弹性=\frac{供给量变动的百分比}{价格变动的百分比}$$

和需求价格弹性一样，供给价格弹性也可以分为5类，供给曲线的趋势如图2-14所示。

(1)供给完全无弹性，即供给价格弹性＝0　在这种情况下，不管价格如何变化，供给量都不会变化，此时的供给曲线是垂直于横轴的直线。

(2)供给缺乏弹性，即供给价格弹性＜1　在这种情况下，供给量变化的百分比小于价格变化的百分比，此时的供给曲线是一条比较陡峭的线。

(3)供给单位弹性，供给价格弹性＝1　在这种情况下，供给量变化的百分比等于价格变化的百分比，此时的供给曲线是单位弹性的。

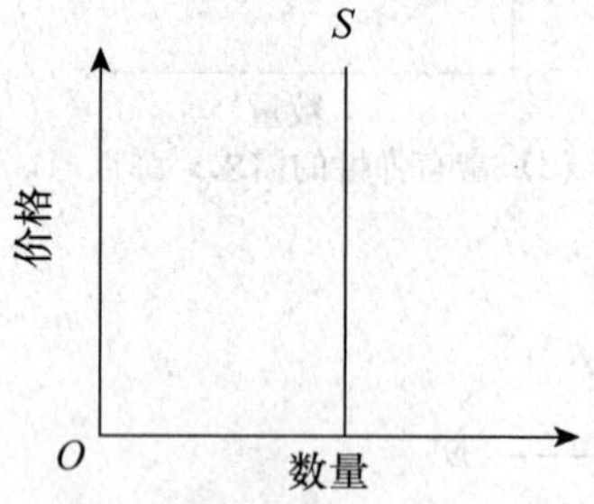

(a) 完全无弹性的供给：弹性=0

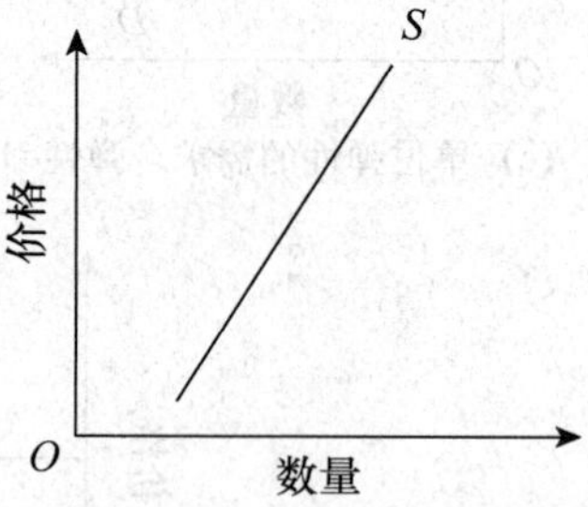

(b) 缺乏弹性的供给：弹性<1

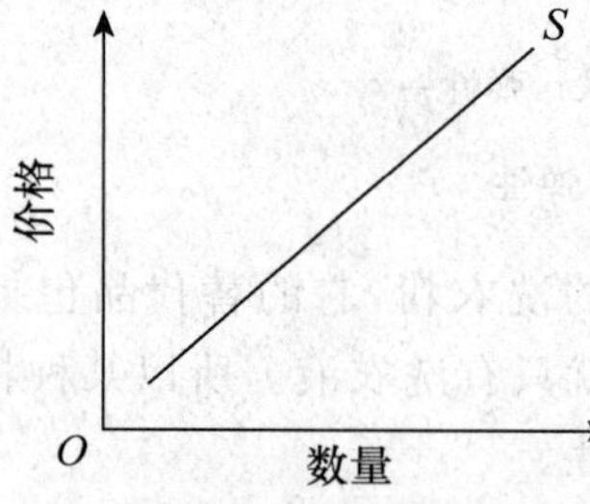

(c) 单位弹性的供给：弹性=1

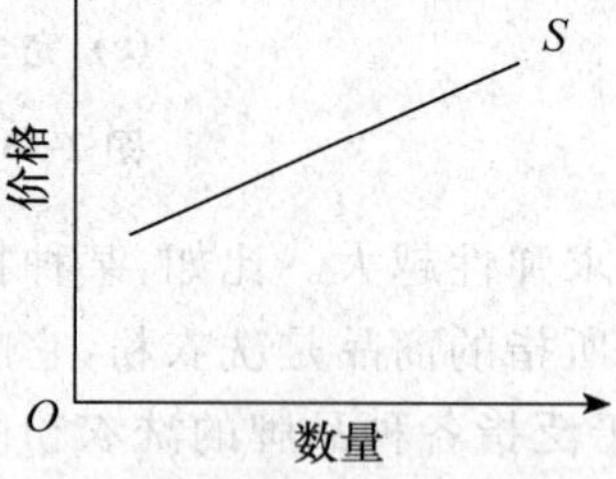

(d) 富有弹性的供给：弹性>1

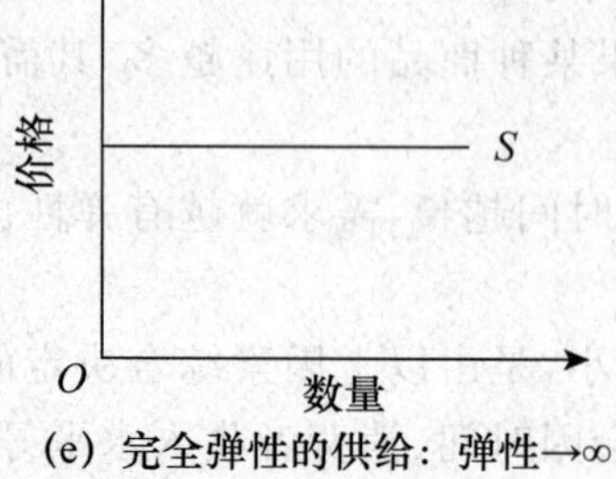

(e) 完全弹性的供给：弹性→∞

图 2-14　供给价格弹性

(4)供给富有弹性,即供给价格弹性>1　在这种情况下,供给量变化的百分比大于价格变化的百分比,此时的供给曲线是一条比较平坦的线。

(5)供给完全弹性,即供给价格弹性→∞　在这种情况下,价格的极小变动会引起供给量的极大变动,供给曲线垂直于纵坐标轴。

影响供给价格弹性的因素主要包括以下几个方面。

(1)生产时期的长短　短时间内,生产者能够在固定的生产规模下增加可变化的生产要素,但无法大幅度增加生产量,因此供给缺乏弹性。而在长时期内,生产者可以通过调整生产规模来扩大生产量,同时其他生产者也可以进入该行业生产该种商品,使得供给量大大增加,所以长期供给弹性会大于同种产品在短期内的供给弹性。

(2)生产的难易程度　一般而言,生产容易而且生产周期短的产品对价格的变化反应快,供给弹性就比较大;相反,生产难度高而且生产周期长的产品对价格的变化反应慢,供给弹性就比较小。

(3)生产要素的供给弹性　产品的供给在一定程度上取决于生产要素的供给,因此生产要素的供给弹性大,产品的供给弹性也就大;相反,生产要素的供给弹性小,产品的供给弹性也就小。

(4)生产所用的技术类型　使用资本密集型技术生产的产品,生产规模一旦固定,在短期内很难变化,所以其供给弹性小;而使用劳动密集型技术生产的产品,生产规模变化相对容易,所以供给弹性大。

同样,产品的供给弹性是由上述因素综合决定的,所以不能只考虑其中的一种,而应该综合考虑。

三、需求、供给和弹性相结合的应用

【案例 2-1】农业的坏消息可能是农民的好消息吗?

假设某一年的秋天,突然暴发了一场自然灾害,致使所有种水稻的农民收成都减少了,这场意外的灾害会使整个水稻市场有什么变动?农民的情况又有什么变化?为了解决这些问题,需要用到分析均衡的 3 个步骤。第一步,考察自然灾害影响的是供给曲线还是需求曲线。显然,自然灾害损害了农作物,影响的是供给曲线。第二步,考虑供给曲线向哪个方向移动。自然灾害使农作物受损,供给减少,供给曲线向左移动。第三步,在供求图上观察到水稻价格上升,水稻供给量减少。

那么,农民的总收益会发生怎样的改变呢?这取决于水稻的需求价格弹性。我国很多人以大米为主食,是生活必需品,而且没有好的替代品,因此,水稻的需求一般是缺乏弹性的,水稻的需求曲线应该是比较陡峭的,弹性小于 1,如图 2-15 所示。所以当需求曲线缺乏弹性时,价格上升将会使总收益增加。水稻价格上涨较多,而销售量减少的很少,因此,全国性的自然灾害增加了农民的总收益。同样的分析,在农作物丰收的年份,农民的收入反而减少。因此,为了保护农民的利益和支持农业的发展,很多国家都采取了农产品的支持价格政策。

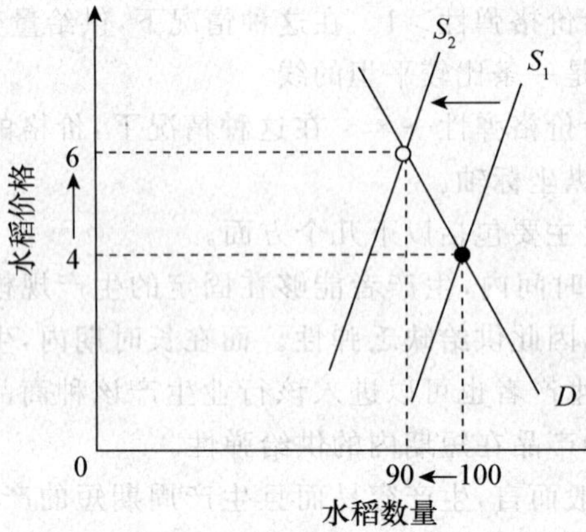

图 2-15 水稻市场的供求

第四节 消费者行为和生产者行为

一、消费者行为

消费者行为理论也叫作效用理论，它研究消费者如何在各种商品之间分配他们的收入，以达到满足程度的最大化。考察消费者的行为，可以采用两种分析工具：一种是以基数效用论为基础的边际效用分析；另一种是以序数效用论为基础的无差异曲线分析。

1. 效用

效用(utility)指的是商品或服务满足消费者的欲望和需要的能力，它表示在特定时期内消费一定数量商品和服务所获得的满足程度。效用大表明满足程度大，效用小表明满足程度小。

效用具有如下特点：

(1)效用是消费的主观评价　一种物品对于某一个人具有的效用，要由他享用该物品得到的满足程度来评价。

(2)效用因人、因时、因地而异　例如，冰块在冬季没有或较少有效用，而在夏季则有较大的效用。

(3)一种物品对同一个人所具有的效用，会因拥有数量的不同而发生变化　例如，对于一个饥饿的人，吃第一个面包所得到的满足程度(效用程度)就比吃第二个或第三个面包时所得到的满足程度要大。

(4)效用并不含有伦理学的意义　一种商品或劳务是否具有效用，只看它是否满足某人的欲望或需要，而不论这一欲望或需要的好坏。例如，吸烟是一种不良习惯，但香烟能满足吸烟人的需要，对吸烟人来说具有效用。

总效用(total utility，TU)是指从消费一定量的某物品中所得到的总满足程度。总效用随着消费商品数量的增加而增加。在一定范围内，一个人消费得越多，总效用水平越多，它说明了商品和服务对消费者的使用价值，但当消费量超过一定量时效用降低。

边际效用(marginal utility,MU)是指消费量每增加一个单位所增加的满足程度。可以用下式表示:

$$MU=\frac{\Delta U}{\Delta q}$$

式中:ΔU 为效用增量;Δq 为消费增量。

总效用与边际效用的关系:当边际效用为正数时,总效用是增加的;当边际效用为零时,总效用达到最大;当边际效用为负数时,总效用是减少的。总效用是边际效用之和,边际效用被认为是衡量价值的尺度,某一商品或服务越稀缺,其边际效用越大。

2.无差异曲线

决定消费者行为最重要的影响因素之一是消费者偏好,不同的偏好会导致消费者对商品或服务做出不同的决策。对消费者偏好的描述可用无差异曲线进行分析,它是指产生同等效用水平的两种商品的不同数量组合方式。它表示在一定条件下选择商品时,不同组合的商品对消费者的满足程度是没有区别的。

如图 2-16 所示,图中的横轴表示商品 X 的数量,纵轴表示商品 Y 的数量,如果曲线上 A、B、C、D 各自代表商品 X 和商品 Y 各种组合给消费者带来的满足程度都是一样的,则该曲线就是一条无差异曲线。同一条无差异曲线上的每一个点代表的商品组合所提供的总效用是相等的,因此无差异曲线也称为等效用线。

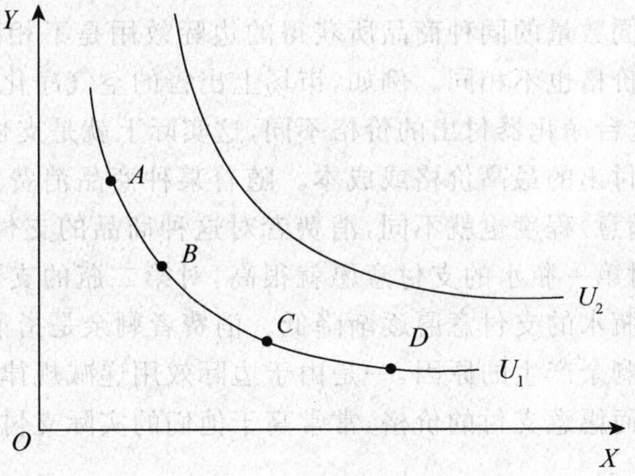

图 2-16　无差异曲线

在同一个坐标图上,根据消费者的偏好画出一系列代表不同满意水平的无差异曲线,就形成了无差异曲线图。无差异曲线具有以下特征:无差异曲线凸向原点;是负斜率的曲线,如果消费者要增购一种商品,必须同时减购另一种商品,才能维持效用不变;同一坐标上可以有无数条无差异曲线;同一条无差异曲线代表相同的满足程度,不同的无差异曲线代表不同的满足程度;距原点越远的曲线,代表的效用越大,反之则越小,在图 2-16 中,U_2 的效用大于 U_1;任意两条无差异曲线不会相交。

3.边际替代率

同一条无差异曲线上的每一点所代表的两种商品的不同组合给消费者的满足程度是相同的。其前提条件是:为维持同等程度的满足,增加一种商品的数量时,另一种商品数量必须不断减少。因此,在维持满足程度不变的前提下,为增加一单位某种商品而需要相应减少的一种商品的数量称为边际替代率，如果用商品 X 替代商品 Y，ΔX 代表商品 X 的增加量，ΔY 代表商品 Y 的减少量，边际替代率(marginal rate of substitution，MRS)可用下式来表示：

$$MRS_{XY}=\frac{\Delta Y}{\Delta X}$$

如果令 $\Delta X\to 0$，则 $\Delta Y\to 0$，$\Delta Y/\Delta X$ 趋近于一个限值，边际替代率又可写成

$$MRS_{XY}=\lim_{\Delta x\to 0}\left(-\frac{\Delta Y}{\Delta X}\right)=-\frac{\mathrm{d}Y}{\mathrm{d}X}$$

也就是说，无差异曲线上任一点的边际替代率，又可用通过该点对无差异曲线所作切线的斜率 $\mathrm{d}Y/\mathrm{d}X$ 表示。由于切线的斜率是一个负数，为了分析的方便，在公式前均加上负号以使 MRS_{XY} 为正值。

一条既定的无差异曲线上的不同点的边际替代率是不同的，随着消费者用越来越多的商品 X 替代商品 Y，其边际替代率会发生递减变化。如图 2-16 所示，消费者为了保持原有的满足程度不变，在连续等量地增加商品 X 的消费时，从 B 点到 C 点、D 点，消费者所愿意放弃的商品 Y 的数量会越来越少，这就是边际替代率递减规律。也就是说，随着所消费商品数量的增加，该商品对消费者的边际效用递减，即在某一特定的时期内，每增加一单位商品所产生的总效用增量，将随着对该商品消费量的进一步增加而减少。

4. 消费者剩余

由于消费者消费不同数量的同种商品所获得的边际效用是不相同的，所以他对不同数量的同种商品愿意支付的价格也不相同。例如，市场上出售的空气净化器，每个人对它的评价不同，也就是愿意为购买这台净化器付出的价格不同，这实际上就是支付意愿。支付意愿是指消费者对某种商品所愿意付出的最高价格或成本。随着某种商品消费数量的变化，单位商品给消费者带来的满足(或满意)程度也就不同，消费者对这种商品的支付意愿也会相应改变。例如，一个人非常口渴时对第一瓶水的支付意愿就很高，对第二瓶的支付意愿次之，随着口渴程度的缓解，对第三、第四瓶水的支付意愿逐渐降低。消费者剩余是指消费者的支付意愿与他实际支付的差额。消费者剩余产生的原因，一是由于边际效用递减规律，二是消费者对具体商品或服务边际效用的评价而愿意支付的价格，常常高于他们的实际支付，而实际支付是由市场供求关系决定的。

那么如何用需求曲线衡量消费者剩余呢？需求曲线不仅表示商品价格与需求量之间的关系，也反映消费者对每一单位的物品愿意付出的价格是不同的，即购买一定数量商品时消费者愿意支付的最高价格，因此需求曲线的高度反映了消费者的支付意愿。对消费者来说，市场价格是给定的，所以支付愿意与实际支付之间存在一个差值，这就构成了一种“心理剩余”。消费者为得到一定数量的某种商品愿意支付的数额与实际必须支付的数额之间的差被称为消费者剩余。如图 2-17 所示，当消费者购买 Q^* 数量的商品时，愿意付出的总价是四边形 OQ^*EA 的面积。但市场价格是 P^*，实际只需要支付四边形 OQ^*EP^*，因此消费者剩余是他愿意支付的减去他实际支付的，即 $OQ^*EA-OQ^*EP^*=EAP^*$。供求关系图中用需求曲线以下、价格以上的面积来衡量市场的消费者剩余。

消费者剩余衡量消费者自己感觉到所获得的额外利益，是一种主观感受，并非表示消费者真的从市场上得到了实际收入。在自愿交易的条件下，消费者通过选择最优的消费数量可以

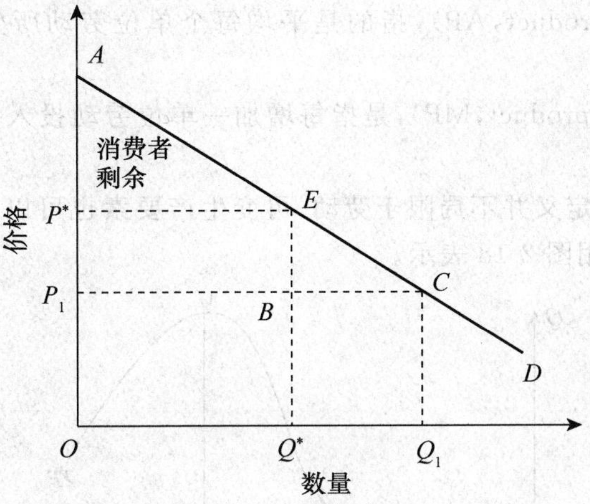

图 2-17 消费者剩余

使得自身的情况得到改善。由于消费者总想少支付一些，当一种商品价格下降时，会增加消费者剩余。图 2-17 中，当价格下降到 P_1 时，消费者剩余是三角形 AP_1C 的面积。增加的消费者剩余由两部分构成：第一，那些原来就愿意在高价位 P^* 购买 Q^* 数量的买者，由于价格的降低，原来消费者的剩余增加了，增加了 P^*EBP_1 的面积；第二，一些新的买者进入市场，使消费量从 Q^* 增加到 Q_1，因为他们愿意在 P_1 低价位时购买物品，这一部分新增加消费者剩余是 BCE 的面积。

二、生产者行为

1. 生产要素与生产函数

在市场经济中，生产者从事生产经营活动要从要素市场上购买生产要素，例如机器、劳动力、原材料等，经过生产过程生产出产品或劳务，在产品市场上出售，供消费者消费或供其他生产者再加工以赚取利润。因此，生产也就是把投入变为产出的一个过程。生产要素是指生产中所使用的各种资源，即资本、劳动、土地与企业家才能等。生产也是这 4 种生产要素结合的过程，产品则是其共同作用的结果。

生产函数是指在技术水平不变的情况下，一定时期内生产要素的数量和它所能生产出来的最大产量之间的函数。它是反映生产过程中投入和产出之间的技术数量关系的一个概念。以 Q 代表总产量，以 L、K、M、E 等分别代表投入生产过程中的劳动、资本、土地、企业家才能等生产要素的数量，生产函数的一般形式可以表示为：

$$Q=f(L,K,M,E,\cdots)$$

为了方便分析，通常将土地看作是固定的，企业家才能难以估算，因此生产函数可以简化为：

$$Q=f(L,K)$$

上式表明，在一定时期一定技术水平时，生产 Q 的产量，需要一定数量的劳动和资本组合。同样在劳动和资本的数量组合已知时，可以推算出最大产量。

2. 短期生产函数

总产量(total product，TP)，是指在资本投入量既定条件下由可变要素劳动投入所生产的产量总和，其表达式为 $TP=f(L)$。

平均产量(average product,AP),指的是平均每个单位劳动所生产的产量,其表达式为$AP = TP/L$。

边际产量(marginal product,MP),是指每增加一单位劳动投入量所增加的产量,其表达式为$MP = \Delta TP/\Delta L$。

需要说明的是,上述定义并不局限于劳动,可变生产要素也可以是资本或其他。*TP*、*AP*和*MP*之间的关系可以用图2-18表示。

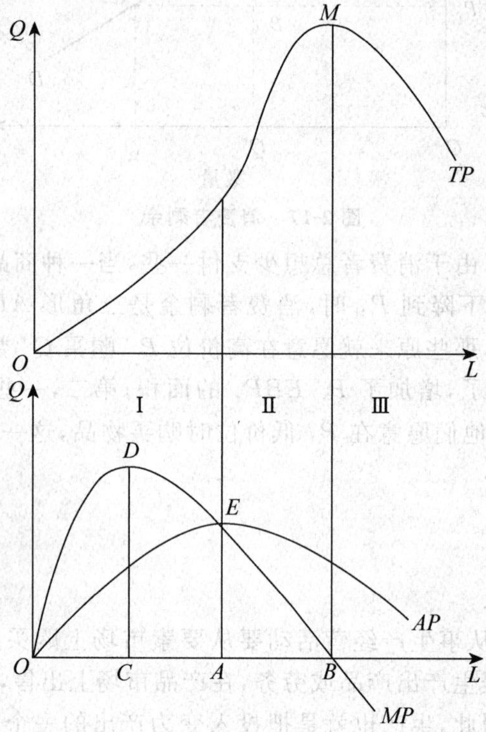

图2-18 *TP*、*AP*和*MP*的相互关系

从图2-18可以看出总产量、平均产量和边际产量之间的关系有以下特点。

(1)在资本投入量不变的情况下,随着劳动投入量增加到*C*时,最初*AP*曲线、*MP*曲线都上升,并且*MP*曲线达到最高峰*D*点,这时*TP*曲线以递增的增长率上升。

(2)当劳动投入量增加到*A*时,*MP*曲线由最高峰*D*点开始下降,导致*TP*曲线以递减的增长率上升。*MP*曲线与*AP*曲线交于*AP*曲线的最高点*E*点,相交前,*AP*递增,且$MP > AP$;相交后,*AP*递减,且$MP < AP$;相交时,$MP = AP$。

(3)当劳动投入继续增加到*B*之前,*TP*曲线仍然以递减的增长率上升,在*MP*曲线与*OL*轴相交于*B*点处,即$MP = 0$,此时*TP*曲线达到其最高点。当劳动投入量超过*B*时,$MP < 0$,*TP*曲线开始下降。*TP*曲线、*AP*曲线、*MP*曲线都是先升后降,反映了边际收益递减规律作用的结果。

边际收益递减规律是指在技术水平不变的条件下,当把一种可变的生产要素投入到一种或几种不变的生产要素中时,最初这种生产要素的增加会使产量增加,但是当它的增加超过一定限度时,所带来的产量增加量就是递减的,最终还会使产量绝对减少。在理解这一规律时,应注意以下 3 点。

(1)只有在其他要素投入量保持不变的条件下边际收益递减规律才能成立。

(2)边际收益递减规律发生作用的前提是生产技术水平保持不变。技术水平不变是指生产中所使用的技术没有发生重大变革。当今世界,尽管技术进步速度很快,但并不是每时每刻都有重大突破,技术进步总是间歇式进行的,只有经过一定时期的准备以后,才会有重大的进展。无论是工业还是农业,一种技术只要形成,总会有一个相对稳定的时期,这一时期就称为技术水平不变时期。例如,当生产者选择一个特定生产技术之后,如果只有一种生产要素可以调整,那么就意味着生产处于短期,这时生产技术水平不变的假设是能够成立的。离开了技术水平不变这一前提,边际收益递减规律就不能成立。

(3)在其他生产要素不变时,一种生产要素投入量增加所引起的产量或收益的变动可以分为 3 个阶段。

第一阶段叫收益递增阶段,即图 2-18 中的 OA 段,劳动的平均产量由零到最高点 E,总产量也在递增。因为在开始时不变的生产要素没有得到充分利用,这时增加可变的生产要素——劳动,可以使不变的生产要素得到充分利用,使劳动的边际产量大于劳动的平均产量,从而使劳动的平均产量和总产量递增。

第二阶段叫收益递减阶段,即图 2-18 中劳动投入由 A 到 B,总产量继续增加到最高点 M 这一阶段,劳动的边际产量小于劳动的平均产量,从而使平均产量开始递减,但由于边际产量大于零,所以总产量仍能继续增加,但递减的比率增加。这是因为在这一阶段,不变的生产要素已接近于充分利用,可变生产要素——劳动的增加已不能像第一阶段那样使产量迅速增加。

第三阶段叫负收益阶段,即劳动投入量超过 B,总产量开始下降的阶段。在这一阶段,劳动的边际产量下降为负值,总产量也绝对减少。这是因为此时不变的生产要素已经得到充分利用,再继续增加可变生产要素只会降低生产效率,减少总产量。

正是因为边际收益递减规律发生作用,所以迫使生产者寻求可变投入要素的合理范围。

3. 长期生产函数

长期来看,一切投入要素均可发生改变。为了分析方便,假定只使用两个要素生产一种产品,这种分析对两个以上的可变要素投入也适用,分析长期生产函数需要引进等产量线、等成本线等基本概念。

1)等产量线

等产量线就是在技术水平不变的条件下,生产同一产量的两种生产要素投入的各种不同组合点的轨迹。假如现在劳动(L)和资本(K)两种生产要素有 a、b、c、d 4 种组合方式,这 4 种组合方式都可以生产出相同的产量 Q_0。具体组合见表 2-1。

表 2-1　相同产量水平下的不同生产组合方式

组合方式	资本(K)	劳动(L)
a	6	1
b	3	2
c	2	3
d	1	6

根据上表可做出图 2-19,横轴代表劳动量,纵轴代表资本量,通过 a、b、c、d 4 点做一条曲

线 Q_0，即为等产量线，线上任意一点所表示的资本与劳动的不同数量组合，都能生产出相等的产量。

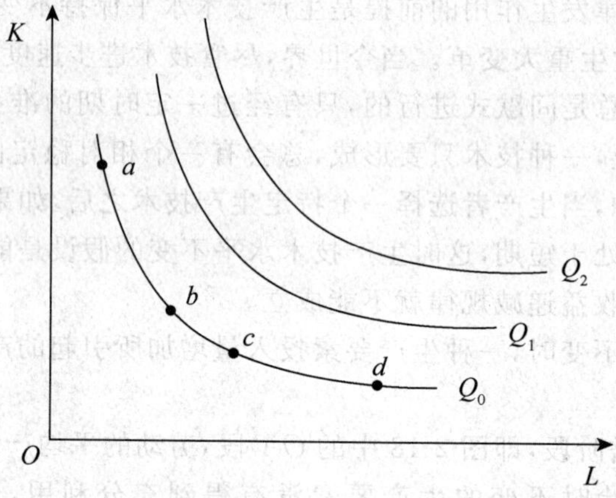

图 2-19 等产量曲线

等产量线有以下特征：

(1)等产量线是一条向右下方倾斜的曲线，其斜率为负值。这意味着在生产者的资源与生产要素价格既定的条件下，为保持相同的产量，在增加一种生产要素的同时，必须减少另一种生产要素的投入量。若两种生产要素同时增加，在资源既定时是无法实现的；而两种生产要素的同时减少，又不能保持原有的产量水平。

(2)在同一坐标平面上，可以有无数条等产量线，其中每一条都代表一个产量，距离原点越远的等产量线所代表的产量水平就越高。在图 2-19 中，Q_0、Q_1、Q_2 是 3 条不同的等产量线，它们分别代表不同的产量水平。Q_2 离原点越远，意味着投入的劳动和资本的数量就越多，从而它所能生产的产量也就越大。

(3)在同一坐标平面上，任意两条等产量线不会相交。

(4)等生产量线是一条凸向原点的曲线。

2)边际技术替代率

边际技术替代率(rate of marginal technical substitution，MRTS)是指在维持产量水平不变的条件下，增加一种生产要素的投入量与所减少的另一种生产要素投入量之比。ΔL 代表劳动投入的增加量，ΔK 代表资本投入的减少量，如果以劳动替代资本，则劳动对资本的边际技术替代率可表示为：

$$MRTS_{LK}=\Delta K/\Delta L$$

边际技术替代率应是负值，因为要保持产量不变，一种生产要素投入量增加时，另一种生产要素的投入量就要减少，一般边际技术替代率取其绝对值。另外，边际技术替代率是递减的。随着劳动投入量的增加，边际收益递减规律就会发生作用，结果是劳动的边际产量递减；相反，资本的边际产量会随着资本投入量的减少而增加。若用劳动代替资本且又保持产量不变，生产者必须更多地投入劳动要素，才能代替不断减少的资本要素。因此，每增加一定数量的劳动所能代替的资本数量就越来越少，即 ΔL 不变时，ΔK 越来越小。因此，边际技术替代率递减是以边际收益递减规律为基础的。边际技术替代率的几何意义是等产量线的斜率，由于前者递减，所以等产量线的斜率也就递减，这就决定了等产量线是一条凸向原点的曲线。

4. 生产者剩余

生产者剩余是产品提供者在市场交易中实际获得的收益与其愿意接受的最小收益之间的差额，是衡量卖者参与市场的收益。供给曲线反映的是生产者生产每一单位的物品付出的成本是不相同的，因此供给曲线的高度反映了卖者的成本。如图 2-20 所示，当生产者生产 Q^* 数量的商品时，付出的总成本是四边形 OQ^*EC 的面积。此时市场价格为 P^*，出售 Q^* 数量的商品，生产者可以获得四边形 OQ^*EP^* 面积的收入。生产者剩余是生产者出售商品获得的收入减去成本，即 $OQ^*EP^*-OQ^*EC=CEP^*$。从图中可以看出，用供给曲线以上和价格以下的面积衡量市场的生产者剩余。

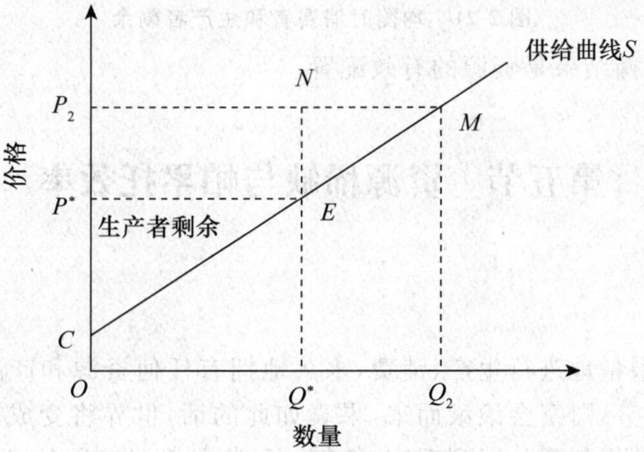

图 2-20 生产者剩余

卖者总想使他们的产品卖个好价钱，市场价格升高时生产者剩余会增加。当价格从 P^* 上升到 P_2，如图 2-20 所示，生产者剩余是三角形 CMP_2 的面积。生产者剩余的增加由两部分构成：第一，在较低价格 P^* 时，就已经有 Q^* 量的供给者，由于价格升高了，他们的生产者剩余增加，增加的量是矩形 P^*ENP_2 的面积；第二，一些新的供给者进入市场，使供给量从 Q^* 增加到 Q_2，新进入供给者的生产者剩余是三角形 EMN 的面积。

当消费者到市场上购买一台空气净化器的时候，可能会对它的高价感到失望。同时，空气净化器的生产厂商把产品送到市场上出售时，他们希望价格能再高一点。这些观点并不使人感到惊讶，买者总想少付钱，而卖者总想多卖些钱。从整个社会的角度来看，均衡价格是"正确的价格"吗？自由市场所进行的资源配置结果是否是最有效率的？

这可以运用消费者剩余和生产者剩余来衡量。如图 2-21 所示，消费者剩余等于价格以上和需求曲线以下的面积，即$\triangle AEF$ 的面积。而生产者剩余等于价格以下和供给曲线以上的面积，即$\triangle CEF$ 的面积。市场的总剩余等于消费者剩余加上生产者剩余，即$\triangle ACE$ 的面积。在需求曲线 AB 上的 AE 段，买者对物品的评价也就是支付意愿是大于均衡价格的；相反在 BE 段上，买者的支付意愿是小于均衡价格的。供给曲线 CD 的 DE 段，表示卖者的生产成本大于均衡价格，相反 CE 段表示卖者的生产成本小于均衡价格。

市场数量小于均衡水平的数量时，买者的评价大于卖者的成本。在均衡数量之前增加产量可以增加总剩余，而且这种情况一直持续到产量达到均衡为止。但超过均衡数量时，买者的评价小于卖者的成本，所以增大产量会导致总剩余减少。所以市场均衡时可以使市场的总剩

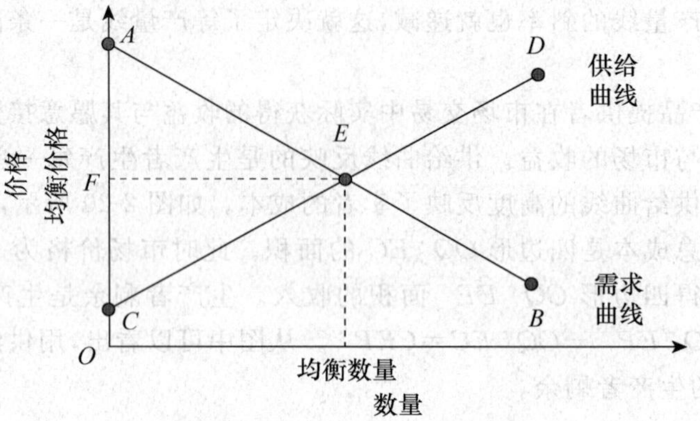

图 2-21 均衡时消费者和生产者剩余

余最大化,换句话说均衡结果是资源的有效配置。

第五节 资源稀缺与帕累托效率

一、资源稀缺

如果人类能够无限量地进行生产、消费,永久地拥有任何资源和产品,则世界上不会有分配不均、富人和穷人之分,财富会滚滚而来,果真如此的话,世界将变成什么样?这不得而知,乌托邦只是人类理想的伊甸园。回到现实,任何一种物品都是有限的,这些有限的物品造就了资源供给的稀缺性。

环境资源作为围绕人类生存发展的必要条件更是具有稀缺的属性。而环境污染和资源破坏却使原本就为数不多的资源变得更少。人口、土地、污染、科技等对资源的稀缺会产生哪些影响呢?从古典经济学家的预言到罗马俱乐部的分析都为解析资源稀缺提供了理论基础。

1. 传统经济学对资源稀缺的认识

(1)绝对稀缺论和相对稀缺论 马尔萨斯在1798年发表的《人口论》一书中认为:人口呈几何级数增长,而土地等资源产出却呈算数级数增长,如果对人口增长不加限制,就会导致灾难。抑制人口增长可以依靠战争、饥荒等手段。马尔萨斯虽然没有强调,甚至忽视了技术进步在提高资源生产力方面的作用,以及政府对人口实施控制的积极作用。但是,他已经表明,如果不正确认识和处理好资源、经济、人口以及社会发展之间的关系,人类将面临自我设置的"生存困境"。这给后人敲响了环境保护和可持续发展的警钟。

相对稀缺论的代表人物是大卫·李嘉图。李嘉图不同于马尔萨斯的主要地方是他看到了技术进步促进生产增长的积极作用。他实际上是提出了技术与资源稀缺间可以进行一定的替代,其理论也暗含有技术是解决人与环境冲突的重要手段和工具的观点。

(2)约翰·穆勒的静态经济论与自然和谐论思想 穆勒对于马尔萨斯和李嘉图的资源稀缺观点全部进行吸收,并提出了关于人类的经济增长与自然环境的界限问题。他认为一个国家的自然环境、人口和财富均应保持在一个静止稳定的水平,并且这一水平要远离自然资源的极限水平,以防止食物缺乏和自然美景消失的现象出现。这是经济学家第一次提出了环境质量与环境保护的问题,表明其已经意识到,如果人类社会的产出超过自然所允许的限度,社会就会出现失衡。

2. 新古典经济学对环境资源稀缺性的认识

20 世纪 60 年代初期，环境资源对经济增长构成约束的传统资源稀缺性理论归结为两种基本观点。

(1)资源绝对稀缺性　这一观点认为，在可获取的自然资源存量的极限没有达到之前，环境质量是不变的，不存在边际成本上升和收益递减现象，环境资源的有限性构成了对经济发展的绝对约束，只有在达到极限时，资源的稀缺性影响才会在上升的成本中通过价格得到反映。一旦这一情况发生，所有自然资源存量都已得到利用，边际费用增加，人类在资源替代方面无能为力，经济发展就会在没有任何调整机会的情况下突然停滞。

(2)资源相对稀缺性　这一观点认为，资源质量是变化的，不存在环境资源的绝对稀缺，仅有资源质量下降的相对稀缺。当资源被消耗时，质量下降，稀缺性就上升，单位生产边际成本提高。在这里，一旦物理性稀缺，资源以价格变化的形式反映出相对稀缺性时，经济系统就会自动寻求某种资源来替代这一相对稀缺的自然资源，对价格信号作出反应。也就是说，不断上升的相对成本会刺激技术进步，导致经济质量更优的替代性资源出现。经济增长可能使特定资源存量出现暂时的、不断增加的相对性稀缺，但不会导致对经济增长的绝对约束。

从总体上看，传统经济学研究对环境资源稀缺性的长期影响持乐观态度。当提供生产性服务的环境资源存量出现稀缺时，资源相对于其他商品的市场价格上升，构成对经济增长的初始约束，导致经济系统对此作出反应，纠正资源的过度开发，从而自动减缓稀缺程度。

3. 环境资源稀缺性的凸显

20 世纪中叶，环境污染日趋严重，特别是西方国家环境公害事件不断发生，环境问题频频困扰人类。20 世纪 50 年代，美国海洋生物学家蕾切尔·卡逊于 1962 年发表的《寂静的春天》一书，通过对污染物富集、迁移、转化的描写，阐明了人类同大气、海洋、河流、土壤、动植物之间的密切联系，初步揭示了污染对生态系统的影响。1968 年，世界各国的几十位科学家、教育家和经济学家聚会罗马，成立了一个非正式的国际协会——罗马俱乐部。该俱乐部于 1972 年发表了研究报告《增长的极限》。该报告深刻阐明了环境的重要性以及资源与人口之间的基本联系。报告认为：由于世界人口增长、粮食生产、工业发展、资源消耗和环境污染这 5 项基本因素的运行方式是在以指数增长而非线性增长，全球的经济增长将会因为粮食短缺和环境破坏于 21 世纪某个时段内达到极限。

1972 年，联合国人类环境会议在斯德哥尔摩召开，世界 113 个国家和地区的代表汇聚一堂，共同讨论环境对人类的影响问题。这是人类第一次将环境问题纳入世界各国政府和国际政治的议程。大会通过的《人类环境宣言》宣布了 37 个共同观点和 26 项共同原则。它向全世界呼吁：现在已经到达历史上这样一个时刻，我们在决定世界各地的行动时，必须更加慎重地考虑它们对环境产生的后果。由于无知或不关心，可能给人类生存和幸福所依赖的地球环境造成巨大的无法换回的损失。

1987 年联合国发布研究报告《我们共同的未来》，报告将注意力集中在人口、粮食、物种和遗传、资源、能源、工业和人类居住等方面。在系统地探讨了人类面临的一系列重大经济、社会和环境问题之后，提出了“可持续发展”的概念。报告指出，在过去，我们关心的是经济发展对生态环境带来的影响，而现在，我们正迫切地感到生态压力对经济发展所带来的重大影响。因此，需要有一条新的发展道路。这条道路不是一条仅能在若干年内支持人类进步的道路，而是一直到遥远的未来都能支持全人类进步的道路。

1992年,联合国环境与发展大会在巴西里约热内卢召开。会议通过了《里约环境与发展宣言》和《21世纪议程》两个纲领性文件。此外,各国政府代表还签署了《联合国气候变化框架公约》等国际文件及有关国际公约。可持续发展得到世界最广泛和最高级别的政治承诺。

为了应对气候变暖的威胁,1997年149个国家和地区的代表在日本东京召开《联合国气候变化框架公约》缔约方第三次会议,会议通过了限制发达国家温室气体排放量以抑制全球变暖的《京都议定书》。

2002年8月26日,迄今级别最高、规模最大的会议在南非约翰内斯堡桑顿会议中心开幕。会议全面审议1992年通过的《里约环境与发展宣言》《21世纪议程》等重要文件和其他一些主要环境公约的执行情况。会议的主要成果有《约翰内斯堡可持续发展宣言》和《可持续发展问题世界首脑会议执行计划》。本次大会提出了诸多明确目标,并设立了相应的时间表,其中包括:到2020年最大限度地减少有毒化学物质的危害;到2015年将全球绝大多数受损渔业资源恢复到可持续利用的最高水平;在2015年之前,将全球无法得到足够卫生设施的人口降低一半,以及到2005年开始实施下一代人资源保护战略;等等。

这一切都表明人们已开始高度关注环境资源稀缺性和严重的环境问题并对其认识越来越深刻。

专栏2-1 资源枯竭与经济可持续性:马来西亚

历史记录表明,丰富的自然资源往往对经济发展不利。为什么?对自然资源魔咒的一个可能解释就是,资源丰富的国家一直没有对可再生资本进行足够的投资,以抵消资源的消耗。自然资源是一种资本,如果某个国家消耗了这种资源,而且这个国家还想扩大它的资本基数,并维持它的消费水平,那么,被消耗的资产就必须得到补充或替代。

分析这个问题的一个非常有趣的国家是马来西亚。尽管马来西亚是世界上资源最丰富的国家之一,而且马来西亚在之前的30年间,其人均GDP增长率一直是世界上最高的国家之一。但是,马来西亚资源丰富的独特性提出了一个麻烦的问题:这个国家确实是处在一种可持续的增长轨道上吗?也就是说,它只是设法通过开发新资源来保持经济的增长吗?

在一项研究中,文森特对马来西亚及其3个组成地区(马来西亚半岛、沙巴和砂拉越)1970—1980年所有年份的净投资(总投资减去实物资本和自然资本折旧)和净国内生产总值(NDP;GDP减去上述两类资本的折旧)进行了估算。这个估计值反映了两类自然资源(矿产和木材)的损耗,而这两类自然资源是马来西亚最重要的资源。

从国家水平上看,作者发现,除一年以外,所有年份的人均净投资都为正。因此,在1970—1980年,尽管马来西亚的矿产资源和木材都有消耗,但马来西亚的人均总资本存量一直都是增加的。不过,其他3个区则并非全部如此。马来西亚半岛所有年份的人均净投资都是正数,但是,沙巴在1975年以后每年都是负数,而在砂拉越,1983年以后除一年之外,其他年份都是负数。

这是因为,马来西亚半岛采取一些政策,将大部分的资源租金用于生产性的再投资。

沙巴和砂拉越则相反，它们只是提高自然资源的产量，并将自然资源产生的租金的大部分消费掉。尽管马来西亚的发展在国家水平上看是可持续的，但各区域的情况却并非都是如此。

资料来源：Jeffrey R. Vincent. Resource Depletion and Sustainability in Malaysia. Environment and Development Economics，1997(2)：19-37

二、帕累托效率

经济学关心的问题之一是效率，而经济效率与资源的配置状况有关。在技术和资源为既定的情况下，如果一个经济社会的资源使用或资源配置能够使社会各成员的福利达到最大化，就可以说经济是有效率的，这个效率指的就是帕累托效率。其概念是这样定义的：经济状态的任何改变都不能使此状态中的任何一个人的境况变得更好而不使别人的境况变坏，或者说如果不使别人的境况变坏，就无法使任何一个人的境况变得更好，这种经济状态就称为帕累托最优。按照帕累托标准，如果既定的资源配置状态的改变，能够让一部分社会成员的状况改善，而其他人的状况并没有变坏，这就可以看作一种资源配置状况的改善，称为帕累托改进。要使经济是帕累托有效的，需要满足：生产的帕累托最优，交换的帕累托最优，以及交换和生产的帕累托最优。

1. 生产的帕累托最优

假设一个经济体系中的生产者只生产两种产品 X 和 Y，使用的生产要素也有两种，即资本和劳动力，记为 K 和 L。其中生产 X 和 Y 两种产品的劳动总量为 L_O，也就是 $L_X+L_Y=L_O$；生产 X 和 Y 两种产品的资本总量为 K_O，记为 $K_X+K_Y=K_O$。如图 2-22 所示，由 L_O 和 K_O 构成的盒状图，即埃奇沃思盒状图或称埃奇沃思矩形图。图中横坐标表示所使用的劳动 L 的数量，纵坐标表示所使用的资本 K 的数量。图中的一系列等产量曲线是由产品 X 的等产量曲线与产品 Y 的等产量曲线合并而成。根据等产量曲线的性质，对产品 X 而言，$X_1<X_2<X_3<\cdots<X_n$；对产品 Y 而言，$Y_1<Y_2<Y_3<\cdots<Y_n$。

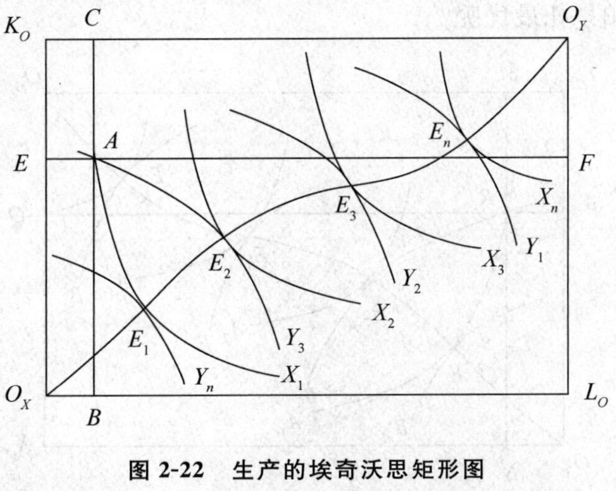

图 2-22　生产的埃奇沃思矩形图

在这个矩形图中，任找一点，可以把产品 X 和 Y 所使用的劳动和资本的数量划分清楚。如图中的 A 点表示产品 X 使用 AE 的劳动及 AB 的资本；而产品 Y 则使用 AC 的资本及 AF

的劳动。在什么样的生产要素分配下才能实现生产的帕累托最优呢？

假设生产要素的初始配置点为A，从图中可以看出，如果把产品Y的劳动力移至产品X，把产品X的资本转移到产品Y，将会使两者皆受益。因此A点不是帕累托最优点，所以存在帕累托改进的可能。如何通过资源的重新配置来实现帕累托最优呢？

从A点出发对资源进行重新配置，比如沿着等产量曲线X_1向E_1点移动，移动过程中，虽然产品X的数量不变，但产品Y的数量却一直在增加，直到E_1点。到了E_1点后再进一步进行配置，就必然会减少Y的产量。因此两条等产量曲线的切点E_1即为帕累托最优点。同理，假若我们从A点沿着等产量曲线Y_3向E_2点移动，也会一直存在帕累托改进，直到两条等产量曲线的切点E_2时不存在任何帕累托改进的可能，从而达到帕累托最优状态。

从A点也可以向E_1和E_2这两点之间任一满足产品X、Y等产量曲线相切条件的点移动，达到产品X、Y等产量曲线相切的切点之后，资源配置的效率不可能再进一步改进。因为在任一切点上如果重新配置资源，只会在增加一种产品产量的同时减少另一种产品的产量。因此，在这些切点上，便实现了帕累托最优。

从生产的埃奇沃思矩形图中任一资源的非最优点出发都可以通过资源的重新配置达到最优均衡点。这样的均衡点有无穷多个，连接无穷多个最优均衡点得到一条曲线O_XO_Y，该曲线通常被称为生产的契约曲线。只要生产者通过资源配置到达生产契约曲线上，便达到了生产的一般均衡，从而实现了生产的帕累托最优。

2. 交换的帕累托最优

仍然假设社会生产X和Y两种产品，且它们的总产量既定，分别为X_O和Y_O。既定的产品总量X_O和Y_O欲在A、B两人之间进行分配。应如何分配才能达到帕累托最优呢？如图2-23所示，由既定的两种产品及产量X_O、Y_O构成的矩形图中，横坐标表示要分配的产品X的数量，纵坐标表示要分配的产品Y的数量。图中的一系列无差异曲线由A、B两人的无差异曲线合并而成。依据无差异曲线的性质可知，$A_1<A_2<A_3<\cdots<A_n$，$B_1<B_2<B_3<\cdots<B_n$。在矩形图中的任意一点，可以把X和Y分配给A、B两人。比如图中的R点，表示A可以得到PR的X产品和NR的Y产品，而B可以得到MR的Y产品及RQ的X产品。在什么样的条件才能达到帕累托最优呢？

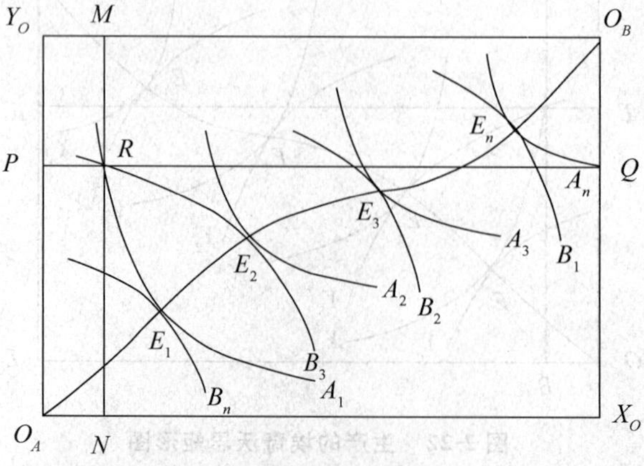

图 2-23 交换的埃奇沃思矩形图

如果把B的产品X转移给A，而把A的产品Y转移给B，将会使得两者的效用水平都提高，或者至少使一个人的效用水平提高而不会同时降低另一人的效用水平，因此 R 点不是帕累托最优点。在这种情况下可通过产品的有效配置来实现帕累托最优。

具体来说，A 愿意以较多的 Y 交换较少的 X，B 愿意以较多的 X 交换较少的 Y。通过交换至少可以使一方受益而另一方不受损。例如，从 R 点开始，沿着 B 的无差异曲线 B_3 进行交易，达到 E_2 点，B 的效用水平没有变化，但是，A 的效用水平却由 A_1 提高到了 A_2；如果沿着 A 的无差异曲线 A_1 进行交易，达到 E_1 点，A 的效用水平没有变化，但是 B 的效用水平却由 B_3 提高到了 B_n。交易也可能位于 E_1 和 E_2 中间的某一点，因此使 AB 两人都得到好处。从 R 点出发交易的结果一旦达到 E_1 点或 E_2 点，继续交易获利的机会将不再存在。如果再继续交易下去只会使一方受益的同时而使另一方受损，或者使两方都受损。同理，我们把 E_1、E_2、……E_n 连接起来所形成的曲线，称之为交换的契约曲线。只要参与交换的双方通过产品交换达到交换的契约曲线上，便达到了帕累托最优。

3. 生产和交换的帕累托最优

要想达到经济效率的目标，除了要达到上述的生产和交换的帕累托最优，还要把生产和交换结合起来。

生产可能性边界是从生产契约曲线 O_XO_Y 推导出来的。如图 2-24 所示，处于契约曲线和生产可能性边界上的每一点都表示 X 和 Y 有效率的产出水平。Q_X 代表一个端点，在该点仅生产 X，Q_Y 代表另一个端点，在该点仅生产 Y。可以把 Y 对 X 的边际转换率定义为生产可能性边界曲线上每个点的斜率，边际转换率即为增加一单位 X 必须放弃多少 Y 的生产。例如，在生产可能性边界的 B 点，边际转换率为 1，因为增加 1 单位 X 生产必须放弃 1 单位 Y 的生产；在 D 点转换替代率为 2，因为增加 1 单位 X 必须放弃 2 单位 Y。

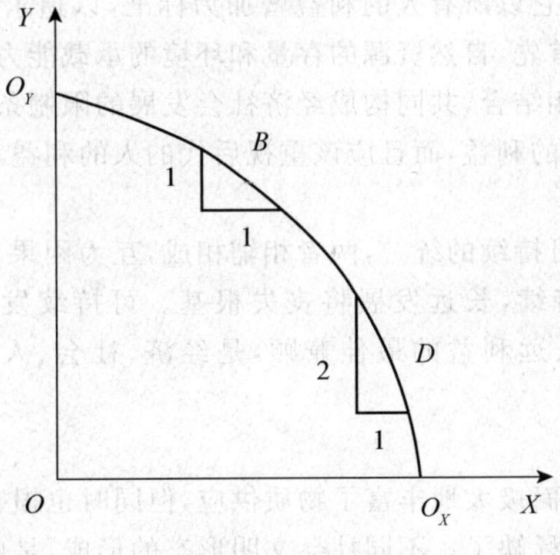

图 2-24 生产可能性边界

沿生产可能性边界不断增加 X 生产，被替代掉的 Y 的产量不断增加。之所以如此，是因为劳动和资本生产力的差别取决于把投入品用于生产较多的 X 还是较多的 Y。假定从 Q_Y 点开始，在此点仅仅生产 Y，现在从 Y 的生产中取走某些资本和劳动投入于 X 的生产，这样获得第一个 X 仅损失很少的 Y。沿着生产可能性边界移动，到 B 点时，资本和劳动力在两种产品中的投入量相等，边际转换率等于 1。继续沿生产可能性边界移动，资本和劳动在 Y 生产中进一步降低，在 X 生产中的投入进一步提高。

对于一个有效率的经济来说，不仅要按照最小化成本来生产产品，还必须使所有生产的产品适合人们的需求。Y 对 X 的边际替代率是以减少的 Y 的消费来测量消费者对增加 1 单位的 X 消费所愿支付的数额。但边际转换率则是以减少的 Y 的生产来测量增加 1 单位 X 的成本。对每个消费者来说，只要满足边际替代率和边际转换率相等，这个经济便是有效率的。

为什么这是经济有效率的必要条件呢？假定边际转换率等于 1，但边际替代率等于 2。那么，消费者就将放弃 2 单位的 Y 以换取 1 单位的 X，但多获得 1 单位的 X 的成本却仅仅是 1 单位 Y 的损失。显然这是由于所生产的 X 太少的缘故。为实现效率，必须增加 X 生产，也就是说，使边际替代率下降，边际转换率提高，直到二者相等为止。只有当每对产品都达到边际替代率和边际转换率相等时，经济才是有效率的，这时的两种产品就为最优组合。

三、可持续发展与生态文明

1. 可持续发展的内涵

资源和环境的协调发展，是资源利用和环境保护必须正视的首要问题。可持续发展是人口、资源、环境和经济、社会的相互协调发展；是既满足当代人的需求，又不对后代人满足其发展需求能力构成危害的发展。可持续发展的关键，是实现人与自然、经济增长与环境保护、社会发展与人的发展等不同层面的关系协调。在环境经济学中，可持续发展的核心是经济发展与环境质量的动态平衡，是指不降低环境质量和不破坏世界自然资源基础的经济发展。

可持续发展包含最基本的两个方面，即发展与持续性。发展是前提，是基础；持续性是关键。没有发展，则不需要讨论可持续性；没有持续性，发展也将终止。首先，发展应至少含有人类社会物质财富的增长，因此经济增长是发展的基础。其次，发展作为一个国家或区域内部经济和社会制度的必经过程，它以所有人的利益增加为标准，以追求社会全面进步为最终目标。持续性也有两方面含义。首先，自然资源的存量和环境的承载能力是有限的，这种物质上的稀缺性和在经济上的稀缺性相结合，共同构成经济社会发展的限制条件。其次，在经济发展过程中，当代人不仅要考虑自身的利益，而且应该重视后代的人的利益，既要兼顾各代人的利益，也要为后代发展留有余地。

可持续发展是发展与可持续的统一，两者相辅相成，互为因果。放弃发展，则无可持续可言；只顾发展而不考虑可持续，长远发展将丧失根基。可持续发展战略追求的是近期目标与长远目标、近期利益与长远利益的最佳兼顾，是经济、社会、人口、资源、环境的全面协调发展。

2. 生态文明的内涵

工业社会的到来，一方面极大地丰富了物质供应，但同时也损害了生态环境。相对物质供应来说，好的环境反而变得稀缺了。不同社会文明形态的形成，是由不同时期稀缺性要素所决定的。随着我国经济的发展，人们的需求发生了显著变化，更加追求环保和生态。由于生态环境已变得越来越稀缺，物以稀为贵，于是损害生态环境的代价越来越高，这就决定了工业文明必须向生态文明转型。

生态文明遵循人类社会与自然环境的和谐共处，指的是互相影响、对立统一、不断发展变化的矛盾关系，是人类社会和自然环境的动态平衡。生态文明与物质文明、精神文明、政治文明既相互制约，又相互促进，是人与自然关系的伦理要求，也是基本的治国理念。它包含以下 3 个方面的含义。

(1)生态文明是一种良性发展的社会文明形态　它是人类通过生产力提高,生产方式改变,提高人类适应自然和利用并修复自然的能力;

(2)生态文明是一种可持续发展的文明形态　人类社会的发展要坚持可持续发展观,考虑环境资源的承载力和恢复力;

(3)生态文明是科学的文明形态　它指的是一种自觉的、以科学为基础的文明发展。

3. 生态文明与可持续发展

生态文明以可持续发展为依据,建设一个使人类生活环境和社会生产力发展相互适应,利用和发展良性循环的科学发展道路。生态文明和可持续发展都体现了公平性,其时间维度的公平,体现在当代人与后代人之间公平享受生态环境的权利;其空间维度的公平,体现在同一个地球村中不同地区享有共同的生态环境的权力;其系统维度的公平,体现在人与自然公平共存的权利。生态文明与可持续发展要求人类在生产生活过程中对自然环境保持尊重、保护并回报自然,一味地索取与掠夺只会造成无法逆转的恶果。生态文明和可持续发展相辅相成,其强调的是以文明为基础的发展,展现的是人类社会对更高层次的文明的追求,是人类发展历史上一个重要的阶段。可持续发展观要求人类实现生态文明建设,而生态文明建设又是实现可持续发展的基础。

可持续发展观是以人为本,从人民的根本发展利益出发,满足人们对物质、文化、政治、经济等的利益需求。生态文明则是在可持续发展观的基础上建立的高层次的人类文明状态,强调的是人与自然和谐共存,共同发展,即发展也是生态文明的目标所在。生态文明同样体现了以人为本的观念,生态文明致力于解决人类发展与自然环境的核心问题,因为人类赖以生存的生态环境为人类提供了生存和发展的物质基础,生态文明是物质文明、精神文明和政治文明的前提条件,没有生态文明便无法保证物质文明、精神文明和政治文明,生态文明是一切的基础,它适应发展的要求和规律,必须坚定沿着生态文明的发展方向才能保证现代文明的可持续发展。

专栏 2-2　可持续性发展:三个成功的例子

20 世纪 80 年代以前,肯尼亚 83%的城市人口和 17%的农村家庭都使用一种称为 jikos 的炭炉。在内罗毕,一个只有一个人赚取工资的典型家庭,单在木炭上就要花费其全部收入的 1/5 以上。jikos 炭炉非常耗能,它不仅消耗一个家庭的收入,而且也消耗大量的木材,因为木炭是木材做的。

1981 年,肯尼亚政府和当地一个非政府组织启动了一项计划,推广一种更加节能的新炉子。到 1985 年,新炉子占据了市场 10%的份额。从全国看,每年在燃料上可节省 200 万美元。

大多数中美洲国家都面临水土流失和单一耕作制度引发的土壤肥力下降问题,洪都拉斯的圭诺普(Guinope)也不例外。农民纷纷从这些地区迁出,剩下的人则收入低下,穷困潦倒。

1981 年,一个私营自发性组织"世界邻居"(world neighbors)引入了一项可持续农业项目。它的主要目的就是推广中美洲其他地区使用的水土保持技术。具体做法包括开沟、植草、筑石墙、培训农民施用鸡粪肥、间种豆科植物以及使用一些化肥。最重要的是,这个项目根本没有补贴，所有费用都由农民自己承担。第一年的收成就翻了三番，有些地方甚至翻了四番。附近村庄也要求培训，因此该项目很快得到了推广。

在巴西，自19世纪以来，大约有500000名橡胶原住民(即采胶人)依靠亚马孙河为生。后来，他们的生计受到了威胁，因为有大量的移民迁入毁林造地。政府对此加以鼓励，并给移民发放补贴，然而，移民最终发现，一旦森林被伐，森林的遮蔽作用就不复存在，毁林造的地也不适合于种植庄稼。一种可持续的土地利用方式遭到了另一种不可持续的土地利用方式的危害。

1987年6月30日，巴西政府为橡胶原住民建立了一个采伐保护区，对森林里发现的无数基因物种进行保护。在采伐保护区内，可以继续采胶(以及干果和其他可更新产品)，但是不能毁坏森林，从而对森林以及林农加以保护。

资料来源：W. V. C. Reid. Sustainable Development: Lessons from Success. Environment, 1989(31): 7-9, 29-35

复习思考题

一、名词解释

1. 需求、供给、均衡

2. 需求价格弹性、供给价格弹性

3. 消费者剩余、生产者剩余、效用

二、简答题

1. 在下列每一对物品中，你认为哪一种物品更富有需求弹性，为什么？

(1)指定教科书或小说；

(2)未来6个月的暖气用油或未来5年的暖气用油；

(3)啤酒或水；

(4)香草冰激凌或冰激凌。

2. 技术进步使生产电脑成本降低：

(1)用供求图说明电脑市场上价格、数量、消费者剩余和生产者剩余会发生怎样的变动。

(2)电脑和软件是互补品。用供求图说明软件市场上的价格、数量、消费者剩余和生产者剩余会发生什么变动。电脑技术进步对软件生产者而言是幸运还是不幸？

(3)这种分析有助于解释为什么软件生产者比尔·盖茨是世界上最富有的人之一吗？

3. 什么是可持续发展？与生态文明建设有何联系？

三、论述题

1. 影响某种商品的需求量和供给量的主要因素有哪些？

2. 什么是边际效用递减规律？一家大企业与一家小企业损失同样数量的资金，其表现是不一样的，请用边际效用递减规律加以说明。

3. 阐述帕累托效率的必要和充分条件。

第三章 环境外部性理论

竭泽而渔，岂不获得，而明年无鱼；焚薮而田，岂不获得，而明年无兽。

——吕不韦，《吕氏春秋》

本章学习目标

1. 掌握外部性的概念、分类及解决办法；
2. 掌握市场失灵和政府失灵的定义和原因；
3. 熟悉最优污染水平的意义；
4. 了解庇古和科斯对环境问题的解决思路；熟悉庇古和科斯解决环境问题的途径的区别。

引导案例

泰国虾养殖带来的外部性

在泰国苏拉特省，一个靠海岸名为大浦的渔村，550多公顷的红树林沼泽地一半以上被开发成商业虾养殖地。虽然养虾是利润可观的行业，但红树林是天然的渔场，而且可以阻挡台风，避免土壤侵蚀。但由于局部红树林遭到破坏，大浦村的捕鱼量明显下降，而且遭受到台风袭击和水质污染。市场力量能够在保护和开发现存的红树林之间作出有效的平衡吗？

经济学家沙提拉他博士和巴比尔博士(Sathirathai & Barbier,2001)曾经作过估算，红树林进一步破坏造成的生态服务价值损失将超过虾养殖带来的收益。保护现有红树林湿地是一个有效率的选择。

但是鱼虾养殖企业会作出这个选择吗？很不幸，他们不会。根据两位博士做的研究，红树林在森林资源、海岸渔业、海岸防护等方面的经济价值在每公顷27264～35921美元。与此形成鲜明对比的是，虾类养殖的经济回报每公顷在194～209美元。然而，由于养虾的补贴很高，而且不用支付外部污染成本，因此，养虾的经济回报每公顷在7706.95～8336.47美元。

如果对外部没有施加任何影响，即便无效率，红树林的开发也应当是正常的结果。红树林可以提供生态服务，与此关联的外部性会使得决策有失偏颇，从而使得社会净效益减少，私人净效益增加。

资料来源：E B Barbier，S Sathirathai. Vaulting Mangrove Conservationin Southern Thailand. Contemporary Economic Policy，2001，19(2)：109-122

第一节 外部性概念的解释

一、外部性的含义

国内外很多学者，比如国外学者萨缪尔森、兰德尔、赫勒等，我国学者马中、左玉辉等，对外部性给出了不同的定义和理解，但大致的含义基本是类似的。简单来说，外部性是指实际经济活动中，生产者或消费者的活动对其他消费者和生产者产生的超越活动主体范围的影响。从定义中可以看出外部性有4个基本特征。

(1)外部性独立于市场机制之外 也就是说外部性的影响不属于买卖关系范畴，它仅仅指的是那些不需要支付货币的第三方获得的收益或者损害。

(2)外部性产生于决策范围之外并且具有伴随性 外部性是伴随着生产或消费而产生的某种副作用。例如，造纸厂生产过程会排出污水，但企业的决策动机并不是为了排污而生产。因此外部性是生产或消费者在作出决策时带来的“非市场性”的附带影响。

(3)外部性是经济活动中的一种溢出效应 在受影响者看来，这种溢出效应不是自愿接受的，而是由对方强加的。例如，某工厂造成的空气污染，使附近居民因呼吸有害的空气而损害身体健康。

(4)外部性不可能完全消除 对环境资源而言，由于人们无法通过市场或某种交易制度来获得外部收益付费，或者因为带给别人外部成本而向其支付补偿金。现实生活中，外部性存在范围如此之广，也不可能完全消除外部性，但可以尽力追求次优，以降低环境资源的低效率使用机会。

二、外部性的分类

根据外部性影响结果，可分为外部经济性和外部不经济性，又称为正外部性和负外部性。

对旁观者的福利是有利的称为外部经济性。比如植树造林、治理水体和大气污染等活动都能产生外部经济性。反之，对旁观者的福利是不利的，称为外部不经济性。现实中外部不经济性比外部经济性更常见，当前人类面临的各种环境污染和生态破坏问题都是外部不经济性的必然结果，例如向环境中排放污水、乱采滥伐森林、草原过度放牧等。

由于外部性是伴随生产或消费活动产生的，因此还可以把它细分为生产的外部经济性、生产的外部不经济性、消费的外部经济性、消费的外部不经济性。

生产的外部经济性指生产者在生产过程中给他人带来有利的影响。例如，植树造林这件事情，种树者本身从树木中得到木材与果实的收益，需要木材与果实的买者在交易市场上和卖者交易，除了买卖双方之外，当地居住者也就是第三方可以不付费就享受到绿色的美景、树上的飞鸟以及污染气体的减少、清新的空气等。

消费的外部经济性指消费者在消费过程中给他人带来有利的影响。消费再生纸，可以节约资源和减少污染。

生产的外部不经济性指生产者在生产过程中给他人带来损失或额外费用。例如造纸厂排出的污水对邻近饮料厂产生的负面影响。

消费的外部不经济性指消费者在消费过程中给他人带来损失或额外费用。例如开汽车，使当事人的出行变得便捷，节约了时间，而旁观者必须忍受汽车行驶过程中的产生的噪声以及汽车尾气带来的空气污染。

三、外部性对经济效率的影响

接下来运用供给、需求的知识来考察外部经济性和外部不经济性是如何影响经济效率的。

1. 外部不经济性

图 3-1 是一个没有考虑外部性的情况下汽车市场的供求均衡图。供给曲线反映的是企业生产汽车的私人成本，也是企业每生产一单位汽车的成本，又被认为是边际成本曲线；需求曲线反映的是买者对汽车的支付意愿即私人评价，是买者多消费一单位产品的收益，因此也被认为是边际收益曲线。图中的均衡是帕累托有效的，因为它最大化了市场中买方和卖方的收益，实现了最大化的资源配置。

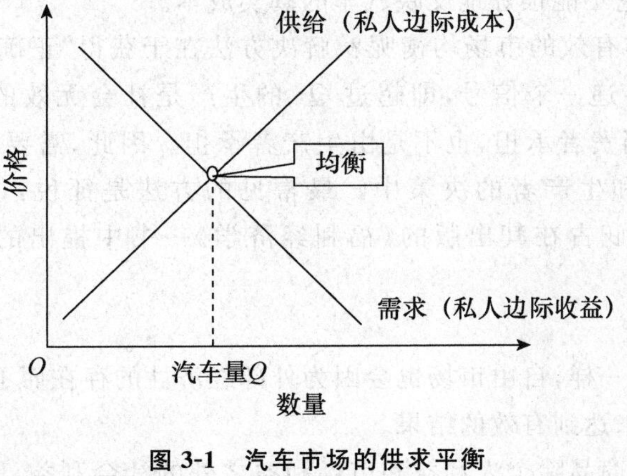

图 3-1　汽车市场的供求平衡

但是这个市场均衡并不“完美”，生产和使用汽车产生了大量的外部不经济性。汽车使用造成了雾霾、酸雨以及排放二氧化碳造成了气候变暖；生产汽车用的有毒材料，释放到环境中成为有毒废物等。这些成本出现在图 3-1 中的哪些地方？答案是它们一点也没有出现。因为外部不经济性的成本没有被考虑，所以需要找到外部性内在化的方法，即需要将外部成本加进生产成本中以获得汽车的社会总成本，这就导致一个新的成本曲线，称为社会成本曲线，如图 3-2 所示。社会成本曲线在市场供给曲线之上，两条线间的直线距离是对每辆汽车的外部成本的衡量。在这个例子中，假设汽车的外部成本是不变的，因此这两条线是平行的。但现实中，汽车的外部成本可能因为汽车的数量增加而改变，具体来说就是当更多的汽车被生产出来后，多生产和消费一辆汽车的外部成本将会增加。

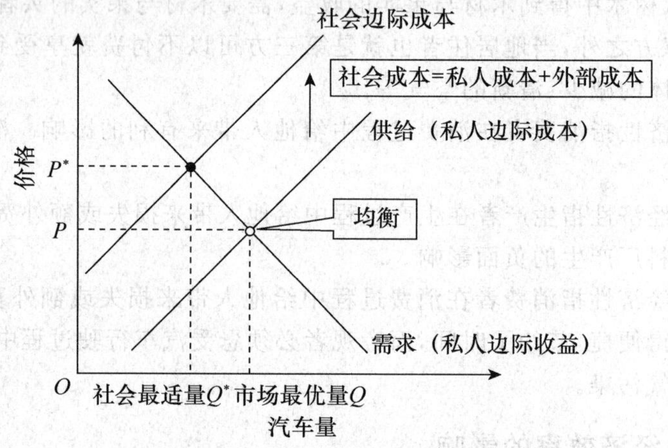

图 3-2　外部不经济性的市场

这时的市场均衡是否是有效率的资源配置呢？在图 3-2 中可以看到生产第一辆汽车是有意义的，因为需求曲线在社会边际成本曲线上方。即使第一辆车产生了一些外部不经济性，但高边际收益促使汽车生产，直到产量 Q^*，在这个点上，私人边际收益等于社会边际成本。超过 Q^* 的每一辆车生产的社会边际成本高于私人边际收益，换句话说，超过 Q^* 的汽车生产，导致社会的状况变得更糟。未被管制的市场在均衡时最优产量是 Q，这个量大于社会最优量 Q^*，因此这个均衡结果是无效率的。我们也可以在图 3-2 中从社会的角度看出，市场的汽车价格太低了，也就是说它不能很好地反映汽车的真实成本。

如何去修正这个非有效的市场均衡呢？解决方法在于获得"正确"的汽车价格。市场不能向消费者和生产者传递一个信号，即超过 Q^* 的生产是社会无效的。因为每辆车对社会造成的成本既不是由消费者承担，也不是由生产者承担。因此，需要将外部性内部化，使得这些成本进入消费者和生产者的决策中。最常见的方法是征税，这种方法被称为"庇古税"，是 1920 年亚瑟·庇古在其出版的《福利经济学》一书中提出的，也被称作"污染者付费"原则。

2. 外部经济性

和外部性不经济性一样，自由市场也会因为外部经济性的存在而不能将社会福利最大化。类似地，需要政策干预来达到有效的结果。

外部经济性是一个商品除个人利益和市场利益之外的社会利益，因为需求曲线反映的是个人边际收益，可以通过将需求曲线向上提高一段距离来将外部经济性纳入我们的分析中，这个新的曲线呈现了总的社会利益。

图 3-3 展示了一个外部经济性商品的例子——太阳能电池板。需求曲线反映的是太阳能电池板私人边际收益，每一块太阳能电池板的建立和使用都会减少二氧化碳的排放，从而提高整个社会的效益。社会获得的效益也就是外部经济性如何在图中体现呢？私人边际收益加上外部收益，就是社会边际收益。

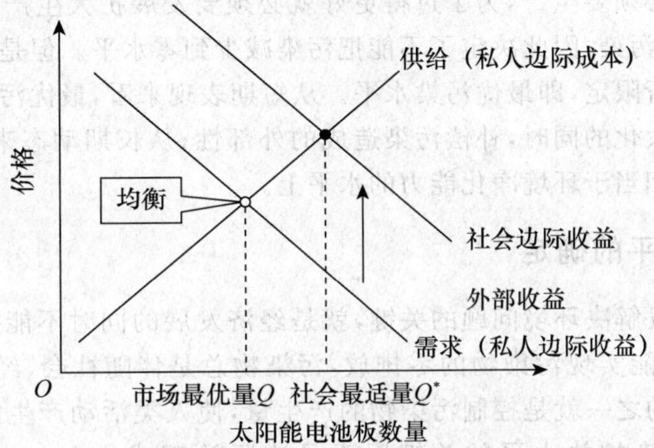

图 3-3　太阳能电池板市场的外部经济性

市场需求曲线和社会边际收益曲线之间的纵向距离就是每一块太阳能电池板的外部经济性，以价格来衡量。在这个例子中，每一块板的社会经济性是不变的，所以这两条曲线是平行的。

在没有政策干预的情况下，太阳能电池板的市场均衡数量是 Q，社会最适量是 Q^*。注意图中 Q 和 Q^* 之间的社会边际收益是高于私人边际成本的，这时的市场还不是最优效率的资源配置，也就是没有达到帕累托最优。

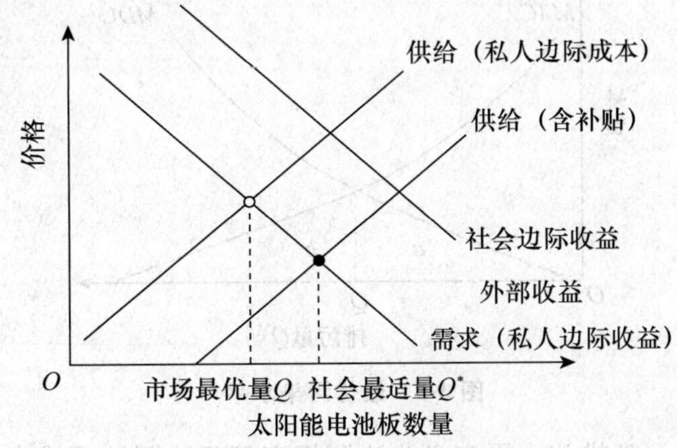

图 3-4　补贴的太阳能电池板市场

在外部经济性的例子中，最常用的解决市场非有效的政策是补贴。补贴是支付给生产者一笔费用，相当于是减少了产品的成本，从而使他生产更多的商品和服务，因此使得图 3-4 中的供给曲线降低。只要给出恰当的补贴，附有补贴的供给曲线和需求曲线在新的均衡数量 Q^* 处相交。

第二节 最优污染水平

人类为了生存就必须要生产，为了过得更好就必须要发展扩大生产。在一定的技术条件下，生产会带来一定的污染，因此决定了不能把污染减少到零水平。但是从环境保护的角度我们需要对污染水平进行限定，即最优污染水平。从短期表现来看，最优污染水平应是污染者实现其自身经济利益最大化的同时，补偿污染造成的外部性；从长期动态来看，生产规模及污染物排放量必须稳定在相当于环境净化能力的水平上。

一、最优污染水平的确定

从经济学角度出发解决环境问题的关键，就是经济发展的同时不能损害环境保护。人类目前的技术水平，还不能实现污染物的零排放，污染物总是伴随社会、经济活动而不断产生。环境规划和管理的目的之一就是控制污染物的产生量，使人类活动产生的经济效益和环境效益最优。影响最优污染排放水平的关键因素是边际治理成本（marginal abatement cost，MAC）和边际损害成本（marginal damage cost，MDC）。MAC 是指减少一单位污染排放量所花费的额外成本，或者增加一单位污染排放量所节约的治理成本，它的趋势特点是从左到右递减。MDC 指的是增加一单位的排放量或污染浓度增加的损害治理费用。如图 3-5 所示，横轴代表污染物排放量，纵轴代表污染成本。随着污染物排放量的增加，每单位污染物所造成的边际的损害成本将会升高，因此，*MDC* 向右上方倾斜；随着排放量的不断增加，边际污染的治理成本将会逐渐下降，因此，MAC 曲线向右下方倾斜。

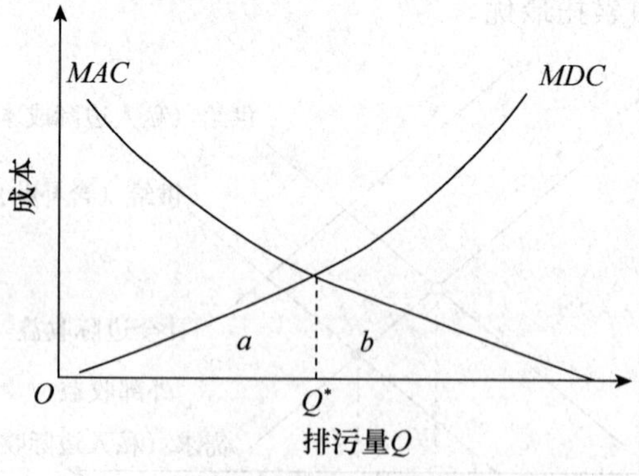

图 3-5 最优污染水平

将“有效率”的最优污染排放水平定义为边际损害等于边际治理成本的水平。这样定义的理由是什么呢？任何污染问题都需要权衡两个方面：①排放量越高，环境损害给社会造成的成本越大；②排放量越低，治理污染耗费的资源越多，社会承担的污染治理成本越高。因此，有效率的污染排放水平应当是两种成本恰好互相抵销时的水平，也就是边际治理成本等于边际损害成本的排放水平。

解释社会有效率的排污水平还可以用总量分析法。社会总成本等于边际污染治理成本加上边际污染损害成本，排放量为 Q^* 时环境总损害是面积 a，治理成本是面积 b，二者之和就是

在 Q^* 排放水平时社会承担的总成本，即图 3-5 中 $a+b$ 的总面积。环境管理的目的不是仅考虑如何将污染控制在最低水平，而是要将环境污染造成的社会总成本控制到最低水平。因此，只有排放量在 Q^* 时 $a+b$ 的面积最小，同时也是最有效率的资源配置。

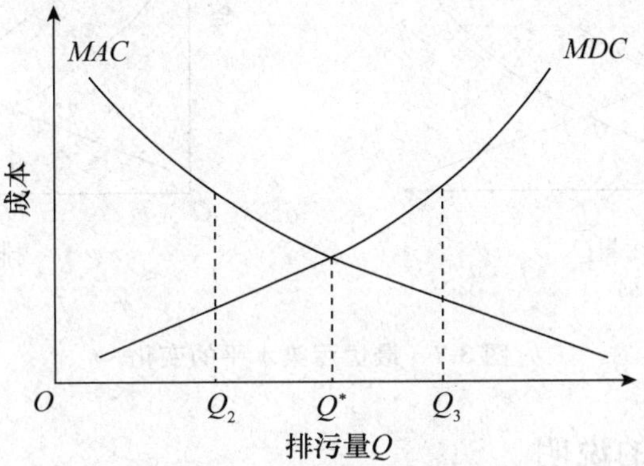

图 3-6　非最优的污染水平

企业生产产品最主要的目的是追求其利润的最大化，只要边际私人利润大于零，企业扩大生产规模就有利可图。假设企业选择了图 3-6 中的污染水平 Q_3，即在 Q_3 排放量时，企业的边际利润仍大于 0。由于 Q^* 小于 Q_3，边际损害成本大于边际治理成本，企业由于扩大生产而额外排放的污染物，迫使社会为此支付外部成本，最终社会总成本提高。如果环境管理过于严格，企业的排放量为 Q_2，社会总成本也会增高。

从企业的角度来说，希望一直生产到其边际利润为零为止；而从受污染损害者的角度来说，则希望排污量为零。但是两者不可兼得，从整个社会的角度进行综合考虑，为了取得最大收益，应当选择 Q^*。

二、最优污染水平的动态变化

世界是动态变化的，环境污染控制的最优水平同样也不是一成不变的，而是动态变化的。由于边际治理成本和边际损害成本受很多因素的影响，其中任何一种因素的变化都会引起曲线本身的移动，使最优污染水平 Q^* 发生变化。因此，去年或过去 10 年有效率的污染排放水平拿到今天或将来就不一定依然有效。

图 3-7(a)中，边际损害成本曲线由原来的 MDC_1 上移到了 MDC_2，出现这种情况的一个可能原因是人口的增长。比如，MDC_1 是一个城市 2000 年的边际损害成本曲线，到了 2020 年，由于城市人口的增长，同样数量的污染排放物造成的损害增加了，因此，边际损害成本曲线移动到 MDC_2。还有一种可能的情况是，在同一年，MDC_1 是人口稀少的郊区边际损害成本曲线，而 MDC_2 是人口稠密的城市的边际损害成本曲线。因此有效率的排污水平由 Q_1^* 下降到 Q_2^*。

在图 3-7(b)中，边际治理成本曲线由 MAC_1 下移到 MAC_2，导致这种移动的一个最明显的原因可能是污染治理技术的变化。治理成本的高低依赖于所采用的治污技术，包括处理技术、循环技术、能源替代技术等。由于人们在研发中投入了大量的资源、智慧和精力，因此新的技术会不断出现。这些新技术降低了污染物的减排成本，使得边际治理成本曲线向下移动。假设由于清洁能源和可再生技术的进步使得污染治理的成本下降，最优污染水平排放量由

Q_1^* 下降到 Q_3^*。

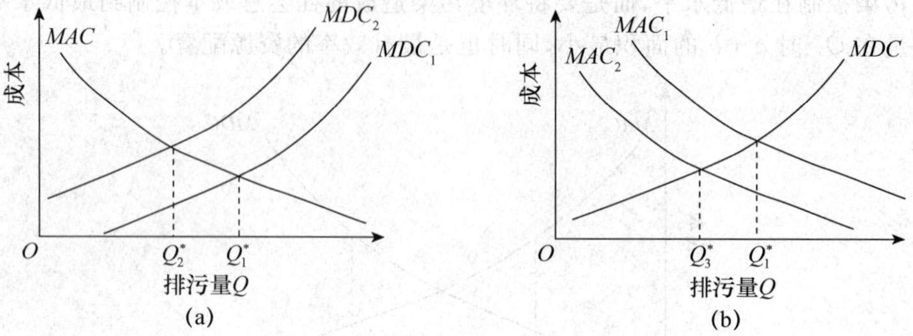

图 3-7 最优污染水平的变化

三、最优污染水平的说明

环境政策和污染控制的目标是控制减少污染而不是消除，彻底消除污染是不可能的，这有以下几个方面的原因。

(1)环境污染是广泛存在的 无论是生产过程中，还是在消费过程中，都不可避免地会产生物质废弃物和能量废弃物，要求不排放废弃物以现在的技术水平就等于要求人类不进行生产和消费。

(2)治理环境污染的技术是有限的 这种有限性表现在：第一，有许多环境污染的治理技术人类至今尚未掌握；第二，有些环境污染的治理技术会导致二次污染；第三，治理环境污染的技术或设施本身就需要物质的甚至是比较稀缺的自然资源的投入；第四，所有的环境污染治理技术都不能做到百分之百地回收污染物。

(3)治理环境污染，除了要考虑技术上的可行性之外，还要考虑经济上的可行性 在某种意义上，经济学是专门研究代价问题的科学，不惜一切代价的提法在经济学中是行不通的。费用效益分析原理表明，人类经济活动的直接目的必然要求以最小代价或支出费用，取得最大经济收益。假如一种污染治理技术的成本超过了污染造成的损失，人们就有理由从经济效益的角度来反对采用该技术。

(4)治理环境污染仅仅是人类社会的目标之一 当多种目标并存时，环境污染治理不是排列在第一位。环境保护与其他目标之间的矛盾，突出地表现在政府、厂商和居民户对于环境保护的支付意愿或对于环境污染的受偿意愿上。当经济生活中的其他问题(如温饱问题)十分突出时，无论是政府还是生产者和消费者，都不能不把这种突出的问题放在第一位，而将环境保护放在比较次要的位置。又由于政府、生产者、消费者对于环境保护的支付意愿或对于环境污染的受偿意愿是环境污染导致的外部成本中的重要组成部分，而外部成本的高低又影响到社会纯收益的大小，因而这种意愿的程度就会影响到经济当事人，特别是各级政府关于治理环境污染的决策。

由于上述理由，最优污染水平是一定的经济社会发展程度的产物，是随着社会的变化而变化的。环境经济学不是去追求事实上不可能达到的高目标，而应该着重研究怎样才能在经济分析中正确地反映环境问题的严重程度。

专栏 3-1　纺织印染工业污染控制的经济学分析

纺织印染工业环境污染

(1)废水污染　纺织印染工业从纤维生产到纺织品生产加工，几乎每一道工序都使用了化学品，其中印染行业所带来的环境污染问题最为严重。当前印染加工过程绝大部分仍以湿态为主，废水约占纺织和印染工业总废水量的80%。

(2)甲醛及粉尘污染　纺织品加工生产和产品使用过程中不断释放的甲醛，直接对生产者和消费者的健康构成危害。

(3)噪声及固体废弃物污染　纺织业的噪声大多由机器和设备造成，固体废弃物主要是锅炉废渣和一些下脚料。

纺织印染工业污染的外部不经济性分析

这里主要讨论纺织印染行业生产所造成的外部不经济性。根据环境经济学理论，纺织品的成本由3部分组成：生产成本(直接生产成本)、使用成本(现在使用自然资源而放弃其未来效益的价值)和外部成本(生产所造成的环境污染)，这3项成本应全部由企业承担。生产者一般只承担生产成本。由于无偿或低偿使用资源，以及向社会缴纳低额排污费，甚至逃避缴纳排污费，因此，生产者并没有承担使用成本和外部成本(或只承担其中一小部分)，而是由社会承担了这两部分成本。所以一般把这两项成本称为社会成本，即私人成本社会化。

一般来说，环境污染造成的社会成本远大于私人成本。既然企业生产造成环境污染，就应该由企业承担社会化的私人成本。为了解决这一问题，必须使私人成本内部化，或者说，使外部不经济性内部化。

最适污染水平

纺织印染工业环境污染是由于生产过程中废弃物排放速度超过自然净化速度而造成的。如果把废弃物排放控制在一定范围，即处于一个适度污染水平，在生态环境的承载能力范围内，就不致破坏环境。

生产水平与排污量之间存在一定关系，即生产水平越高，排污量越大。对企业而言，生产的目的是追求利润最大化。受利益驱动，企业不考虑环境污染的外部不经济性，把废弃物直接排放到环境中，当边际私人成本等于纺织印染企业的边际收益时，企业达到最适排污量。若考虑社会成本，则企业最适排污量在边际社会成本等于纺织印染企业的边际收益时达到。

环境问题的实质是外部不经济性。纺织印染工业的生产与生态管理职能条块分割，以产量产值为企业单一目标，以及企业生态意识低下等因素都是造成环境恶化的原因。要使纺织印染工业生产外部不经济性内部化，必须通过市场机制、政府干预和公众参与等多种手段，才能实现环境与经济可持续发展的“双赢”。

资料来源：洪枫. 纺织印染工业污染控制的经济学分析. 印染，2004，20：33-35

第三节 环境外部性的纠正——庇古手段

当存在外部性时,边际私人成本与边际社会成本、边际私人收益与边际社会收益相背离,自由竞争无法实现社会福利最大化。经济学家亚瑟·庇古提出了纠正这种偏差的方法,对于边际私人成本小于边际社会成本的外部不经济性实行征税,而对于边际私人收益小于边际社会收益的外部经济性进行奖励和补贴,这种政策建议后来被称为庇古税。不过现在人们把针对污染物排放所征收的各种税和费统称为庇古税。假设这些税收费用全部由产生外部不经济性的企业或个人来承担,那么生产每一单位的产品,都必须支付一系列费用,但是,一个合适的税量是多少呢?

一、庇古税税率的确定

政府可以通过向企业征收污染排放费来调整非有效的市场均衡。边际私人净效益(marginal net private benefits,MNPB)是指企业生产活动中的一单位变动所得到的追加的净效益。企业为追求利润最大化,会一直生产到生产所有 MNPB=0 为止,此时企业的排污量为图 3-8 中的 Q_M。而社会要求边际外部成本(marginal external cost,MEC)>MNPB 时停止生产,即排污量为 Q^* 时停止生产。假定政府根据企业的污染排污量,对每一单位排放量征收特定数额的排污费 t。当 $t>MNPB$ 时,庇古税税率大于企业的边际净效益,企业亏损,此时企业会自动停止生产,即把生产限制在社会最优产量 Q^* 的水平。

换一个角度来看,当征收税收时,企业的 $MNPB$ 就会减少,$MNPB$ 曲线的位置、形状以及和横轴的交点都会发生变化。$MNPB$ 曲线向下移动到 $MNPB_1$,如图 3-8 所示,只要税率 t 设置的恰当,$MNPB_1$ 曲线与横轴就能刚好相交在最优污染水平 Q^*。

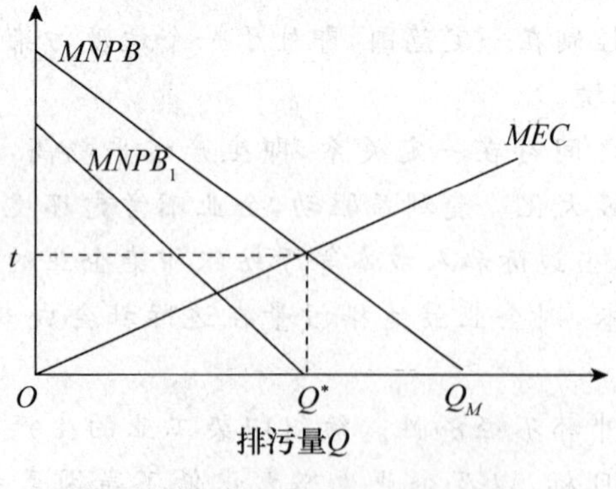

图 3-8 MNPB 移动确定庇古税率

也可以从控制总成本的角度确定庇古税。假定我们充分掌握边际损害成本 MDC 曲线,就可以根据是否能达到有效排污水平这个目标来设定税率。如图 3-9 所示,当把税率设定在 t 水平时,对应的污染物排放水平为 Q^*,此时边际损害成本与边际治理成本相等。假设企业的排放量为 Q_0,企业的总污染控制成本可以分为两部分:面积为 e 的治理总成本和面积为$(a+b+c+d)$的排污税费。前者是企业无论采取何种技术,将排污量由 Q_0 削减至 Q^* 都必须承担的成本,而后者是按照削减后的排污量支付给政府部门的费用。站在企业的立场上,毫无疑问,两者均属于计算收益时应予以扣除的实际成本。

企业将排污量由 Q_0 削减至 Q^* 可以减少面积总额为$(e+f)$的污染损害,尚存的损害额度为面积$(b+d)$,少于企业所支付的排污税费。因此政府允许企业起初免税排放一定量的污染物,而只对超过规定限度的排放量征收费用。假设政府允许企业免税排放 Q_1 单位的污染物,对超过这个限度的排放量按税率 t 征税。这样企业仍会在激励的作用下将排污量削减至 Q^*,其总治理成本及 Q^* 水平的排污量所产生的总损害均不变,但总排污税费将减少为面积$(c+d)$。

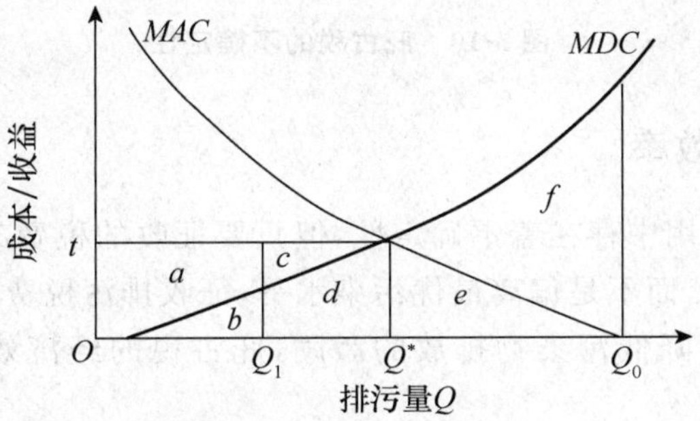

图 3-9　庇古税税率的确定

因此,庇古税的定义是这样的:它实际上是一种排放费,污染量为最优污染水平时,庇古税税率等于污染排放所造成的总边际损失的值。

二、庇古税的不确定性

现实中,政府既无法确切地掌握污染源的边际治理成本,也无法准确地了解这些污染物会对人类及生态系统造成怎样的影响。另外,政府也无法确定污染源的边际治理成本曲线的形状;污染源本身可能对自己相当了解,但政府无法确定其高度、陡峭程度及各个污染源之间边际治理成本曲线的差异等。因此,政府往往很难准确地预测征收的税率能够产生多大的排污削减量。

图 3-10 分别描述了两个企业不同的边际治理成本,与 MAC_2 相比,MAC_1 比较陡峭。如果政府将排污税率设定在相对较高的 t_h 水平,那么第一家企业会将其排污量降至 Q_1。假如政府将排污税率降至较低的 t_l 水平,则第一家企业会将其排污量控制在 Q_2 水平。这两个排污量比较接近,也就是说,无论庇古税量是高还是低,第一家企业的排污量变化不大,我们可以认为其排污量是介于 Q_1 和 Q_2 之间的某个水平。

但是对于边际治理成本曲线 MAC_2 相对平缓的第二家企业而言,情况则大不相同。当政府将排污税率设定在较低的 t_l 水平时,企业会将其排污量控制在 Q_4,而当政府将排污税率提高至 t_h 时,企业的排污量会一直下降至 Q_3 水平。也就是说,对应于一定的排污税率变化,该企业的排污量变化幅度要远远高于边际治理成本曲线较陡峭的企业。

通过上述讨论,可以得出以下结论:对于某个污染问题,如果大多数企业的边际治理成本函数都比较平缓,那么政府就很难准确地设定排污税率,使排污水平恰好达到期望要求。如果政府设定排污税率稍高或稍低,就会大幅度改变企业的排污量。

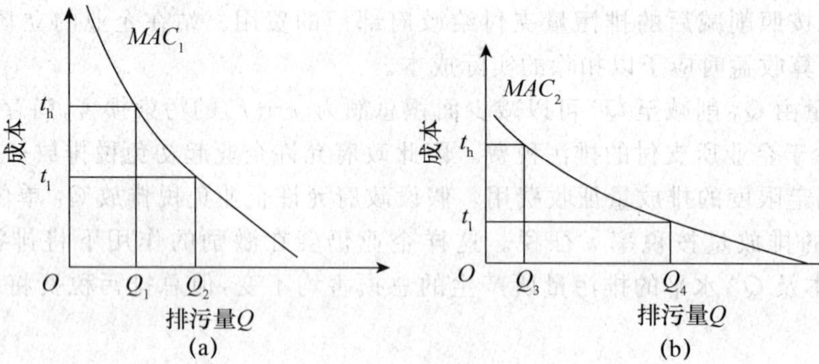

图 3-10 庇古税的不确定性

三、庇古税的经济效率

尽管庇古税在实际应用中存在着不确定性，但只要征收的税费有助于使污染物排放量与有效率的污染水平更接近，而不是偏离最优污染水平，征收排污税费就是可取的。合理利用排污收费制度使企业产生了降低污染物排放的激励，庇古税的经济效率具体体现在以下几个方面。

1)降低达到标准的费用

征收庇古税能以较少的费用达到政府规定的排污标准。如图 3-11 所示，横轴表示的是污染物削减量，纵轴表示成本和排污费。随着削减量的增加，边际成本也逐渐上升，因此在这里边际治理成本曲线从左向右上方递增。

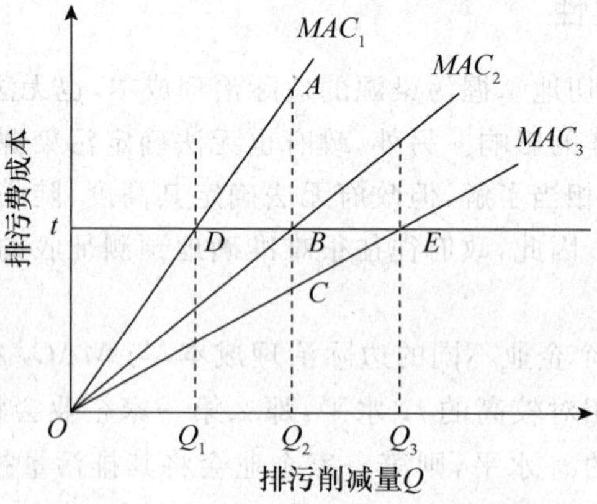

图 3-11 庇古税与管制手段比较

假定有 3 家排污企业，他们的边际治理成本曲线分别是 MAC_1、MAC_2、MAC_3，对于同样的污染减少量，企业 1 的成本最高，企业 3 最低。为简化分析，假定政府的目标是将污染物的排放量削减 3 倍 Q_2，并假设线段 $Q_1Q_2=Q_2Q_3$ 且 $Q_1+Q_2+Q_3=3Q_2$。

如果政府设定统一的环境标准，强制所有的企业各自削减 Q_2 的污染物排放量，企业 1、2、3 的边际治理成本将分别达到 A、B、C 点。

在排污标准情况下：总治理成本$=S_{\triangle OAQ_2}+S_{\triangle OBQ_2}+S_{\triangle OCQ_2}$，即 3 个三角形的面积之和。

而如果政府设定排污费为 t，3 家企业将会根据各自的治理成本，在缴纳排污费和治理污染之间进行权衡，并根据总成本最小化的原则，选择不同的污染控制水平。比如，对于企业1来说，污染削减量从零到 Q_1 为止，因为这一段范围内，削减污染的成本要低于缴纳的排污费，但是超过 Q_1，缴费比较合算。

在排污收费情况下：总的治理成本 $=S_{\triangle ODQ_1}+S_{\triangle OBQ_2}+S_{\triangle OEQ_3}$，即三个三角形面积之和。

排污标准和排污收费两种情况下的差值为：

$$(S_{\triangle OAQ_2}+S_{\triangle OBQ_2}+S_{\triangle OCQ_2})-(S_{\triangle ODQ_1}+S_{\triangle OBQ_2}+S_{\triangle OEQ_3})=S_{梯形Q_1DAQ_2}-S_{梯形Q_2CEQ_3}$$

因为面积 $S_{梯形Q_1DAQ_2}>S_{梯形Q_2CEQ_3}$，因此达到同样的排污控制量，庇古税比排污标准的成本要低。

2)有利于污染控制技术的创新

假设 MAC_1 为企业现有的边际治理成本曲线，如果排污收费税率确定在图3-12中的 t_1 水平，企业最终会把排污水平从最大排污量 Q_3 降低到污染边际治理成本等于排污收费标准时的水平，也就是图中的 Q_2。这时，企业承担的费用由两部分组成：一部分是企业缴纳的排污费，其值等于 Ot_1AQ_2 的面积；另一部分是企业的降低污染的费用，也就是 AQ_2Q_3 的面积。企业承担的总费用为 Ot_1AQ_3 的面积。

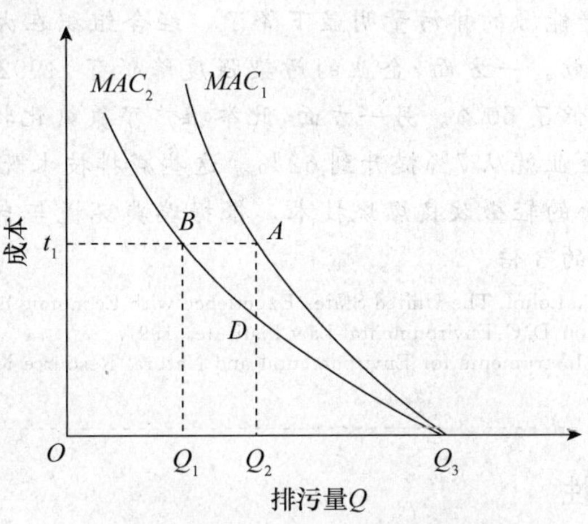

图3-12 庇古税与污染技术革新

现在，假设企业革新了污染治理技术，使边际治理成本曲线从 MAC_1 下降到 MAC_2，排污费标准依然为 t_1。显然企业为使其承担的排污费用最小，将会自动地把排污水平从 Q_2 降低到 Q_1。在这种情况下，企业承担的总费用为 Ot_1BQ_3 的面积。

可以看出，由于污染治理技术的创新使边际治理成本降低，企业实际承担的费用降低了。由此可见，在庇古税政策下，只要能够找到使边际治理成本曲线向下移动的方法，企业就会自发地削减其排污量。若实行统一的排放标准，企业只要没有超出标准就不需要缴纳罚款，因此也就没有不断寻求降低污染排放的积极性。

3)可以弥补发展中国家环保资金不足

尽管庇古税的主要目的在于消除外部不经济性引起的低效率，而不是主要为政府增加财政收入，但是由于发展中国家环保资金本来就严重不足，排污费专款专用就可以为政府保护和治理环境提供资金来源。

专栏 3-2 瑞典的氮排放税

瑞典在1992年就开始对大型能源生产企业征收二氧化氮排污税，大约有120家供热企业和工业设施的180个锅炉必须上缴这种税。这些工厂根据氮氧化物的排放量以千克为单位上缴费用。这些费用此后又几乎全部返还企业，当然监管机构只从中收了不到1%的管理费，在返还的同时当局公布了氮氧化物排放强度平均值，达到这个平均值的企业不奖励也不惩罚，低于平均值的企业则可拿到税款返还，这钱来自那些超过平均值的企业。

设计这项政策的初始想法是产生明显的激励效应，而不是提高税收收入。尽管按照国际标准看，费率很高(因此能够产生有效的经济激励)，但是政府并不截留这些税收收入，而是退回给排污企业(从而提高受规制管理的企业对这项政策的接受程度)。正是这种退税的做法使得这项计划颇具吸引力。虽然税收是按照排污量的基础来征收的，但退税是以单位生产能源产量为基础进行计算的。实际上这项制度奖赏了单位能源排污量很小的企业，惩罚了单位能源排污量较高的企业，因而为降低单位能源生产排污量提供了激励。

不出所料，单位生产能源的排污量明显下降了。经合组织在大量测算后发现，征收氮氧化物税确实收到了成效。一方面，企业的污染强度降低了，1992—2007年，所有受监控的工厂总体排放强度降低了50%。另一方面，此举推广了氮氧化物的减排技术，仅在征收第一年，用减排技术的企业就从7%提升到62%。这些减排技术既有成本投入较高的后燃烧技术，也有成本投入小的轻微改良燃烧技术。根据瑞典环境与自然资源部估计，这项计划取得的效益是其成本的3倍。

资料来源：R. Anderson，A. Lohof. The United States Experience with Economic Incentives in Environmental Pollution Control Policy. Washington，D. C：Environmental Law Institute，1997.

T. Sterner，J. Coria. Policy Instruments for Environmental and Natural Resource Management. Washington. D. C：Resources for the Future. 2003.

四、庇古税的局限性

庇古税从理论上来说被认为是修正外部性的理想方式，但在实际执行过程中往往存在一定的局限。主要体现在以下两个方面。

1)信息不对称

现实中，信息不充分使得最优税率的确定遇到很大的困难。实行庇古税就是要解决外部成本内部化的问题，这就需要准确地知道边际外部成本曲线，并以此作为制定庇古税税率的依据。边际收益取决于环境保护措施取得的效果及人们对环境质量的评价，尽管可以测量，但通常难度较大且代价较高，而且发展中国家常常达不到这样的技术。此外，政府无法确定污染源的边际治理成本曲线的形状、高度、陡峭程度以及各个污染源之间边际治理成本曲线的差异等，尤其是在发展中国家，可能污染企业自身都无法掌握环境保护措施的成本。由于人力、人才的缺乏，他们的环境改善措施和经营活动联系在一起，从经营成本中分离出环境成本往往是很难的。

2)政府干预成本

在市场经济条件下，企业可能不会向政府如实地报告其私人成本和收益。这就需要由政府对企业的污染排放量进行长期监测，工作量和政府成本无疑是巨大的。此外，在发展中国家，大部分企业规模较小，管理和监测难度更大。当这种成本超过了外部性造成的损失时，就没有消除外部性的必要了。

第四节　环境外部性的纠正——科斯手段

外部性理论发端于亚瑟·庇古的《福利经济学》。事实上，外部性理论从产生开始，一直受到关注，当然备受瞩目的同时也遭受了质疑。其中，科斯从否定庇古等的逻辑体系开始，对外部性理论进行了批判，这同时又是外部性理论的一个重大发展。科斯认为，假如一个化工厂排放污染，按照庇古的理论应该对化工厂征收庇古税来减少化工厂的污染排放，但是实际上可能化工厂建设在前而居民区的建设在后，这样政府就不应该向化工厂征税而是由居民向化工厂购买。

一、科斯定理

假设一个农民对他所拥有的一块湿地进行排水，使其变成一块适合种植的土地。位于下游的农民会抱怨没有湿地吸收雨水，他的土地将被淹没使农作物受损。上游农民有责任为下游农民的作物损失付费吗？或者他是否有权利在他的土地上做任何他想做的事情？可以看出这不仅仅是外部性问题，也是产权问题。

试想上游农民确实有权利排干湿地里的水。假设排干湿地而种植的农作物的净利润是5000元，下游农民却因为土地被淹没而损失8000元。即使上游农民有权利对湿地排水，下游农民也可以通过支付给上游农民一定的钱来使他不排水。具体地说，下游农民愿意最多支付给上游农民8000元，与此同时，上游农民愿意接受任意比5000元高的价格。在5000元和8000元之间有足够的协商空间，使得上下游农民达成双方都满意的共识。假设上游农民接受下游6000元的报价而不行使自己的权利，这样他相对于湿地排水来说还可以多获得1000元的利润。下游农民可能会不高兴，但是这总比他因为湿地排水而损失8000元要好。也可以通过设定一项法律，把湿地排水的权利分配给下游农民，也就是说上游对湿地进行排水的时候必须征得下游的同意。在已经假设的农作物价值的基础上，也将会达到相同结果——湿地不会被排水，因为上游这样做的收益不足以弥补下游的损失，下游需要至少获得8000元才能同意，这对上游来说太高了。因此，忽略产权的因素，结果将是相同的。

这个简单例子的原理被称为科斯定理，由Ronald Coase在其著名的《社会成本问题》一文中提出。凭借此文章，科斯击败了研究产权和外部性的众多经济学家，获得了诺贝尔经济学奖。科斯定理的内容概括如下：如果明确了产权，并且没有交易成本，也会有一个有效的产权分配，即使有外部性的存在。交易成本产生于达成和实施一项共识，包括获取信息的成本、花费在谈判上的时间和努力，以及执行这项协议的成本。

二、科斯思路的例证

科斯解决外部性问题的思路，就是把外部性问题转变成产权问题，然后讨论什么样的产权才最有效率。如图3-13所示，可以通过这幅附有外部不经济性活动的边际收益和边际成本来说明科斯定理。

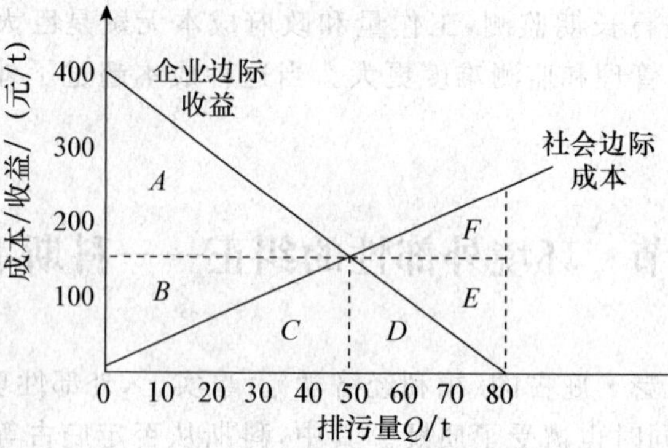

图 3-13 科斯定理的应用

假设一个工厂向河中排放污水，污染了河流下游水。图 3-13 是企业的边际收益曲线和企业排污造成的经济负外部性的社会边际成本曲线，假设企业当前排放量为 80 t。根据最优污染水平，企业排放多少吨是最优效率的呢？显然是社会边际成本等于企业边际收益的排放量，即 50 t。科斯定理陈述的内容是无论将排污权分配给企业还是居民都可以实现有效率的资源配置。

首先假设居民拥有河流的产权。此时居民就有权利决定多少污水可以被排放，开始可能居民不让工厂排放任何污水。但是注意图中，企业可能愿意为排放的第一吨污水最多支付给 400 元给居民，而此时，第一吨的污水对居民的影响非常小。所以这时很有可能能够达成一个协议，企业付费给居民去获得第一吨污水的排放权。需要注意的是，协商一直可以持续到企业的边际收益等于居民的边际成本时，不过协商的空间随着向右移动越来越少。比如，在企业已经购买了 40 t 的污染排放权之后，它的边际收益已经跌到了每吨 200 元，而居民的边际成本已经变成了每吨 120 元。最终，在 50 t 的时候，企业已经不能向公众支付足够的钱从而排放更多的污水。

现在假设企业拥有河流的产权。显然企业会一直生产到边际收益为零为止，此时的排放量是 80 t。但是对于最后一单位的污染排放来说，企业获得的边际收益很小，只有几元，而与此同时，最后一个单位的排放对居民的损害是 240 元。因此，居民愿意付费给企业，让它减少污染，所以这里有一个显著的协商空间，使得双方都获利。再一次，最终的结果将是企业获得 50 t 的排放量，居民将为每单位的污染减少量支付给公司 150 元。

从以上案例可以看出，对科斯定理更精确的表述是：当不存在交易成本，有效的解决途径与产权的分配无关。在产权已经被清晰定义的情况下，污染的外部成本和生产的经济效益将通过市场机制实现平衡。

接下来做更细致的考察，当产权归属其中一方时，利益分配在居民和企业之间是相等的吗？

假设居民拥有河流的产权，排污量为 50 t，同时假定排污权都以 150 元/t 的价格卖出，居民得到 7500 元收益，即图 3-14 中的面积 $B+C$，污染排放量为 50 t 时对居民的损害是 3750 元，即面积 C，居民净收入为 3750 元。那么企业呢？企业以 7500 元的价格购买 50 t 排污权后获得的收益是 13750 元，减去排污权的花费净收益为 6250 元，具体见表 3-1。

表 3-1 不同产权协商的得失

	居民拥有产权	企业拥有产权
居民收益	+7500 元收入	−4500 元支出
居民损失	−3750 元环境成本	−3750 元环境成本
居民净收益	+3750 元	−8250 元
企业收益	+13750 元收入	+13750 元收入
企业损失	−7500 元支出	+4500 元收入
企业净收益	+6250 元	+18250 元

假设企业拥有河流的产权。排污量为 50 t,企业获得的收益为 13750 元,即面积 $A+B+C$,同时企业由于减少了排污量还可以从居民那里获得 150 元×30 t 也就是 4500 元的支付,此时企业的总收益为 18250 元。那么居民呢?居民受到的损害是面积 C,为 3750 元,同时还要支付给企业 4500 元,所以居民的总损失是 8250 元。

我们发现,产权的分配对双方的利益和损失造成了极大的不同。居民拥有河流的产权时,收益在企业和居民之间分配;企业拥有河流的产权时,居民完全没有净收益,全部收益都归企业。不同的产权分配下达到不同的帕累托状态,但在社会公平上大不相同。

专栏 3-3 科斯定理实际应用

城镇买下污染者的全部产权

一个例子发生在 1996 年加利福尼亚州的圣玛丽亚镇。一个牛群饲养场已经在这里存在了许多年,虽然它产生刺激性的气味,但离房屋很远,所以对住户的损害很低。然而随着城镇的扩张,这一切都发生了变化。房屋建筑越来越靠近饲养场,附近的新住户投诉不断。面对此种情况,圣玛丽亚镇的政府是如何解决的呢?他们不是尽量强制饲养场控制污染,而是通过投票的方式决定向饲养场周围的居民收税,并且使用这些税收收入向饲养场场主进行支付从而使他停止运营。在这个例子中,通过向居民征税,买下了城镇的污染排放权,居民就有权利决定污染的排放量。

资料来源:Bedell,Christine. Feedlot Price:$ 1.82/Month. Santa Aaria(California)Times. 1996. A-1 and A-6.

污染者买下小镇的全部产权

Gavin 发电厂每天燃烧 25000 t 煤,它邻近俄亥俄州的切希尔镇。切希尔镇受到发电厂污染的损害,而发电厂也因为来自城镇居民的投诉和监管部门的法律诉讼而颇为纠结。发电厂的所有者在污染控制设备上投资了近 10 亿美元,但是污染对小镇仍是问题。发电厂的所有者选择购买这个小镇,而不再和小镇居民斗争,他们支付 1300 万美元给切希尔镇 90 户左右的家庭,让他们搬迁。一开始,有些钉子户不接受合同,但最后都同意了,居民们最终都搬走了,这个小镇也就不复存在。

发电厂有责任不对小镇居民造成伤害,另外,小镇居民的存在也增加了发电厂的损失。是加大污染控制设备方面的投入,还是采取适当的方式使受害者迁走,面临这个二选一的问题时,发电厂选择了后者。需要指出的是,买下并使切希尔镇迁走,并没有完全取消 Gavin 发电厂安装污染控制设备的责任,但是,这一措施的确减轻了一些安装额外控制设备的压力,例如转而使用价格更高的低硫煤。

资料来源:Seelye,Katherine Q. Utility Buys Town It Choked,Lock,Stock and Blue Plume. New York Times. 2002.

三、科斯思路的局限性

在处理具体的例子中，科斯定理有很大的潜力，特别是在一些类似水资源权利的地方很适用，但是科斯定理也有一些局限性，具体体现在以下3个方面。

(1)交易成本　科斯定理的应用假设是在没有交易成本阻止有效协商的情况下。在上面的例子中如果受污染的河流下游有50户居民，协商排污上限的过程将会非常冗长，在有些情况下甚至是不可能的，另外不只一家企业排污的话，情况可能会更复杂。自愿协商是否可行取决于交易费用的大小，交易费用包括组织开会协商、收集讨价还价的依据、聘请律师等。交易成本高于净收益时，所有有效的结果可能不会实现。

(2)搭便车效应　假设将河流的产权分配给企业，居民想要减少污染就必须提供给企业补偿。那么每一户居民应该分担多少呢？除非50户全部同意，否则不可能提供给企业一个具体的报价。另外，单独一户或几户也不可能站出来支付全部费用。实际上，大家可能都倾向于退缩，等待别人买单，从而免费获得污染得到有效控制的收益，这个阻碍成功协商的障碍称为搭便车效应。

相反地，假设居民拥有河流的产权，也会产生类似的问题。企业排放污染物需要向居民支付。因为所有的居民都坐落在同一条河流附近，任何一户居民都能实施否决权。试想48户居民都与这家公司关于污染水平及相应补偿达成了共识，而另外两户要求更高的补偿，因为他们拒绝同意，所有的协议都将作废，企业被限制在零排放水平。这和搭便车等同的效应称为抵抗者效应。

因此当大量团体受影响时，科斯定理通常不适用，此时政府干预是必要的，例如设置条例和征收庇古税。

(3)公平和分配问题　另外一些关于科斯定理的批评在于它对公平的影响。试想，在上面的例子中，河流下游的居民是一个低收入群体，即使污水会导致很严重的健康问题，这个群体可能也不会付费让企业减少污染。如果产权被分配给公司，那么污染水平将会更严重；即使将产权被分配给居民，比较贫穷的居民将处于对补偿资金的渴望中，从而接受有毒废物和其他污染设施。因此在一个纯市场体系下，贫穷的社区和个人通常负担着最重的环保成本。

考虑科斯定理的限制，另一个值得注意的是环境对非人类生命形式以及生态系统影响的问题。我们的例子假设污染只影响具体的个人，但是实际上环境破坏不仅直接影响个人，还威胁物种的存亡。如果某种农药的剂量大小对人类无害，但是对于鸟类是致命的，会怎样呢？可能没有公司或个人去保护非人类生命的存活，如果有，也只会在一个相对小的范围内。考虑一个非政府自然保护组织获得了一些捐款，它通过购买具有生态价值的土地来保护鸟类，但是它所购买的土地只是自然区域中很小的部分，在市场上，纯生态利益常常会败给经济利益。

我们也应该注意，产权总是被限制在当前一代，下一代会怎样呢？许多环境问题如温室效应、臭氧层空洞、全球变暖等都有长期影响。不可再生资源的权利可以分配给今天，但是这些资源将在未来某个时期被消耗殆尽，后代人承担前人留下的苦果而无法要求前人补偿。

第五节　庇古手段与科斯手段的比较

一、庇古手段和科斯手段比较

庇古手段和科斯手段作为外部性内在化的两种重要手段，有各自的特色和局限性，两种手段的特征对比见表 3-2。

表 3-2　庇古和科斯手段的特征比较

序号	比较项目	庇古手段	科斯手段
1	政府干预作用	较大	较小，产权界定后不需要
	市场机制作用	较小	较大
2	面临危险	政府失灵	市场失灵
3	政府管理成本	较大	较小
	市场交易成本	较大	参与主体少时小，参与主体多时很高
4	产权	关系较小	产权界定是前提
5	政府收入	排污费等	零或拍卖排污权
6	偏好情况	政府更加偏好	公众更加偏好
7	对技术水平的要求	较高	较低
8	经济效率潜力	帕累托最优	帕累托最优
9	使用时期	代内外部性	代内外部性

(1)庇古手段通过征收排污费或给予补贴使外部性内在化，较多地依靠政府干预，而科斯手段则更多地依靠市场机制。

(2)在面临“市场失灵”的情况下，也许庇古手段更加有效；而在面临“政府失灵”的情况下，也许科斯手段更加有效。但这两者没有必然的对应关系。换句话说，当运用庇古手段时，要更多地防止“政府失灵”问题；当运用科斯手段时，要更多地防止“市场失灵”问题。

(3)庇古手段面临更高的管理成本，较少地面临交易成本；科斯手段刚好相反，面临更高的交易成本，较少面临管理成本。以征税和补贴为主的庇古手段都是属于刚性很强的政府行为，而以自愿协商、排污权交易为主的科斯手段则是很具有柔性的市场行为。

(4)按照科斯定理，在产权明确界定的情况下，无须政府干预，通过市场上经济主体之间的自愿协商就能解决外部性的内部化，但是环境问题的麻烦在于环境资源产权的界定往往是很难的，这又使科斯手段的优越性大打折扣。相比庇古手段而言，科斯手段对产权界定的前提要求更高。

(5)庇古手段的实施，除了社会获得的经济效益和环境效果外，政府还可以获得一笔可观的庇古税收益(环境税、排污收费等收入)。科斯手段的实施，如果排污许可证的初次分配是免费的，那么政府只能获得环境效果；如果排污许可证的初次分配是拍卖式的，那么，政府可以从中获得一笔环境污染产权出售的收益。

(6)政府往往偏好使用庇古手段，公众往往偏好科斯手段。

(7)庇古手段需要更高的技术水平要求，而科斯手段对技术水平的要求相对较低。因为庇古税标准的确定要受到技术条件的限制。如果技术过硬、标准科学，那么，庇古手段可以获得良好的效果。而科斯手段的运作,只要不根据市场的价格信号来确定即可,市场这只“看不见的手”往往神通广大。

(8)应用庇古手段与科斯手段获得的经济效率和环境效果都有可能达到帕累托最佳状态,从这点上讲,两者没有差异。

(9)庇古手段和科斯手段都局限于考察代内外部性问题,而没有考察代际外部性问题。因为讨价还价只能局限于同一代人,受污染的是前人或后人,就没有讨价还价的可能性。

在实际环境管理手段选择时,不需要以一种手段的优点否定另一种手段,也不需要因为一种手段的缺点而否认其存在价值,应该做到科斯手段、庇古手段或其他环境管理方式的良好结合。

二、两种手段应用

【案例 3-1】麻溪江污染问题如何解决?

江苏省吴江市盛泽镇是一个纺织印染业十分发达的工业重镇,仅镇区就有规模较大的印染企业 27 家,日排放印染废水超过 10 万 t。盛泽镇与浙江省嘉兴市王江泾镇仅一江之隔,这条江就是麻溪江。由于盛泽镇位于麻溪江的上游,因而大部分污水从盛泽顺流而下,通过麻溪江排入苏嘉运河,王江泾镇受侵害的程度最为严重。

自 1993 年以来,嘉兴北部水域连年遭受来自上游水污染侵害,对渔业资源、农业生产造成重大影响,而且使这一区域民众的生存环境遭到极大破坏。来自嘉兴的数据表明,盛泽污水排放量最高时每年达 9000 万 t。2001 年 11 月 21 日深夜,嘉兴数千名村民组织了一次民间的“零点行动”:他们自筹资金 100 万元,动用 8 台推土机、数万只麻袋,自沉 28 条水泥船,截断河流,堵塞麻溪江上盛泽至嘉兴间的航道,这就是曾引起中央领导高度重视的“断河事件”。

麻溪江污染问题先后通过 3 种办法解决。

方法一:两地政府协调

2001 年 11 月 24 日,也即“断河事件”后的第三天,在国务院领导的关注下,江浙两省举行了边界水污染矛盾的协调会。达成的调解意见主要包括两点:第一,吴江市逐步落实重点企业限产、停产整改方案和污水排放总量削减方案;第二,嘉兴市拆除拦在麻溪江的大坝。

调解意见的落实情况怎样呢?吴江市环保局认为,他们已经作出了很大的努力。比如,淘汰和搬迁印染设备;污水厂全部安装污泥压滤机,在排污口安装在线自动监测仪,实行 24 小时远程自动监控。

嘉兴市有关方面认为,2001 年 11 月 26 日到 12 月 10 日,水质联合检测表明,盛泽—王江泾交界水域的水质情况有所好转,但仍属重度污染;后又发现,盛泽镇有些企业故意避开两地环保部门每个星期四的联合监测时段,选择在双休日或者雨天间歇性排放,使环保部门很难掌握证据。同时,由于长虹桥自动监控站的启用,加强了对麻溪江水域的水质监测,盛泽镇的污水改由镇东排涝站流入了嘉兴北部。可见,污水侵害问题并没有得到解决。

方法二:诉诸法律

鉴于盛泽企业偷排现象时有发生,嘉兴市因污染遭受巨大损失的 47 户养殖户便将盛泽镇的 21 家印染企业告上法庭,要求赔偿总额为 710 万元。2002 年 12 月 16 日,嘉兴市中级人民法院对这起跨省水污染案做出一审判决,47 户养殖户胜诉。然而,21 家被告表示“不服”,遂向浙江省高级人民法院提起上诉。2003 年 8 月,浙江省高级人民法院做出终审判决,维持原判。

官司虽然打赢了，但是，边界水污染问题仍然没有得到根本的解决。

方法三：推行排污交易许可证制度

2004年以来，吴江市政府着手对印染企业的污水处理设施实施产权剥离，成立市场化的“盛泽水处理发展有限公司”，对镇区7座污水处理厂实行统一管理、统一运行。由于规定“多排污水多付费”，促使排污企业减少废水排放量，降低排污浓度。从2002年8月起，27家排污企业还请来“减污”专家，改造生产过程。

资料来源：朱柏铭．从江浙两省边界水污染案看外部性的矫正[J]．经济问题研究，2006(6)：17-21

江苏浙江两省交界的麻溪江跨省污染事件前后历时10多年，曾采取多种处理方式，却一直未能得到妥善解决。根据本章庇古税和科斯定理能否有效解决河流污染产生的外部不经济性呢？

按照科斯的说法，在产权明确的情况下，若交易成本为零或可以忽略不计，则无论初始时谁拥有产权，市场机制都可以把外部性内部化，但问题在于科斯所说的两个条件在这里都不具备。第一，产权无法明确。麻溪江水域是涉及两省边界的公共资源，产权归谁所有并不明晰。第二，交易成本不可能忽略不计或者为零。在本案例中，仅就谈判成本而言就难以忽略不计。被污染者即嘉兴方面涉及多方利益主体，仅养殖户就有几百户，污染者盛泽方也有近30家印染企业，因此嘉兴方无法直接与盛泽方的印染企业进行谈判，因为联合起来进行谈判的成本非常之高。如果再考虑信息搜索成本、合同签订成本以及合同监督成本等，总交易成本肯定是一个不小的数目。

采用征收庇古税的方式能否解决呢？根据庇古的理论，假设由中央政府出面从江苏省征收排污费补贴给浙江省。但是政府无法确切地掌握盛泽27家印染企业的边际治理成本，各个印染企业之间的外部边际成本也不相同，因此政府很难确定征收的税率能够产生多大的排污削量。另外，政府干预征收排污费和补贴给嘉兴，一征一补本身都是有成本的，而且因为涉及多家纺织印染企业和多家养殖户，征集成本和补贴成本不会是一个小数目。虽然外部性有所矫正，但社会福利可能并不增加。

在本案例中，直接单独使用科斯手段或庇古手段都存在一定的局限性，但这并不等于说科斯定理和庇古税不成立。困扰多年的两省边界纠纷最后通过排污交易许可证的方式得到了解决，这种解决方式是以科斯定理为理论依据的。事实上，目前世界各国用于矫正外部性的环境政策主要都是以科斯手段和庇古手段为理论依据的，例如以科斯定理为主要理论依据的自愿协商、排污许可证交易制度，以庇古税为理论依据的环境税、排污收费、补贴、产品收费、押金退款制度等。

三、绿色发展与“两山”理论

1.绿色发展的内涵

绿色发展理念是对建立在科学发展观基础上的可持续发展理念的升华。绿色发展理念不仅着眼于传统意义的环境保护，还把马克思主义生态理论、世界各国有益探索及我国社会主义建设的具体实践相结合，将生态文明建设融入经济、政治、文化、社会建设的各个方面和全过程。绿色发展的科学内涵包括以下几点。

(1)从经济发展角度看，绿色发展是创新驱动的发展　传统发展模式面临的压力和难度越来越大，绿色发展要求追求新型工业化，通过推动绿色发展促进转型升级过程中的技术创新、管理创新和文化创新，实现整体社会意义上的绿色发展。

(2)从政治建设角度看，绿色发展是高层次的发展　绿色发展面临的全新问题，需要面向未来探索符合当前中国不断变化的国情的发展路径。

(3)从生态环境角度看，绿色发展是可持续发展　2014 年 3 月 7 日，习近平同志在参加贵州团审议时强调，保护环境就是保护生产力，绿水青山和金山银山绝不是对立的。绿色发展理念破除了“发展”与“绿色”之间的二元对立，要求实现生态文明建设与经济社会的一体化发展，拒绝再走“先污染后治理”“边污染边治理”的传统发展路径，从而形成可持续发展的新路径。

(4)从社会发展角度看，绿色发展是普惠民生的发展　绿色发展有助于满足人民群众对绿色产品的需求。

(5)从文化价值角度看，绿色发展是和谐向上的发展　绿色文化是绿色发展的灵魂，包括绿色的世界观、价值观和法治文化，推进绿色生活方式和消费文化。

2.“两山”理论的内涵

“两山”理论内涵是习近平总书记始终坚持人与自然和谐共存的科学发展观，是马克思主义生态文明理论的继承和发展，同时也体现了他的可持续发展观。生态文明是一种良性的、循环的、发展的、科学的、可持续的社会文明形态，能惠及人民群众，也是人类社会文明可持续的必然选择。

(1)人与自然和谐共生　人与自然要和谐共生，人与自然是生命共同体，人与“山水林田湖草”是一个生命共同体。人的生存离不开“山水林田湖草”，健康的“山水林田湖草”也能更好地服务于人类。人类必须尊重自然、顺应自然、保护自然，顾及环境承载力和恢复力，才能得到自然源源不断的馈赠，对自然环境的透支和破坏最终还要人类自身承担恶果。

(2)“两山”理论和绿色发展观　所谓“绿水青山就是金山银山”，体现的是科学、绿色、可持续的发展观。绿水青山是人类赖以生存的环境，金山银山代表社会经济发展。人们对“两山”的认识经历了“替代论”“兼顾论”“统一论”3 个阶段。第一阶段是用绿水青山换取金山银山。在我国社会发展的阶段中，早期人们缺乏认识，用绿水青山换金山银山，只顾眼前利益造成生态破坏，资源环境开发程度也比较低，通过开发资源改善生活的愿望比较强烈，主客观条件都促成了以牺牲自然生态环境为代价来换取经济一时发展的认识和模式；第二阶段过渡到既要金山银山也要绿水青山。随着经济的增长，资源匮乏、环境恶化的问题开始凸显，人们越来越意识到生态环境的重要性，必须兼顾生态保护与经济发展；第三阶段是意识到绿水青山就是金山银山。习总书记的绿色发展观让人民群众明白在发展经济的同时要顾及环境承载力，自然资源、环境资源需要被有效地配置和转化，才可以持续创造价值，反哺人类社会。有了生态文明，才会有人类社会文明。

(3)良好的环境惠及人民群众　随着科技进步和社会发展，人民群众的生活水平已经得到了显著提升。目前人民的主要期盼已经从过去的满足温饱转变为追求更加美好的生态环境。人民群众在日常生产生活中开始更多地追求美好的生态环境。绿水青山属于公共物品，人民群众有权追求和享有。更好的生态环境提高的是人民群众生活的幸福指数，这样的民生观，惠及众生。

(4)良好的环境惠及人类命运共同体　人类是命运共同体，生态文明建设应是全人类共同的目标。当今全球生态环境恶化，气候变暖，不单是某一个国家和地区的问题，也不单是某一个国家和地区能解决的。克服全球变化需要全人类共同努力，尊重自然、顺应自然、保护自然。

全世界都需要生态文明的理念，这体现的是习近平总书记的全球共赢观。

从环境经济学的视角看，我国“两山”理论是关于资源优化配置和资源有效转化的重要演绎。“绿水青山”通过合理的利用和转化，可以创造价值，即环境资源价值，体现为“金山银山”。我国“绿水青山”资源丰富，蕴藏着巨额的经济价值。马国霞等研究表明，中国31个省（自治区、直辖市）2015年的陆地生态系统生产总值（GEP）达72.81万亿元。其中，湿地生态系统产值28.08万亿元，森林生态系统产值19.89万亿元，草地生态系统产值10.66万亿元。因此，保护这些“绿水青山”就是保护自然价值和增值自然资本的过程，保护资源环境就是保护社会生产力和经济发展潜力的过程。

习近平总书记2016年在参加第十二届全国人大四次会议黑龙江代表团审议时表示：“绿水青山是金山银山，黑龙江的冰天雪地也是金山银山。”“绿水青山就是金山银山”的含义实际上是指：一个地区在不破坏生态环境的前提下，通过发展绿色产业和绿色经济也可以创造一定数量的经济价值。

自然环境资源是一笔财富，人类发展要搞清楚如何正确将自然环境资源转化并发展为财富。对于我国东南、西南地区来说，不论是绿水青山、冰天雪地，还是汪洋大海、沙漠戈壁，都可以通过适当的转化实现资源财富和经济价值的转化，变成“金山银山”。这也提醒我们发展要围绕自然、地理和气候，发展要适当，要保护当地的自然环境，才能保住我们的“金山银山”。

显然，习近平总书记讲“绿水青山就是金山银山”，是在强调生态环境的重要性，而不是指“绿水青山”天然就是“金山银山”。一个基本事实是，农耕时代生态环境肯定比今天好，可那时候经济却远不如今天发达。有些地方“绿水青山”确实已变成“金山银山”，但有的地方虽然也山清水绿，却至今尚未脱贫。“绿水青山”与“金山银山”有时也会存在冲突，而当两者发生冲突时，就不能为了经济利益而牺牲生态环境。想要“绿水青山”变成收入，就要有围绕“绿水青山”的盈利模式。

为“绿水青山”设计盈利模式，经济学提出的办法是寻找委托品，将那些不能计量或计价的商品（或服务）借助某种委托品进行交易。例如，农民把无污染的土壤环境委托到蔬菜上，将蔬菜和“环境”捆绑在一起盈利；将气候和土质委托到茶叶上，将茶叶和“气候”一起销往全国盈利等。

3.“绿水青山”与绿色经济发展

绿色的经济发展，强调经济节约、循环和可持续，是基于可持续发展思想产生的新型经济发展理念，绿色经济是绿色发展的物质基础。我国近代工业发展已经带来严重的生态环境问题，自然资源的稀缺性制约经济发展已经越来越明显。资源短缺与环境问题是随着人类社会发展而发展的，同时也是随着社会进步和科学技术发展而必然要被认识和解决的。国务院于2008年批准了首批资源枯竭城市名单，包括有12个城市（或地区），典型资源枯竭城市（或地区）有石嘴山市、焦作市、萍乡市、大冶市、大兴安岭等；国务院于2009年确定了第二批32个资源枯竭城市，其中典型资源枯竭城市有枣庄市、铜陵市、景德镇市等。自然资源包括地质、土壤、空气、水和所有生物。干净的水和肥沃的土壤支撑着我们的生产生活、经济和社会发展。一个维护良好的森林或河流能够持续提供新树木或鱼类，而对这类资源的过度使用则会导致木材供应或鱼类资源的永久减少。

自然资源是经济发展的必要条件之一，但不是充分条件。拥有绿水青山不代表经济发达，经济发达也未必不能保持绿水青山。在我国，有些山清水秀的地区由于物质资本、人力资本、社会资本的匮乏而经济落后。另一些地区虽然自然资源匮乏，却有足够的物质资本、人力资本和社会资本发展经济。现代经济发展是4种资本综合作用的结果，也可能出现4种逻辑形态，而我们追求的逻辑关系必然是经济发达的同时还能保持绿水青山。对自然资源的开发和利用需要新思维、新理念、新技术和新制度。海南岛作为拥有良好生态环境基础的地区，更要坚定不移地坚持可持续发展观，保护好现有的自然资本，不能想当然地挥霍绝对优势。

专栏3-4 绿色经济如何寻找突破点?

目前，我国正处于发展绿色经济和城市化的进程中。然而，发展绿色经济把城市化带来的问题凸显出来了。一些西方企业家认为，中国的绿色经济发展得不算好，原因是城市化带来的挑战。他们认为，中国的城市规划并不完善，比如道路的拥堵和环境的污染，一些城市的电力和水源供应也存在问题，应该尽快出台解决方案，减少碳排放。

实际上，碳减排应该看总量和强度，我国已经在大力减少碳排放了。在我国发展绿色经济和城市化的进程当中，企业应该如何找到突破点，助其一臂之力？绿色经济就是低碳经济、循环经济和生态经济的结合，在发展绿色经济的过程中，需要打造全新的可持续发展模式。只有在找到这种发展方式的基础上，我国的城镇化建设才能破解经济发展和环境污染之间的矛盾。

目前，企业面临的问题是要建立发展理念和价值追求。企业要承担起技术创新和商业模式创新，打造绿色经济所需要的可持续发展的模型，这是发展绿色经济和加快我国城镇化的关键所在。作为一家新能源企业，我们将研究新型的材料以替代由化石能源制造的材料，这可以从根本上解决能源枯竭带来的问题，也将帮助我们在绿色经济的主战场上迎来新的时代。同时，新材料的研发也将改变传统的生活和消费方式。

我国现在的能源结构出现了严重的问题，化石能源占比过高，在整个能源结构里占到80%。在新能源的发展中，得到关注更多的是常见的风能、太阳能。这让大家忽略了一个问题，风能、太阳能在新能源结构中仍然只是补充形式，并不能起到全面替代的作用。如果要全面替代传统的煤炭、石油、天然气等能源，需要大力发展生物质能源。现在，每年太阳能转化为植物能相当于997亿t标准煤，而去年全球使用的煤炭、天然气仅相当于130亿t标准煤。从这个数据来看，生物质能源可以覆盖传统能源生产的商品，发展潜力巨大。

阳光凯迪集团生产航空煤油、汽油和柴油的商业化生产线投产已经一年多了，运行达到1200万个小时，可以生产高品质、高清洁的能源商品。集团的技术创新已经成功，商业模式上的创新也正在进行。

在没有向化石能源企业征收碳税时，阳光凯迪的产品在价格上没有优势。因此，政府尽快推动绿色金融是企业所期待的。如果执行碳税和碳交易，那么绿色经济就会迅速兴起。真正全面推进化石能源企业进行碳税、碳交易时，绿色经济的企业将变为巨大的低碳库。而低碳是资源，各种金融产品就会丰富起来，它们不会按照传统的方式进行放贷，年年都可以增值。

在法律层面和发展体制上，绿色金融中的碳税和碳交易问题正在解决，我国也制定了一系列的政策。只要能够认真执行碳税和碳交易，发展绿色经济的企业会有足够的信心把市场做大，并且持续发展。

资料来源：陈义龙.绿色经济如何寻找突破点.中国环境报，2014.

复习思考题

一、名词解释

1.外部性

2.最优污染水平

3.庇古税

4.科斯定理

二、简答题

1.比较庇古手段和科斯手段的异同之处；

2.简述庇古税和科斯定理的局限性；

3.简述“两山理论”的内涵及重大意义。

三、论述题

1.对“解决环境污染问题很简单，只要外部性内在化即可”你是怎样认为的？外部性理论适用于所有经济问题吗？外部性内在化过程中会产生什么样的问题？举出适用科斯定理的例子以及不适用科斯定理的例子。

2.很多人认为现在污染水平是较高的。如果社会希望把总污染减少一定量，经济学家认为适当的庇古税在减少污染中是有效率的，那么如何才能达到使企业减少更多的排放目标呢？

3.辨析以下观点：“经济发展靠市场，环境保护靠政府。”

第四章

环境公共物品理论

人们常常将自己周围的环境当作一种免费的商品，任意地糟蹋而不知加以珍惜。

——甘哈曼

大地给予所有人的是物质的精华，而最后，它从人们那里得到的回赠却是这些物质的垃圾。

——惠特曼

本章学习目标

1. 熟悉环境公共物品分类方法，说明其特征和分类；
2. 理解环境公共物品的供给与需求；
3. 掌握政府失灵和市场失灵；
4. 了解公共资源管理的有效制度安排。

引导案例

东海无鱼

2018年1月中旬的一天，舟山的渔民们都出海打鱼去了。曾经的船老大代长喜坐在家门口晒太阳，他双手摩挲着一只保温杯。“我有点儿后悔。”代长喜说。2017年开始，舟山渔场的鱼比以往多了，价格也比往年好，要是他能多干一年，兴许能多挣几十万。令他后悔的事情，是在2016年政府一项“削减马力”的政策中，他将渔船上交给政府，遣散了雇用的船员，彻底退出了靠海吃饭的打鱼生涯。

但政府也因此给了他一笔数百万元的补贴。这项政策是几年前开始实施的。2017年12月9日，农业部渔业渔政管理局副局长韩旭在全球海洋治理与生态文明会议上再次宣布称，中国政府计划到2020年，将中国的渔船数量减少2万艘，马力削减150万kW。

代长喜认为，东海近海以及舟山渔场的鱼增多得益于马力削减以及禁渔期惩罚力度增加。“2017年，禁渔期延长一个月，对违法作业的渔船有了实质性惩罚，罚款一次要比捕鱼赚的钱多好多，没人敢出去了。”

东海海域渔业资源丰富，分布着以舟山渔场为代表的多个渔场。舟山渔场作为中国最大的渔场，有其独特成因。长江等沿岸径流带来了丰富的营养盐，使舟山渔场水质肥沃，为各类海洋生物提供了充足的饵料基础。海域沿岸线曲折、岛屿密布、港湾众多，暖流、沿岸流在此处交汇，生境类型丰富，使各类海洋生物都能找到相应的生存空间。

“舟山渔场非常重要，多年来，一直是我国海洋水产品的主产区。”山东大学威海校区海洋学院教授、中国农业生态环境保护协会渔业分会副秘书长王亚民说。根据《舟山统计年鉴》，舟山渔场有鱼类360种，虾类60种，蟹类11种，贝类134种，海洋哺乳动物20余种，海洋藻类154种。最高渔业年产量曾经达50.0596万t(1997年)。“传统经济鱼类因为过度捕捞衰退得很厉害，渔业结构发生了变化，主要经济种类产量大大降低，渔捞种类逐渐低值化。大黄鱼、小黄鱼、乌贼和带鱼是舟山渔场传统渔业捕捞种类的‘四大家鱼’，现在带鱼还是有一些，但大黄鱼和小黄鱼已经差不多没有了。”王亚民说，“从前大黄鱼多得不得了，价格也便宜，现在要近千元一斤，而且很难买到。”

代长喜从17岁开始打鱼，舟山渔场是他的主战场，更远他还到过中韩和中日海上边界线。他总结近40年的捕鱼经验说：“禁渔期越来越长，打上来的鱼越来越少。”舟山市岱山县的渔民王志和有相同的体会，他说，以前家门口就有鱼，但现在，时速每小时十几海里的渔船要往东开一天一夜才下网捕鱼，“船越造越好，船速越来越快，鱼却打不到。”全国著名渔业专家、江苏省海洋水产研究所书记仲霞铭2013年在接受浙江在线采访时说，东海已经到了无鱼可捕的边缘。

随着东海渔业资源锐减，“东海无鱼”受到各方关注。2014年，浙江省为修复振兴渔场定下时间表。在这年5月召开的浙江渔场修复振兴计划实施暨海洋伏季休渔管理工作会议上，浙江省政府称，到2017年，该省要全面取缔涉渔“三无”船舶，全面完成“船证不符”渔船整治，基本杜绝了非法捕捞，初步建立国内海洋捕捞渔船转产退出机制，全省压减捕捞渔船功率50万kW以上。预计4年累计增殖放流水生生物苗种60亿尾(粒)，浙江渔场资源恢复到20世纪90年代末的水平，扭转“东海无鱼”局面。

2017 年，农业部重新调整确定了海洋伏季休渔制度，全国所有海区的休渔开始时间统一为 5 月 1 日 12 时。根据《浙江省海洋与渔业局关于 2017 年浙江省海洋禁渔休渔通告》，东海全面休渔开始时间也由原来的每年 6 月 1 日提前至 5 月 1 日，结束时间仍为 9 月 16 日 12 时，比往年延长了一个月。

最近两年，上述一系列措施取得了初步效果，东海渔业资源开始处于恢复之中。但海洋环境污染所导致的渔业资源下降和渔业食品安全问题仍很突出。

资料来源：俞琴. 东海近海渔业或雪上加霜. 搜狐新闻，2018

第一节　物品分类方法

外部性内在化的措施为弥补对环境造成的外部成本或外部收益作出了有益的帮助，对改变企业或个人的决策产生激励，从而有益于环境。但是，从更深层次上讲，使自然状态下游离于市场之外的环境资源融入主流经济，由市场对之进行配置或由政府协助配置，再辅以外部性内在化措施才是有效解决环境问题，实现环境资源的可持续运营的长久之计。第一章里提过的环境经济学的原理之二：属于共有态的环境资源需要通过政府引导最大限度地进入市场态或公共态。本节将围绕这个原理进行启发性探讨。

经济学领域对物品的分类方法有很多种。例如，以保罗 A. 萨缪尔森为代表，将物品分为私人物品与公共物品两类；以 N. 格里高利 · 曼昆为代表，将物品分为私人物品、自然垄断、共有资源、公共物品 4 类。本书参考了目前学者们对于物品分类的观点，进行了一定的梳理。

一、传统的物品分类

在现有的各类经济学著作中，经济学家们通常根据物品消费的排他性、竞争性、可分割性等对物品进行分类。

（1）排他性（excludability）　排他性是指技术上可以将拒绝为之付费的消费者排除在物品的受益范围之外，只有那些愿意为之付费的消费者才能享受其效用。例如，一个蛋糕，消费者只有在付费后才能吃到它，而没有付费的人肯定会被排除在这个蛋糕的受益范围之外（当然这里不考虑赠送等非经济现象）。非排他性是指不能将没有为之付费的消费者排除在物品的受益范围之外。例如，一个小镇燃放烟花，虽然有些人拒绝为之付费，但也很难将这些人排除在烟花观赏的受益范围之外。多数时候，非排他性还会表现为非拒绝性，任何人都必须消费它，即使有些人不情愿，也无法拒绝。例如，即使某些国民不希望增加国防投入，他们也不能拒绝国防提供的安全保障。

（2）竞争性（rivalrousness）　竞争性是指一个消费者对物品的消费会减少任何其他消费者对它的消费。例如，一个消费者购买了一台冰箱，其他消费者可以选择的冰箱数目就会减少。非竞争性是指一个消费者对某种物品的消费并不排斥和妨碍其他消费者对该种物品的消费，也不会降低其他消费者消费的数量或者质量。非竞争性还体现在增加一个消费者的边际供给成本为零。例如，增加一个国民（国防的消费者）并不会减少其他国民享受的安全保障，而且也不需要增加国防的投入。多数物品的竞争性具有相对性，即在消费该物品的人数尚未达到拥挤的时候，是非竞争性的，而一旦达到或者超过这个数量，便产生了竞争性。例如，一个局域网在未达到饱和的时候，每增加一个使用者的边际成本等于或者接近于零(即增加一个消费者不必增加生产的可变成本)；然而当使用者逐渐增多时，接近网络接纳人数上限的时候，新增的用户就降低了其他用户的上网速度，消费发生了竞争。

(3)可分割性(divisibility)　可分割性是指物品可以被分割成许多可以买卖的单位，只有付费的人才能享受其效用。例如，蛋糕论个出售，消费者购买后，其效用只归消费者或者其家庭独享。不可分割性是指一些物品向整个社会共同提供，具有共同受益或者联合消费的特点，其效用为所有成员共享，产权不可能分割成若干部分并分配给任何个人。例如，改善城市大气质量，必然使所有人都享受到空气质量改善带来的健康和心情愉悦，不能将大气质量分割成若干部分向国民出售。

阅读材料——一个房间的小社会

一个学者给出的一个假想的例子很好地解释了物品的3个特性。假定一个社会是由生活在一个房间内的人组成的，在这个房间内所作出的决策只对这个房间内的人产生影响，而不会影响任何其他人。这个房间内的人每天都收到固定数量的面包和一定数量的取暖用的燃料。

面包是一种纯粹的私人物品，这是因为：①面包可以分割成若干单位，并可在人们之间进行分配，满足效用的可分割性；②这个房间内的人每天收到的面包总量等于每天消费的面包总量，如果某人某天分到的面包的数量多一点，其他人消费的面包就会少一些，满足消费的竞争性；③面包可以容易地通过每天供求双方的力量对比所决定的价格在市场上出售，只有支付费用才能获得相应数量的面包，满足受益的排他性。

取暖的燃料是一种纯公共物品，这是因为：①燃料提供的热量不可能在人们之间分割，满足效用的不可分割性；②随着室内居住的人数增加，所需取暖的燃料并不需要增加，同时也不会因为某些人消费的热量多一些而减少其他人对热量的消费，满足消费的非竞争性；③在技术上无法实现使这个房间的不同的人消费不同数量的热量，满足受益的非排他性。

资料来源：高培军，崔军．公共部门经济学．北京：中国人民大学出版社，2001

根据以上给出的3种消费特性，经济学家对于物品进行了以下分类。

(1)按排他性划分的物品分类　一些学者从排他性出发，把物品分为私人物品和公共物品两大类，具有排他性的物品称为私人物品，而具有非排他性的物品称为公共物品。

(2)按竞争性划分的物品分类　一些学者根据消费的竞争性或是拥挤成本将物品划分为3类。私人物品位于一个序列的一个极端。在这个极端中，X消费者增加一个单位的消费使得其他人的消费减少一个单位；纯公共物品位于另一个极端，X消费者的消费并不导致他人消费的减少；位于二者之间的是准公共物品，X消费者增加一个单位的消费使得其他人的消费减少少于一个单位，如图4-1所示。

在现实经济中，大量存在的是介于纯公共物品和纯私人物品之间的准公共物品或混合物品。准公共物品一般具有“拥挤性”的特点，即当消费者的数目增加到某一个值(“拥挤点”)后，

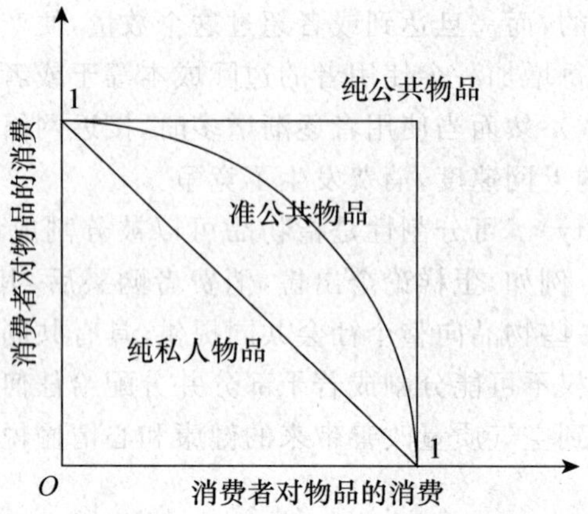

图 4-1 按竞争性划分的物品分类

会减少先前使用者的收益(出现竞争性),由于允许更多消费者使用而带来的机会成本或者那些先前使用者的收益减少,称为拥挤成本。

(3)按竞争性和排他性划分的物品分类 一些学者按照竞争性和排他性在物品的集合中划分了 4 个象限,4 类物品分别属于这 4 个象限。既有排他性又有竞争性的物品被称为私人物品或是纯私人物品;有排他性但无竞争性的称为垄断物品或是俱乐部物品;无排他性却有竞争性的物品称为共有资源;既无排他性又无竞争性的物品称为公共物品或是纯公共物品(图 4-2)。前面的分类中提到的准公共物品就包括了自然垄断物品和共有资源。

		竞争性	
		有	无
排他性	有	私人物品 (纯私人物品)	自然垄断物品 (俱乐部物品)
	无	共有资源	公共物品 (纯公共物品)

图 4-2 按竞争性和排他性划分的物品分类

也有学者认为 4 类物品的界限不是那么清晰,因而采用一个轴线,根据竞争性和排他性的相对变化把物品划分为私人物品、准私人物品、准公共物品和公共物品。这里定义的纯公共物品不但具有非竞争性,还有非排他性。现实经济中仅有国防、公共信息、无线电视、立法、基础科研等屈指可数的几种物品属于纯公共物品。以无线电视为例,增加一个收视的观众的边际供给成本为零,也不会影响其他观众的收看效果,具有非竞争性;在信号覆盖范围内的任何人都可以收看,具有非排他性。

(4)按物品效用的受益范围划分的物品分类 物品效用的受益范围可以从个人(单个企业)→地区→国家→全球,据此可以把物品分为私人物品、地方公共物品、国家公共物品和全球公共物品。

①当物品的受益对象只有物品的购买者时,称为私人物品。

②当物品的受益群体扩大到一个区域时,称为地方公共物品,例如水利、地方治安、无线电等。当这个地区的消费群体只有几个消费者的时候,他们很容易就这类公共物品的使用强度、

养护计划达成协议，此时地方公共物品接近于私人物品。但是，对于比较大的消费群体却很难达成协议。休谟在《人性论》中指出："两个邻人可能达成协议，共同在一片平地上排水，但在1000人中却无法达成这样的协议，因为每个人都希望坐享其成。"

③当物品的服务范围扩大到一个国家的时候，称为国家公共物品，典型的如国防、外交、国家立法等。

④有些物品的效用可以扩散至全球，典型的有国际组织、全球环境问题等。例如，温室气体排放的削减，无论在何处削减温室气体都会给全球所有的国家带来收益（减少全球气候变暖带来的损失）。这类公共物品由于收益群体由许多国家组成，更难以达成协议。尽管经历20多年的谈判，人类还很难在温室气体排放问题上达成统一的协议。

二、物品分类

本书采纳左玉辉教授在《环境经济学》中的物品分类方法，按物品在现实中的资源配置状态，即按物品的提供者对物品进行分类。在这里，首先要强调以下两点：①注意区分"提供"与"供给"。简单地说，提供就是支付物品的费用，并组织和安排生产（资源配置）；而供给，正如前面所说的那样，就是物品的生产。有一些物品可能由政府提供，却由私人部门供给（生产）。例如，政府提供国防，而国防购买的许多物品，如武器、装备研制等，是由私人部门生产的。②这里划分的3类物品与经济学划分的物品不再一一对应。

表4-1　按资源配置状态划分的物品分类

划分标准：物品提供的主体	市场	政府	自然界
物品类别	市场态物品	公共态物品	共有态物品

按资源配置状态将经济中的物品分为3类（表4-1）：

第一类是市场态物品，它们由市场（可以是竞争市场，也可以是垄断市场或寡头市场）进行分配，如粮食、衣服、电视机、电脑、手机、汽车等。私人消费品基本都属于这类物品。很容易理解，私人部门供给的物品是市场态的，而自然界供给的物品（自然资源），如果可以通过资源市场拍卖，也属于市场态物品。

第二类是公共态物品，它们主要由政府提供，人们不必直接付费即可享受，如政府服务、国防、基础学科的部分科研成果、气象、防洪、消防等。

第三类是共有态物品，由自然界提供（没有人主动提供），人们可以免费得到，如海洋生物、矿藏、河流、森林、大气、土地等环境资源。这些环境资源在没有进入市场，政府也不曾加以管理时，就是典型的共有态物品。

阅读材料——本书物品分类与传统物品分类的异同

我们已经指出，本书所做的物品分类与传统的物品分类不再一一对应，不能简单地将市场态物品、共有态物品，或是公共态物品简单地完全等同于前面说过的私人物品、公共物品或共有资源等。为了能使读者更清楚地了解这一点，这里我们不妨按照竞争性和排他性对3类物品进行分析。

市场态物品 市场态物品由市场提供。回顾市场篇中对完全竞争市场和非完全竞争市场的分析,我们可以发现:对于完全竞争市场提供的物品而言,它既有排他性,又有竞争性。具有排他性是因为需要付费,具有竞争性是因为多生产一个单位的这种物品需要额外的成本。对于非完全竞争市场提供的物品而言,它当然也具有排他性,但既可能有竞争性,也可能没有竞争性。例如,作为垄断竞争市场的书本市场,其多提供一本书也需要额外的成本,因此书本具有竞争性,而作为垄断市场的有线电视市场则是没有竞争性的。

所以我们说,市场态物品具有排他性,但可能有竞争性,也可能没有竞争性。它是不等同于私人物品的,可能更类似于私人物品与自然垄断的集合。

公共态物品 这类物品通常既无排他性,又无竞争性。最典型的公共态物品的例子是国防,它由政府提供,国民享受国家安全,不必为其进行直接付费。也就是说,虽然政府提供国防的资金来自国民的税收,但最终国民在享受国防时不必付费,所以它不具有排他性;同时,对于政府来说,增加一个国民不会增加其提供国防的成本。也就是说,增加一个使用者的边际成本为零,因而国防也不具有竞争性。

现实生活中也有极少量非政府提供的既无排他性,也无竞争性的物品的例子。例如,船对灯塔的使用,一旦灯塔造好并起作用,额外船只对它的使用不会增加它的任何运作成本。但这种例子十分罕见,而且在下面的讨论中我们将看到,在绝大多数情况下,由非政府或市场来提供这种物品将导致无效率。因此,我们分析公共态物品时可以忽略这些个别的例子,而只考虑由政府提供的、无排他性、无竞争性的物品。

另外一点要强调的是,公共态物品是由政府提供的,但并非政府提供的所有物品都是公共态物品。例如,高中教育的消费是竞争的。对多一个孩子提供教育的边际成本是正的,因为随着班级扩大,孩子们的注意力下降了。同样,收取学费会排除某些孩子享受到教育。又比如国家管理的公园,通过收取入园费和野营费,一部分公众就会被排除在外,从而具有排他性。此外,公园也有竞争性,因为在拥挤的条件下,公园里多进一个人,就会减少其他人得到的收益。虽然国家公园的收费可能低于实际成本,但我们更倾向于认为它们属于由政府垄断提供的市场态物品,而不是公共态物品。

总之,公共态物品与公共物品类似,它们既无竞争性,又无排他性。但是公共态物品并不完全等同于公共物品,因为公共物品还包括那些非政府组织提供的物品,而我们定义的公共态物品是由政府提供的。

共有态物品 共有态物品主要是由自然界供给的环境资源,由于任何人都可以自由得到并免费使用这些资源,因此它们没有排他性;同时,这些资源并不是无穷无尽,不可耗竭的。因此,当一个人使用了一部分这些资源时,其他人能够使用到的就会减少,因此它们具有竞争性。

要注意的是,这里我们说共有态物品具有竞争性,是指其本身的资源性使用具有竞争性,它们作为一种物品,是可能被耗竭的。而它们所具有的生态功能的享用是不具有竞争性的。正如我们在本章第一节中所说的那样,对于某些共有态物品,我们可以通过人为制定规则,将人们对它们的使用局限在其非竞争性的生态功能上,从而规避其竞争性的一面,使其性质更接近于公共态物品。

所以说，共有态物品不具有排他性而具有竞争性，与共有资源较为接近。不同的是，共有资源包括非自然界提供的一些物品，而那些物品不属于我们所划分的共有态物品。

总之，经过以上分析，我们看出，本书的物品分类是基于环境经济学的研究目的，为了方便对环境物品进行调控而提出的。当然，我们也可以按照排他性或竞争性对3类物品进行定性，寻找其与传统的物品分类的异同之处。但这样做虽然能使我们更深刻地理解三类物品的性质，但在环境经济学的研究中，尤其是在探求环境经济调控手段时，并不具有什么实际意义。因此，在本章最后一节，进行具体环境物品的调控分析时，我们将不再提及排他性或竞争性的概念。

三、外部性与共有态物品

没有进入市场、政府也没有加以管理的环境资源处于共有态下，则会不可避免地面临过度使用的命运，从而导致经济的无效率。下面以一个具体的例子来看一看这种无效率是如何产生的。例如，一个有鲑鱼的大湖，无限数目的渔民都可以进入该湖。每个渔民都会捕鱼直到他的边际收入或者边际价值(如果捕鱼是为了利润而不是休闲活动的话)与成本相等。但是，由于湖是共有态物品，它是具有竞争性的，每个渔民的捕鱼不可避免地影响到其他人的捕鱼机会，也就是说，他的行动产生了负外部性。

然而，同样是由于湖的共有态属性，没有渔民会考虑他带来的外部成本，结果渔民的私人成本低估了对社会的成本，因为较多的捕鱼减少了鱼的存量，使其他人可得到的就少了。这导致无效率——捕获的鱼太多了。

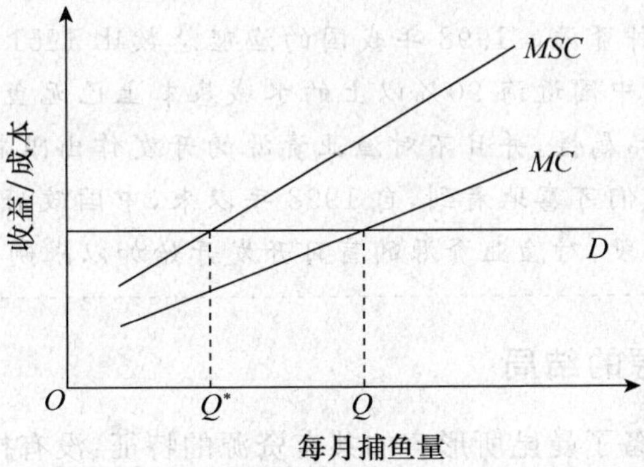

图 4-3 捕鱼的收益/成本曲线

图 4-3 说明了这点。假定相对于需求来说，捕鱼量充分地小，因而渔民们把鱼的价格看作给定。再假定有人可以控制入湖的渔民数，那么每个月鱼的有效捕获水平 Q^* 就由捕鱼的边际收益等于边际社会成本那一点决定。边际收益是从需求曲线得到的价格。图中显示的边际社会成本不仅包括私人操作成本，而且包括耗竭鱼的存量的社会成本。

现在将此有效率的结果与实际发生的情形进行比较。根据前面的分析，由于湖的共有态属性，边际外在成本就不会得到考虑，每个渔民都会捕到他们个人没有任何利润为止。当只有 Q^* 的鱼被捕时，捕鱼的收益仍然大于成本，捕更多的鱼还可以得到利润，这就会有更多的人进入捕鱼业，直到价格等于边际成本，即图 4-3 中的 Q。由于 Q 位于 Q^* 的右侧，所以实际的捕鱼量超过了效率量，被捕的鱼太多了。可以看到，本例中的负外部性来源于湖的共有态属性。

所以，对于共有态环境资源问题，解决的基本思路就是将之转换为其他态的物品。导论篇中曾指出，在可以以较低成本增加其排他性的情况下，应当将之转换为市场态物品；而如果这种共有态环境资源的固有属性导致其人为排他的成本过高，则应当尽量将之转换为公共态物品。

对于第一种转换，本书不妨根据捕鱼的例子给出一个相对简单的解决办法——让一个所有者管理该共有态环境资源。所有者将确定使用湖泊资源的费用，本例中它等于耗竭鱼的存量的边际成本。当渔民们要支付这一费用时，他们总体上就会发现，捕获超过 Q^* 的鱼不再是有利可图的了。遗憾的是，大多数共有态环境资源都很庞大，单个产权或数方之间的产权划分可能不可行，这就可能需要政府参与或者政府直接管制，也就是进行第二种转换。

阅读材料——我国的海洋渔业资源

中国传统上是海洋渔业资源丰富的国家，但是自20世纪70年代以来中国渔业资源不断下降，近年来渔业资源更是频频告急：黄海渔场已有16种主要经济鱼类、7种甲壳类、3种贝类资源濒临枯竭；传统的黄渤群系带鱼、鲆鲽类、真鲷、黄姑鱼等渔业都已先后失去了渔业利用价值；东海区“四大渔业”的大黄鱼、小黄鱼、带鱼、乌贼资源除了带鱼还能维持一定产量以外，其他均已不能形成鱼汛……

从经济学上来看，中国的海洋渔业资源属于共有态物品：任何人都可以捕捞，不需要为之付费（实际上是支付了远远低于渔业资源价值的费用）。因此，经济利益最大化促使人们最大可能地利用这种资源。1998年我国的渔船总数比1951年增加了1230倍，渔船的总功率增加了569倍，中国近海90%以上的水域基本上已无鱼可捕。如果中国继续保持渔业资源的共有态物品属性，并且不对渔业资源的开发作出限制的话，中国的渔业资源必然走向枯竭。不过，我们可喜地看到，自1998年以来，中国政府采取限制渔船总数和功率、设立休渔期等管制手段，对渔业资源的盲目开发开始加以限制。

四、共有态环境资源的结局

共有态的环境资源具备了曼昆所形容的共有资源的特征：没有排他性，想要使用他的任何一个人都可以免费使用；但是有竞争性，一个人对它的使用将减少其他人对它的享用质量。可以免费使用的特性使得共有态的环境资源往往被过度使用，使用过后质量下降的特性使得它们的结局都类似一个寓言故事“共有地的悲剧”(tragedy of the commons)。

阅读材料——共有地的悲剧

设想生活的一个中世纪小镇上，该镇的人从事许多经济活动，其中最重要的一种是养羊。镇上的许多家庭都有自己的羊群，并出卖用以做衣服的羊毛来养家。

当我们的故事开始时，羊大部分时间在镇周围土地的草场上吃草，这块地被称为镇共有地。没有一个家庭拥有土地，相反，镇里的居民集体拥有这块土地，所有的居民被允许在这块地的草场上放羊。集体所有权很好地发挥作用，因为土地很大。只要每个人都可以得到他们想要的有良好草场的土地，镇共有地就不是一种竞争性物品，而且，允许居民在草场上免费放羊也没有引起问题。镇上的每一个人都是幸福的。

时光流逝，镇上的人口在增加，镇共有地草场上的羊也在增加。由于羊的数量日益增加而土地是固定的，土地开始失去自我养护的能力。最后，土地变得寸草不生。由于共有地上没有草，养羊不可能了，而且，该镇曾经繁荣的羊毛业也消失了。许多家庭失去了生活的来源。

什么原因引起这种悲剧？为什么牧羊人让羊繁殖得如此之多，以至于毁坏了镇的共有地呢？原因是社会激励与私人激励不同。避免草地破坏依靠牧羊人的集体行动。如果牧羊人可以共同行动，他们就应该使羊群繁殖减少到共有地可以承受的规模。但没有一个家庭有减少自己羊群规模的激励，因为每家的羊群只是问题的一小部分。

实际上，共有地悲剧的产生是因为外部性。当一个家庭的羊群在共有地上吃草时，它降低了其他家庭可以得到的土地质量。由于人们在决定自己有多少羊时并不考虑这种负外部性，结果羊的数量过多。

如果预见了这种悲剧，镇里可以用各种方法解决这个问题。它可以控制每个家庭羊群的数量，通过对羊征税把外部性内在化，或者拍卖有限量的牧羊许可证。这就是说，中世纪小镇可以用现代社会解决污染问题的方法来解决放牧过度的问题。

但是，土地的这个例子还是一种较简单的解决方法。该镇可以把土地分给各个家庭。每个家庭都可以把自己的一块地用栅栏围起来，并使之免于过分放牧。用这种方法，土地就成为私人物品而不是共有资源。在17世纪英国圈地运动时期实际就出现了这种结果。

共有地悲剧是一个有一般性结论的故事：当一个人使用共有资源时，他减少了其他人对这种资源的享用。由于这种负外部性，共有资源往往被过度使用。（提问：如何解决）政府可以通过管制或征税而减少共有资源的使用来解决这个问题。此外，政府有时也可以把共有资源变为私人物品。

清新的空气、洁净的水、海洋里的鱼、没有明晰所有权的森林和石油矿藏……它们与开放的草地一样都属于共有态的环境资源。过度放牧造成了寓言中的共有地悲剧，过度污染与采伐造成的环境恶化与资源耗竭则形成了现代的共有地悲剧。

五、共有态环境资源的可持续运营

早在2000多年前，古希腊哲学家亚里士多德就指出："许多人共有的东西总是被关心最少的，因为所有人对自己东西的关心都大于与其他人共同拥有的东西。"私利驱使决定了共有地的结局迟早都是悲剧。

这使我们想起了经济学的一个原理：市场通常是一种好方法。的确，虽然每个人都是出于利己的想法去决策，但一旦形成了可自由交易的市场，成千上万的利己决策却由"看不见的手"即价格所指引，形成使所有人福利最大的满意结果。市场态与公共态的物品之所以能得以较好地有序开发和利用，正是因为它们都已分别进入各自合适的市场（竞争市场、垄断市场、寡头市场、垄断竞争市场、国家垄断市场），形成了可持续的供给与可持续的需求。

目前,我国环境资源利用的一个突出问题是市场化程度低,在其优化配置的过程中缺乏有效的激励,使其自我约束机制难以形成,无疑助长了环境资源无限制消费的欲望,成为环境资源难以实现可持续利用的根本原因。因此,可以根据不同环境的自身属性、消费特点,借鉴其他市场态物品与公共态物品的市场运作方式,通过政府宏观调控建立起适宜的市场机制,培育环境资源市场,调整环境资源市场的市场化切入与运行进程,使之逐步融入主流经济以实现其可持续运营。

图 4-4 代表了实现环境资源可持续运营的基本思路:人为增加环境资源的排他性,将其最大可能地引入市场态物品区域;对于排他性很难增加的环境资源,引入公共态物品区域。

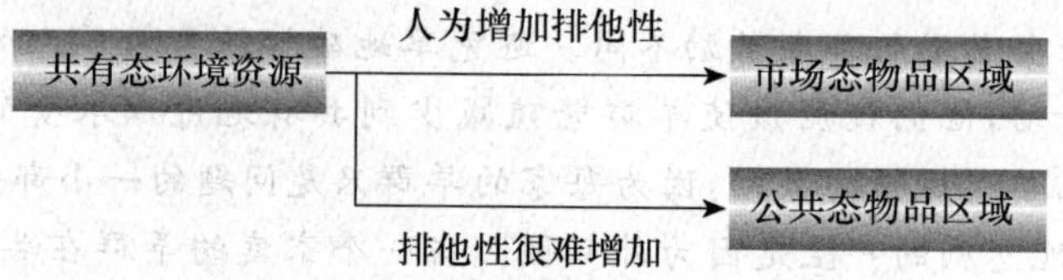

图 4-4 实现环境可持续运营的基本思路

(一)如何保护野生动物

对于野生动物,究竟应该怎么保护才能让它们摆脱濒危的困境呢?或许,可以从下面的案例研究中得到一点启发。

为什么黄牛没有绝种?

在整个历史上,许多动物的物种都遭受到了灭绝的威胁。当欧洲人第一次到北美洲时,这个大陆上野牛的数量超过 6000 万头。但在 19 世纪猎杀野牛如此广泛,以至于到 1990 年在政府开始保护动物之前,这种动物只剩 400 头左右了。在现在的一些非洲国家,由于偷猎者为取得象牙而捕杀大象,大象面临着类似的困境。

但并不是所有具有商业价值的动物都面临着这种威胁。例如,黄牛是一种有价值的食物来源,但没有一个人担心黄牛将很快绝种。实际上,对牛肉的大量需求看来保证了这种动物延续地繁衍。

为什么象牙的商业价值威胁到大象,而牛肉的商业价值是黄牛的护身符呢?原因是大象是共有资源,而黄牛是私人物品,大象自由自在地漫步而不属于任何人。每个偷猎者都有尽可能多地猎杀他们所能找到的大象的激励。由于偷猎者人数众多,每个偷猎者很少有保存大象种群的激励。与此相反,黄牛生活在私人所有的牧场上。每个牧场主都尽极大的努力来维持自己牧场上的牛群,因为他能从这种努力中得到收益。

政府试图用两种方法解决大象的问题。一些国家,如肯尼亚、坦桑尼亚和乌干达,已经把猎杀大象并出售象牙作为违法行为。但这些法律一直很难得以实施,而大象种群在继续减少。与此相反,另一些国家,例如,博茨瓦纳、马拉维、纳米比亚和津巴布韦,通过允许人们捕杀大象,但只能捕杀作为自己财产的大象而使大象成为私人物品。地主现在有保护自己土地上大象的激励,结果大象开始增加了。由于私有制和利润动机在起作用,非洲大象会在某一天也像黄牛一样安全地摆脱绝灭的厄运。

这虽然只是一则关于黄牛与大象的案例，但是它给出了很深刻的启示：将野生动物由共有态资源变成野生动物资源，但经过人类长期的驯化研究，现已成为彻底市场化了的家禽，人们对它们有着源源不断的消费需求，而家庭也可以源源不断地予以供给，没有人担心有一天它们会从地球上消失，而我国的丹顶鹤、藏羚羊、东北虎、大熊猫等更多没有进入市场配置的野生资源却危在旦夕。因此，尽快将共有态的野生动物转入市场配置，是保护野生动物的可行之路。然而，是不是让所有的野生动物进入农贸市场就是万事大吉了呢？不是。认为进入农贸市场就是市场化是一种对市场配置的误解。一个成熟的野生动物市场必须具备可持续的供给与可持续的需求。由于大多数野生动物具有商业价值（包括观赏价值），因此，具备可持续的需求并不困难，但要达到可持续的供给则并不是一件很容易的事，它需要以"研究—开发—保护—利用"一个完整的体系作为保障。一个只图开发利用的市场不是一个可持续的市场。

（二）如何有效利用水资源

水是我国目前正逐步走向市场配置的一项战略资源。实践已反复证明，市场是配置资源的有效手段，家庭和企业的水消费是水资源开发、保护所需资金的不竭之源。我国水资源的可持续利用，亟须培养清水和污水两个市场。培育污水市场的关键是确立收费体制，以解决污水处理的成本；培育清水市场的关键则是确立水资源的税制，以体现水资源的价值。污水市场的建立可以筹集污水系统建设与运行的资金，清水市场的建立则有可能甩掉水资源这一财政包袱，将它转变为一项财政收入。

水经济是一个自然垄断经济，但随着城市耗水量的不断增加以及城市管网的进一步完善，未来水市中的客观利润会激励更多的理性企业主进入市场，而流域集团公司将是水行业垄断竞争的最佳模式，因为流域开发和经营恰好反映了其范围经济的基本特性，符合流域水系的自然规律和经济规律。对此，政府可在确立合理的税费体制的基础上，引入招标机制，采取"竞价上网"的形式，增强企业主之间的竞争，以避免超额垄断利润等社会不公平现象，提高水资源的开发、利用与保护效率。

（三）如何有效利用土地资源

我国土地资源可持续运营的基本目标是实现农业用地、建设用地、生态用地"三个用地"的合理平衡。按照我国法律规定，土地的所有权均属国家和集体垄断，因此土地资源市场化运作的内容主要表现在土地占有、使用、收益权转换层面。在既定所有权的基础上，需要构建符合国家层面的宏观目标和个人层面的微观目标的土地产权交易市场，实现土地资源利用中公平与效益的平衡。

（四）如何保护清洁的大气资源

由于人为增加清洁大气资源的排他性十分困难，因此不可能像水资源那样建立"清洁空气供给公司"与"污染空气处理厂"来运作。根据国内外实践，结合公共生态物品的管理方法，在总体规划的基础上选择征收环境税与排污权交易相结合的方式对之进行运作较有效率。可交易许可证制度可以较好地控制空气点源污染的排放总量；而环境税则可为消费者和生产者提供刺激，促使其改变行为模式，加强创新与结构改革，用生态化方式使用空气资源，并增加财政收入与改善环境的投资，是解决空气环境中点源污染问题较为有效的政策工具。

第二节 环境公共物品

一、环境公共物品概述

现代福利经济学的奠基人萨缪尔森在《经济学》一书中将物品分为两类，也就是公共物品和私人物品。私人物品应该很好理解，指可以分割供给，有明确的产权，产权人有相对清晰的物品处置权，在物品使用过程中一般会局限在产权人范围以内，而不会对其他人造成外部性的影响，在私人物品的配置上也可以通过市场手段有效地完成。相对于私人物品来说，公共物品则具有相反的特征，萨缪尔森在1954年发表的《公共支出的纯粹理论》一文中对于公共物品进行了界定，公共物品在消费中没有排他性，所有的社会成员均可以享用到该类物品带来的效用。

环境公共物品是指可以为人类生产生活提供某种满足的环境物品和基于环境资源的服务内容。环境公共物品源于环境，因此属于所有人类成员所有。环境公共物品作为公共物品的组成部分之一，既具有一般公共物品所具有的特性，同时也具有环境公共物品的特殊性。相对于一般的公共物品来说，环境公共物品是人类社会生产生活不可或缺的生存条件，是维持社会经济体系正常运行的前提和基础性条件。环境公共物品的特殊之处还在于其既是环境的一部分，也受到环境的影响，具有地域性特征和明显的人为干预特征，在社会发展的不同阶段，环境公共物品的特征也在发生着变化。

二、环境公共物品的特征

根据萨缪尔森的经典解释，公共物品具有非排他性和非竞争性两个特征。环境物品是一种特殊的公共物品。

环境物品属于纯公共物品，具有以下特征。

1. 环境公共物品具有消费上的非排他性

任何社会成员在消费某种环境物品时都不能阻止其他社会成员消费该环境物品的机会。例如支付宝蚂蚁森林"虚拟树"是以公益组织或环保企业购买的形式转化为"现实树"的，从而为改善生态环境作出实质性的贡献。这里作为消费方的公益组织或是环保企业并不能以可操作的手段限制其他社会成员消费被改善的生态环境，而其他既没有在"虚拟树"贡献能量，也没有在"现实树"贡献资金的社会成员依然可以以某种方式消费到公益林所带来的效用，这就是通常所讲的"搭便车"的现象。

2. 环境公共物品具有消费上的非竞争性

任何一个社会成员在消费环境公共物品时并不能减少或影响到其他成员消费该环境公共物品的机会，这就是环境公共物品的非竞争性。例如，因为蚂蚁公益林的种植，使得部分区域生态环境得到改善，减少了沙尘暴发生频率，降低了大气污染概率，人们可以在更加安全的生态环境中畅快呼吸，任何社会成员对于安全生态环境的消费行为并不会影响到其他社会成员对于该生态环境的消费，这就是安全生态环境的非竞争性。

三、环境公共物品的分类

按照竞争性和排他性的属性特征，环境公共物品可以分为三类。

第一类是既具有非竞争性又具有非排他性的环境纯公共物品，该类物品多属于环境原生物品，如大气、水资源、生物资源等。

第二类是具有非竞争性但是有排他性的环境公共物品，如公共服务设施。虽然消费数量的多少不会影响到公共服务设施服务内容和能力，但是由于设施数量本身的有限性，在使用过程中无法同时满足所有人的使用，因此其具有非竞争性，但是具有排他性。

第三类是具有竞争性但是有非排他性的环境公共物品，例如"共有地的悲剧"里的公共牧场。由于所有的牧民都可以使用公共牧场，但是公共牧场本身存在承载力问题，这种具有竞争性但也有非排他性的属性导致了公共牧场的退化，从而引发了"共有地的悲剧"和"圈地运动"。

环境包括自然环境和人文环境，是会直接或间接影响到人类生产生活的因素总和。基于环境的构成对环境公共物品进行分类，环境公共物品包括具有自然属性的环境公共物品和具有人文或社会属性的环境公共物品。大气、水、森林等存在于自然界中，受自然规律的影响而非因人的意志的影响，同时也很难通过市场手段影响这些环境公共物品的生产和消费。这类环境公共物品的特殊性在于其虽然很难通过人为的影响改变其生产和消费需求，但是人类对于这类环境公共物品的消费方式却会影响到其存在状态，包括数量和质量。比如过多排放废气造成大气污染，雾霾的出现会影响到此类环境公共物品的质量；水资源污染造成劣五类水的出现会减少可用水源水量的减少，等等。

对于具有自然属性的环境公共物品按照公共物品的分类方法，可以再进一步划分。第一种是同时具有非竞争性和非排他性的纯环境公共物品，如大气、日照等；第二种是具有消费上的非竞争性，但是在一定条件下可以做到排他性，如地质公园、海岸沙滩等，可以通过收费的方式做到排他性；第三种是因为规模数量有限，所以在物品的消费上具有竞争性，但是因为存在的特殊性所以无法做到有效的排他，如水资源、公共草场等。这三类环境公共物品中，第一种属于纯环境公共物品，第二、第三种属于准环境公共物品，但是不管哪一类，因为人类离不开这些环境公共物品，所以更加需要很好地保护，实现其可持续地供给。

具有社会属性的环境公共物品一般很难由自然供给，需要市场和政府的介入，这样做的目的是为了更好地保护环境，促进环境和社会经济的协调可持续发展。按照类别可以分为：第一种是实体性环境公共物品，如城市的绿地、垃圾桶等；第二种是文化性的环境公共物品，如环境日活动、地球日活动、地球一小时等；还有一种是服务型环境公共物品，如学校、医院、动车等。

专栏 4-1 共有地的悲剧

1968 年，英国学者哈丁（Hardin）在《科学》杂志上发表了一篇题为《共有地的悲剧》的文章。

共有地的悲剧在英国是和"圈地运动"联系在一起的。15、16 世纪的英国，草地、森林、沼泽等都属于公共用地，耕地虽然有主人，但是庄稼收割完以后，也要把栅栏拆除，敞开作为公共牧场。由于英国对外贸易的发展，养羊业飞速发展，于是大量羊群进入公共草场。哈丁认为，作为理性人，每个牧羊者都希望自己的收益最大化。在公共草地上，每增加一只羊会有两种结果：一是获得增加一只羊的收入；二是加重草地的负担，并有可能使草地过度放牧。经过思考，牧羊者决定不顾草地的承受能力而增加羊群数量。于是他便会因羊只的增加而收益增多。看到有利可图，许多牧羊者也纷纷加入这一行列。由于羊群的进入不受限制，所以牧场被过度使用，草地状况迅速恶化，悲剧就这样发生了。

不久，土地开始退化，“共有地的悲剧”出现了。于是一些贵族通过暴力手段非法获得土地，开始用围栏将公共用地圈起来，据为己有，这就是我们历史书中学到的“圈地运动”。“圈地运动”使大批的农民和牧民失去了维持生计的土地，历史书中称之为血淋淋的“羊吃人”事件。但是书中没有提到，“圈地运动”的阵痛过后，英国人惊奇地发现，草场变好了，英国人作为整体的收益提高了。由于土地产权的确立，土地由共有地变为私人领地的同时，拥有者对土地的管理更高效了。为了长远利益，土地所有者会尽力保持草场的质量。同时，土地兼并后以户为单位的生产单元演化为大规模流水线生产，劳动效率大为提高。英国正是从“圈地运动”开始，逐渐发展为日不落帝国。

留意身边的“共有地的悲剧”

在我们身边，有这样一些现象似乎不起眼却又比较普遍。

屋外阳光灿烂，屋内光线明亮，可办公室照样电灯齐明；有的办公室一边开着空调，一边还开着窗户；一些人吃自助餐不是吃多少取多少，而是菜肴主食先堆满大盘和大碗再说，最后是暴殄天物，吃一半扔一半，抹抹嘴扬长而去。

这些办公室及公共场所长明灯、办公室无效空调、自助餐严重浪费等现象，其实都是经济学和社会学上“共有地的悲剧”原理的具体表现。什么是“共有地的悲剧”？共有地作为一项资源或财产有许多拥有者，每个人都有使用权，也没有权利阻止其他人使用，从而造成资源过度使用和枯竭。过度砍伐森林、过度捕捞渔业资源及污染严重的河流和空气，都是“共有地的悲剧”的典型例子。之所以叫“悲剧”，是因为每个当事人都知道资源将由于过度使用而枯竭，但每个人对阻止事态的继续恶化都感到无能为力，而且都抱着“及时捞一把”的心态加剧事态的恶化。公共物品因竞争性地过度使用或侵占是必然的结果。

对相关的每个人来说，办公室及公共场所的照明灯、空调，免费的自助餐，这些也都是“共有地”。因此，在某些人心目中，用多用少，是否浪费，与自己的个人利益无关，多用于己无损，少用于己无益。于是，酿成了我们身边的“共有地的悲剧”。不过，这些办公室及公共场所的长明灯、办公室的无效空调、自助餐严重浪费等“共有地的悲剧”现象，与过度砍伐森林、过度捕捞渔业资源及严重污染河流和空气等“共有地的悲剧”的典型事例相比，更加令人嗟叹，令人悲哀。因为过度砍伐森林、过度捕捞渔业资源，为了开采矿产和加工产品而严重污染河流和空气的经济主体，自己是受益者，甚至获利丰厚，却把由此产生的沉重的成本和代价转嫁给了他人和社会。简单地说就是损人利己，损公肥私。而在办公室及公共场所的长明灯等“共有地的悲剧”现象中，当事者并没有任何获益，甚至还对自己有负作用。有专家指出，办公室一族除了睡觉，一天到晚处在人工光源紫外线照射下，长此以往，有害身体健康。

从我们身边的“共有地的悲剧”现象，还可以折射出一些人的品行。有的人对涉及自己蝇头小利的事，都锱铢必较，而对表面与己无关的事却一概漠不关心，视而不见，俗话说“油瓶倒了都不扶”。其实那些看起来与己无关的事恰恰与我们利益攸关，你能说资源枯竭、环境污染不影响我们的生活品质和子孙后代的未来吗？一些人看起来是文化人，却根本没有一点知识分子的公共情怀和社会责任感，当然对办公室及公共场所长明灯、办公室无效空调、自助餐浪费等现象体现的“共有地的悲剧”无动于衷，习以为常了。比如说在宣传报道稿件中煞有介事地大谈低碳经济和低碳生活，可是自己的工作生活却一点也不低碳。由于缺乏真诚，那些报道也就自然没有感染力，更遑论出精品，获大奖了。

与此相反，我们身边也有人反"共有地的悲剧"现象而行之，敏于言，更重于行，从点点滴滴中透出知识分子的公共情怀和社会责任感，堪为典范。

资料来源：周围．留意身边的"共有地的悲剧"．中国广播网，2011

第三节　环境公共物品的需求与供给

前面章节讲到了"共有地的悲剧"案例，那么为什么会出现类似"共有地的悲剧"的现象呢？"共有地的悲剧"的发生，人性的自私或不足只是一个必要的条件，而公产缺乏严格而有效的监管是另一个必要条件。所以，"共有地的悲剧"并非绝对地不可避免。在环境领域，这种公共悲剧多发生在环境公共物品的使用方面，任何物品都需要通过供需关系调整来实现平衡。因此，确定环境公共物品的需求与供给是十分必要的。

一、环境公共物品的需求

1．环境公共物品需求的特殊性

理论上来说，从资源最优配置的角度，供需平衡无论是私人物品还是环境公共物品都应该是最佳的状态，此时资源配置效率达到帕累托最优的状态，也就是最有效率的状态。但是如何确定环境公共物品的供需数量以实现平衡状态，就是需要研究的问题了。环境公共物品的市场不同于一般的市场，环境公共物品的需求也有其特殊性。

环境公共物品具有非竞争性和非排他性的特征，消费者在消费环境公共物品时不需要支付费用，消费者对于无支付压力的环境公共物品的消费通常不能反映环境公共物品的实际需求，这种消费需求也就难以以有效的方式进入市场运行。环境公共物品的需求不能以消费者的实际支付来确定，通常可以以消费者的支付意愿（有益环境公共物品）和愿意接受的补偿价格水平（有害环境公共物品）来确定环境公共物品的需求或是价格。

2．有益环境公共物品

对于有益环境公共物品的需求，消费者是不需要支付费用的，但是可以通过支付意愿调查的方式（表4-2），获取样本消费者愿意为不同数量或质量的环境公共物品支付的价格水平来确定。例如，可以询问消费者愿意为清洁的大气环境最多支付多少费用。对于有益环境公益物品的总需求可以通过对个体消费者的支付意愿加和得到。

表4-2　公共物品支付意愿调查表

序号	物品信息		支付意愿/元	
	物品名称	物品质量	最低支付意愿	最高支付意愿
1	大气	一类		
2		二类		
⋮				

注：表中分类依据国标《环境空气质量标准》(GB 3095—2012)

3. 有害环境公共物品

关于有害环境公共物品的需求问题。首先环境公共物品是属于所有社会成员的，这一点也应该是所有社会成员可以理解和接受的，与此同时环境本身的承载力是有限的，因此其所能容纳的有害物或是污染物的量是有限的，对于可能会对环境公共物品的效用造成损害的行为及行为人应该为此支付费用。那么所需要支付的费用水平则是由有权拥有好的环境物品的社会成员来决定，即其他社会成员愿意通过补偿的方式接受以有害环境公共物品生产者的行为，其接受补偿的价格水平就决定了有害环境公共物品的需求。这同样可以通过调查的方式得到(表 4-3)，通过询问样本个体对于损害行为所愿意接受补偿价格的最低水平，所有成员的加和就是补偿价格的总和。

表 4-3 公共物品补偿标准调查表

序号	物品信息		补偿标准/元	
	物品名称	物品状态	最低补偿标准	最高补偿标准
1		4 类		
2	噪声	3 类		
⋮		⋮		

注：表中分类依据《社会生活环境噪声标准》(GB 22337—2008)

二、环境质量的供给

前面讲了环境公共物品的需求，以往我们较多地关注了数量问题，较少关注质量的问题。随着社会的发展，人类对于环境质量的需求也日益突出，因此这里再来介绍环境质量的需求与供给。先从一个简单的二维坐标系来看。这是一个反映两个社会经济指标之间关系的曲线图，横坐标是人均国民生产总值，纵坐标是收入分配情况[图 4-5(a)]。从图上可以看出两者之间呈倒 U 形，即随着社会经济发展水平的提高，社会成员之间的收入差距会减小，社会公平性会逐渐体现出来。也可以用这种分析方法分析社会发展过程中环境污染程度的变化[图 4-5(b)]。

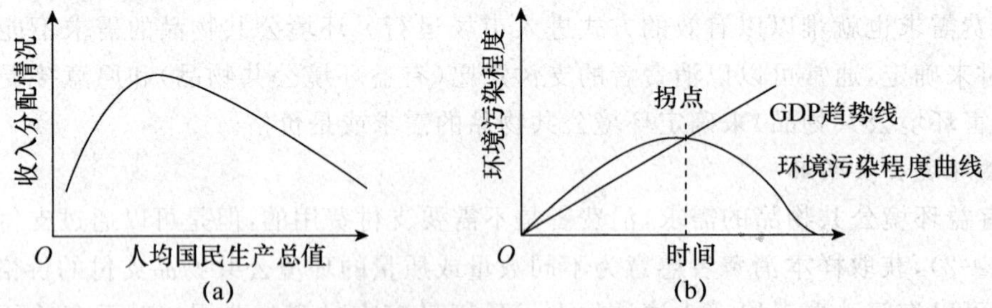

图 4-5 经济发展与收入分配、环境关系图

1. 环境库兹涅茨曲线

环境质量需求曲线是反映相应区域内社会对于环境质量的估价与需求关系的曲线，价格与需求之间呈负相关，即价格越低，需求越多，反之也同样成立。环境质量作为公共物品，其价格是由所有个体对于特定环境质量的估价水平加和确定的，需求则是由所有个人在对应环境质量的需求水平加和确定的。环境库兹涅茨曲线是衡量不同社会发展阶段对于环境质量需求的影响的方法之一。

库兹涅茨曲线是诺贝尔经济学奖得主库兹涅茨在 20 世纪 50 年代提出的，最初是用来分析人均收入水平与分配公平程度之间关系的，研究结果发现两者之间存在倒 U 形曲线关系。1991 年美国经济学家 Grossman 和 Krueger 针对北美自由贸易区谈判中，美国人担心自由贸易恶化墨西哥环境并影响美国本土环境的问题，首次实证研究了环境质量与人均收入之间的关系，指出了污染与人均收入间的关系为"污染在低收入水平上随人均 GDP 增加而上升，高收入水平上随 GDP 增长而下降"。1992 年世界银行的《世界发展报告》以"发展与环境"为主题，扩大了环境质量与收入关系研究的影响。1993 年 Panayotou 借用 1955 年库兹涅茨界定的人均收入与收入不均等之间的倒 U 形曲线，首次将这种环境质量与人均收入间的关系称为环境库兹涅茨曲线(EKC)。在分析环境质量与区域社会经济发展水平关系时，当区域经济发展水平较低时，环境污染程度也较低，但是随着社会经济的进一步发展和人均收入水平的提高，环境污染程度逐步加深，环境恶化程度加剧；当区域经济发展达到一定水平，即拐点水平，此时随着社会经济的进一步发展和人均收入的再增加，环境污染程度也同样出现拐点，由上升趋势转为下降趋势，环境恶化情况也呈现逐步改善的情况，这种现象被称为环境库兹涅茨曲线(图 4-6)。

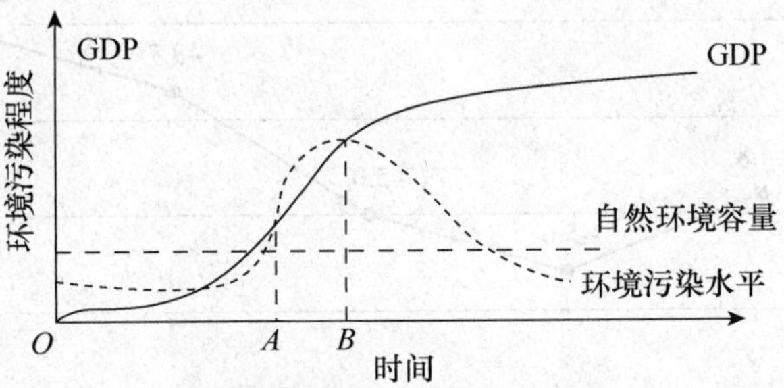

图 4-6　环境库兹涅茨曲线

通常收入水平低的社会群体对于环境质量有较低需求，对环境质量的关注也较少，因此常会出现损害环境质量的行为并加剧环境恶化；收入水平提高后，人们对于环境质量的要求也会随之提高，对于环境质量的关注度也较多，通过规范自身行为以减少损害环境质量的行为并强化环境保护的压力，环境恶化的现象也会开始改善。

我国经济发展也具有这个特征，从图 4-7 可以看出，随着我国社会经济的发展，我们的相应环境指标也在发生变化。国内生产总值能耗在逐年下降，为改善环境质量提供了保障。

2. 经济发展阶段对环境质量需求的影响

Grossman 和 Krueger 提出经济增长通过规模效应、技术效应与结构效应 3 种途径影响环境质量。从规模效应来看，经济增长从两方面对环境质量产生负面影响：一方面经济增长要增加投入，进而增加资源的使用；另一方面更多产出也带来污染排放的增加。从技术效应来说，高收入水平与更好的环保技术、高效率技术紧密相联。在一国经济增长过程中，研发支出上升，推动技术进步，产生两方面的影响：一是其他不变时，技术进步提高生产率，改善资源的使用效率，降低单位产出的要素投入，削弱生产对自然与环境的影响；二是清洁技术不断开发和取代肮脏技术，并有效地循环利用资源，降低了单位产出的污染排放。在结构效应方面，随着收入水平的提高，产出结构和投入结构发生变化。在早期阶段，经济结构从农业向能源密集型重工业转变，增加了污染排放，随后经济转向低污染的服务业和知识密集型产业，投入结构变

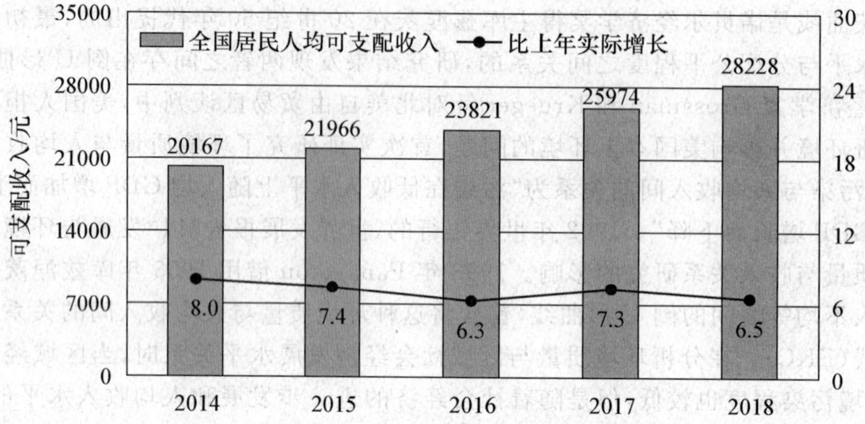

2014—2018年全国居民人均可支配收入及其增长速度

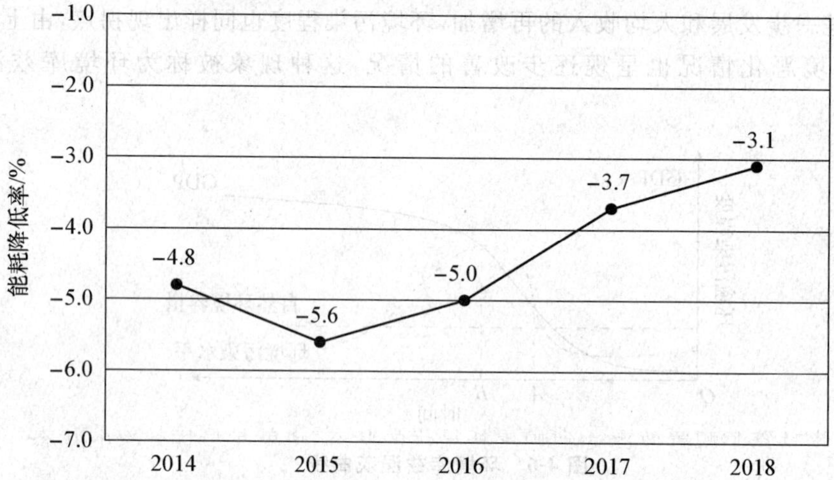

2014—2018年万元国内生产总值能耗降低率

图 4-7　2014—2018 年中国部分经济指标变化趋势

化，单位产出的排放水平下降，环境质量改善。

总体来说，规模效应恶化环境，而技术效应和结构效应改善环境。在经济起飞阶段，资源的使用超过了资源的再生，有害废物大量产生，规模效应超过了技术效应和结构效应，环境恶化；当经济发展到新阶段，技术效应和结构效应胜出，环境恶化减缓。

在对于环境质量的需求方面，收入水平低的社会群体很少产生对环境质量的需求，贫穷会加剧环境恶化；收入水平提高后，人们更关注现实和未来的生活环境，产生了对高环境质量的需求，不仅愿意购买环境友好物品，而且不断强化环境保护的压力，愿意接受严格的环境规定，并带动经济发生结构性变化，减缓环境恶化。马斯洛的需求层次也反映了人类处于不同的发展阶段及经济水平时，其个人需求也在不断地发生变化。人类需求像阶梯一样从低到高按层次分为 5 种，分别是：生理需求、安全需求、社交需求、尊重需求和自我实现需求。简单来说，假如一个人同时缺乏食物、安全、爱和尊重，通常对食物的需求量是最强烈的，其他需要则显得不那么重要。此时人的意识几乎全被饥饿所占据，所有能量都被用来获取食物。在这种极端情况下，人生的全部意义就是吃，其他什么都不重要。只有当人从生理需要的控制下解放出来时，才可能出现更高级的、社会化程度更高的需要，如安全的需要、精神的满足。

马斯洛的需求层次理论与EKC研究有着相似的地方，都反映了在社会发展过程中，人、经济发展和环境之间存在着密切的多维度的关系，这是我们在研究环境经济问题时需要去综合考虑的，偏废哪一个因子都有可能使得研究结果与实践之间存在偏差。

当然，EKC研究中也存在一些不足。例如，EKC虽然在目前已有的研究中的确存在，但是这种存在是基于某些假定和特定的参数值来构建EKC模型，进而验证其存在，而EKC简化模型本身就隐含着只存在经济发展对环境质量的单向影响，而如果考虑两者之间的双向影响的话，那么对于经济和环境就会成为各自的内生变量，那么简化的EKC模型就很难解决内生性问题。再一个就是指标的数据问题。人们对于环境的关注是从20世纪70年代环境经济学兴起后才开始的，相关环境指标的监测和收集也是在70年代后陆陆续续开始的，尤其是一些发展中国家，无论是指标监测的开始时间还是指标质量等都存在一定的偏差，从而使指标计算结果存在失真。另外，在实际研究中，还缺少对于指标之间的相互影响、此消彼长的情况的考虑，比如二氧化碳排放减少了，但是二氧化硫排放可能增加了，或是污染物的跨地区转移，等等。虽然EKC研究存在一些不足，但是其依然可以从总体上反映出经济发展和环境保护之间的关系。

三、环境公共物品最优供给的确定

萨缪尔森认为公共物品的消费总量等于所有消费者的消费数量总和，环境公共物品供给则具有复杂性，既可以由政府供给，也可以由企业或个人供给，各个供给主体之间因环境公共物品消费数量的影响存在着彼此间的联动关系，PPP模式就是在现实中很好的实践。

由于环境公共物品在生产和消费中存在差异性，因此其最优供给的确定需要考虑不同的影响因子。从资源最优配置的角度来说，供需平衡无论是对于私人物品还是环境公共物品都是最佳的状态，此时资源配置效率达到帕累托最优的状态，也就是最优效率的状态。但是如何确定环境公共物品的供需数量以实现平衡状态，就是需要研究的问题了，毕竟环境公共物品的市场是不同于一般的市场的。

1. 环境公共物品最优需求的确定

人类作为消费者来说，生存在环境中，以环境为基础的生产生活决定了人类对于环境公共物品的消费需求是必然存在的。由于环境公共物品的市场不同于一般的市场可以通过遵循市场规律的交换关系实现均衡并确定均衡价格，以及以均衡价格为中心由供需关系所决定的、上下浮动的市场价格。环境公共物品具有非竞争性和非排他性的特征，消费者在消费环境公共物品时不需要支付费用，消费者对于无支付压力的环境公共物品的消费通常不能反映环境公共物品的实际需求，这种消费需求也就难以以有效的方式进入市场运行。环境公共物品的需求不能以消费者的实际支付来确定，通常我们可以以消费者的支付意愿（有益环境公共物品）和愿意接受的补偿价格水平（有害环境公共物品）来确定环境公共物品的需求或是价格。

（1）有益环境公共物品的需求—支付意愿确定　对于有益环境公共物品的消费，消费者是不需要支付费用的，但是可以通过支付意愿调查的方式获取样本消费者愿意为不同数量或质量的环境公共物品支付的价格水平来确定，例如可以询问消费者愿意为清洁的大气环境最多支付多少费用作为相应物品的定价参考。对于有益环境公共物品的总需求可以通过对个体消费者的支付意愿加和得到。

通过消费者支付意愿调查可以获得有益环境公共物品的需求，但是由于消费者知晓对环境公共物品的消费虽然不需要直接支付费用，但是调查结果存在潜在的切身影响，即政府部门存在以调查结果为基础后续收费或征税的可能性，因此消费者在阐述个人支付意愿时，通常会有所保留，以低于自己实际需求意愿的方式提供调查意愿，从而导致调查得到的支付意愿无法完全真实地反映消费者的实际情况，通常情况是低于实际需求的。因此，政府在使用这种方法确定有益环境公共物品需求时，要考虑被低估的可能性或比例；在确定有益公共物品价格或用以确定征税水平时，同样要考虑消费者对于支付意愿表达的程度。

(2)有害环境公共物品的需求——接受补偿的价格确定　环境公共物品是属于所有社会成员的，这一点也应该是所有社会成员可以理解和接受的，与此同时环境本身的承载力是有限的，因此其所能容纳的有害物或是污染物的量是有限的，对于可能会对环境公共物品的效用造成损害的行为及行为人应该为此支付费用。那么所需要支付的费用水平则是由有权拥有好的环境物品的社会成员来决定，即其他社会成员愿意通过补偿的方式接受以有害环境公共物品生产者的行为，其接受补偿的价格水平就决定了有害环境公共物品的需求。这同样可以通过调查的方式得到，即通过询问样本个体对于损害行为所愿意接受补偿价格的最低水平，所有成员的加和就是补偿价格的总和。

相对于上面的支付意愿方面的保留态度来说，在接受补偿时消费者通常倾向于放大自己所可能遭受的损害而高估自己的补偿价格水平，因此在以此调查结果作出决策时也需要考虑调查结果中被高估的部分，以使最终决策与实际情况相吻合。

2.环境公共物品最优供给的确定

如前所述，环境公共物品无法通过一般的市场手段确定其有效需求。但是在供给方面，环境公共物品却和其他物品一样是需要供给成本的，也就是说要使市场中有一定数量和质量的环境公共物品，必须要以相应的成本费用为代价，如要确保排放到环境中的“三废”满足达标排放的标准，则必须要有相应的人工成本和设备，这些是可以通过市场中的非环境公共物品的市场行为来确定其成本水平的，因此市场行为在对环境公共物品的供给方面可以提供一定的参考。

由于环境公共物品具有非竞争性和非排他性的特征，因此在其供给上是很难通过市场手段实现的，必须要有政府的参与。政府在提供环境公共物品的供给时通常是以行政手段作出决策结果的，而影响政府行政决策结果的则是以社会公众参与为前提的。社会公众参与决策的有效方式是投票，通过公众投票表决结果确定有益环境公共物品的供给水平和有害环境公共物品的控制标准。由于投票结果不会对公众本身消费环境公共物品的效用造成直接影响，因此，通常情况下公众投票表决的方式可以较好地反映出对于环境公共物品的实际状况，依据投票结果所作出的的决策也可以实现良好的资源配置效率。在实践中，政府决策时一般通过制定环境管理规划或政府预算来确定，如我国在每个“五年计划”编制时所制定的节能减排目标。

环境公共物品的特殊性决定了在供给中既不能完全依靠市场，也不能完全依靠政府，而是“市场＋政府”结合的手段，既可以利用市场在资源配置中的高效性，也能够借助政府强大的行政调控能力。在实践中可以采用市场为主、政府干预为辅的方式兼顾公共资源配置中的高效性和公平性。

第四节 市场失灵和政府失灵

前面讲到了“共有地的悲剧”。从英国之所以出现羊吃人结果的“因”中可以看到，“共有地的悲剧”发生的根源在于：“当个人按自己的方式处置公共资源时，真正的‘共有地的悲剧’才会发生。”“共有地的悲剧”更准确的提法是：无节制的、开放式的资源利用灾难。

拿环境污染来说，由于治污需要成本，私人必定千方百计企图把企业成本外部化。这就是赫尔曼·E.戴利所称的“看不见的脚”。“看不见的脚”导致私人的自利行为不自觉地把公共利益踢成碎片。所以，我们必须清楚——“共有地的悲剧”源于公产的私人利用方式。如何解决这个问题是需要去思考的。在现实中，我们通常依赖的问题解决途径有两种：政府和市场。但是在实践中，无论是政府手段还是市场手段都不是万能的，都会存在失灵的问题。美国经济学家保罗·萨缪尔森指出：“应当认识到，既存在着市场失灵，也存在着政府失灵。”

一、市场失灵

巴托于1958年在《市场失灵分析》一文中说：“市场失灵是指在多少比较满意的理论价格市场制度中不能达到‘合意的’活动，或指‘不能阻止不合意的’活动。”市场失灵“与一些‘最大福利函数’问题的价值解释的评价有关系。”从概念上来讲，市场失灵(market failure)是指市场在资源配置上的低效率，即由于市场本身不可克服的局限性使市场不可能实现帕累托最优。对市场失灵的分析构成了现代福利经济学的重要组成部分，因为现代福利经济学就是从社会福利角度对市场经济体制以帕累托最优为评价标准进行分析的。

由于现实市场的不完美性导致市场失灵。市场失灵的表现形式有以下几个方面。

(1)收入与财富分配不公　比如“二八原则”，也就是20%的人拥有80%的社会财富，而剩余的80%的中下层社会成员只能分享剩余的20%的社会财富。在市场经济中，财富的占有者往往只是极少数的金字塔尖的人。

(2)外部负效应问题　我们在前面的章节里面已经提过经济活动的外部性问题。对于外部性问题的解决，单纯地依靠市场是无法解决的，因为市场参与者的最终目标是利益最大化。这种利益最大化通常是经济利益的最大化，而非社会利益的最大化，往往会产生以牺牲环境为代价的利益最大化的结果。最高人民法院环境资源典型案例中，贵阳市某造纸厂自2003年起经常将生产废水偷偷排入水体或超标排放锅炉废气，多次受到当地环境保护行政主管部门处罚；2012年1月至2013年2月江苏省多家企业将生产过程中产生的危险废物废盐酸、废硫酸总计2.5万t以上，以每吨20～100元的价格，交给无危险废物处理资质的相关公司偷排进河流中，导致水体严重污染。这些经济主体在通过企业运用获得经济回报的同时，却给周边环境造成了污染，这是负外部性的典型表现。

(3)竞争失败和市场垄断的形成　在一些国家存在的寡头经济就是一种垄断，缺少必要竞争的市场本身就不是真正的市场，也是导致财富分配不均的原因之一。一些国家的寡头经济甚至掌握了国家一半的经济命脉，造成国家经济的不稳定性和脆弱性。

(4)失业问题　市场参与者要想得到最大化的利益，就需要从各方面去保障，包括人力资源的最优化，这会导致社会成员中因教育、性别、年龄等原因无法给市场资本提供最优人力供给的群体失去就业机会，导致失业问题。

(5)区域经济不协调问题　无论是全球范围内还是中国范围内，区域经济不协调问题是客观存在的，如沿海和内陆的区别，东部和西部的差异等。这是市场经济发展过程中对利益最大化追求的结果，因此单纯依靠市场经济本身来解决这个问题也是不客观不可能的。表 4-4 列示了 2018 年各国国内生产总值排名。

表 4-4　2018 年各国国内生产总值排名(国际货币基金组织)

前十名			后十名		
排名	国家名字	GDP/百万美元	排名	国家名字	GDP/百万美元
1	美国	20513913	181	圣文森特和格林纳丁斯	828
2	中国	13457267	182	科摩罗	745
3	日本	5070626	183	多米尼克	485
4	德国	4029140	184	汤加	468
5	英国	2808899	185	圣多美和普林西比	450
6	法国	2794696	186	密克罗尼西亚联邦	335
7	印度	2689992	187	帕劳	300
8	意大利	2086911	188	马绍尔群岛	230
9	巴西	1909386	189	基里巴斯	205
10	加拿大	1733706	190	图瓦卢	45

(6)物品供给不足　通常在社会生活中看到的就医难、就学难、交通拥堵、处处人满为患等现象就是相应公共物品供给不足导致的，进而出现了倒卖医院门诊挂号的黄牛，催生了学区房等。

(7)公共资源的过度使用　公共资源的破坏、质量下降、数量减少等往往就是过度使用的结果，这也正是土地退化、牧场退化、水源污染、渔业资源锐减等问题的症结所在。以我国近海渔业资源为例，尽管农业农村部规定了渔具的最小网目尺寸和禁用渔具的类型，但是由于船只的活动性、渔民自身的自律性不足等原因，沿海地区却仍然存在大量使用小网目的渔具和禁用渔具捕捞作业的行为，“密目网”“绝户网”“雷达网”“扫地穷”等极具破坏性的网具泛滥。这种行为的结果是导致我国管辖海域的渔业资源可捕捞量在 800 万 t～900 万 t，而实际的年捕捞量在 1300 万 t 左右。由于过度捕捞和环境因素的影响，我国近海鱼类产卵地遭到了严重的破坏，海洋渔业资源严重衰退，“东海无鱼”已经成了事实，其他海域也在一定程度上出现了无鱼可捕的情况。

二、环境资产的公共性与环境质量的恶化

从市场失灵的表现形式上可以看出，环境资产本身的公共性导致对于环境类物品生产是缺乏主动性的，从而导致供应上的不足。全社会成员所必须消费的产品的满足状况也反映了一个国家的福利水平。这样一来，公共物品生产的滞后与社会成员与经济发展需要之间的矛盾就十分尖锐。

另外，在公共资源方面，有些生产主要依赖于公共资源，如渔民捕鱼、牧民放牧。他们使用的就是以江湖河流、草场这些公共资源，而在消费的过程中则存在过度追求经济利益最大化、个人利益最大化，从而导致环境质量恶化的情况。

从公共物品的角度来说，生产公共物品与市场机制的作用是矛盾的，生产者不会主动生产公共物品。而公共物品是生产者生产的主要对象，这类资源既在技术上难以划分归属，又在使用中不易明晰归属。正因为这样，由于生产者受市场机制追求利润最大化的驱使，往往会对这些公共资源出现掠夺式使用，而不能给资源以休养生息。有时尽管使用者明白长远利益的保障需要公共资源的合理使用，但因市场机制自身不能提供制度规范，又担心其他使用者的过度使用，因此出现使用上的盲目竞争，最终导致公共资源的供需矛盾和资源质量的下降。

三、政府失灵

“政府失灵”最初是在20世纪70年代由以布坎南为首的公共选择学派提出的。“政府失灵”针对夸大政府干预作用的做法，指出政府对经济的干预同样有着不可避免的缺陷，主要表现在两个方面。首先是国家对经济干预过度。即国家干预的范围和力度，超过了弥补市场失灵和维持市场机制正常运作的合理需要，结果反而阻碍了市场功能的正常发挥，如国有经济比重过大、社会福利水平过高、不合理的规章制度带来的扭曲等。其次是国家对经济干预不足，即国家干预的范围和力度不能满足弥补市场失灵和维持市场机制正常运作的合理需要，结果也导致市场机制功能无法发挥，例如，缺乏保护公平竞争的法律法规，对基础设施和高科技产业投资不足，忽视对环境的保护等。

布坎南1989年曾指出，“20世纪中叶出现的理论福利经济学就是‘市场失灵理论’，而在20世纪下半叶出现的公共选择理论则是‘政府失灵理论’”。概括地讲，“政府失灵”包括以下几种情况：①由于行为能力和其他客观因素制约，政府干预经济活动达不到预期目标；②政府干预经济活动达到了预期目标，但效率低下，或者说成本昂贵，导致资源并未得到充分有效地利用；③政府干预经济活动达到了预期目标，也有较高的效率，但都带来不利的事先未曾预料到的副作用；④某些外部性问题或国际性经济贸易问题，单凭一国政府无能为力加以解决，如核利用中的污染问题，国际贸易纠纷问题等。

市场不是万能的，它在某些情况下也会出现市场失灵的问题，因此需要政府手段的介入。所以，尽管存在着“市场失灵”，但市场机制仍然是配置经济资源最有效的方式。同样，尽管存在着“政府失灵”，但国家干预在市场经济中仍然有着不可替代的重要作用。因此，问题的关键是如何把市场机制与国家干预有机地、合理地结合起来，尽可能地减少“政府失灵”和“市场失灵”，从而实现社会经济的稳定发展。

第五节　公共资源管理的有效制度安排

一、必要性分析

制度是规范某个具有相关关系的群体的行为准则。舒尔茨从社会、政治和经济的角度进行了界定，包括正式制度（政策法规）和非正式制度（内部准则），在此基础上构建的制度安排是对行为人的行为模式和关系的确定。制度环境与制度安排相互影响，制度创新会导致制度变迁，制度环境、制度变迁会影响到制度安排的性质、范围和进程等，从而形成不同的制度结构。

资源特性决定着制度安排的形式和经济效果。从本书的研究角度来说，公共资源具有的公共物品属性，通常需要构建公共产权和实施政府管理，制度安排要充分考虑制度环境的制约和其他制度安排的影响。特定环境中有效的制度安排在制度环境改变时可能会出现低效或无效；同时制度安排及相应的制度结构影响着行为主体对于公共资源的开发和利用行为，从而产生不同的公共资源经济效果。

随着人类社会的发展，人口规模不断激增，社会经济体量也迅速扩展，人类对于自然资源的开发强度不断加大，公共资源所承受的压力越来越大。相对于私有资源来说，公共资源具有特殊性，使得公共资源在过去、现在都面临着过度开发利用进而导致退化甚至灭失的状态，“共有地的悲剧”的教训总是层出不穷。公共资源是具有一定公共物品属性的自然资源，具有非竞争性和非排他性，如公共的牧场、渔场、地下水资源等。因为个体是理性与经济型的复合体，从而导致对公共资源过度利用的现象是全世界公共存在的现象。对于公共资源管理制度和模式，如政府管制、产权界定、许可证制度、社区自治、自主组织等，同构有效的制度安排来科学管理公共资源是可行的，也是十分必要的。由于在公共资源领域存在的规避责任和搭便车的现象，学者们运用“共有地的悲剧”“囚犯困境”“集体行动逻辑”等模型分析了在治理公共资源问题上存在的市场失灵问题，认为中央集权制度是解决公共资源更悲剧问题的唯一选择。也有一些学者从产权制度的角度分析了私有产权制度是破解公共资源管理困境的必然选择。而国内外的实践经验表明无论是政府还是市场都不是解决问题的唯一有效的选择，而政府、市场及公众参与是解决一系列公共资源问题的方案之一，但任何一个都不可能是唯一的解决方案。

二、有效制度安排

由于公共资源的特殊性，为了避免过度使用而可能带来的“共有地的悲剧”，加强政府对公共资源的管控，目前很多国家都采取中央政府集权管理制度，甚至在一些国家，政府管控是唯一的形式。政府管理所采用的制度安排通常有庇古税、配额制和许可证制度。

1. 庇古税

庇古税通过提高生产者的生产成本或降低其生产收益，将外部性内部化来达到控制总的生产量，使得生产者对于公共资源的开发和利用处于有限、可控的范围。

庇古税的实施是通过税收的途径解决外部性的问题，迫使企业实现外部性内部化，水平值与生产者所造成的外部损害相当。西方发达国家在 20 世纪 70 年代就开始实施环境税收政策，以加强环境保护。国内也通过征收环境税规范生产者行为，为环境保护提供资金来源。

国内外的实践表明税收制度可以有效地控制生产者的生产行为，使得环境污染得到控制。但是庇古税也存在着不足。①信息不对称问题：生产者本身及其所处的行业、经济环境等的经济数据很难准确、完整地获得，因此很难准确确定税收额度，或者导致高昂的计税成本。②税收收入再分配问题：庇古税是环境治理、环境保护的重要资金来源，由国家根据实际情况统筹安排，对于不同区域会存在收支不平衡的问题。③税后影响的多变性：缴税会增加生产者的生产成本，从而导致其预期收益下降，存在生产者为了平摊成本而增加生产量的现象。

2. 许可证制度

许可证制度是政府集权管理的主要制度安排形式，对于进入公共资源开发、利用的个体或集团进行限制。通常在有效总量控制的基础上，通过许可证制度的实施来确定有限的参与者资格。在具体实施中，一种是通过确定参与者的资格许可，但是有可能造成拥有参与资格的人对于公共资源开发的总量超出合理水平；另一种是确定公共资源开发利用总量，通过某种形式分配给参与者，以实现公共资源开发利用的总量处于合理水平。无论哪一种，都有可能造成某些个体或集团被排除在公共资源开发利用的资格以外，此时就需要政府采用有效的方式对这部分进行补偿。

这种制度安排存在的不足是：①只控制参与者数量而不对单个参与者进行生产量的控制，依然会造成公共资源总开发量的超出，出现过度开发利用；②在有利可图的情况下，经济利益会导致无证开发的现象发生，进而导致过度和无序开发。

三、政府集权管理的优势与劣势

1.优势

政府集权管理可以实现通过外在制度安排达到政府有效管理的目的。第一，政府在公共资源的管理中可以充分体现其对公共资源所具有的设计、实施、监督和强制执行的保护职能，是一种用自上而下的政治权利机构指定的规则来确保其对社会成员行为的影响力，是一种正式制度，并伴有基于合法性的惩戒权。第二，政府本身所具有的由上而下的等级结构可以有效地降低制度实施成本，保证制度的有效性。第三，政府作为国家强制机关，其所具有的公信力和可信赖性，可以在一定程度上提升社会成员对于制度本身的接受程度，减少在制度实施过程中的冲突，国家机器的存在也可以对可能产生的破坏行为进行有效的制裁。第四，政府在确定公共资源开发利用标准或规范方面也具有明显的优势，在数据收集和信息共享等方面可以使得标准或规范制定的成本可控；政府在人力资源调集方面的优势也有助于确保标准和规范的科学性和动态性。

2.劣势

但是政府集权管理也存在着不足，面临着委托代理、设租和寻租的问题，影响到政府管理制度的有效性。第一个原因是信息的不完全性和不对称性。政府虽然在信息获取方面有其优势，但是由于公共资源本身的多变性、信息获取渠道的多源性、计量方法的多样性等，造成政府及其代理人员所获取的信息并非完全信息。而依据不完全信息所制定的制度也就会在具体实施过程中难以达到理想的效果，甚至可能是与实际情况背道而驰的。另外，在获取参与者信息中也存在不完全性，参与者个体在制度制定中的参与性不足，导致整体与个体之间目标的不一致性，也增加了制度本身实施的困难。第二个原因就是委托代理问题。政府作为公共资源的实际管理者，其本身是作为公共资源实际所有人——公众的代理人身份的，政府在实际管理中通常采用分级模式逐层委托代理，也就形成了公众与政府、不同级政府之间的代理关系。代理人与被代理人都有着各自的利益目标，有可能会导致高额的代理成本，造成资源配置效率的低下。第三个原因是设租与寻租的问题。中央集权管理中的代理关系存在会带来设租和寻租的可能性。政府管理者有扩大预算和增加可控制资源的偏好，以期获得更多的资源的控制权以设租。寻租的存在则会造成公共资源的浪费和经济效率的低下，增加社会交易成本，产生巨大的外部不经济性。

四、公众参与的可能性

1.可能性分析

公民社会背景下，公众参与公共资源管理是现代社会发展进步的表现之一。1972 年联合国《人类环境宣言》也明确了人类有权利享有自由、平等和充足的生活的基本权利，环境权的确立也为公众参与包括环境保护在内的公共资源管理提供了保证。

政府管理制度下，所有或部分公众是政府管理规定的实际执行者，是政府管理目标的实现者。公众，是与特定利益相关、具有一定规模的人的群体，既可能是公民个体，也可能是某个团体或其他组织等。公众参与是一个过程，在这个过程中，利益相关者可以共同影响并控制发展的导向、决策和资源。

2. 主要参与途径

公众可以通过 3 个主要的路径参与：①政治途径。西方国家的公众可以通过选举、议会、政党等方式，表达对于公共资源管理方面的意愿，直接或间接地参与公共资源管理决策；我国公民主要通过人大代表、政协委员或民主党派参与公共资源管理立法和监督活动。虽然中西方存在制度差异，但是公众都可以通过有效途径参与公共资源管理。②法律途径。公众可以通过参加法定的参与程序，直接或间接地对公共资源管理决定施加影响。我国对于公众参与的相关法律体系已经形成，可以确保公众有效地通过法律途径维护自己的公共利益。③社会途径。公众可以个人意见、公众集会或 NGO 组织以及媒体等舆论工具，参与公共资源的管理，甚至这种途径在互联网时代更加直接和高效。

专栏 4-2 “一带一路”建设助力克服世界市场失灵

当前，“一带一路”建设已成为我国深化对外开放，参与国际经济合作和全球经济治理的重要平台。让“一带一路”建设造福我国和沿线各国人民，需要深化对“一带一路”建设现实意义的认识。“一带一路”建设的一个重要世界意义，是有助于克服世界市场失灵。

世界市场失灵的存在制约世界经济发展

马克思主义经济学早就指出了自由放任的市场经济的矛盾。自由放任的市场经济不可避免地导致垄断，垄断会破坏市场机制的功能，降低效率；私人在追求收益最大化的过程中，不愿意投资于公共产品和公共服务领域，使公共产品的供给不能满足需求；资本家无节制地追求利润，疯狂掠夺资源、破坏环境。自由放任的市场经济还必然导致贫富分化，无法实现社会公平，使社会福利总水平下降，激化社会矛盾。个别企业生产的有组织性与整个社会生产无政府状态的矛盾、生产无限扩大趋势与有支付能力的需求相对不足的矛盾加剧，必然引发周期性的经济危机，使国民经济呈现周期性波动的特点，无法实现持续稳定发展。1929—1933 年的经济大危机，促使西方资本主义国家反思自由放任的市场经济的缺陷，承认存在“市场失灵”，即自由放任的市场经济存在效率、公平、稳定等方面的缺陷，仅靠市场机制的自发作用无法弥补这一缺陷。

当代马克思主义经济学发展了市场失灵理论，认为不仅在一个国家内部市场机制自发配置资源存在市场失灵，而且在世界市场上同样存在市场失灵，仅靠世界市场机制自发作用，许多问题解决不了、解决不好。经济全球化与世界市场自发作用的矛盾始终存在，主要表现如下。

(1)世界市场机制不健全　经济全球化不断发展使各国经济紧密联系在一起，各国市场成为世界市场的组成部分。但是，各国在货物贸易、服务贸易、投资、知识产权保护、环境保护、劳工标准、外汇转移和资本流动等领域差别性的、错综复杂的制度和政策，阻碍了世界市场配置资源的功能；各国文化存在差异性，价值观念不尽相同，如果缺少有效的沟通和交流，同样会妨碍世界市场机制发挥作用，制约国际经济合作，降低世界市场的资源配置效率。

(2)跨国公司垄断世界市场　在世界市场上，金融寡头和跨国公司具有技术、资本规模上的优势，掌握着国际定价权，世界市场价格并不能灵敏反映供求关系的变化。金融寡头和跨国公司的存在成为其他企业进入市场的障碍，其自身也存在着高昂的退出成本，企业并不能自由进出国际市场。因此，世界市场是不完全竞争的市场，金融寡头和跨国公司的垄断地位阻碍着世界经济技术进步，影响全球资源配置效率，降低全球福利水平。

(3)世界市场公共产品供给不能满足需求　跨国公司主导着经济全球化，却不能提供充分的公共产品。公共产品消费不具有排他性，收费困难，提供公共产品无法获得正常收益，不符合跨国公司在全球追求投资收益最大化的目标。因此，发达国家在努力帮助本国跨国公司开拓国际市场的过程中，着力点不在于为其他国家提供公共产品。如果东道国自身经济实力弱、本国不能提供充足的公共产品，那么，公共产品供给就无法满足需求，就会制约其经济社会发展。

(4)出现越来越多的外部性问题　经济全球化的发展使人类面临越来越多的共同问题，如全球气候与环境问题、资源问题、恐怖主义问题、网络安全问题等。不论环境、资源问题，还是恐怖主义、网络安全问题，都具有外部性，即为解决这些问题需要支付高昂成本，但受益者却是所有国家。在世界市场上，少数企业从污染和破坏环境中获利，其恶果却由全人类承受；掠夺性地开发资源可以获得高额收益，却威胁着资源可持续利用。靠市场机制自发配置资源，无法解决这些外部性问题。

(5)世界市场无法自发实现公平和稳定发展　发达国家不仅在经济上占有绝对优势，而且在国际经贸规则制定中占有主导地位。虽然现存的国际经济秩序和国际经贸规则体系在某种程度上照顾了发展中国家的利益要求，但其主旨仍然是维护发达国家的根本利益。各国在世界市场上的竞争实质上是不平等的竞争，结果造成南北差距巨大甚至两极分化，难以实现世界公平。此外，在世界市场上，发达国家及其金融寡头控制着全球金融市场，向世界输出"有毒"的金融产品，其国内的金融危机和经济危机很快衍生为世界性的危机，加剧了全球经济波动，冲击着世界经济的稳定性，各国无法独善其身，难以持续稳定发展。

"一带一路"建设有助于克服世界市场失灵

解决经济全球化与世界市场失灵的矛盾，弥补世界市场缺陷，需要协调世界市场"看不见的手"和各国政府"看得见的手"的作用。既要使世界市场在资源配置中起决定性作用，减少政府对世界资源的直接配置，把市场机制能有效调节的经济活动交给市场，又要更好发挥各国政府作用，弥补世界市场缺陷，克服世界市场失灵，而非一味强调世界市场自由化。只有形成世界市场作用和各国政府作用有机统一、相互补充、相互协调、相互促进的格局，才能更好地推动世界经济持续健康发展。我国倡导"一带一路"建设，旨在以共享、互利、包容、开放等理念，加强与世界相关国家合作，承担更多国际责任，让世界分享中国改革开放和发展红利，完善世界市场功能，解决世界市场垄断问题，促进落后国家经济开放开发，缩小各国发展差距，为克服世界市场失灵贡献中国力量。

(1)有助于缓解世界市场垄断问题　一是打破国际市场金融垄断。亚洲基础设施投资银行、丝路基金等的建立和发展，有助于弥补既有金融市场缺陷，缓解国际金融机构被少数发达国家控制、不能满足广大发展中国家基础设施建设和经济社会发展中庞大资金需求的矛盾。"一带一路"沿线国家更多地使用本币作为结算货币，不仅具有高效、安全、节约成本等优势，而且有利于发展中国家摆脱发达国家货币政策的干扰和影响，降低汇率剧烈波动的风险。二是打破世界市场技术垄断。国际产能合作是"一带一路"建设的重要组成部分。改革开放30多年来，中国积累了大量的优质产能。更多中国企业"走出去"，将先进的生产技术输送给广大发展中国家，带动其技术进步，增强其自身"造血功能"和经济内生发展能力，将有效缓解国际先进技术被欧美发达国家垄断的局面。

(2)有助于完善世界市场机制　"一带一路"建设强调经贸规则的互联互通，倡导以开放、包容的态度考虑各国的主张和诉求，以灵活务实的方法兼顾各国利益、解决各国矛盾，通过贸易投资政策的协调和规章制度改革，促进货物贸易、服务贸易、投资、物流等便利化，有利于完善世界市场机制，降低交易成本，提高世界市场效率，拉动相关国家经济增长。此外，"一带一路"建设强调加强人文交流，实现人员交往的"互联互通"。广泛的人文交流与合作，能增进各国文化的相互认同，增强各国间的互信，消除因隔阂而产生的国际经济合作的人为阻碍和对市场的人为分割，促进世界市场良性发展。

(3)有助于增加国际公共产品供给　基础设施互联互通是"一带一路"建设的重要内容。利用亚投行等金融机构贷款、政府与社会资本合作模式(PPP)等融资渠道，能建设、维护和更新高质量的公路、铁路、高铁等交通基础设施，促进海上基础设施建设，提高航空互联互通的效率和安全性，改善电力设施、增加能源供给，加强信息共享、改善通信技术、缩小数字鸿沟。"一带一路"沿线国家在基础设施建设领域开展合作，能增加基础设施等公共产品供给，缓解公共产品供给不足，打通国际贸易通道，消除设施阻塞，提升沿线国家贸易能力。

(4)有助于解决外部性问题　"一带一路"建设致力于建立应对区域内非传统安全问题的国际合作机制，在防灾减灾、防治疾病、应对气候变化等非传统安全领域开展合作，解决外部性问题。例如，致力于推动构建公平合理、合作共赢的全球气候治理体系，并将落实2030年可持续发展议程与"一带一路"沿线国家发展战略有机结合。中国将为广大发展中国家落实2030年可持续发展议程提供力所能及的支持和帮助，促进共同发展。

(5)有助于缩小世界贫富差距　"一带一路"建设强调相关国家共同发展、实现互利共赢，在开放合作中带动发展中国家发展和共同进步。通过加强基础设施建设，帮助发展中国家夯实经济发展基础，增强发展中国家参与经济全球化的获利能力；通过建立新的国际多边金融机构，改善国际金融秩序，为广大发展中国家发展经济提供融资平台，助力其经济发展；通过国际产能合作，将中国改革开放以来积累的优质产能和先进生产技术转移给"一带一路"沿线的其他国家；通过提高有效供给催生新的需求，实现世界经济再平衡；通过扩大双边贸易、投资合作，为沿线国家提供更多就业岗位，提升国民收入和福利水平，帮助其提振经济，进而缩小与发达国家之间的经济社会发展差距。

资料来源：桑百川."一带一路"建设助力克服世界市场失灵.人民日报，2016

复习思考题

一、名词解释

1. 环境公共物品
2. 环境公共物品供给与需求
3. 环境库兹涅茨曲线
4. 市场失灵
5. 政府失灵

二、简答题

1. 试述环境公共物品与私人物品的区别。
2. 环境公共物品的最优供给如何体现?
3. 简述政府失灵的表现和影响。
4. 简述市场失灵的表现和影响。

三、论述题

1. 请分析“共有地的悲剧”的影响以及避免方法。
2. 结合曲线阐述环境公共物品的最优供给确定。

第五章

环境资源价值理论

自然是生命之母，人与自然是生命共同体，人类必须敬畏自然、尊重自然、顺应自然、保护自然。我们绝不能以牺牲生态环境为代价换取经济的一时发展。

——习近平

虽然我们不需要回避使用资源，但我们应该替未来世代保留适当的空间。我们必须把这个星球当作是向未来子孙租来的。

——布伦特兰

本章学习目标

1. 树立环境资源观的理念；
2. 熟悉环境资源的分类和特点以及环境资源存在的主要问题；
3. 了解环境资源的商品性，环境资源利用的理论及分析；
4. 熟练掌握环境价值理论的分析方法和核算方法。

引导案例

城市景观用水的利与弊

在干旱半干旱地区如何使用城市景观用水是一个值得思考的问题。有人撰文指出：一些水资源缺乏的干旱城市，不顾水资源家底，在生活用水已相当紧张的情况下，过度开发使用城市景观用水，挖湖造景，截留流经城市的河水，从而影响了下游农业和生活用水，也无法维持河流水量的正常平衡。作为一个中国人，应该首先从国情出发，权衡利弊，因地制宜，坚决反对干旱城市置生活用水于不顾，片面追逐所谓水景观。

相反的实践是：山西境内最大的河流汾河，由于工农业发展，用水增加，直接向汾河排污，致使太原以下河段都是工业废水和生活污水。20世纪80年代，上兰村、晋祠难老泉等汾河沿途的很多泉水都干涸了。由于山西水量不足，从黄河干流万家寨筑坝引黄济晋。20世纪80年代后，城市化、工业化进程加速，汾河在缺水的同时又增添了污染，加重了“死亡”。为了改善作为省会城市的生态面貌，太原实施了汾河蓄水美化工程，该工程到2000年9月一期工程竣工，一片长6000 m、平均宽22 m的湖面出现在太原人面前。

这个绿色走廊对净化空气、消除水体污染、调节气温、增加空气湿度产生了重要的生态功能。据观测，该区域夏季最高气温比其他区域低4℃左右，相对湿度提高10%～20%。每日可产生新鲜氧气1678.5 t，吸收降解废气3480 t。这对缺水少绿的北方中心城市有着极为重要的典型意义。

资料来源：宋宗水. 水的资源价值与环境价值，中国农业资源与区划，2008，29(3)：16-20

第一节　环境资源概述

一、环境资源及其特点

环境可泛指某一主体周围的地域、空间、介质，有自然环境与社会环境之分。自然环境是社会环境的基础，而社会环境又是自然环境的发展。自然环境是环绕人们周围的各种自然因素的总和，如大气、水、植物、动物、土壤、岩石矿物、太阳辐射等。这些是人类赖以生存的物质基础。通常把这些因素划分为大气圈、水圈、生物圈、土壤圈、岩石圈等5个自然圈(图5-1)。人类是自然的产物，而人类的活动又影响着自然环境。

环境是人类生存的空间场所，也是人类生存和发展的物质源泉。自然环境中的太阳能、风能、水能、热能、潮汐能以及各种动物、植物、矿物等自然财富为社会再生产提供了原材料，构成生产的要素，同时也构成人类自身再生产的条件。

马克思在《资本论》中提到：劳动和土地是财富的两个原始形成要素。恩格斯认为劳动和自然界在一起才是一切财富的源泉，自然界为劳动提供材料，劳动把材料转变为财富。马克思、恩格斯的定义，既指出了自然资源的客观存在，又把人(包括劳动力和技术)的因素视为财富的另一不可或缺的来源。可见，资源的来源及组成，不仅是自然资源，而且还包括人类劳动的社会、经济、技术等因素，以及人力、人才、智力(信息、知识)等资源。

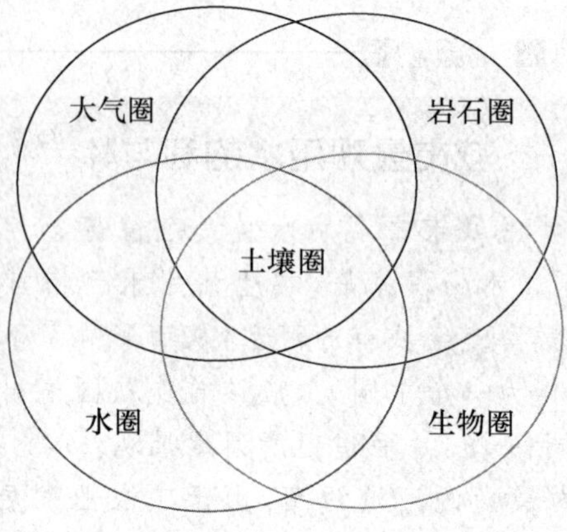

图 5-1　5 个自然圈

所以，在经济学家眼中，土地、劳动力和资本都是生产者使用的资源，这些资源的数量和质量是关系一个国家生产总量高低的主要因素之一。按照经济学家的见解，概括起来，土地包括大自然提供的全部资源；资本是人们以行为表现劳动成果的积累；劳动力是人类从事生产过程所付出的体力和脑力。因此，我们认为资源即资财的来源，其含义包括 3 方面，即自然资源、资本资源、人力资源。其中，自然资源是指"一切物质资源和自然产生过程，通常是指在一定技术经济环境条件下对人类有益的资源"。换言之，自然资源是指天然存在的自然物，不包括人类加工制造的原材料，如土地资源、矿山资源、水利资源、生物资源、海洋资源等。

地球上存在着丰富的环境资源，这些资源分布在世界各地。根据总资源价值来统计，环境资源最丰富的十大国家(表 5-1)前 3 名包括俄罗斯、美国、沙特阿拉伯；中国位于第 6 位。前十位国家的环境资源中占比较多的为石油、天然气、木材。而我国比较特殊，煤矿＋稀土矿之和占国家总资源价值的 90%。据 2012 年 6 月发布的《中国稀土状况与政策》白皮书中数据显示，我国稀土矿资源占全球总量的 23%。

表 5-1　全球环境资源最丰富的十大国家

国家	总资源价值/万亿美元	主要资源及价值/万亿美元
1. 俄罗斯	75.7	石油(7.08)、天然气(19)、木材(28.4)
2. 美国	45	天然气(3.1)、木材(10.9)、黄金、铜
3. 沙特阿拉伯	34.4	石油(31.5)、天然气(2.9)
4. 加拿大	32.2	石油(21)、木材(11.3)
5. 伊朗	27.3	石油(16.1)、天然气(11.2)
6. 中国	23	煤矿＋稀土矿(占国家总资源价值 90%)、木材(6.5)
7. 巴西	21.8	黄金、铁矿石、铀、木材(17.5)
8. 澳大利亚	19.9	煤炭、铁矿石、木材和铜
9. 伊拉克	15.9	石油(13.6)、天然气(1.3)
10. 委内瑞拉	14.3	石油(11.7)、天然气(1.9)

数据来源：《中国的稀土状况与政策》白皮书(2012)

随着人类的开发和利用，被人类认知的自然资源随时间而变化，因此定期做好统计工作，有利于被大众所了解。比如，我国于 2018 年底开始，在全国全面铺开、分阶段推进重点区域自然资源确权登记，计划利用 5 年时间完成对国家公园、自然保护区、各类自然公园等自然保护地和大江大河大湖、重要湿地、国有重点林区、重要草原草甸等自然资源的统一确权登记。

二、自然资源与自然环境

资源即资财的来源。自然资源是指天然存在的自然物,不包括人类加工制造的原材料,如土地资源、矿山资源、水利资源、生物资源、海洋资源等。中国大百科全书(环境科学卷)给资源下的定义为:自然环境是指客观存在的物质世界中同人类、人类社会发展相互影响的自然环境因素的总和,主要是指大气、水、土壤、生化矿物和阳光等。自然资源就是自然环境中可用于生活和生产的物质。由此可以看出,自然资源是自然环境中能够产生经济价值,为人类的生产和生活所利用的自然物,是自然环境的一部分。

三、环境资源的分类

1.按所有权划分

环境资源丰富而复杂,其分类方式也有多种。按所有权划分,自然资源分为共享资源和所有权资源(或称为专有资源)。共享资源是人类共同所有、任何人都可以利用的资源,如阳光、大气等;而所有权资源则属于某个利益集团所有,如集体林场归集体所有,其他单位或个人不能随意占用。

2.按资源的服务方式划分

环境资源可分为积贮性资源和流失性资源。流失性资源主要以其功能提供服务,而不能直接转化为产品,其功能价值是和时间因素结合在一起的。如果不用,它会随时间流失而浪费,如水能资源、环境容量资源、景观资源等。积贮性资源则是以其实体提供服务的,资源在利用过程中可转化为产品,如矿产资源等。

3.按其开发利用和再生特点划分

目前,环境资源一般是按其开发利用和再生特点进行划分的,可分为3类。

(1)恒定资源　又称为取之不尽用之不竭的资源。这类资源在自然界中大量存在,无论人类如何利用都不会影响资源的数量和质量。如太阳能、风能资源等。

(2)不可再生资源　又称为不可更新资源。这类资源的特点是数量有限,随着人类的开发利用日益减少,不能再生或再生速度极其缓慢。如矿产资源、煤和石油资源等。

(3)可再生资源　又称为可更新资源。这类资源的特点是在适宜的自然条件和合理的经营管理条件下,可以不断更新,供人类永续利用。如各种动物资源、森林资源、草场资源、水资源、环境容量资源等。

四、环境资源的特点

环境资源作为一种客观存在,具有以下一些特点。

1.区域性

环境资源的分布受地理位置的影响,呈现出一定的地域差异,即在不同的地区,环境资源的种类、数量、质量都不一样。如我国水资源的分布就存在着明显的地域性,表现为东南部丰富、西北部贫乏,东部外流流域土地面积为全国的64%,而径流总量占全国的96%。就煤炭资源而言,集中分布在华北地区,其中山西、内蒙古两省区探明储量占全国的61%。生物资源分布的地域性更为明显,南方多为常绿阔叶林,北方多为落叶林和针叶林。

2. 稀缺性

经济学上给稀缺性所下的定义为：一种资源如果在它的利用上存在几种可能的竞争需求，那么它就是稀缺的。稀缺性也可定义为：在竞争市场上任何一种价格大于零的资源都是稀缺的。对环境资源而言，它也存在着可供选择的有利用途，且这几种选择性用途互相竞争。如水资源既可作饮用水，也可作灌溉用水、渔业或工业用水，还可以用于容纳一定数量的污染物，它们是相互竞争的。所以说，环境资源具有稀缺性。

对大多数环境资源而言，虽然比较丰富，但它毕竟有一个总量，其贮存量是有限的。随着生产力的发展，人口的增加，人类对环境资源的索求越来越多。特别是当今世界，人口急剧增长，生产力迅速提高，人类对环境资源的需求大大增加，资源的有限性和稀缺性表现得日益突出。例如，耕地的不足、粮食的短缺、森林的消失、水资源的匮乏、大气质量的下降，等等。

我国环境资源总量是比较丰富的，有些资源如煤炭、水、土地面积还处于世界前列。但我国又是一个人口众多的国家，人均资源占有量少。这就要求我们珍惜并合理利用环境资源。

环境资源的稀缺性和有限性，还表现在资源的负荷能力上。一定的资源数量，在一定的生产力水平下，只能养活一定的人口。更进一步讲，资源的有限性，还表现在结构的组成上，任何一项生产，都是几种生产要素的组合，要求有一个合理的资源结构。即使大多数资源比较丰富，但如果某些资源缺乏，也会形成一定的限制因素。

3. 多用途性

自然界大部分环境资源都具有多种功能和用途。例如一个湖泊，其用途有：①淡水养殖；②饮用水源地；③工业用水；④农业用水；⑤航运通道；⑥开辟水上游乐场；⑦钓鱼场所；⑧作为废水容纳场所等。对于环境资源的多用途而言，一方面，有些用途之间相互排斥，即用作一种用途后，就不能选作另一种用途，如上述湖泊用途中的②和⑧就相互排斥；另一方面，有些用途之间可以相容，即可同时用于几种用途，如湖泊用途中的①和④就可相容。

环境资源的多用途性，应该在开发利用时就充分考虑和重视，注重有效地发挥环境资源的综合效益。在详细分析环境资源用途的基础上，综合考虑，权衡利弊，选择效益最大的方案。

4. 可更新性

如前所述，环境资源有不可再生和可再生之分。再生性资源具有再生增殖能力，如果合理利用，不违反其生态循环规律，则可使其不断更新，永续利用。环境资源的可更新性表现在以下几个方面。

(1)生物资源的可更新性　对生物资源而言，可再生资源还具有再生增殖能力，合理利用，则可通过生物的自然生长发育过程而不断更新；若加速转化，还可增殖。但是，这类资源的利用如果超过了限度，则资源不但不能增殖、更新，反而会枯竭。如超载放牧，必然会引起草场退化。

(2)在非生物资源中，也有部分资源可以不断更新　例如，水资源通过水循环过程可以不断更新(表 5-2)，持续为人类生产和生活提供水源；大气环境也可以随着大气环流运动而不断更新，使世界环境生机盎然。

表 5-2　地球上各种水体循环更替期

水体类型	循环更替期	水体类型	循环更替期
海洋	2500 年	沼泽	5 年
深层地下水	1400 年	土壤水	1 年
极地冰川	9700 年	大气水	8 天
永久积雪及高山冰川	1600 年	生物水	几小时
湖泊	17 年	河川	16 天

(3)环境容量资源的可更新性

环境容量是指在一定的质量目标下环境可容纳污染物的最大量，它是由储藏容量、同化容量和运转容量 3 部分组成。其中，同化容量和运转容量均可因污染物的迁移转化而不断增大，从而使环境容量资源也具有可更新性。

人口的增长和社会生产的不断发展，对可更新资源的需求日益增多，如果对其利用超过一定极限，违反了它的生态循环规律，就会造成资源的衰退和枯竭。因此，人类必须按生态规律，投入一定的人力、物力，促使其多转化、多增殖，扩大环境自然资源的产生量，为人类提供更多的自然资源。

5. 计量的困难性

环境资源虽然具有使用价值，但是相当一部分资源没有市场价格。例如，大自然中的空气、天然的水源、美丽的风景等，都没有市场价格。为了全面评价经济活动对社会的正效益和负效益，必须对其造成的环境污染和环境破坏，计算经济损失值，同时对保护环境、治理污染所付出的活劳动和物化劳动进行计量。但是，这种计量远比经济活动的计量要复杂得多、困难得多，而且难以精确计算。目前，我国对许多环境资源实行无偿使用的政策，有的甚至是无计划地开采，因此更增加了计算和计量的困难性。为此，必须开展环境资源评价和计量方法的研究，为环境规划和决策提供定量可靠的科学依据。

五、环境资源观

随着人们对环境质量及资源保护的重视，出现了“环境资源观”，也就是将环境的整体视作是资源总和的观念。更为深刻的理解就是，环境要素、整体结构方式、其外部表现的状态，以及整体功能，都能通过直接或者间接的方式，不同程度满足人类社会生存和发展过程中的不同需求。

从定义可以看出，自然资源是自然环境中能够产生经济价值，为人类的生产和生活所利用的自然物，是自然环境的一部分。因此，环境可作为一种资源，原因如下。

(1)环境为人类提供生产活动所必需的原材料，包括一次性使用的资源和可循环再生的资源。如土地、水、森林、矿产等都是经济发展的物质基础。

(2)环境为人类及其他生命体提供生存的场所，即为人类及其他生命体赖以生存和繁衍的栖息地。

(3)环境对人类排放的废弃物具有扩散、贮存、同化和分解的作用，即环境对污染物具有净化作用。

(4)环境为人类提供景观服务。奇异的山峰、清澈的流水，令人心旷神怡。优美的大自然是旅游胜地，为人类的精神生活和社会福利提供物质资源。

环境是资源这一思想的确立，对环境保护工作的推动有很大帮助。长期以来，人们认为环境是大自然赏赐给人类的财富，而不是资源；也有人认为，环境中的一部分要素是资源，如矿产是资源、水是资源等，而像大气环境容量、景观等环境要素则不是资源，因为它们一般不直接进入生产过程。显然，这些观点都是片面的。实际上，像大气、环境容量、景观等环境要素也可以进入生产过程，直接或间接影响生产。以环境容量为例，环境容量资源可容纳经济系统产生的废物，可把它看作是原有生产过程的延续。承认环境是资源，对开展环境保护工作十分有利，环境保护就是要保护环境资源。

承认环境资源有价值，具有重大的意义：

(1)为环境资源的有偿使用提供了理论依据　环境资源具有价值，对于有价值的物品，当然不能无偿使用，而应有偿使用。因此，对环境资源也应有偿使用，对环境资源实行有偿使用对我国的环境资源的合理开发、利用和开展环境保护工作提供了良好的条件。在实际工作中，现行的政策中，我国许多政策已经体现了环境资源有偿使用的原则，如征收环境税、资源税等。需要指出的是，现行的环境资源收费(税)水平太低，没有真正反映出环境资源的真实价值。

(2)为合理制定环境资源的价值和健全环境资源市场奠定了基础　价格是价值的货币表现，承认环境资源有价值，就可根据环境资源的价值，确定合理的环境资源的价格。承认环境资源有价值，对那些直接从环境系统取得自然物质和能量的农业、能源、采矿等部门生产出来的农产品、矿产品、能源等产品的价格应相应提高，以改变这些产业部门产品价格偏低的状况，有利于建立合理的产品比价。

过去人们认为，在社会主义制度下，土地、矿产、水资源、森林、草原等环境资源属国家所有，没有价值，也不是商品，因而只能依靠国家计划调拨。现在，承认环境资源有价值，就具有了市场价格，就可把环境资源纳入市场体系中，通过市场调节与计划调节相结合，达到对环境资源的最佳分配和利用，这健全了我国社会主义市场经济的要求。

(3)有利于充分运用经济手段管理环境资源和进行环境保护工作　环境问题是由于对环境资源的不合理利用而造成的。解决环境问题，首先必须管理好环境资源。实践证明，运用经济手段来管理环境资源非常有效。当然，只有承认环境资源有价值，经济手段才能在环境资源的开发、利用和管理中发挥其最大作用。承认环境资源有价值，就可以利用各种经济杠杆和经济规律来调节环境资源的占有和使用。

因此，需要充分认识到环境资源的特性，即稀缺性、有限性、价值性，以及其对人类社会生存与发展所具有的不可替代的意义和作用。承认环境资源有价，才能更为合理地开发和利用环境资源，进而更好地保障和促进社会进步和经济可持续发展。

第二节　环境价值理论

价值理论是经济学的基础理论。环境经济学从经济方面讲，首先遇到的理论问题是环境价值或自然资源价值理论。当前，由于生态环境问题不断出现且日益尖锐，所以环境价值理论，如环境资源或自然资源有没有价值，价值如何确定等问题一一被提出。环境价值问题在理论上的尖锐程度不亚于环境问题在实际生活中的尖锐程度。

一、环境资源的价值理论演变

环境资源是否有价值是环境经济学的核心问题之一。在不同的时期,人们对这一问题的看法不一,其发展过程大致可以分为两个阶段。

1. 无价值阶段

1978 年以前,人们一直认为环境资源是自然物品,是大自然赐予人类的财富,因而它是没有价值的,其理论依据是马克思的劳动价值论。根据马克思的劳动价值论,没有劳动参与的东西没有价值。马克思在《资本论》中指出:"一个物品可以是使用价值而不是价值,在这个物品并不是由于劳动而对人有用的情况下就是这样,如空气、处女地、天然草地、野生林等。"根据劳动价值理论,自然资源和环境没有价值。在这种观念指导下,对环境资源实行无偿利用成了经济工作的一项准则。"资源无价、原料低价、产品高价"的不合理状况长期存在,由此造成了资源耗竭、环境污染和生态破坏的严重后果。

2. 无价值和有价值并存阶段

随着我国经济体制改革的不断深入、经济的不断发展以及环境保护事业的深入,环境资源无价的观念,越来越不适应现代经济社会发展的要求,这主要表现在以下方面。

(1)不适应财富概念的扩展　由于环境资源无价值,就不能将水、土地、森林、矿产等环境资产计入国民财富之中。这种过分强调人造资本即劳动产品,而忽视自然资本,割裂环境资源财富和劳动产品之间密切联系的概念是很不合理的。国际社会已普遍认为,国民财富还应该包括资源资产或环境资产(自然资本)。如果不能将环境价值货币化并加以计量,就无法将环境资源资产与人造资本相加,从而也就无法求得国家或社会的财富总量,而且难以通过政策和市场手段对作为自然财富的环境资源进行高效配置和合理利用。

(2)不适应社会主义市场经济体制的需要　在市场经济体制下,应主要依靠市场机制来配置资源。如果环境资源无价值,市场机制将很难对环境资源的合理配置发挥作用。市场经济是一种利益经济,人们的行动目标是以最少的劳动消耗获取最大的经济效益,环境资源无价,会导致人们最大限度地开采、使用环境资源,而不顾对它的珍惜和保护。由此导致环境资源的消耗得不到合理补偿,环境资源的恢复、更新、增值的途径受阻。由于环境资源无价,人们便不知或不肯节约,造成环境资源极大的浪费。由于环境资源无价,造成原料价格低下,资源产品的价格与价值严重背离。由于环境资源无价,政府对环境资源就缺少有效的经济政策调控,因而不利于环境资源的合理开发利用。

(3)不利于环境保护　在环境资源无价观念和理论指导下,生产体系以粗放经营,高消耗、高污染、掠夺性地开发利用环境资源为特征;生活体系则以高消费、高浪费资源为主要特色。环境资源无价理论是导致资源耗竭、环境污染和生态破坏的重要根源之一。因为它使人们对环境资源不加珍惜、乱采乱挖、乱砍滥伐,以野蛮、粗放的经营方式开发利用环境资源以换取经济的高速发展,削弱了人类赖以生存发展的物质基础;它也严重制约了基础材料工业的发展,使国民经济发展出现原材料供应紧张的"瓶颈",并形成恶性循环。此外,环境资源无价值还导致难以用有效的经济手段对环境资源进行管理和保护,由于缺乏对环境资源价值的正确评估,资源的消耗速度和紧缺程度在价格信号中难以表现出来,从而影响对环境资源的关注和正确决策。

从 20 世纪 80 年代开始,人们开始进行环境资源价值观的大讨论,由此出现了环境资源无价值和有价值并存的阶段。1994 年以后,环境资源有价值的观念占主导地位。时至今日,关于环境资源价值的争论仍在进行,越来越多的人开始认同环境资源有价值的观点。

专栏 5-1　深刻理解"两山"理念的科学蕴含

习近平总书记指出:"我们既要绿水青山,也要金山银山。宁要绿水青山,不要金山银山,而且绿水青山就是金山银山。"这一科学论断,清晰阐明了"绿水青山"与"金山银山"之间的关系,强调"绿水青山就是金山银山"的价值理念,对于新时代加强社会主义生态文明建设,满足人民日益增长的优美生态环境需要,建设美丽中国具有重要而深远的意义。

生动反映社会经济发展与生态环境保护的辩证统一关系

绿水青山和金山银山,是习近平总书记在论述我国经济发展与生态环境保护的关系时多次使用的两个概念。绿水青山喻指人类持久永续发展所必须依靠的优质生态环境,它是自然本身蕴含的生态价值、生态效益;金山银山则喻指人类社会以物质生产为基础的一切社会物质生活条件,它是人类开发利用自然资源过程中产生的经济价值、经济效益。绿水青山和金山银山之间是有矛盾的,但又可以辩证统一。绿水青山是金山银山实现的前提和基础,也是金山银山的目的和归宿。金山银山是绿水青山长久维持和保护的物质前提与保障。人类认识世界、改造世界的历史实践中,往往面临绿水青山和金山银山的两难选择,也出现过为金山银山而牺牲绿水青山的惨痛教训。

丰富发展了马克思主义生产力理论

习近平总书记立足于马克思主义生产力发展的基本立场,应对新时代经济社会发展的强烈呼唤,强调"绿水青山就是金山银山",要求"牢固树立保护生态环境就是保护生产力、改善生态环境就是发展生产力的理念,更加自觉地推动绿色发展、循环发展、低碳发展,决不以牺牲环境为代价去换取一时的经济增长。"这是保护和改善生态环境就是保护和改善生产力的全新价值理念,把自然生态环境视为推动生产力发展的活跃因素。"两山"理念改变了人们对生产力的内涵及其构成要素的传统认识,是对马克思主义生产力理论的创新发展,为新时代社会主义生态文明建设奠定了坚实而科学的理论基础,提供了实践发展的根本遵循。

践行"绿水青山就是金山银山"理念的时代要求

新时代践行"绿水青山就是金山银山"理念,就是要坚持人与自然和谐共生,构建生产和生态的良性循环的绿色之美,真正让人民群众在绿水青山中共享自然之美、生命之美、生活之美,走出一条生产发展、生活富裕、生态良好的文明发展道路。应坚持以"两山"理念为指导,着力提高生产主体的审美意识,挖掘生产客体的本体之美,完善生产工具的绿色之美。始终将尊重、顺应和保护自然作为人类处理人与自然关系的基本遵循。

资料来源:北京市习近平新时代中国特色社会主义思想研究中心,选自《光明日报》

二、环境资源价值的解释

在经济学中,价值是一个十分重要的概念。一种事物是否具有价值,是以这一事物是否具有使用价值或效用为前提的。对于环境资源来说,其使用价值则是潜在的、间接的。例如,煤炭在开采前，人们无法感知其使用价值，只有人类劳动施加于该矿产资源上，使其由资源转换为产品来满足人类的生产和生活需要，它们的使用价值才能显现。另外，从价值形成来看，环境与货物服务是不同的，环境资源是天然资产。针对环境是否具有价值以及为什么具有价值的问题，理论界存在不同说法，形成了诸多观点。

1. 用劳动价值论解释环境资源的价值

1662年威廉·配第在《赋税论》中首次提出劳动价值论，他明确指出"商品的价值是由等量劳动进行计算的"，其核心思想为：所有物品都是由两种自然单位（劳动和土地）进行评定价值。二者的关联是，土地的价值取决于投入的劳动量，而劳动量只取决于劳动时间。也正因为该理论的产生，威廉·配第被马克思称为"政治经济之父"和"统计学创始人"。

然而，该理论存在一些不足之处，比如：①忽略了未经开垦的土地、草原、森林等非劳动创造的单元；②生产力系统是由多要素组成的有机结构；③在配第时代，土地为有偿使用；④对非生产性职业持否定态度，认为不创造价值。

随后，配第的理论得到了亚当·斯密、大卫·李嘉图和马克思等人的进一步修正和补充。比如，亚当·斯密在《国民财富的性质和原因之研究》中提出，劳动是衡量一切商品交换价值的真实尺度。然而，他所提出的劳动价值论也不够完善，存在相互矛盾的二元论。大卫·李嘉图指出，商品的交换价值和其生产时所耗费的劳动成正比，和劳动生产率成反比。最为著名的是马克思的劳动价值论，他指出，价值是一种凝结在商品中的无差别的人类劳动，是人类抽象劳动的体现或物化，即抽象劳动所创造的理论。

马克思所提出的劳动价值论强调了劳动是唯一的价值源泉，价值除了劳动本身，没有任何别的"物质"。若利用马克思的劳动价值论评价资源环境价值，关键点在于考虑环境中是否凝聚着人类的劳动，目前对此存在两种观点。

一种观点认为，前面提到的原生环境资源虽然未含有人类的劳动量，但就这种资源对于人类生存的必要性而言，无论人类是否赋予它价值，它的自然固有价值都是客观存在的。这种自然固有价值就是使用价值，只要人类使用了它，就应该给它一个合理的价值。换句话说，某物可以具有使用价值但不具价值，即非劳动所创造但对人有用的资源。比如，空气、未开发的处女地或矿产资源、原始未开垦的草原、河流等；野生动植物、微生物等。

另一种观点认为，人类为防止环境的过度破坏、资源的过度消耗和衰竭，从而投入大量的人力、物力和财力对环境及资源进行保护，其间所消耗的人类劳动，则形成了价值，以补偿环境消耗与使用平衡所投入的人类劳动。比如，人类为了防止空气污染、森林火灾和保护生物多样性等需要投入相当数量的劳动，并且社会已将这些劳动纳入了经济系统，为此，这部分劳动理应计算在环境资源价值中，与使用价值一起共同构成环境资源的价值。

对比这两种观点，后一种观点比前一种阐述得更加深刻。既然环境价值是不以人的意志为转移的客观存在，人类就应该赋予它们以合理价值，除能在市场均衡中表现出合理价格的环境资源外，其余的环境资源，我们就应该从保护人类生存环境为着眼点，通过政府实施环境政策和经济手段，为这些资源合理定价。只有合理地制定环境资源价格，人类才有望走上资源可持续利用、经济可持续发展的道路。

从现实的角度来看，当今社会已不是马克思所处的时代，人类为了保持自然资源消耗与经济发展需求增长相均衡，投入了大量的人力、物力，环境资源已不是纯天然的自然资源，它也有人类劳动的参与，打上了人类劳动的烙印，因而具有价值。

严峻的资源和环境问题已经说明：环境资源供给依靠自然界的自然再生产已远远不能满足经济社会高速发展的需求，人们必须付出一定的劳动，参与自然资源的再生产和进行生态环境的保护。环境资源的保护、更新、勘探、科研等活动耗费了大量的人类劳动，这些人类劳动凝结在环境资源之中，构成了环境资源的价值。环境资源价值注重人们为使经济社会发展与自然资源再生产和生态环境保护平衡和良性循环而付出的社会必要劳动。

2. 用效用价值论解释环境资源的价值

诺贝尔经济学奖得主萨缪尔森在其代表作《经济学》一书中对效用做了这样的定义：在经济学中被用来表示从消费物品中得到的主观上的享受、用处或满足。由此可知，效用是当人们消费时获得的一种主观感受，而当人们消费同一种物品的数量越来越多时，每一单位消费使其感到满足的程度会逐渐下降，即边际效用在递减。如果用效用代表价值，那么当物品无限多的时候，对其消费的边际效用将最终降为零，即价值变为零；相反，物品越稀缺，效用则越高，价值也就越高。因此，效用价值论是建立在稀缺性的基础上的。

效用价值论的基本内容包括以下几点：①价值是以稀缺和效用为条件的；②价值取决于边际效用量，即满足消费者最小欲望的某一单位商品的效用。

效用价值由门格尔、卡尔、威廉斯坦利、杰文斯、维赛尔等提出，马歇尔最终将效用价值论总结成为“均衡价值理论”体系。他认为价值由“生产费用”和“边际效用”共同构成。随后出现的一般均衡价值论，指出价格就是价值，价格取决于物品的稀缺程度，价格就是为了限制消费需求的。

按照效用理论，如果环境资源真的是无限的，永远用不完也不会减少，那么环境确实可以认为是无价值的。但事实上，因为人类的不断扩张，对环境资源的需求逐渐增大，自然资源短缺日益显现，那么环境不但有价值，而且价值还在增大，可见环境的价值会因时间不同而不同，是动态变化的。如果从不同地域来看，现实中环境资源分布并不均匀，同一地区有的环境资源非常丰富，有的却十分紧缺；同一种环境资源，有些地方丰富，有些地方紧缺；人们会挥霍丰富的环境资源而珍惜紧缺的环境资源，而这也是为什么有些环境资源由丰富变成紧缺的原因，而当环境资源由丰富变成紧缺之后人们才能发现其真正价值，由此可知，环境资源的价值又会因空间不同而不同。

环境资源可以满足人类的需要，是有效用的。同时，环境资源是稀缺的。根据效用价值论，环境资源有价值。效用理论对于人们增强环保意识具有重要意义，但仍无法用效用理论来评价环境资源的真实价值。环境资源的稀缺程度是客观存在的，可以在一定程度上进行表量，但人们的感受是主观的。对于同一种环境，不同的人在不同的地方及不同的时间会有不同的评价，很难得到一个统一的价值标准。

3. 存在价值论

存在价值理论最初由 1967 年克鲁蒂拉（John V. Krutilla）在其发表的《自然保护的再认识》中引入到主流经济学的研究中。在文章中，他把真实的、不可逆的且唯一的环境资源称为“舒适型资源”，首次提出了非使用价值和存在价值概念。这两个概念的提出，使人们从一个全新的视角去思索环境的价值问题，不再只从当代人出发，而是包括了现在和将来的人，兼顾了代际公平；也不再只考虑效率，还兼顾道德伦理。

存在价值论对传统经济学是一种重要的完善和补充，对于人类反思自身行为、重视人与环境的关系、实施可持续发展具有重要意义。该理论把价值划分为两部分，即使用价值和非使用价值。使用价值指的是商品满足人们某种特定需要的自然属性,这是一切商品的共同属性之一,也是物品可称为商品的必备条件。若某物品无任何使用价值,则不能成为商品。比如,粮食可以填饱肚子、为人体提供能量;衣服可以抵御寒冷;汽车可以减少步行、节省体力。非使用价值,又称为存在价值或保存价值或被动使用价值。它指的是人们在知道某种资源的存在而对其存在赋予的价值,即使他们永远不会使用那种资源。

由以上价值理论可衍化出许多对环境价值认识的观点,主要包括:①劳动价值泛化论,认为环境生态系统的生物与人一样,都具有生物生产力,都能像劳动一样创造价值;②使用价值决定论,环境因为对人类有用,所以具有使用价值,并由此决定其价值;③稀缺价值论,环境的价值由其自然丰度及地理位置等因素决定;④双重价值论,环境的价值包括自然形成的价值和劳动创造的价值;⑤收益决定论,资源所有者的收益代表其价值大小。这些理论,对环境的价值进行了多角度的理解,既有合理的地方,也有相互矛盾的地方。

值得注意的是,存在价值并不是一个完全的价值理论,而是基于人的行为,为计量价值量而划分出来的,其并无客观的价值标准。不过该理论可为解决可持续发展过程中资源环境价值提供新的视角。

根据传统的经济价值理论,没有人类劳动的参与以及有劳动但未交易的东西是没有价值的,由此可得出环境无价值的结论。其实这个结论是有条件的:一是环境不具备稀缺性,即数量是有限的;二是任何环境资源都是完全纯天然的,任何情况下都没有人类劳动的参与;三是环境资源是无用的,也就是说,是可有可无的东西。显然,环境资源并不满足上述条件。综上所述,我们应该承认环境是有价值的,并且环境资源价值是由环境资源的有用性、稀缺性以及人类劳动对环境的影响共同决定的。

三、环境价值的构成

国内外环境界对环境价值的构成有两种分类法,出发点不同,用途也不一样。这两种不同的分类方法各具优缺点。

1. 第一种分类

第一种分类是将环境资源的价值称为环境的总经济价值或环境总价值。英国的皮尔斯(1997)在《世界末日》中指出,环境总价值(total economic value,TEV)包括两个组成部分,即使用价值或有用性价值(use value,UV)和非使用价值或内在价值(non-use Value,NUV);使用价值又分为直接使用价值(direct use ualue,DUV)、间接使用价值(indirect use value,IUV)和选择价值(option value,OV);非使用价值又分为存在价值(existence value,EV)和遗赠价值(bequest value,BV)。因此,环境总价值的公式可以表述为:

$$TEV=UV+NUV=DUV+IUV+OV+EV+BV \tag{5-1}$$

也有学者认为,选择价值的界限比较模糊,一部分归于使用价值,另一部分归于非使用价值,如图 5-2 所示。

环境资源的使用价值是指当某物品被使用或消费的时候,满足人们某种需要或爱好的作用或功能。它是指环境直接满足人们生产和消费需要的价值,也就是现在或未来环境资源通过商品和服务的形式为人类提供的福利。有的使用价值是直接接触环境资源的,有的不一定直接接触环境资源,如人们享受静谧的环境、宜人的风景,即使观看一部自然公园的录像片,也

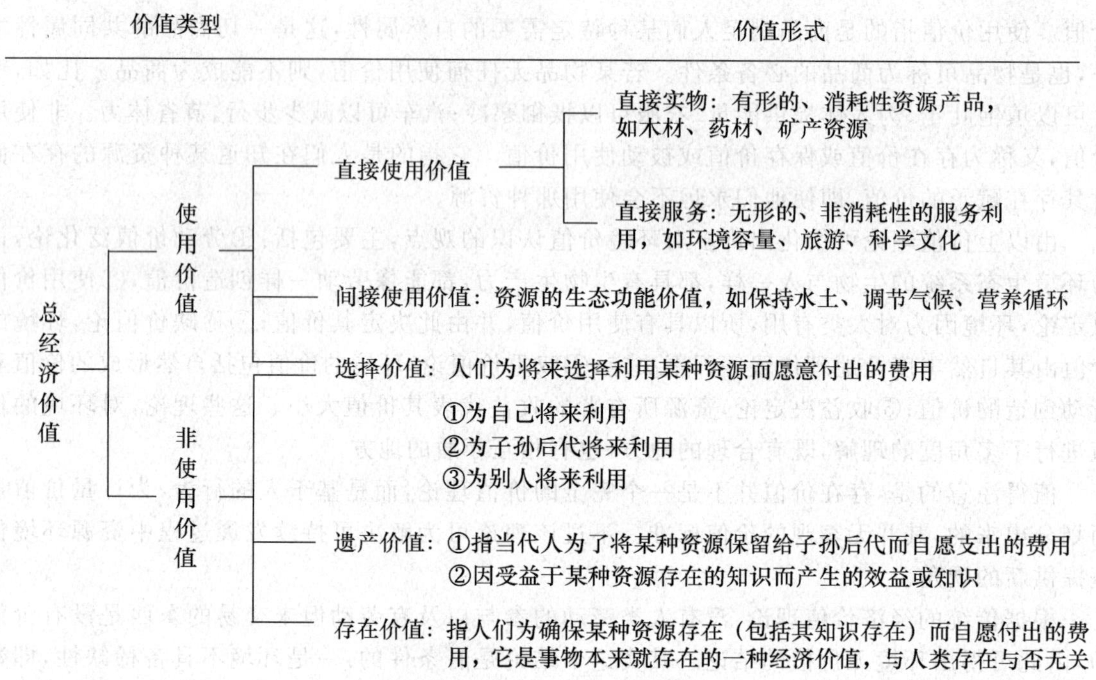

图 5-2 环境资源的总经济价值

资料来源：薛达元. 生物多样性经济价值评估

是使用环境资源。那么，直接接触环境资源的是直接使用价值，不直接接触环境资源的就是间接使用价值。

直接使用价值是由环境资源对目前的生产或消费的直接贡献来认定的，例如木材、药品、休闲娱乐、植物基因、教育、居住等都是森林的直接使用价值。直接使用价值在概念上易于理解，但有的在经济学中却不易衡量。例如，林产品的价值可以根据市场或调查数据估算，但是药用植物的价值却难以衡量。

间接使用价值包括从环境资源所提供的用来支持目前生产和消费活动的各种功能中间接获得的效益，它类似于环境资源的生态功能所提供的效益。以森林资源为例，它的涵养水源、保持土壤、纳碳吐氧、净化环境、调节小气候等价值都属于间接使用价值范畴。它们虽然不直接进入生产和消费过程，但却为生产和消费的正常进行提供了必要条件。

选择价值又称期权价值，任何一种环境资源都具有选择价值。当代人在利用环境资源的时候，可能并不希望在本代就把它的功能耗尽。考虑到未来该环境资源的使用价值会更大，或者考虑到它的不确定性，或用另一种方式利用它可能对人的价值更大，如果现在用这种方式利用了这一环境资源，就不可能用别的方式或未来不可能再获得该环境资源，因此要对何时和如何利用它作出选择。选择价值同人们愿意为保护某种环境资源以备未来之用的支付意愿有关。

非使用价值是指环境资源的一种内在属性，与人们是否使用它没有关系。现在，人们对非使用价值的定义和内涵仍然存在不同看法，但普遍认为存在价值是它最主要的表现形式。从某种意义上说，存在价值是人们对环境资源价值的一种道德上的评判，包括人类对其他物种的同情和关注。就是说，人类不是出于任何功利的考虑，只是因为环境资源的存在而表现出的支付意愿，就是该环境资源的存在价值。如果人们相信所有的生物都有权继续生存在我们这个星球上，人类就必须保护这些生物，即使它们看起来既没有使用价值，也没有选择价值，绝大多数人还是对它的存在有支付意愿。所以环境经济学家认为，人们对环境资源存在的支付意愿就是其存在价值的基础。如果某种环境资源是独特的，其存在价值就更为重要(如珍稀动植物，因为物以稀为贵)。随着人们环境意识的不断提高，这种存在价值不仅会成为总环境价值的重要组成部分，而且会越来越大。

非使用价值的另一个组成部分是遗赠价值。遗赠价值是指人们为保护某种环境资源而愿意作出支付，不是为了自己，而是为了把它留给后代人享用其使用价值和非使用价值。需要说明的是，现在很多经济学家对遗赠价值有了新的看法，有的认为应该把它归类到使用价值中去，有的则认为应把它看作存在价值的组成部分。

为了进一步了解环境资源价值的构成，下面以一处自然景观为例，对环境资源价值的组成部分予以说明。假设这处自然景观能够向人们提供浏览、观赏等服务，并具有文化、考古意义。使用价值 *UV* 是指当代人利用这处景观而获得的经济效益。使用旅游部门的统计资料，可以获得对这一景观的需求曲线中的旅游者的实际支出(包括旅行费、在旅游区的开销、为这次旅游支出的准备费用和其他费用等)，得出 *DUV*。*IUV* 是指未到这一景观旅游的人们的支付意愿。例如，购买与这一景观有关的纪念品、商品等。由此可见，使用价值 *UV* 可直接根据市场信息计算得出。虽然实际计算过程要比以上复杂得多，但是它仍然是全部资源环境价值中最直观，也是最容易计算的部分。

选择价值 *OV* 的普遍意义是指当代人不利用某种环境资源，而将其遗留给后代人，后代人因为利用而获得的效用。在本例中，使用当前的统计数据，考虑到旅游者和消费者的偏好变化、收入弹性和需求弹性，就可预测出 *OV*。由于这一部分价值是关于未来的，其计算结果肯定不会比 *UV* 精确，但是即使作保守的预测，其数值也是相当惊人的。因此，这就给当代人的出于自身利益的决策发出警告，提醒决策人三思而后行。“选择”一词即源于此。

存在价值顾名思义，是指仅仅因为某种环境资源的存在而具有的价值。经济学家发现，即使对于当代人来说，他们当中的大多数人今生今世也未能赴某一景区一游，因而对于他们不存在使用价值，只存在消费不可能性。尽管如此，许多人仍然表示出很强的支付意愿。这种意愿来自对景观的文化意义和研究意义的了解，也可能只是出于对大自然的向往。专业的统计调查结果表明，尤其是对于著名景观，其存在价值是极其巨大的。虽然调查结果只是反映“意愿”，但其预计的实际支付额也将十分可观。这一预计可以从一些重大灾害、慈善事业和挽救珍贵文化遗产的募捐活动得到印证。

2. 第二种分类

第二种分类如表 5-3 所示，是将环境价值分为两部分：一部分是比较实的、有形的、物质性的商品价值，另一部分是比较虚的、无形的、舒适性的服务价值。

表 5-3 环境资源价值的第二种构成方式

环境价值	比较实的物质性的商品价值	有形的资源价值	简称：资源价值
	比较虚的舒适性的服务价值	无形的生态价值	简称：生态价值

资料来源：刘燕华，周宏春. 中国资源环境形势与可持续发展

由第二种分类我们可知，简单来说，各种各样的自然资源有两大主要功能：资源功能和生态功能。前者是指人类可以直接使用这些资源获得收益，实现该功能需要对其进行开采、猎捕或采掘，这将导致自然资源本身的消耗；后者是指自然资源本身的存在为生态环境所带来的效益，如涵养水源、保护生物多样性、调节气候、维持生态平衡等，很显然这一功能的实现是不需要消耗自然资源的。

由于自然资源具有以上两种不同的功能，在对尚处于共有态的自然资源进行经济调控时，就需要考虑它们是以何种功能为主，两种功能是否可以调和等。从这一角度出发，可以将其分为以下几类，分别为其选择不同的状态转换方向。

Ⅰ类以资源功能为主，生态功能不是十分突出的自然资源。这类资源通常能够产生可持续的需求与供给，因而可以通过产权、开采权或经营权的划分，建立起适宜的市场机制，促使其向市场态物品转换。这样做可以实现该类自然资源最高效率的配置，在利用其资源功能的同时不影响其生态功能。

Ⅱ类以生态功能为主，可以就其资源功能产生可持续需求与供给的自然资源。这类资源与第Ⅰ类相同，可以通过向市场态物品转换实现其有效配置，从而在开发其资源功能的同时成功地保护其生态功能。

Ⅲ类以生态功能为主，而且无法就其资源功能建立市场，需要人为投入的自然资源。这类资源无法转换为市场态物品，应当通过政府购买提供，将其转换为公共态物品，从而确保其有效地供给及其生态功能的有效发挥。

Ⅳ类以生态功能为主，无法建立市场，同时难以人为介入的自然资源。这类资源既无法转换为市场态物品，也无法转换为公共态物品，但如果保持其共有状态，必然导致人们对其资源功能的过度利用，使其耗竭。因此要通过制定法律、规章制度等，限制人们对其资源功能的使用，以确保其生态功能的实现。

3. 两种分类方法的优缺点

第一种分类比较精细、深刻，对理解环境价值所包括的内容、范围和深远意义大有启发。但是，在几种价值之间，特别是在选择价值、存在价值和遗赠价值之间的界限比较模糊，而且难以定量计算。第二种分类虽然比较简略，但它较为概括，且便于定量计算。因此，在定量计算环境价值时，应综合考虑这两种分类的各项内容。

四、环境资源的价格

环境资源有价值，也应该有价格。有些环境资源的价格确定非常困难，有些虽然可以按照市场机制定价，但环境资源很多为典型的"公共物品"，存在"市场失灵"现象。由于缺乏有形市场，许多环境资源低价甚至无价的观念长期存在，成为导致目前全球生态环境急剧恶化的重要原因之一。传统的环境资源定价方法主要侧重于分别计算各种资源的单一价值，然后加总求和。由于忽略了环境资源开发和利用过程中的负外部性以及生态系统内容相互影响的重要特点，评估过程中也经常会出现大量重复计算，从而导致最终偏差较大。确定环境资源价格的方法有很多种，下面介绍两种常用方法。

1. 边际机会成本定价

边际机会成本是从经济学角度对资源耗竭加以抽象和度量的分析工具，反映了利用环境资源时全社会所付出的全部代价。其中，既包括凝结在环境资源中人类劳动的价值，又包括环境资源本身的生态和经济价值。

依据边际机会成本理论,理论上使用者为消耗单位环境资源支付的价格(price,P)应该等于其边际机会成本(marginal opportunity cost,MOC),而边际机会成本又包括边际生产成本(marginal production cost,MPC)、边际使用者成本(marginal user cost,MUC)和边际外部成本(marginal external cost,MEC)等部分。

$$P = MOC = MPC + MUC + MEC \tag{5-2}$$

其中,边际生产成本(MPC)是指为获得环境资源必须直接投入的边际费用,边际使用者成本(MUC)是指环境资源的利用对使用者造成的损失,边际外部成本(MEC)则是指环境资源的利用对外部环境、生态等方面造成的损失。该理论从经济学视角对某一环境资源的利用加以抽象和度量,包括了生产者收获该环境资源所花费的生产成本和得到的利润,反映了因环境资源利用对他人、社会、环境和未来造成的损失。同时,还考虑了环境资源稀缺程度变化的影响和代际公平性。

不同环境资源的 MPC、MUC、MEC 具有不同的含义,而且随着科学的发展和人们认识水平的提高,MPC、MUC、MEC 的内涵也在不断发生改变。因此,在具体应用边际机会成本法进行环境资源定价时,要针对具体环境资源分量的特点设计不同的成本估算方法。考虑到环境资源分量测算的可行性、数据采集的易得性等因素,在成本计量时一般只考查主要方面。

专栏 5-2 基于边际机会成本的森林环境资源价值评估研究

边际机会成本理论作为自然资源定价方法的重大突破,反映了森林环境资源利用的生产成本、使用者成本和外部成本,体现了可持续发展思想,有效弥补了传统环境资源定价中的诸多缺陷。目前该理论多应用于水、煤炭等资源的定价上,而在森林环境资源定价中的研究相对较少,且缺乏较为系统、完善的边际机会成本定价体系。

该理论应用于森林环境资源的价值评估的可行性主要表现为以下几方面。

(1)体现可持续利用的理念 根据边际机会成本理论,边际机会成本(MOC)应该由边际生产成本(MPC)、边际使用者成本(MUC)和边际外部成本(MEC)3 部分组成,且环境资源的价格(P)应该等于其边际机会成本(MOC)。如果 $P < MOC$,会刺激森林环境资源的过度使用;如果 $P > MOC$,则会抑制正常消费;只有当 $P = MOC$ 时,利用市场来配置资源才是有效率的,也最有利于森林环境资源的可持续利用。

(2)具有全成本定价的完备性 该理论确定的森林环境资源价格包含了开发、利用时投入的资金成本、引发的耗竭成本和产生的外部成本,将森林环境资源当前的成本、利润以及未来的收益统统考虑在内,特别适用于间接估算无法通过市场价格机制反映的成本或收益状况。因此,该理论较好地体现了完全成本的概念,符合经济社会发展的客观要求。

(3)克服重复计算的弊端 由于森林环境资源构成相对复杂,内部各成分间相互联系、相互作用,一种资源的利用往往会同时影响到对其他几种资源的产出。传统价值核算方法倾向于单独计算森林带来的种种生态效益,然后简单汇总,由此割裂了资源间的内在联系。而边际机会成本法将特定的森林环境资源作为一个整体加以考虑,逐一分析其边际生产成本、边际使用者成本和边际外部成本，从而有效弥补了传统价值核算中重复计算的弊端。

资料来源：国常宁等.《生态经济》2013年第5期

2. 市场定价

根据市场均衡理论，一种商品的价格是市场达到均衡时的价格，我们可以用图5-3来说明。某种环境资源的需求曲线 D 和供给曲线 S 的交叉点为该环境资源的市场均衡点 E_0，P_0 为该环境资源的市场均衡价格，Q_0 表示在市场均衡时，该环境资源的市场需求量和供给量。

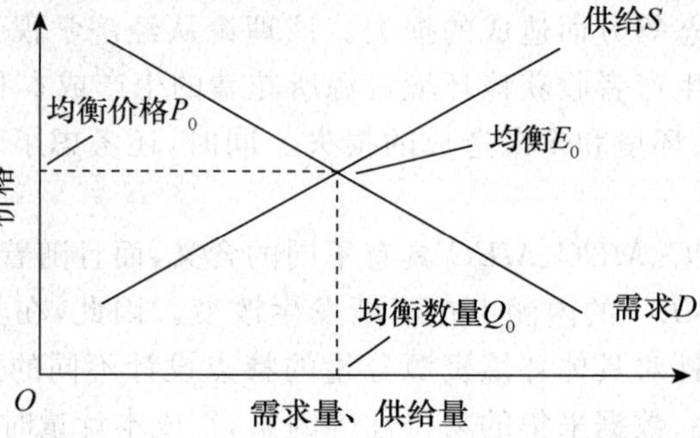

图5-3 环境资源的市场定价

党的十八届三中全会通过的《中共中央关于全面深化改革若干重大问题的决定》对资源价格改革指明了方向，决定指出：

(1)经济体制改革是全面深化改革的重点，核心问题是处理好政府和市场的关系，使市场在资源配置中起决定性作用和更好地发挥政府作用。

(2)大幅度减少政府对资源的直接配置，推动资源配置依据市场规则、市场价格、市场竞争，实现效益最大化和效率最优化。

(3)完善主要由市场决定价格的机制。凡是能由市场形成价格的都交给市场，政府不进行不当干预。推进水、石油、天然气、电力、交通、电信等领域价格改革，放开竞争性环节价格。

(4)加快自然资源及其产品价格改革，全面反映市场供求、资源稀缺程度、生态环境损害成本和修复效益。

使市场在资源配置中起决定性作用和更好地发挥政府作用，是一个崭新的提法，也是一个重大理论观点。按照"市场在资源配置中起决定性作用"的要求，今后市场定价将成为资源价格的主要形成机制。

第三节 环境资源的核算

一、基本概念

环境资源核算，是指对一定时间和空间内的环境资源，在合理调查评估的基础上，从实物、价值和质量等方面统计、核实和测算其总量和结构变化并反映其平衡状况与投入产出效益的行为。环境资源价值核算框架属于对环境资源价值的总揽，总体核算形式使我们了解到各个资源环境指标在核算中的坐标位置，有机地联结了环境资源与经济之间的各种关系。

环境资源核算的提出，是源于传统的国民核算体系只计算劳动创造的价值，不考虑自然资源与环境的核算。这里所指的国民核算体系也就是一个国家或地区的社会经济发展的测量系统。因此在很大程度上，它是一个有缺陷的，同时也是没有持续能力的经济核算体系。所以，改革现行国民核算体系的重要内容之一，就是建立环境资源与环境的核算体系（包括框架、理论与定价方法），用“绿色 GNP”（即可持续收入）取代传统的 GNP（国民生产总值）或 GDP（国内生产总值）。

环境资源核算可分为环境资源实物量核算和价值量核算。实物核算与价值核算并不是互相独立的，一般来说，实物核算是价值核算的前提或基础。按核算对象划分，可分为个量核算和总量核算。以核算时间划分，环境资源核算可分为存量核算和流量核算。其中，存量核算适用于评估某一时刻的资源总量及其与经济总量的关系，也可用于比较不同地区之间的资源存量。流量核算适用于认识一个国家或一个地区环境资源基础随经济增长而发生的变化，可分析资源流与经济流的动态关系。

环境资源核算一般遵循以下程序进行。

（1）环境资源分类界定　即对某一地区全部环境资源进行严格界定，如环境资源包括土地、矿产、水、森林、生物、能源等资源。

（2）环境资源实物量统计　统计内容包括环境资源数量、质量性状及利用状况等。如土地包括耕地、园地、林地、草地、城镇村及工矿用地、交通用地、水域、未利用土地等八大利用类型。

（3）环境资源各分类实物量存量和增减流量核算。

（4）环境资源估价，即环境资源单位价格估定与总价值量核算。

（5）环境资源综合核算　即环境资源价值量加总，并与前期环境资源价值量比较，分析增减量及原因。

二、环境资源核算的重要性

国民经济核算体系的种种弊端表明，进行环境资源核算及将其纳入国民经济核算体系的重要性。其重要性主要表现为以下几方面。

（1）有助于建立衡量环境资源状态变化的综合指标，全面、客观地评价经济社会发展的状况　虽然我们已建立了社会再生产资源基础及保障系统的统计资料体系，但仅是一些实物计量，并未与现行的国民经济核算体系融为一体，GDP 的变化未能反映环境资源状况的变化，最基本的环境资源的损耗和补偿未能计入国民经济核算，使得依据 GDP 对国民经济变化过程及结果所作的评价产生偏差。资源与环境核算的建立可有效消除这种系统偏差，并找到衡量资源与环境状态变化的综合指标。

（2）可以准确地估价自然资源对长期增长的保障程度，有助于全面、客观地评价未来发展的潜力　各类社会财富的存储量，包括自然资源的存量，决定了一个国家中长期发展潜力。

（3）有助于界定自然资源资产的产权关系　财产产权的实际经济意义在于依据产权获得经济收益，并反过来依据这种经济收益评估所拥有资源的价值，实现资源交易过程。在我国，由于产权的“弱化”和“虚幻化”，并且缺乏对资源的实际市场评估，在界定产权和启动资源与环境市场时，资源与环境核算可发挥操作工具的有效作用，启动后的资源与环境市场，又可以为我们核算资源与环境，建立资源环境与经济综合核算体系提供有利的条件。

(4)有助于确立环境资源有偿使用制度　有偿开发利用自然资源与环境，实质是把自然资源与环境作为资产来管理，用经济手段调节资源与环境开发利用中的各种利益关系，这是集约开发利用自然资源与环境的根本途径。环境资源核算作为一种操作工具，可用以确定环境资源使用权的让度与收益的分配。

(5)有助于资源的有效管理　国家对资源利用活动的有效管理，需要资源核算提供准确的资源信息基础保障。国家资源与环境管理体系的任何一项有关资源与环境利用的决策，都要依据准确的信息，如存量及等级水平、消耗量及消耗速率、价值量及变化等。特别是在运用各种经济手段调控资源与环境利用过程的活动中，更需要掌握各种资源与环境价值评估方面的信息。

虽然开展环境资源核算并纳入国民经济核算体系本身并不能直接解决潜在的环境资源危机，但该工作可为科学有效地利用自然资源提供判别标准、信息基础和操作工具。

三、环境资源实物量核算

环境资源实物量核算属于国民经济核算体系的附属核算，是对国民经济核算体系基本核算表和国民经济账户的补充，是国民经济核算的重要组成部分。随着环境资源问题的日益突出和人口资源与人力资本对我国社会经济发展影响的日趋重要，客观上需要逐步建立并实行环境资源核算制度，以系统地反映我国可持续发展战略的实施进程，反映全面建设小康社会目标的实现程度。

环境资源实物量核算工作就是要对我国经济领土范围内的全部环境资源，在核算期初、期末的实物存量状况及核算期内的变动情况进行描述，以反映国民经济运行所依赖的环境资源，反映经济活动与环境资源、人口资源等之间的相互影响和相互作用。

1. 概述

(1)核算对象　环境资源实物量核算的对象，是一个国家或某一地区内所有环境资源，如土地资源、森林资源、矿产资源、水资源等。

(2)核算目的　经济活动与环境资源之间存在着密切的关系。开展环境资源实物量核算的目的，就是通过资源资产的存量及其变动的核算，反映资源要素与经济增长之间的相互关系；通过环境资源的存量及其变动的核算，反映资源要素与经济可持续发展之间的相互关系，从而为人们认识和分析环境资源与经济活动之间的相互关系提供依据，为开展经济与资源环境核算奠定基础。

(3)核算记录时间　资源存量时间包括：土地、矿产、森林资源期初、期末实物存量以编表时点数据记录；水资源本期与上期实物量状况以本年度和上一年度核算期累计数据记录。

资源数量变化记录时间包括土地、矿产、森林资源在核算期内的变动及水资源在两个核算期之间的变动，可分为由交易引起的数量变动和非交易引起的数量变动。由交易引起的数量变动，所有权变动的时间就是核算的记录时间。由非交易引起的数量变动分为增加变动和减少变动；增加时，矿产资源应在经济发现时记录，其他环境资源应假定其增加是连续的，在被调查时记录；减少时，包括突发性减少和均匀连续性减少，在数量减少、质量下降时或被调查时记录。

(4)核算单位　根据各种资源的不同性质，环境资源实物量核算选用相应的实物量单位作为核算单位。如土地资源为万公顷或万亩,森林资源为百公顷和百立方米,矿产资源为亿立方米、亿吨、万吨、吨、千克,水资源为亿立方米等。

(5)地域原则 环境资源是在一定地域范围内,具有一定数量和质量的实体性自然环境要素的总和,具有很强的空间确定性。因此在反映环境资源总体状况的基础上,反映各地区赋存的环境资源数量规模与质量特征也是实物量核算的重要方面。因此需要以行政区划为基础划定环境资源核算的地域范围,地域范围划到哪里,环境资源的存量就核算到哪里,其增加、减少与调整变化也就以哪里为界限核算。

2.环境资源实物量核算方法

环境资源实物量核算根据不同的环境资源所共有的经济资产性质,将土地、森林、矿产和水 4 种环境资源统一合并到资源资产这一指标上来,通过实物量核算实现由环境资源的分类统计到综合核算的转换,综合、系统地反映整个环境资源要素与国民经济活动之间的相互关系。

首先,确定环境资源实物量核算期。根据各类环境资源数据的调查方式与特征,土地、矿产资源的核算期确定为 1 年,年初、年末为存量核算的期初、期末时点,日历年度为流量核算期间;森林资源的核算期确定为 5 年,第 1 年年初为存量核算的期初时点,第 5 年年末为存量核算的期末时点,5 个日历年度之和为流量核算期间;水资源的核算期为 1 年,但没有期初、期末时点之分,用核算年度和上一年度的水资源状况代表期初、期末时点存量,核算年度与上一年度水资源变化量称之为流量变动。

其次,根据基础资料编制环境资源的期初与期末实物存量表,再根据"期末存量－期初存量＝本期增加－本期减少±本期调整变化"的平衡关系,以期末减期初的净变化量为总控制数,编制环境资源实物量变动表。

引起本期增加或减少的因素包括自然因素、经济因素、分类及结构变化因素等。自然因素有森林资源的自然生长与死亡、病虫害及火灾、水资源的降雨量变化等;经济因素包括矿产资源的勘探和开采、森林资源的种植与养护、采伐等。

核算期调整变化的因素主要是科技进步、成本变化、核算方法改变等。科技进步因素是指原科学技术无法认识与利用的环境资源因科技进步而转为可认识并可以利用而引起的增加;成本水平变化因素是指因经济成本太高而无法经济利用的环境资源,由于经济发展、成本水平降低而转为可以经济利用引起的增加;核算方法改变因素是指因核算理论与方法的完善而改变核算方法引起的核算数据的增减变化。

3.环境资源的存量和流量

通常,实物量核算方法都是用物理单位表示的数据或信息来描述物质和能源的存量和流量,而且还可以扩展为标准的实物投入产出分析。也就是说,自然资源实物核算包括存量核算和流量核算。存量和流量是两个重要的环境资源经济学概念。环境资源的存量是指在一定的经济技术水平下可以被利用的资源储量。在某一固定的时间点上,环境资源存量是一个确定的数值。但是随着社会经济的发展,科学技术水平的提高,已探明的资源不断被利用,新的资源不断被发现,在一个动态的时间范围内,资源的存量又是不断变化的。

在环境资源核算中,常常看到诸如从环境资源存量"获取""提取"或"得到"多少资源用于生产和消费部门等这一类的描述。通常,这其中最直观的描述方式,就是从自然资源存量中利用多少原材料(如木材、矿产)用于工业部门。当然,人为活动促成的实物流量变化,并不是唯一的实物核算内容。自然过程(如森林火灾、滑坡)也可能引起某种特殊资源的减少。

实物核算也可用来描述一种资源存量投入或增加的情况,如通过自然增长或再生以及植树造林来使林地面积增加。此外,人们还可以把实物核算扩大到那些影响某种存量的质量或生产率的投入和产出变化描述方面。这类存量的范围较广,如土壤侵蚀流失、土壤酸化或盐碱化、污染或淤塞引起的鱼类栖息地退化、农田和林地转换成城市用地以及野生生物数量的减少等。

资源存量与一些资源储量的概念相关。资源储量可分为已探明储量、未探明储量和蕴藏量。已探明储量是利用现有的技术条件,对资源位置、数量和质量得到明确证实的储量。它又分为:可开采储量,即在目前的经济技术水平下有开采价值的资源;待开采储量,即储量虽已探明,但由于经济技术条件的限制,尚不具备开采价值资源。在技术条件不变的情况下,待开采储量转变为可开采储量,在很大程度上取决于人们对这些资源的支付意愿。

未探明储量是指目前尚未探明,但可以根据科学理论推测其存在或应当存在的资源。它分为:推测存在的储量,即可以根据现有科学理论推测其存在的资源;应当存在的资源,即今后由于科学的发展可以推测其存在的资源。

资源蕴藏量等于已探明储量与未探明储量之和,是指地球上所有资源储量的总和。因为价格与资源蕴藏量的大小无关,所以蕴藏量主要是一个物质概念而非经济概念。对于可耗竭资源来说,蕴藏量是绝对减少的;对于可更新资源来说,蕴藏量是一个可变量。这个概念之所以重要,是因为它代表着地球上所有有用资源的最高极限。

从图 5-4 可以看出,环境资源储量的利用程度取决于经济可行性和技术可行性。纵坐标从上到下表示开采成本不断提高,资源利用的可能性逐渐降低。横坐标从左到右表示技术难度逐渐增加,资源利用的可能性逐渐降低。这两个方面都包含时间概念,但没有表示时间的尺度,这是因为不同类别的资源在不同时间内会有不同的开发利用形式。

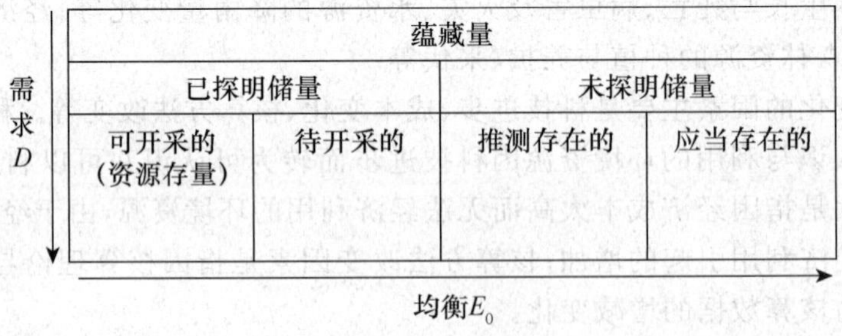

图 5-4 资源储量

掌握已探明储量、未探明储量和蕴藏量这 3 个概念的区别与联系非常重要,在实际工作中就不容易出错。如果把已探明储量当作资源蕴藏量,再根据目前的资源消费水平估算地球上的资源还能使用多少年,就会得出非常悲观的结论。例如,1934 年有人估计铜的蕴藏量(实际上是已探明储量)只够开采 40 年,而 1974 年铜的已探明储量被证实还能开采 57 年。罗马俱乐部 1971 年发表的《增长的极限》也犯有类似的错误。实际上,这种计算方法只有在以下两个条件下成立:①资源消费量一直保持不变,直到资源耗竭;②即使外界条件发生变化,已探明储量也不会增加。而以上两个条件都是不现实的,需求会随着价格的变化而变化,储量也可能增加。所以这种计算方法是不正确的。

另一个错误是认为全部资源蕴藏量都是可利用的，即把所有资源看成是同质的，认为人们愿意为最后一个单位的资源付钱。如果价格是无限增长的，那么最后一个单位的资源蕴藏量也有可能被开采，然而价格不可能无限增加，总有一些资源由于开采成本过高，最终不会被利用。因此，资源的最大可利用量是小于资源蕴藏量的。更确切地说，可能被利用的最大资源储量是不能以某一具体数字来表示的。

环境资源的流量是指在一定时期内的资源流入量和流出量。例如，可更新资源的再生量和可耗竭资源的开采量。影响资源流量的因素包括自然的新陈代谢和人为的干预。在一定的时期内，资源流入量减去资源流出量，就等于资源净流量。资源净流量可以反映环境资源的消耗速度。

为了说明环境资源的存量和流量的关系，我们可以用一个公式来表示：

$$\begin{aligned}\text{期末存量}&=\text{期初存量}+\text{期内净流量}\\&=\text{期初存量}+\text{期内资源流入量}-\text{期内资源流出量}\end{aligned}\tag{5-3}$$

式中：期内资源流入量包括新发现量、生长量、补充量、重估增值量等，期内资源流出量包括开采量、各种损失量、重估减值量等。

表 5-4 是一个资源核算账户，可以很好地说明存量和流量的关系。

表 5-4　环境资源的存量和流量的关系

账户类型	结构
期初存量	
期内增量	
	新探明量（例如矿产资源、能源）
	人工恢复（例如森林资源、土地资源）
	自然生长（例如森林资源、渔业）
期内减量	
	经济使用
	生产用
	生活用
	其他损失
期末存量	

4. 环境资源实物量核算的优缺点

实物量核算的最大优点是，它能够利用已有的环境和生态方面的信息，核算出一种物质资源的现有存量及其耗竭或再生的趋势，而无须把它们转换成其他单位或给资源赋予货币价值。环境信息种类繁多、参差不齐，尤其是目前所用的衡量单位。例如，石油和矿产常用桶或吨表示，而木材则用立方米或公顷来表示，污染物排放可用吨或 mg/m^3 等来表达。实物核算本身所包含的这些特征，使人们得到了这样一种可能，即利用投入产出方法跟踪某种特殊资源的变化状况。

实物核算的主要缺点就是很难把实物信息完全纳入现行的国民核算体系（SNA）。由于两个体系单位不同，从而限制了在评价经济增长持续能力时与传统核算指标的可比性。在这方面，即使在工业化国家也没有关于自然系统的综合可得的物理数据。此外，只对物质的实际流量进行核算，并不能反映它们对环境或人类福利产生的正负影响，同时也不能使经济决策者理解经济政策对自然环境和资源的影响，从而也就无法把自然环境和资源因素纳入经济决策之中。目前，许多环境经济学家认为，根据实物核算建立一个完整的有说服力的指标体系将需要走一条漫长的路。但是，这种体系一旦建立，将有助于让决策者和公众了解有关环境与自然资源的状况。

专栏 5-3　挪威森林资源核算

挪威已经建立了自然资源核算体系，并进行了森林资源核算。下表是挪威核算森林资源的一个简化模型。目的是要显示核算的基本原理。森林期初存量是 61693 万 m^3，1097 万 m^3 的原木被采伐并进入经济领域，加上进口和出口，成为木材加工业和最终使用部门的初始供给。

表 5-5　挪威森林资源核算：一个简化模型

项目	森林/万 m^3
期初存量(1985 年 1 月 1 日)	61693
＋期内增加	2059
－自然损失	165
－总采伐量	1163
其中：废弃木材	66
净采伐	1097
期末存量(1985 年 12 月 31 日)	62424

资料来源：OECD. Natural Resource Accounts: Taking Stock in OECD Countries. Paris，1994：13

四、环境资源价值量核算

在环境资源实物量核算的基础上，可以核算环境资源的价值。关键点是确定环境资源的价格。概括而言，环境资源价值评价方法可归纳为市场法、净价法和成本法(图 5-5)。

(1)市场法　市场法是对市场发育相当成熟、运行比较规范的自然资源(土地、矿产、森林、水产等)，可对环境资源价格进行估价。

(2)成本法　成本法通过分析环境资源价格构成及其表现的形式进行推算。比如，水资源价格的计算公式可表现为：

$$\text{水资源价格}=\text{获取水的成本}+\text{平均利润}+\text{平均税金} \tag{5-4}$$

(3)净价法　环境资源的价格为采用资源产品市场价格减去自然资源的开发成本。比如，矿产资源的价格为：

$$P=P_f-C_f(1+P_r)-P_t \tag{5-5}$$

式中：P 为该资源的价格；P_f 为该产品的市场价格；C_f 为矿山采选总成本；P_r 为采矿部门平均利润率；P_t 为运输费用。

整体而言，价值量核算方法的优点是，该种核算能使自然环境资源的环境功能和市场功能都采用一个统一的衡量尺度，即用金钱来表示，以便两种功能或作用融为一体。但是，在实践

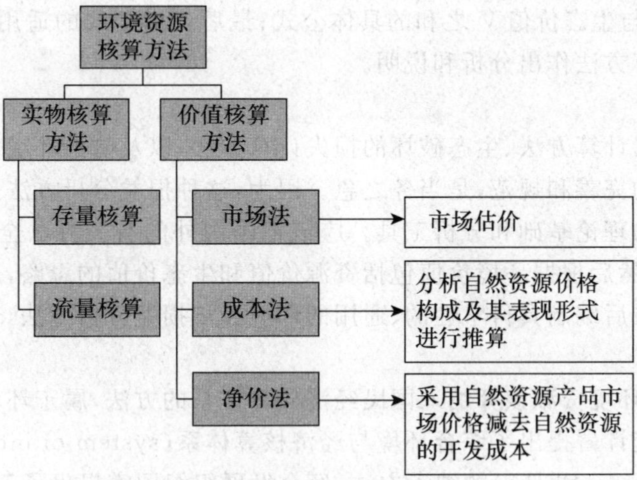

图 5-5 环境资源核算方法

中，由于一系列的原因，这种方法将会变成一个棘手的问题。一个关键的挑战，就是如何在宏观经济模型中体现出非市场的交易，即如何为自然环境资源物品确定一个货币价值或“影子价格”，以便用这种价值或“价格”直接与那些供给市场的物品或服务的价格相比较。尽管从理论上来说，制定影子价格是可能的，但实际的制定过程较为复杂并具有争议。因为在现实中没有任何市场能使自然环境物品（如清洁水或美丽的景色）的价格得到表现，因此往往借助一些间接市场的信息来求取这些物品或劳务的价格，而这些定价方法又将导致进一步的争论和困难。

价值核算法的难度和争议性，一般随着环境和资源的种类不同而变化。不同类型的环境物品和资源，往往要求采用不同的评价方法。如果某种资源是直接甚至间接作为一个生产部门的原料，那么为这种资源确定一个货币价值，相对来说就比较容易。例如，像森林和鱼虾这类可再生资源就可采用类似于人造资本资产折旧的方法进行折旧定价。原则上，那些以实物自然资源存量形式出现的资本资产，也可保持资产价值不变甚至增值。如果在一个地方不能够按一个技术上可行且又能使资本不受损害的速度来实现资源的再生产或储存，那么就可以对那些从自然资源中得到净附加值的活动进行收费。这一点与国民核算中资本消费或折旧的处理方法是一样的。自然资源消费的收费，应该促使资源的持续保护和恢复，并体现出资源利用的真实利益。

概括而言，以实物形式出现的自然资源（如森林、矿产、土地、草原和水资源等）的价值核算，不论从理论上还是在实践中，都还是能够实现的。相对来说，有关环境质量和一些舒适性自然物品（如景观、古迹）的价值核算却要困难得多。这也是各国首先考虑如何将自然资源核算纳入国民经济核算体系的原因所在。相关的技术方法详见第六章内容。

五、环境资源核算的难点

进行环境资源核算并将其纳入国民经济核算体系，是一项开拓创新的事业。它需要解决以往未能很好解决的问题，亟待国内和国际众多专家共同努力。从目前情况看，主要存在以下4个问题。

1. 定价技术

首先，要在理论上和全社会中确立环境资源有价的观点；其次在此基础上，建立环境价值

W 等于资源价值 P 与生态价值 V 之和的具体公式;最后要对公式的适用范围、限制条件以及各项参数的具体测算方法作出分析和说明。

2. 损益分析

环境污染的损失计算方法、生态破坏的损失计算方法,以及防治环境污染和生态破坏的成本和效益分析方法的完善和规范,是当务之急。因为,这种损益分析方法是制定和实施环境与经济协调发展政策的理论基础和分析工具。应该把国内外的有关方法全分类,对每一方法进行评价、鉴定、分类,然后根据环境价值包括资源价值和生态价值的思路,逐项加以补充、修订、完善,使之规范化,最后编制具科学性的、通用的环境经济损益分析方法,便于普遍推广应用。

3. 纳入渠道

纳入渠道,是将环境资源核算纳入国民经济核算体系的方法,属于环境与经济有机结合的联系纽带。联合国统计署提出了综合环境与经济核算体系(system of integrated environmental economic accounting,SEEA)的纳入方法;经合发展组织国家提出了卫星账户的纳入方法;我国也提出了从国民经济产值、国民财富和投入产出平衡 3 个渠道,把环境资源核算纳入国民经济核算体系的建议。这些方法都需要通过试点应用加以检验、修订和完善。国内外政府和学者也一直尝试建立新的纳入渠道以期取得更好的效果。

4. 指标体系

核算体系及其主要指标对经济社会发展具有明显的导向作用。科学、合理的核算指标体系能够引导经济社会健康、持续地向前发展;片面、不科学的核算指标体系则可能把经济社会发展引入歧途。因此,核算指标体系必须根据环境与经济紧密、有机结合和协调、持续发展的要求来设计。这样的指标体系,大体上有 3 个层次:基层指标主要是实测和描述性指标;中层指标主要是分析性指标,其中大多数可根据基层指标计算出来;高层指标主要是环境价值总量指标及其与宏观经济总量指标接口的指标。这样的指标体系现在还不完善,应该根据环境与经济协调发展和环境与经济综合核算的要求,尽快研究如何建立起来。

复习思考题

1. 试阐述环境资源价值构成及各构成部分的优、缺点。
2. 简述环境资源的分类及其特点。
3. 量化环境资源价值的技术已经演变成为一个十分专业而且内容繁杂的领域。试简述其运作程序和应用对象。
4. 什么是环境资源的存量和流量?两者间有何关系?
5. 简述环境资源实物量核算的技术要点。

第六章

环境影响的费用效益分析

我们不要过分陶醉于我们对自然界的胜利，对于每一次这样的胜利，自然界都报复了我们。

——恩格斯《自然辩证法》

本章学习目标

1. 了解费用效益分析的基本概念和理论基础；
2. 熟悉环境费用效益分析的步骤；
3. 理解并熟练运用环境质量的效益评价技术、费用评价技术；
4. 掌握几种常见环境问题的经济损失计算方法和参数选择。

引导案例

三峡水利枢纽工程

三峡工程全称为长江三峡水利枢纽工程。1992 年 4 月 3 日，七届人大五次会议审议并通过了《关于兴建长江三峡工程决议》。1994 年 12 月 14 日，三峡工程在前期准备的基础上正式开工。

工期

三峡工程分三期，总工期17年。一期工程5年(1993—1997年)，除准备工程外，主要进行一期围堰填筑，导流明渠开挖等。二期工程6年(1997—2003年)，工程主要任务是修筑二期围堰，左岸大坝的电站设施建设及机组安装等。导流明渠截流是二期工程转向三期工程建设的重要标志。三期工程6年(2003—2009年)，本期进行右岸大坝和电站的施工，并继续完成全部机组安装。届时，三峡水库将是一座长达600 km，最宽处达2000 m，面积达10000 km^2，水面平静的峡谷型水库。

工程投资

经国家正式批准的三峡工程初步设计静态总概算(1993年5月末价格，不包括物价上涨及施工期贷款利息)为900.9亿元。其中枢纽工程投资500.9亿元，水库淹没处理及移民安置费用400亿元。三峡工程施工期长达17年，且其资金来源多元化，计入物价上涨及施工期贷款利息动态总投资，估算约为2039亿元。近年由于我国经济发展、物价稳定、利率下调，预测三峡工程总投资不会超过1800亿元。

工程效益

三峡工程是中国，也是世界上最大的水利枢纽工程，是治理和开发长江的关键性骨干工程。它具有防洪、发电、航运等综合效益。防洪：兴建三峡工程的首要目标是防洪，有效控制长江上游洪水。经三峡水库调蓄，可使荆江河段防洪标准由现在的约10年一遇提高到100年一遇。发电：三峡水电站总装机容量1820万kW·h，年平均发电量846.8亿kW·h。它将对华东、华中和华南地区的经济发展和减少环境污染起到重大的作用。航运：三峡水库将显著改善宜昌至重庆660 km的长江航道，万吨级船队可直达重庆港。航道单向年通过能力可由现在的约1000万t提高到5000万t，运输成本可降低35%～37%。

筑起科技强国的“三峡工程”

今天，三峡大坝正在以自主创新的雄奇英姿，全面发挥防洪、发电、航运、供水及环境生态等综合效益。2018年4月24日下午，习近平总书记考察三峡大坝时深情地说：“三峡工程是国之重器，是靠劳动者的辛勤劳动自力更生创造出来的。”他进而强调，“真正的大国重器，一定要掌握在自己手里。核心技术、关键技术，化缘是化不来的，要靠自己拼搏。”

三峡工程何以“能”？“能”在我们主要靠自主创新、攻坚克难、兼收并蓄，创造了100多项世界之最，建立起100多项工程质量和技术标准，标注了人类水利工程史上的辉煌成绩。其背后，是社会主义中国集中力量办大事的制度优势。中国有能力组织科技攻关，有恒心搞好“国产替代”，有决心推动自主创新，进而不断攀登发展制高点。从“两弹一星”，到高铁、航母，中国下决心攻克一个难题，就不会“中途退赛”“前功尽弃”，决胜只是时间问题。

数据显示，2017年中国科技进步对经济增长贡献率达到57.5%，成为推动经济增长的“第一动力”。然而，也必须看到，在一些关键领域、关键环节、核心技术方面，我们的整体技术力量仍不如一些发达国家。高新技术自主开发能力不强，已经成为困扰中国“硬实力”和“软实力”拓展的结构性短板。比如，目前世界上只有美英法俄4国能生产适合大型客机的优质发动机，中国工业互联网的核心技术还受制于人；比如我们大量数字产品“缺芯少魂”，

"中国芯片"远未打造成为"中国名片"。国家要强大、民族要复兴，必须靠我们自己砥砺奋进、不懈奋斗，通过自力更生，攻坚克难，倒逼自主创新，加快突破核心技术，把"大国重器"握在手里。

2018 年是中国改革开放 40 周年，对外开放已经把国际竞争变成中国绕不开的"衡量标尺"，我们或者在"跟跑"中达标，或者在"并跑"中超越，或者在"领跑"中示范。既搞好引进消化吸收再创新，又坚持自主研发、自主发展，有效破解核心技术不强这个最大障碍，加快消除核心技术受制于人这个最大隐患，我们就一定能用一个个核心技术突破的"三峡工程"，托举起中华民族伟大复兴中国梦的实现。

资料来源：史鹏飞．筑起科技强国的"三峡工程"．(2018－04－29)[2021-06-28]．http://www.gov.cn/xinwen/2018-04/29/content_5286798.htm.

第一节　环境费用效益分析概述

一、环境费用效益分析的相关概念

1．财务分析

财务分析(finance analysis，FA)，又称财务评价，它是指在国家现行的财税制度和价格体系下，对企业项目的费用和效益进行分析评价，编制财务报表，通过评价指标考察项目的盈利能力及清偿能力等，据以判定项目的可行性的经济分析方法。常采用的指标包括财务净现值、财务净现值率和财务内部收益率等，通过贴现现金流量的方法予以计算。

作为微观的经济评价方法，财务分析仅从个人和厂商的自身利益角度出发考虑项目投资的微观财务盈利能力和清偿方面的问题，或者说是只考虑项目的直接货币成本和项目所产生的财务效益，而忽略了相关的、间接的以及非货币的费用和效益。

2．经济费用效益分析

第二次世界大战后，西方政府出资投入公共设施建设，但鉴于公共工程性与社会福利性的项目，如水力发电、道路建设、防洪等，均以宏观经济效益与社会效益为主，无法采用项目的财务分析手段予以评价。于是，经济费用效益分析方法在西方资本主义国家应运而生。

经济费用效益分析(economic cost benefit analysis，ECBA)，有时也被称为成本效益分析、效益费用分析、经济分析、国民经济分析或国民经济评价等。它主要运用经济学、数学和系统科学等方面的理论，按照一定的程序和准则，对工程项目、建设规划、社会计划等的费用与效益进行分析，为决策的制定或进一步改进提供科学依据。分析指标通常可分为静态分析和动态分析两类，具体包括净效益现值、效益费用比、增量费用比等。目前，大多数政府部门和国际机构都采用费用效益分析作为其主要的项目评估方法。

作为现代福利经济学中常用的分析方法，经济费用效益分析与财务分析相比，虽然二者均能采用类似的评价方法、指标从经济可行性方面判断一个项目方案的合理性，但二者的评价角度完全不同。经济费用效益分析是从全社会的角度出发，分析项目对整个国民经济乃至整个社会的费用效益问题和净贡献大小来考察项目的经济合理性，其最终目标是提高资源配置效率。该方法还要考虑项目对其他部门的间接的和外部的各种相关效益，有时甚至还包括一些难以定量化的效益和费用。此外，经济费用效益分析方法会采用能够反映资源真实经济价值的“影子价格”来计量项目的费用和效益；而财务分析采用的是实际的市场价值来计算项目的费用和收益。

费用效益分析是对人类行为定量、综合分析的一种方法，它原则上要求考虑所分析行为的一切影响，并把这些影响转换为货币值来表现；在综合分析一切费用和效益的基础上，对该行为的价值作出判断；当该行为的总收益大于总损失时，该行为是可取的。而人们在进行经济费用效益分析的时候对“一切影响”“一切费用和效益”的判断存在片面性，特别是忽略了对环境、自然资源等的考量。

3. 费用效果分析

虽然经济费用效益分析一般只对直接的资源投入和产出效益进行评价，但有时不仅包括直接的、货币的效益和费用，而且还包括间接的、非货币的效益和费用，甚至包括一些非经济的效益与费用，所以很难将所有费用与效益货币化。这时，往往会使用另外一种常用的项目经济评价工具——费用效果分析方法。这种方法通过比较项目的各个可以替代方案的费用和效果来达到特定目标，通常是以最小的可衡量的货币成本达到某种特定要求或者在有限的预算内使产出物的某些效果达到最大。

该方法与费用效益分析方法的区别在于：效益的度量是可定量的或可货币化的，可与费用相加减；而效果则是定性的或不可货币化的，与费用不是同一量纲。前者只能运用于同一类项目的不同方案之间的比较，而后者可运用于对不同类型项目的比较。由此可见，费用效果分析在运用时表现出较强的主观性，导致其结论缺乏足够的科学性。

4. 环境费用效益分析

人类的各种活动行为（如政策、规划和开发项目等）必然会对环境及自然资源配置造成影响。近几十年来，全球经济飞速发展的同时，也带来了一系列生态环境破坏、资源过度消耗等问题。在进行项目分析时，传统的经济费用效益分析方法往往关注项目投资者的盈利及开发过程中的费用，而对环境质量影响方面没有给予足够的重视。环境影响由于没有价值计量，无法纳入一般的项目经济分析中，从而无法科学准确地反映拟建项目的社会净效益。

20 世纪 70 年代以来，由于环境污染事件频发、环境问题日益凸显，经济学家提出在进行可行性论证时不能只分析技术、经济等方面的合理性，还应考虑其环境影响。因此，需要评估这些影响，以确定是否应该颁布或执行某项政策或规划，是否应该开发和建设某个项目。环境费用效益分析就是评估这些影响的主要的评价技术，是经济学家用来评价项目合理性的最普遍应用的方法。通过对环境影响进行价值评估，从而把人们对环境的关注纳入项目的可行性研究中，是建立在企业财务分析和开发项目的环境影响评价之间的桥梁。只有这样，才能对政策、规划或项目方案的实际价值有科学的理解和判断，才能既预见到项目方案的经济后果，还能预见到项目方案的环境后果。因此，经济学家开始把经济费用效益分析方法应用于环境污染控制的决策分析中，对环境质量的变化进行评估。

环境费用效益分析是费用效益分析理论和环境科学结合的产物，是全面评价某项活动综合效益的一种方法。在项目的经济分析中，应对环境因素给予足够的重视，环境费用效益分析方法就是对环境质量变化所带来的费用和效益进行评估的一种主要经济手段。

作为一种经济评价工具，环境费用效益分析是鉴别和度量一个项目或规划的经济效益和费用、探索合理的调节经济再生产过程与环境物质交换的方法，要求以最小的劳动消耗，取得最佳的环境效益和经济效益。该方法已在水资源管理、大气污染控制、自然资源的保护等环境管理决策中得到日益广泛的应用。其基本思路是，在分析某项活动的经济效益、环境效益的基础上，通过一定的技术手段，将环境效益转化为经济效益，然后将环境效益和经济效益相加，所求得的就是综合经济效益。它的特点是对拟建项目的环境影响进行全面分析，包括直接的、有形的影响，也包括间接的、无形的或难以计量的影响。对能够定量的、并能用货币表示的尽量将其货币化，对不能定量或无法用货币表示的，则进行定性描述。然后，对各备选方案的全部费用和效益加以比较，从中选出理想的方案。

二、费用效益分析的产生和发展

虽然环境费用效益分析的迅速发展是20世纪70年代以来的事情，但费用效益分析的思想雏形和一些做法可追溯到19世纪，甚至追溯到17世纪。具体经历了如下几个阶段。

(1)1667年，英国威廉·佩蒂爵士(Sir William Petty)在伦敦用于防治瘟疫的公共卫生费用取得了84∶1的效益费用比。1808年，美国财政部秘书阿尔伯特·葛莱汀(Albert Gallatin)提出将费用和效益比较应用于水利工程项目中。1844年法国工程师朱力斯·杜波伊特(Jules Dupuit)发表了一篇题为《论公共工程效用的衡量》文章，认同了“消费者剩余”的思想，提出一个公共工程全社会所得的总效益是一个公共项目的净生产量与相应市场价格相乘所得的社会效益的下限与消费者剩余之和。这个总效益就是一个公共项目的评价标准。这种思想后来发展成为社会净效益的概念，其中一些主要思想发展成了费用效益分析的基础。

(2)1950年，美国联邦流域委员会发表了一篇重要的报告《关于流域项目经济分析实践的建议》，为水资源领域的研究和摸索奠定了扎实的理论基础，被水利工程分析人员视为“绿皮书”，是对费用效益分析起纲领性指导作用的文件。1952年，美国联邦预算局发表了A-47号预算公告，这一公告为费用效益分析提供了实际指导。

(3)1952年之后，一些研究机构和学术团体又陆续发表了一批优秀著作，如1958年奥托·埃克斯坦(Otto Eckstein)出版的《水资源开发：项目评价的经济学》、约翰·克鲁蒂拉(John V. Krutilla)和埃克斯坦(Echesten)出版的《河流开发的多重目标：经济分析的应用研究》以及罗兰·迈肯恩(Roland McKean)出版的《通过系统分析看政府的效率》。同年，哈曼德(Hammond R. J.)的专著《效益—成本分析和水污染控制》中，分析了水污染控制的费用与效益问题，率先将费用效益分析应用于污染控制研究领域。

(4)20世纪60年代后，费用效益分析逐渐发展到水资源以外的一些领域。1962年，麦斯等人撰写了《水资源系统设计》一书，其杰出之处在于深入探讨了系统分析和计算机技术在费用效益分析领域内的运用。同年，罗伯特·多夫曼(Robert Dorfman)出版了《衡量政府投资的效益》一书，首次探讨了水资源领域外的一般意义上的费用效益分析。进入70年代以后，环境公害事件屡屡发生，经济学家开始将费用效益分析应用于环境污染控制决策分析中来，对环境质量的变化危害和效益进行评价。虽然美国经济学家曼哈德第一个把费用效益分析的原理应用于污染控制，而随后的发展则归功于美国未来资源研究所。该研究所为发展费用效益分析开辟了更广阔的领域，使费用效益分析在美国得到了较为广泛的重视和应用。

三、费用效益分析方法的实践应用

费用效益分析最初是作为评价公共事业部门的投资的一种方法而逐渐发展起来的，后来广泛应用于各种项目方案的社会效益评价，在环境经济效益评价中占有十分重要的地位。

1902年，美国联邦水利部门为评价水资源工程项目最早使用了费用效益分析方法，在其颁布的《河流与港口法》中规定：各项工程必须通过效益与费用的比较加以论证。同一年《联邦开垦法案》在美国颁布，并建立了开垦局，其目的是要发展西部土地的灌溉，该法案要求对项目进行经济分析。

1936年，美国联邦政府在《防洪法》中规定：在进行设计时，"对任何人收益的增长都必须超过预算的费用。"这是美国历史上第一部明确承认公共政策的效益和费用的法案。从此以后，美国把这种方法用于改进港口和内河航运等公共工程项目上，如著名的田纳西河流域工程规划。至此，费用效益分析方法开始正式成为评价工程项目的一种方法，费用效益分析方法也基本定型。同年美国《联邦航海法案》(Federal Navigation Act)的一项要求，为费用效益分析法的首次实际运用发挥了不小的作用。这一法案要求海军工程师在计划采用任何改善排水系统的项目时，要能够证明项目收益超过项目成本。为此，海军工程师专门研制了一套系统方法来测算项目成本和收益。

在第二次世界大战期间，美国将费用效益分析方法用于指导有限资源的合理使用及军事工程上，取得了良好的效果。但是，直到这一时期，费用效益分析在环境质量影响和社会影响等综合评价方面的研究还没有成为常规。

1969年，美国通过《国家环境政策法》后，费用效益分析方法被逐渐推广到水资源研究以外的其他领域，比如交通运输、文教卫生、人员培训、城市建设与规划、人类健康以及环境质量管理等方面。在这一时期，费用效益分析方法逐渐被发展中国家所接受，被广泛应用于污染防治及生态环境建设等方面。20世纪60年代后期，美国联邦政府开始实行"设计计划预算制度"，要求从费用效益的角度对政府的各级计划项目进行审查，查看项目是否合理。从此，各种形式的费用效益分析方法在实践中越来越受到关注。

1973年，美国颁布了《水和土地资源规划原则和标准》的文件，这时它的重点放到了国民经济发展、环境质量、区域发展和社会福利4个方面的正负效果上。美国卡特政府规定：所有可能对环境质量产生影响的政府项目在环境影响评价中都必须进行费用效益分析；政府所采取的经济措施等也要做费用效益分析。之后，该方法又先后被里根政府、克林顿政府等政府的总统行政命令所要求。

1982年2月，美国政府发布命令要求任何重大管理行动都要执行费用效益分析，行政命令强化了环境质量费用与效益评估的重要地位，这标志着经济学分析有可能进入国家政策的研究过程。至此，费用效益分析已经扩展到了对国家发展计划和重大政策的评价方面。

与美国相比，虽然英国、加拿大、日本等国也有一定的应用，但无论是在理论研究还是实践应用方面都处于相对落后的状态。例如，英国基本上只是在机场和桥梁等交通运输领域项目中采用费用效益分析方法。1970年英国伦敦第三机场的场址方案选择就进行了空前规模的费用效益分析。这个分析几乎把所有的费用和效益都进行了量化，如吸引旅客的多少，旅客到机场的费用，旅客多花的时间的费用和减少噪声的费用等。但在实际评估程序中，对环境影响的评价仍明显不足。直到1990年，英国政府才开始修订有关环境影响的费用效益分析程序，并于1991年颁布了对政策环境影响评估的指导性文件。

近年来，世界各国正在研究如何将费用效益分析用于自然资源领域和环境质量管理中，而且已经出版了不少专著、手册，其中包括了大量实例研究。在我国，建设项目的环境影响评价工作取得喜人的成绩，使建设项目决策更加科学化，环境费用效益分析方面亦有了长足的发展。在理论与实践方面都作了不少研究工作，特别是在《公元2000年环境预测与对策研究》中，全国几乎所有的省都作了初步的探索，首次对我国环境污染造成的经济损失进行了系统的计算和分析。2006年原国家环境保护总局和国家统计局完成了《中国绿色国民经济核算研究报告2004》，计算环境价值量采用了污染损失法和治理成本法两种方法。除了宏观区域性的费用效益分析之外，对建设项目的环境影响费用效益分析也作了尝试。但总的来说，由于环境费用效益分析涉及面广，需要的信息量大，特别是在基础科研方面需多学科的支撑，环境费用效益分析研究和应用还存在着不少问题，在理论和方法上还有待进一步完善。

专栏6-1　世卫组织：气候治理收益远高于成本

世界卫生组织于2018年12月5日在波兰卡托维兹举行的联合国气候变化大会上发布报告说，减缓气候变化为人类健康带来的好处远高于投入成本。这份题为《健康与气候变化》的报告说，引发地球气候不稳定的人类活动也直接影响健康。全球每年大约有700万人因空气污染丧生，由此带来的福利损失高达5.11万亿美元。

世卫组织公共卫生、环境和健康部门主管玛丽亚内拉说，气候变化给人类健康带来的负面影响主要体现在罹患肺部疾病和入院人数逐渐增多。化石燃料燃烧所造成的污染给人类健康带来巨大危害，而在能源供给、交通运输等领域使用更加清洁和可持续发展的能源收益大于开销。

"当考虑到(人类)健康因素时，减缓气候变化的花费不是代价，而是机遇，"内拉说。报告估算，就温室气体排放量最高的15个国家而言，空气污染对国民健康损害所带来的损失达到国内生产总值(GDP)的4%，而实现《巴黎协定》的目标花费仅为GDP的1%。到2050年，如果实现《巴黎协定》所制定的减排目标，每年有望挽救100万人的生命。

世卫组织在报告中呼吁各国政府在分析减缓气候变化的成本效益时考虑健康因素，建议各国利用碳定价和能源补贴等财政激励措施鼓励各部门减少温室气体及其他空气污染物排放，鼓励《联合国气候变化框架公约》缔约方消除现有障碍，努力增强卫生健康系统对气候变化的适应性。

资料来源：新华网.世卫组织：气候治理收益远高于成本.(2018-12-06)[2021-06-28]. https://baijiahao.baidu.com/s?id=1619081568620536280&wfr=spider&for=pc

四、费用效益分析的基本假定

费用效益分析是以新古典经济学理论为基础的，它强调个人消费主权的哲理，它的目的在于改善资源分配的经济效益。费用效益分析有以下几个重要假设。

(1)可按照人们为消费商品或劳务准备支付的价格来计量消费者的满意程度(效用)或经济福利的水平。由于在许多情况下，个人消费了商品或劳务而实际上并未支付与其价值等值的货币，比如人们对环境商品或劳务的消费。但我们可以通过调查等方法计算个人意愿支付的价格。

(2)在费用效益分析中，我们通常认为社会的费用或效益是社会成员个别费用或效益的叠加，而且一般不考虑费用或效益在社会成员中的分配问题。

(3)帕累托最优准则,即任何一种改变,只有使社会一些成员的福利增加,而不使任何一个人的福利减少时,社会福利才会增加。但事实上,在任何一种变革中,部分人受益难免不使另外的人受损,因而又提出了希克斯—卡尔多补偿检验。补偿检验的实质在于,政府可运用适当的政策使受损者得到补偿,即对受益者征收特别税,对受害者支付补偿金,使受害者保持原来的经济状况。如果补偿后还有余,则意味着增加了社会福利,则可考虑实施这一改变。

(4)当社会净效益即社会总效益与总费用之差最大时,社会资源的使用在经济上才是最有效的或者说社会资源配置最有效。

(5)费用效益分析一般的计量尺度是货币,但这并不意味着费用效益分析只局限在参加市场交易的范围内,而且,所采用的计量标准也不一定是市场价格。当市场价格无法真实反映价值时,可采用影子价格作为计量的标准。

五、环境费用效益分析的基本概念

1.环境费用

环境费用是人类为保护和改善环境或防止环境恶化而采取各项活动所需要的支出。一般来说,可从防护、消除和管理 3 方面来控制环境污染和破坏,由此产生的相关费用是环境费用中非常重要的组成部分。防护费用是指为了避免因环境污染或破坏造成损害而需要增设的防护装置或材料的费用,如隔音、抗震、涂漆、防锈和搬迁住房的费用,以及保护自然的费用等;消除费用是指用于治理和减轻环境污染或破坏所需要的费用,有时也称为治理费用,如消烟除尘设施、污水处理厂、固体废弃物焚烧炉等的基本投资和运转费用;管理费用则包括防治机构的业务费,如资料、监测、科研、规划以及基建、设备、仪器和管理等所支付的费用。另外,环境费用还应包括环保产业建设和环境赔损及补偿等所需费用。

费用是价值的货币体现,环境费用也可分为直接环境费用和间接环境费用。直接环境费用指的是环境保护设施、公共事业设施等建设活动需要的投资、运转费和经营费用等。间接环境费用是指建设活动对环境造成污染或破坏而带来的损失或环境保护设施运行带来的新的污染损失,这也可以看作是项目或环境保护设施的负效益。例如,垃圾焚烧设施可减少固体废弃物的污染,但是运行过程中产生的二噁英也可能污染周边大气和土壤环境。在这种情况下,费用效益分析就不可忽略二噁英的污染损失。

2.环境损失或环境代价

环境损失是指由于环境污染或破坏所造成的种种损害之总和的货币数值表现,即由于受环境的有害影响而产生的国民经济、社会和心理、自然生态等 3 方面的损失。它定量地反映了人类环境各部分和各层次的外部不经济性。

国民经济损失包括上述的环境费用,公共设施、建筑物和设备器材的整修、维护和更换,农林牧渔业的减产,工业产量和产品质量的下降,交通运输效率的降低,等等。这种环境损失比较具体,一般都有价格可计算,易于评估其货币价值。

社会和心理损失是指因丧失社会劳动力和人民身心健康与精神受到危害而引起的生产力、工资收入、医疗费用、抚恤金以及社会保险金等的损失。

自然生态系统方面的损失,如珍稀生物资源数量的减少和质量的下降,或物种灭绝;森林的乱砍滥伐和水土流失;矿藏的无偿滥用或浪费;自然景观和人文景观,如风景名胜和历史文物古迹的污染与破坏等。这些方面引起的环境损失的经济价值虽然很大,但却很难评估其价值，不易进行分析比较。

需要注意的是，上述的环境费用因为是由环境污染和破坏引起的，对社会来讲是一种损失，所以，它也属于环境损失的范围。不过，作为环境损失的环境费用却有其特殊的意义。环保费用是为了保护和改善环境，使其不遭破坏和继续恶化，从而避免或减少损失所需的费用。换句话说，虽然社会付出了保护费用，但却能够换来各种环境损失的减少或消除，这种减少或消除便成为环境保护的收益。这样，从环境经济评价和损益分析的角度来看环保费用是"损"，而其他环境损失的减少或消除却是"益"。

3. 环境效益

效益是指在生产和再生产过程中，符合社会需要的劳动成果的产出和劳动消耗的投入二者之间的关系。环境效益是指环境经济活动给人类提供的产品产值及环境质量改善带来的好处，还有由于环境危害消除或减弱后所减少的损失费用或效益。效益中有些可以用量表示，如污染治理中由于废物回收利用而获取的产品收入；采用闭路循环工艺流程所节约的用水量费用以及减少的污染物排放损失费用；自然保护区的门票收入及科研生产性创收等。但效益分析中尚有许多不可能确切计量的项目，如污染危害消除后人们的健康状况的改善；自然保护区建设的生态效益等。对这些项目只能辅之以定性说明和描述。

4. 影子价格与机会成本

上述环境费用可用货币估算其价值，主要是指所耗费的各种资源都有价格作为估计的依据。货币估算值的正确与否首先应归结于所依据的价格是不是社会合理的价格。价格是价值的货币表现，价值是价格的基础。但是，价格并不是价值简单的货币表现，制定价格还要考虑市场的供求情况及其他因素。供求关系是影响价格的重要因素。因而，国家在考虑具体供求情况时，可以使某些商品价格不同程度地背离其价值，以鼓励或限制这些商品的生产和消费，保持其供求之间的平衡。这样，为了得到社会合理的价格，就要求对某些与价值相背离的计划价格进行必要的纠正。

在进行费用效益计算时，某些外在影响因素或公共物品没有市场价格可以计算时，或当市场价格由于税收、垄断等原因不能反映物品的真正价值时，人们采用市场价格之外任何其他价格计算，此价格称为影子价格。例如，海口海滩无法反映其真正的经济(社会)价值，我们可以用附近的已经产生了经济效益的海上划船票、游乐收入及滩涂养殖效益来间接反映，这就是海滩的影子价格。

在国外，影子价格就是当资源稀缺时，为了更合理地分配并使生产效益或社会福利达到最优，对这类资源的市场价格或国家颁布的流通价格加以校正，或是在没有市价时的补充。为了克服估算影子价格的困难和应用上的局限性，国外一些经济学家引入了机会成本的概念。他们将资源的多功能性或多用途性与稀缺性结合起来，并将其应用范围从纯物质生产部门延伸到整个社会，对环境资源中如美学、人体健康等无法定价的影响也用影子价格来表示。这样，影子价格按照资源稀缺程度对现行价格进行调整，并且考虑了那些不能用价格表示的社会效益或损失，以求更全面地反映社会的效益和费用。所以，在不违背劳动价值论的基础上，把影子价格作为一种计算的手段，使自然资源得到更合理的分配使用，从而达到既保护环境又促进生产的目的，这对于环境经济损益分析，具有十分重要的意义。

机会成本的概念是由新古典经济学家提出的。他们认为以它作为影子价格的计算依据，更能反映出社会的合理价格。在费用效益分析中，可将社会的环境损失或代价都看作机会成本。

从社会的观点看，由于某种决策或选择，把有限的资源用于某种用途后，就不能用于其他用途，从而放弃了用于其他用途的机会。例如，建设一座污水处理厂的投资为100万元，由于国家资金有限，建设污水处理厂就必须相应地减少其他项目如纺织厂或机械厂的建设。假设纺织厂或机械厂建成后的收益分别为140万元和200万元。此时，社会为了建设污水处理厂不只是花费了100万元的投资，而是损失了建设纺织厂或机械厂可能获得的140万元或200万元的收益。也就是说，污染处理厂投资的影子价格是140万元或200万元；或者说建设污水处理厂的机会成本是140万元或200万元。依此，污水处理厂建成后，其收益虽然在100万元以上，对社会来讲仍然不一定合算。它的收益必须在140万元或200万元以上，社会的收益才大于其损失，或者说收益才能大于费用。

5. 损益现值与贴现率

费用效益分析所研究的问题，往往跨越时间较长。因此，在费用效益分析中，必须考虑时间因素。如果在现在可以得到效益和若干年后得到同样的效益两者之间选择，通常人们希望选择前者。原因有3个：第一，人们有一种自然的偏爱，觉得现在得到比将来得到的要好。这是人们思想普遍存在的短见。第二，出自人们因害怕死去而无法享受到将来的消费。国外有人曾做过调查，由于这种原因产生的年贴现率，40～44岁的人是0.4%，80～84岁的人为1.5%。第三，也是最主要的，是边际效用递减规律的作用。按照这个规律，只要总的消费水平是随时间而增加的，单位消费的效用就会随时间的推迟而递减。因此，要对将来才能得到的消费折减。也就是说，人们随着消费水平的提高，每元钱的消费就会变得越来越不重要。例如，现在每人平均收入是1000元，那么每增加一元的效用比10年后的每人平均收入为5000元时的一元钱的效用要有用得多。

为了使不同时期的货币具有可比性，就要把它们折算到某个确定的时期，我们可按某一个比率把未来的钱换算成现在的钱，相当于对未来的费用和效益打一个折扣，这个过程叫作折现，又叫贴现。在经济计算中，用贴现率作为折扣的量度。考虑了一定贴现率的未来的费用和效益称为费用或效益的现值。计算公式如下：

$$PVC=\sum_{t=0}^{n}\frac{C_t}{(1+r)^t} \tag{6-1}$$

$$PVB=\sum_{t=0}^{n}\frac{B_t}{(1+r)^t} \tag{6-2}$$

式中：PVC 为总费用的现值；PVB 为总效益的现值；C_t 为第 t 年的费用；B_t 为第 t 年的效益；r 为贴现率；t 为时间(通常以年为单位)。

社会贴现率是费用效益分析中用来作为基准的资金收益率，是从动态和国民经济的角度评价项目经济效益的一个重要参数。社会贴现率常又称为社会机会成本率，这是因为，首先，在确定一个项目方案时必须考虑资金的机会成本，即把一定数量的资金用于某一项目时而失去的用于其他可供选择的项目方案的最大净效益。如果某一项目方案的净效益比率(净效益和费用的比率)低于其机会成本率，那就应该放弃这一项目方案。其次，在对不同项目方案进行比较时，其出发点应该是整个社会而非单个厂商的机会成本。

应该指出的是，尽管社会贴现率有时又称为影子利率，但它涉及的是资金收益率而非利率。厂商作为资金的需求者，当然要考虑银行贷款利率的高低。在资金收益率高于贷款利率的前提下，两者之间的差距越大，厂商就越有利可图，因而就越愿意投资。但从整个社会来看，资金收益率反映的是一个项目真正产生的效益，而利率反映的只是厂商和银行之间的转移支付，在进行费用效益分析时，应考虑前者而不是后者。

社会贴现率是费用效益分析中对方案进行比较与选择的判别依据。在实际工作中，它由国家发展和改革委员会根据中国当前投资收益水平、资金机会成本、资金供求状况等因素，统一制定和发布。

专栏 6-2　贴现率的选择

较高的贴现率减少了未来某项收入的现值，会降低长期投资的吸引力。一般情况下，低收入者会选择更高的贴现率，因为他们对收入有着迫切的需求，而没有能力等待长期的回报。

在金额上比较，较低的贴现率意味着同样的一笔金额在相邻的时间段内实际价值相差不大；较高的贴现率意味着同样的金额在近期要比在远期更有价值。因此，在高贴现率下，人们会将资源投入短期回报较高的项目；在低贴现率下，则投入远期具有高额收益的项目。

表 6-1 为 100 元在未来年份里不同贴现率下的现值。由表可知，100 年后的 100 元的现值，当贴现率为 5%时，仅 0.76 元；如果贴现率高过 8%，则 60 年后 100 元的现值就已不足 1 元，其作用可忽略不计。

表 6-1　100 元在未来年份里不同贴现率下的现值

未来年份	年贴现率/%			
	2	5	8	10
0	100.00	100.00	100.00	100.00
10	82.04	61.39	46.32	38.55
20	67.30	37.69	21.46	14.86
40	45.29	14.21	4.60	2.21
60	30.48	5.35	0.99	0.33
100	13.80	0.76	0.05	0.01

所以，在考虑有长远效益的项目时，随着时间的推移，未来年代效益的现值逐渐减少，而对累计效益的现值贡献也越来越小，使累计效益的现值趋近于一个极限值。累计效益的现值计算公式如下：

$$PVB=\lim_{t\to\infty}B_t\frac{(1+r)^{t+1}-1}{r(1+r)^t}$$

贴现率的选择始终是一个富有争议的话题。环保人士认为，较高的贴现率会过低估计当前经济行为对未来造成的环境损害。

资料来源：马中．环境与自然资源经济学概论．2 版．北京：高等教育出版社，2006

第二节　环境费用效益分析的基本步骤

一、环境费用效益分析的一般步骤

环境费用效益分析的一般步骤如图 6-1 所示。通常包括以下内容:①确定分析对象的类别、范围和关键的环境影响;②分析并预测关键环境影响的后果;③对关键环境影响的物理效果进行货币估值;④计算所分析项目的费用和效益现值;⑤对贴现后的费用和效益进行综合评价。

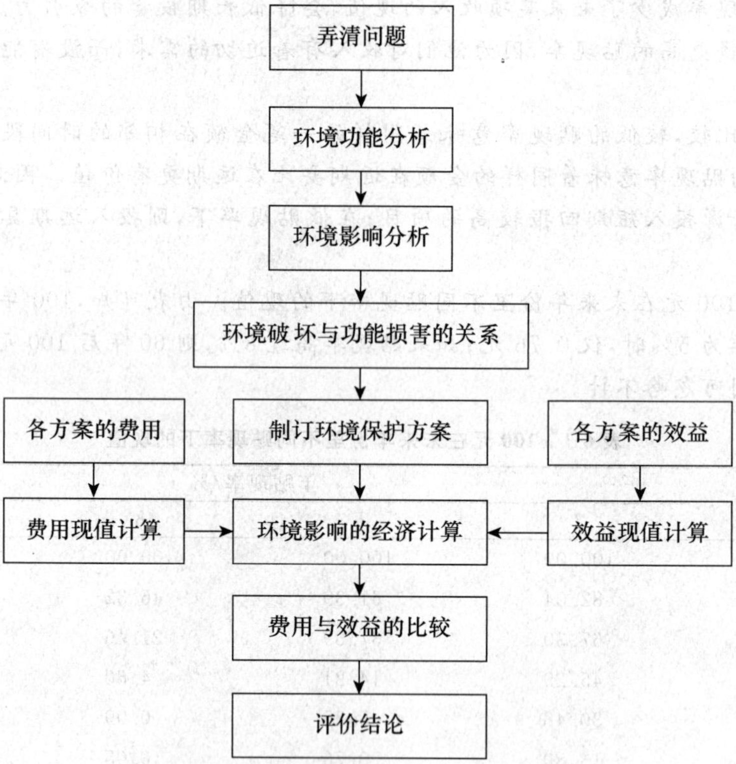

图 6-1　环境费用效益分析的一般步骤

1. 弄清问题

费用效益分析的任务是评价解决某一环境问题各方案的费用和效益,然后通过比较,从中选出净效益最大的方案提供决策。因此,在费用效益分析中,首先必须弄清费用效益分析的对象是什么类型的问题,是工程开发建设项目,还是污染总量控制方案,抑或是对一项环境政策进行分析。接下来要确定分析的范围,包括所分析问题涉及的地域、时间范围,还要弄清楚为解决这一环境问题制订的各方案和对策涉及的地域和时间范围。有的环境问题涉及的环境因子比较单一,如废水排放污染河流、湖泊;而大部分环境问题涉及的环境因子较多,如固体废弃物的排放,可能要占用土地、污染大气、污染水源(地下水、河流、湖泊)、影响景观等。因此,一般来说,分析问题的范围应达到一定程度,如果所分析问题的评价范围太小,就有可能无法包括最主要的影响和结果，也就不能准确地反映实际的影响效果。但是，分析的范围也不可能极致地扩大。分析的范围过大，也往往无法达到评价目的，因为这里还要受到诸如人力、物力和财力以及政治、法律等方面因素的限制。

分析的范围确定，需弄清楚主要矛盾是什么，即关键的环境影响是什么。环境影响应包括人类活动给环境造成的所有有益的或有害的变化。因为各方面因素的限制，分析范围不可能大到把所有的影响和后果全部包括在内。因此，非常有必要弄清问题的主要矛盾即最重要的环境影响是什么。比如，高位养殖池塘在收虾后向近岸海域排放废水等污染物，如果废水是高位池塘所排放的主要污染物，那么，向近海排放的废水将会导致近海污染等环境问题。但是，事实上，对主要环境影响进行确认其实并不是一件简单的事情，因为在很多情况下，环境影响在时间和空间上都是错位的，很难建立起起因与影响之间的联系。

2. 环境功能的分析

确定了关键的环境影响之后，就要对环境资源的功能进行分析。因为这些主要的环境影响会对环境资源的功能或环境质量造成破坏。环境问题所造成的经济损失，是因为环境资源的功能遭到破坏，反过来影响经济活动、人体健康。环境资源的功能是多方面的，因此，当环境资源的功能遭到损害后对经济造成的损失也必将是多方面的。要弄清楚被研究对象的功能是什么，才能估算环境问题带来的经济损失。例如，森林的功能有提供木材、林产品，固结土壤、涵养水分、调节气候、保护动植物资源等，对这些功能都要进行定量的评价。环境功能通常是因地而异的，需要实地测定或调查。

3. 环境质量影响分析

自然资源开发、生产建设等活动会对环境造成一定的影响。环境质量影响分析的目的，就是要揭示出人类活动与环境质量变化间的定量关系。环境质量影响分析是一项综合性的社会自然分析，必须弄清活动产生废弃物或污染物的种类、数量、时间和分布形式，而且既要包括场内的，也要包括场外的。经济活动对环境的影响可用 2×2 矩阵表示(表 6-2)：

表 6-2　经济活动对环境的影响

	现场的	场外的
可销售的	①一般包括在项目分析之中	②可能包括在内
不可销售的	③很少包括在内	④通常被忽略

人类活动有投入物、产出物和废弃物的物质流，这些流量中有些是可以销售的，即可以用市场价值计量的；有不可销售的，即无形的，或难以用市场价格计量的。从位置上看，可以划分为现场的和场外的，前者是项目范围之内，后者是项目范围之外。

例如，在城区建火力发电站，其对环境的影响有：

(1)场内，可销售的——煤、水、电；

(2)场外，可销售的——烟尘对附近建筑物的损害；

(3)场内，不可销售的——噪声、废水对环境的影响；

(4)场外，不可销售的——二氧化硫、废水及灰尘的排放对远距离动植物等的影响。

在一般的经济评价中，第(2)、第(3)、第(4)部分往往因为影响较小被很少考虑或被忽略。而实际上，以上 4 个部分的环境质量影响都会对社会净效益有影响，这些影响都应包括在分析之中。只有这样，才能全面考虑社会的费用和效益。

4. 确定环境损害和环境保护费用

环境损害的准确确定是十分困难的，一般可根据环境被破坏的程度与环境功能被损害的关系，也称为剂量—反应关系来进行估算。环境被破坏或污染了，环境功能就受到了损害，两者之间的定量关系是进行费用效益分析的关键。

环境污染物对生物体的危害程度，主要取决于污染物进入的剂量。机体对污染物质的反应强弱和其量的大小密切相关。环境污染物进入机体的剂量，一般用机体的吸收量来表示。污染物对机体所起的作用主要取决于机体对污染物的吸收量。剂量—反应关系曲线多呈S形，也有直线或抛物线形的相关报道。具有明显剂量—反应关系的污染物，易于定量评定它们的危害性。对机体产生不良或有害生物学变化的最小剂量称为阈剂量或阈值。阈剂量是制定卫生标准和环境质量标准的主要依据。

剂量—反应关系通常可以用科学实验或统计对比调查（与未被污染的地方或本地被污染前的状况进行比较）而求得。例如，通过进行污染地区与未污染地区或本地区污染前后比较分析（表 6-3），表明大气中二氧化硫含量大于 0.06 mg/m^3 时对农作物有减产影响。另外，在实际运用时农作物减产系统也可参考以下数据：当二氧化硫含量大于 0.06 mg/m^3 时，蔬菜减产15%；粮食，重度污染减产 15%，中度污染减产 10%，轻度污染减产 5%，平均减产 10%；果树减产 15%；桑蚕叶减产 5%。

表 6-3 二氧化硫含量对农作物减产的影响

农作物类型	减产幅度/%	SO_2 含量/(mg/m^3)
抗性农作物（水稻）	5.0	0.09～0.16
	10～15	0.16～0.19
	20～25	0.20～0.32
中等抗性农作物（大麦、小麦等）	5.0	0.07～0.10
	10～15	0.08～0.17
	20～25	0.19～0.28
敏感农作物（芋头类、蔬菜等）	5.0	0.03～0.05
	10～15	0.057～050
	20～25	0.12～0.16

我国关于剂量—反应关系还没有比较完整的资料，目前虽已开始研究，但还远远不能满足决策分析的要求。所以，应该大力开展研究工作，否则，费用效益分析就缺乏必要的科学依据。

5. 制订环境保护方案

根据环境污染和破坏的程度，以及环境质量受影响的程度等，制订拟采取环境保护措施的对策方案。对策方案改善环境功能的效益取决于对策方案改善环境的程度。例如，某农村污水处理方案实施后，甲方案可达到国家对城市污水排放标准（GB 18918—2002）一级 A 标准；而乙方案仅可达一级 B 标准。显而易见，前者的效果好于后者，这是方案对比的一个重要依据。当然，环境保护方案在制订时还要考虑成本费用等因素。所以，通常需制订多个可行方案来比较、评价，选择最优方案付诸实施。

6. 确定费用与效益

确定费用首先要确定环境损害在经济方面受到的损失，也就是要计算出环境污染和破坏的货币损失值，这是环境费用效益分析中十分困难但又核心的工作。要根据具体环境损害的状况，选择合适的、针对性强的计算模型和方法。至于将环境损害的经济损失计入费用，即负效益，应根据具体情况和要求而定。其次，要计算环境保护方案的费用，主要包括投资和运行费用，费用的计算相对容易，而且具有较高的准确性。除此之外，还要计算采用某种环保方案可能引起的新污染而产生的经济损失，并纳入环境费用效益分析当中。最后，要计算环境保护方案的效益。根据方案可以改善环境质量的程度和由此使环境功能改善的状况，计算各种方案对环境改善的效益，这种效益也要货币量化。

7. 费用与效益现值的计算

把计算出来的效益和费用，根据各自形成的具体时间，考虑资金的时间价值，通过一定的贴现率将不同时期的效益和费用统一折算成现值进行分析，从而保证效益和费用在时间上的一致性。

8. 费用与效益的比较，得出评价结论

这是费用效益分析的最后一步，下面将专门讨论。

二、费用和效益分析评价准则

把环境影响的费用与效益的现值与其他方面的费用和效益现值相加，求出总的费用现值和效益现值。然后通过下面的方法进行比较，并作出该项目、方案（或政策）是否可行的结论。需要注意的是，计算总费用时，要包括所发生的所有的直接和间接成本，同时减去可能的成本节约；计算效益时，要包括所发生的所有的直接和间接效益。

费用与效益的评价通常用以下两种方法。

1. 净现值法

净现值（NPV）是最基本的费用效益分析指标，它是指项目按基准折现率将计算期内各年的净现金流量折现到建设起点的现值之和。一项环境决策的实施需要费用，实施后会带来效益，用净效益的现值来评价该项环境决策的经济效益，计算公式如下：

$$NPV = PVDB + PVEB - PVC - PVEC \tag{6-3}$$

式中：NPV 为环境保护设施净效益的现值；$PVDB$ 为环境保护设施直接经济效益的现值；$PVEB$ 为环境保护设施使环境改善效益的现值；PVC 为环境保护设施费用的现值；$PVEC$ 为环境保护设施带来的新的污染损失的现值。

决定项目是否可行，就要看效益的净现值是否为正。若 $NPV \geqslant 0$，表明社会所得大于所失，项目或方案可以接受，$NPV < 0$，则不可取。如果要对待选的多个项目进行比较，则各方案的净效益现值最大者（且必须为正）为最优方案。

专栏 6-3　净现值法评价准则的运用

经济净现值是反映项目对国民经济所作贡献的绝对指标，它是用社会折现率将项目计算期内各年的净效益折算到建设起点的现值之和。

例如，某钢铁厂占地 300 hm^2，该地原种植小麦，小麦每公顷产 3.75 t，每吨小麦的生产成本相当于其国内收购价格（459.5 元/t）的 40%，以小麦进口价 530 元/t 计算，每吨净效益为 530－459.5×40%＝346.2(元/t)，假设厂区处小麦单产年递增 2%，社会折现率以 10%计算，24 年内净现值为：

$$300\times\sum_{t=1}^{24}346.2\times3.75\times\left(\frac{1+2\%}{1+10\%}\right)^{t}=300\times13845\approx415(\text{万元})$$

所以，从社会的角度考虑，该小麦地的价值是 415 万元，需以此进行项目的费用效益分析。

资料来源：5. 钱翌，张培栋. 环境经济学. 北京：化学工业出版社，2015.

2. 效费比法

求出各种方案的效益现值与费用现值之比(记为 δ)，其比值最大者为最优方案，计算公式如下：

$$\delta=\frac{PVDB+PVEB}{PVC+PVEC} \tag{6-4}$$

当 $\delta\geqslant1$ 时，说明社会所得到的效益大于该项目支出的费用，项目可行。当多种方案比较时，选择 δ 最大者为最优方案。

效费比的实际含义是单位费用所获得的效益，这是十分有用的评价指标。在实际应用中，也有将费效比作为评价指标。费效比是费用与效益的比，是效费比的倒数。

净现值法描述的是该方案可以获得的净效益现值的大小，而效费比法描述的是获得效益现值为花费现值的倍数。当 $NPV>0$ 时，$\delta>1$；当 $NPV=0$ 时，$\delta=1$；当 $NPV<0$ 时，$\delta<1$。

通过上述两种方法进行项目评价时，采用的大部分数据来源于预测和估算，因此其结论都带有一定的不确定性。为了分析不确定因素对经济分析的影响，常常需开展不确定性分析，以判断项目可能承担的风险，进一步确定项目在财务上、经济上是否可行。常用的技术方法有敏感性分析、盈亏平衡分析和概率分析。

①敏感性分析用来考虑与经济有关的项目的主要变化对项目净效益或内部收益率的影响程度。例如，研究某一烟尘过滤器生产项目受原材料成本的影响情况，如果原材料成本价格变动 10%，引起项目内部收益率变动 25%，则可以说项目对原材料价格变动非常敏感。若是项目内部收益率只变动 5%，则可以说项目对原材料价格变动不太敏感。

②盈亏平衡分析是通过计算项目实施后的盈亏平衡点，以观察项目的抗风险能力。

③概率分析是运用概率论方法来研究预测不确定因素和风险因素对项目经济评价指标影响的一种定量分析方法。

三、费用与效益间的平衡

费用与效益间的平衡，就是要让环境政策在环境改善带来的效益(或污染造成的损失)和治理污染的费用之间达成平衡。理想地说，污染治理应该达到帕累托标准的程度，即整个社会从进一步削减污染中所获得的效益要比治理污染的费用小。因此，用经济学的术语来说，污染应控制到这样一个平衡点，即进一步削减污染的边际费用正好等于从削减污染中所获得的边际效益。以一家向河流排放污染物的工厂为例，若环境标准制定得越来越严格，那么该厂削减污染的边际费用将逐步上升，这样，费用最低的减排措施将首先得到应用。

第三节　环境质量的效益与费用评价技术

许多环境资源和环境质量并没有直接的市场价格，这给环境经济分析带来了很大困难。但是环境资源具有稀缺性、生产性和消费性的特征，所以环境质量的优劣及其对人们各项活动的影响，使得对一些环境经济的计量成为可能。一般来说，经济活动中的投入比较容易计算，即经济效益易计算。对于环境效益和环境损失则较难用货币定量计算。而环境费用效益分析的基本思路和出发点就是环境效益与环境费用的对比分析，所以环境效益货币量的有效表示是运用费用效益分析的关键。环境费用效益分析面临的主要问题在于如何计算环境改善带来的效益或环境污染或破坏造成的损失并将其货币化。

因为环境问题十分广泛、错综复杂，不可能找出一个通用的方法来分析每一个具体的环境问题。所以，人们就针对所出现的一个个具体环境问题，设计出相对应的具体分析方法。这些具体的费用效益分析方法有一些比较有效、准确，而有一些则存在不足，其精确度、重复性等均有待完善。这些不足表现在方法的具体思路和计算结果比较牵强，这也充分说明了环境问题的复杂性和环境效益与环境损失货币量化的困难性。

总的来说，环境质量的价值可以从其产生的效益和预防（或补偿）环境恶化的费用两个角度来评价。

一、环境质量的效益评价技术

我们可以把环境质量看作一种人类所需的物品和劳务，直接评价该物品或劳务的效益，即在可能的时候，尽量应用市场价格信息。

1. 市场价值法

市场价值法又称生产率法。这种方法把环境看成是生产要素，环境质量的变化导致生产率和生产成本的变化，从而导致产值和利润的变化，而产值和利润是可以用市场价格来计量的。市场价值法就是利用因环境质量变化引起的产值和利润的变化来计量变化的经济效益或经济损失。具体公式如下：

$$S = \sum_{i=1}^{n} P_i \Delta Q_i \tag{6-5}$$

式中：S 为环境质量变化引起的经济损失或经济效益的价值；P_i 为某种产品的市场价格；ΔQ_i 为某种产品因环境质量变化而增加或减少的产量。

例如，灌溉水水质变化的经济效益或损失，可通过被污染农田产值的变化来计量；化工厂的空气污染会对周围农作物的农业生产率产生不利影响，大气污染引起的农业经济效益损失，也可通过暴露该污染区农田农产值变化来计算。水土流失的减少可以保持甚至增加农作物的产量，执行不执行水土保持规划可以比较其增产的数量，其经济效益可以用规划期限中农产品增产产量乘以农产品价格而得到。计算公式为：

$$R = \sum P_i \times S_i \times q_{0i} \times \alpha_i \tag{6-6}$$

式中:R 为环境污染或破坏造成损失的价值;P_i 为 i 产品市场价格;S_i 为 i 产品的面积;q_{0i} 为污染前农作物 i 的产量;α_i 为农作物 i 的减产百分数。

[例 6-1]某地大气环境 SO_2 浓度超过其对农作物影响的阈值,导致轻度污染,引起农作物减少。设该农作物现亩产量 q 为 300 kg,SO_2 轻度污染使农作物减产系数 α 为 5%,污染农田面积 S 为 2000 亩,农作物价格 P 为 1.0 元/kg,求大气 SO_2 浓度超标引起农作物的损失 R。

解:假设污染前农作物亩产量为 q_0,每亩的减产量为 x,减产后每亩的产量为 q,则 $q_0 = x + q$,那么该农作物减产的百分数 α 为

$$\alpha = \frac{x}{q_0} = \frac{x}{x+q}$$

则 $x = q \times \frac{\alpha}{1-\alpha}$

农作物的经济损失为

$$R = P \times S \times q \times \frac{\alpha}{1-\alpha} = 1 \times 2000 \times 300 \times 5\% \times \frac{1}{1-5\%} \approx 31580(\text{元})$$

求出的 31580 元即为大气 SO_2 轻度污染使农作物减产带来的经济损失。反过来说,如果采取某种大气污染控制措施,使 SO_2 不超过其污染阈值,则农作物就不会减产,则该控制措施产生的经济效益至少为 31580 元。这里需要注意的是,因污染而导致农产品质量下降而造成的经济损失还未考虑在内。

市场价值法运用必须有比较充分的市场信息,如果价格扭曲而不能反映资源的稀缺性,则需要用影子价格予以调整。该方法的难点在于减产系数 α 的确定。通常可采用统计对比和试验的方法来测算。

在环境质量效益评价中,市场价值法是一种最直接的、应用最广的方法。如水域管理计划、防止土壤侵蚀或污染、植树造林及大气污染控制等。需要注意的是,由于环境作为生产要素投入,并不是它唯一的功能表现,因此,在多数情况下,这种估计并不代表环境质量的全部效益。

2. 人力资本法

人力资本法也称收入损失法。这种方法是用环境污染对人体健康和劳动能力的损害,来估计环境污染或污染控制带来的经济损益的一种方法。环境质量的变化对人类健康有很大影响,与健康有关的货币损失表现为 3 个方面:过早死亡、疾病或者病休造成的损失;医疗费开支增加;精神或心理上的代价。为了评价环境污染对人体健康造成的货币损失,经济学家提出了许多方法,人力资本法是发展最快的一种。

人力资本法将人看作劳动力,是生产要素之一。在污染环境下生活和工作,人会生病或过早地死亡,因而不能与正常人一样为社会创造财富,还要社会负担医疗费、丧葬费,并且还需要他人(非医务人员)护理,这些都是社会的经济损失。人力资本法将环境污染引起的人体健康的经济损失,分为直接经济损失和间接经济损失两部分。

直接经济损失有:预防和医疗费用、死亡丧葬费。

间接经济损失有:病人和非医务人员护理、陪住,影响劳动工时造成的经济损失。

除此之外,还有舒适性损失,如病人的病痛、家属的悲伤等。由于这些很难用货币度量,因

此不在人力资本法评价的范围之内。

人力资本法的主要计算公式为：

①直接经济损失：

$$\text{患病}L_{11}=\alpha R_p C \tag{6-7}$$

$$\text{死亡}L_{12}=\alpha R_d(C+B) \tag{6-8}$$

②间接经济损失：

$$\text{患病}\ L_{21}=\alpha L_d P \tag{6-9}$$

$$\text{死亡}\ L_{22}=\alpha L_L P \tag{6-10}$$

式中：L_{11}、L_{12} 为直接经济损失；L_{21}、L_{22} 为间接经济损失；α 为环境污染因素在发病或死亡发生原因中所占的百分数；R_p 为患病人数；R_d 为死亡人数；C 为每个患者的医疗费用；B 为每个死亡者的丧葬费；L_d 为病人和陪住人员耽误的劳动工日；P 为人均国民收入额；L_L 为早亡与平均寿命相比损失的劳动日总数。

环境污染对健康的影响，除一些特殊的环境病（如汞污染的水俣病，镉污染的骨痛病等），一般表现为常见病的发病率或死亡率的增加。如大气污染使支气管疾病和肺癌的发病率增加。费用效益分析中一个重要问题是弄清楚环境污染因素在这些常见病发病的原因中占多大比重。通常 α 值总是通过污染地区和无污染地区的流行病学调查和对比分析而求得的。

[例 6-2]某污染区覆盖人口 10000 人，环境未污染前，该区域人口中得某种病的比例为 10%，环境污染后该比例为 30%，若得了此病，人均失去劳动时间为 100 工日，非医务人员护理折算到病人人均失去劳动时间为 80 工日，污染区的人均国民收入为 15000 元，求该污染区环境污染后患病带来的间接经济损失。

解：由题意可知，$L_d=180$ 工日，$\alpha=20\%$，$P=15000$ 元/（人·年），则

$$L_{21}=20\%\times\frac{15000\text{ 元}}{\text{人·年}}\times 180\text{ 工日}\times 10000\text{ 人}$$

$$=\frac{15000\text{ 元}}{\text{人·年}}\times 0.5\text{ 年}\times 2000\text{ 人}$$

$$=1500\text{ 万元}$$

我国学者也在实际工作中对人力资本法的计算采用了不同的公式。例如在计算湘江流域水污染损失时建立的另一种计算公式：

$$L=L_1+L_2=K_1\times Y_1\times P_1+K_2\times Y_2\times P_2 \tag{6-11}$$

式中：L 为人体健康损失总额；Y_1 为人均国民收入；Y_2 为人均医疗费；P_1 为丧失劳动能力人数；P_2 为患病人数；K_1、K_2 为换算系数。

专栏 6-4　对人力资本法的批评

学术界关于环境污染对人的生命、健康以及痛苦的评价问题，始终没有一个科学合理的定论。有一些学者认为这种方法是评价一个人的经济生命价值，即一个人的生命价值等

于他所创造的价值。换句话说，也就是一个人的工资收入减去他的消费开支，剩下的就是这个人留给社会的财富。这就意味着一个人的消耗大于他的产出时，他的存在对社会是无益的。这显然不符合社会伦理道德，把人的生命价值经济数量化的做法是不合适和不可取的。但是实际的工作中，人们常常给人的生命和疾病赋予了一定形式的经济价值。

这里必须说明的是：人力资本法评价的不是人的生命价值，而是在不同环境质量的条件下，人因为发病或死亡对社会贡献的差异，以此作为环境污染对人体健康影响的经济损失。

另外，采取减少死亡的措施，其主要目的不是为了挽救特定个人的生命，而是为了减少各类人群死亡的风险。因此，所要评价的效益不是挽救的生命数量而应是风险的减少。可以调查人们关于这种风险的支付意愿或受偿意愿，作为人们对风险价值的度量。这为衡量污染健康损失提供了另外一种思路。

资料来源：姚建. 环境经济学. 成都：西南财经大学出版社，2001.

3. 机会成本法

机会成本是19世纪古典学派引入经济学的一个概念，是经济分析中非常重要的概念，它有助于我们作出理性的决策。例如，资源K有A、B、C、D 4种使用方案，A、B、C所获得的效益分别是1500元、2000元、2500元，而D方案效益难以计算。若使用D方案，就失去了A、B、C方案使用K资源的机会。A、B、C方案中最大的净效益为2500元，也就是让K资源失去了获得最大净效益2500元的机会，2500元即为选择K资源按D种方案使用时的机会成本。

理解机会成本的概念要明确以下几点：一是机会成本可以用货币表示，但并不是实际支出或损失，而是一种观念上的支出或损失，不记入账册，但它是选择最佳投资方案的重要依据；二是当一种资源同时有多种用途时，而可能放弃的用途中，收入最大的是机会成本；三是如果资源没有多种用途，那就不存在机会成本；四是其他人的活动也会带来机会成本。

在环境经济学中，当某些资源的经济效益不能直接估算时，机会成本法是一种非常有用的评价技术。任何一种自然资源的使用都存在许多相互排斥的备选方案，为了作出最有效的选择，必须找出社会净效益最大的方案。资源是有限的，选择了这种使用机会就放弃了另一种使用机会，也就失去了另一种获得效益的机会。我们把其他使用方案中获得的最大经济效益，称为该资源选择方案的机会成本，把单位资源的机会成本称为该资源选择方案的影子价格。

在环境污染和破坏造成的经济损失的计算中，由于环境资源是有限的，环境被污染，就失去了其他使用机会。在资源短缺的情况下，我们可以用它的机会成本当作由此引起的经济损失。用环境资源的机会成本来计量环境质量变化带来的经济效益或经济损失的方法称为机会成本法。也有学者将之定义为：在无市场价格的情况下，资源使用的成本可以用其牺牲的替代用途的收入来估算的方法。例如，保护国家公园，禁止砍伐树木的价值，不是直接用保护资源的收益来衡量，而是用为了保护资源而牺牲最大的替代选择的价值来进行测量；保护土地，是用为保护土地资源而放弃的最大的效益来测量其价值。

用机会成本法计算由于环境污染引起的经济损失是一个简便而可行的方法，它可以用来计算环境污染或过量开采引起的水资源短缺所造成的工业经济损失。可以用水资源的影子价格，即每吨水创造的国民收入值乘以水资源短缺数量，即得经济损失价值。机会成本法也可以考虑用来计算固体废弃物占用农田的经济损失。土地的机会成本就是土地用于种植农作物获得的最大净效益。可以按照堆放固体废弃物的土地面积乘以每亩地的机会成本计算其经济损失价值。

在环境经济分析中，在决定某一环境资源开发、利用方案时，当利用市场信息直接计算环境损失或效益存在困难时(如资料的获取困难)，利用机会成本法确定的影子价格计算不失为一种有效方法。机会成本的计算公式如下：

$$L=\sum_{i=1}^{n}S_iW_i \tag{6-12}$$

式中：L 为环境损益机会成本值；S_i 为 i 资源的单位机会成本；W_i 为因环境质量变化(或用途变化)，i 资源变化的数量。

[例 6-3]某建设工程产生的固体废弃物拟堆放于农田中，废弃物共占地 150 亩，每亩地的机会成本为 4000 元，求其造成的农业损失是多少？

解：由题意可知，$S_i=4000$ 元/亩，$W_i=100$ 亩，则

$$L=4000\times150=600000(\text{元})$$

需要指出的是，机会成本与资源的稀缺性有关，换句话说，只有稀缺的资源，才有不为零的机会成本。即资源的机会成本不是固定不变的，通常随着资源稀缺性的增加而上升。实际中，机会成本或预定收入的评价准则，在多数情况下，并不是这类决策过程的唯一外生变量，其他的因素可能还有公众舆论以及当地就业和经济发展的要求。但是，这种方法确实为这些决策提供了极有价值的权衡信息。社会机会成本实质上就是资源最佳用途的社会净效益，因此，它是全面费用效益分析的重要组成部分。

4. 旅行费用法

旅行费用法是根据消费者为了获得对自然景观和人文景观的娱乐享受，通过消费这些环境资源所花费的旅行费用，来评价旅游资源和娱乐性环境商品效益的分析方法。旅行费用法主要用来评价那些没有市场价格的自然和人文景观的环境资源价值，它要评价的是旅游者通过消费这些环境商品或服务所获得的效益，或者说对这些旅游资源的支付意愿。用旅行费用作为环境质量商品的替代物来衡量人们对旅游景点或其他娱乐物品的评价。

该方法是由美国著名资源经济学家哈罗德·霍特陵(Harod Hotelling)提出的，其核心内容就是人们去某一旅游景点的费用由可变的旅行费用和基本不变的门票价格所构成。旅游费用受到距离长短的影响，不同距离的游客所负担的总费用不同，从而到旅游景点参观的人数也不同。根据总费用变化所对应的旅游人数变化，得到一条需求曲线，并以此来估算该景点的经济价值。

发达国家广泛使用这种方法来求取人们对户外娱乐商品的需求曲线。由于娱乐场所或旅游景点的用户往往是不花钱的，或者至多是付不高的入场费而已，旅客从旅游中获得的效益往往大大高于门票，所以使用这些设施获得的门票收益不能很好地反映这些场所的价值。旅行费用(包括交通费、有关旅游点的直接花费以及时间的机会成本)是总成本中的重要组成部分。因此，可以考虑将旅行费用作为替代物来估计旅游景点的价值，以建立游客的需求函数，从而可估计旅游景点的价值。由于旅游者通常喜欢那些环境质量水平高的场所，所以环境质量将会影响旅游场所的需求。

有人将这种方法的具体运用分为两种情况：一是单一景点旅行费用法的应用，其假设条件是单一旅游景点，单一旅行目的，在旅游点单一活动，在这种情况下，消费者对旅游景点的需求

是旅行费用和其他变量(如人口的一组社会经济特征值)的函数;二是多景点旅行费用法的应用,在旅游活动中,有时游客可以同时对多个旅游景点进行参观旅行,那么就需要估计多个景点的价值,在这种情况下,就需要建立与景点相对应的一组需求函数。

旅行费用法的应用需具备以下条件:①这些地点是可以到达的,至少在一定的时间范围内可以到达;②所涉及的场所没有直接的门票及其他费用,或者收费很低;③人们到达这样的地点,要花费大量的时间或者其他开销。

旅游费用法适用于评价的环境资源有:公园等休闲娱乐场地,自然保护区,可用于娱乐的森林、山岭、草原和湿地、遗址、博物馆、水库等人文景观。

旅行费用法评估的基本思路是:为了确定消费者对旅游资源隐含价值的评价,假定旅游资源的入场(门票)费和使用费均可暂不考虑,并且是一个良好的环境资源,消费者从各地到旅游地消费观光,对该商品的需求只受到来旅行所需费用的限制,也就是说,这种环境资源的效益可以通过旅行费用来评价。利用旅游景区的游客来源和消费情况的调查资源,根据各出发区的旅游率,推算出一条游憩需求曲线,以计算出其消费者剩余,作为无价格的游憩效用价值。

旅行费用法的基本工作步骤包括:

(1)对游憩区游客调查,获取游客的出发地点及旅游费用情况　游客调查采用问卷式抽样调查方法,调查内容包括游客居住地和出发区域、职业、年龄、旅游群体构成、游客月收入、游客游览的景点线、旅游总费用(包括金钱和时间花费)等社会经济特征;年游客总人数按往年数据推测。

(2)根据出发地小区,计算旅游人数　可根据所访问的旅游者的出发地区按距离远近划分为若干个旅行费用不断增加的区域,也可以旅游区所在地为中心,按我国省级行政区划为划分线,其中所在省按市级行政区划为划分线(旅游区所在城市除外)。距离的不断增大意味着旅行费用的不断增加。同时确定每个区域的人口总数。

(3)计算每一出发地小区到该景区的旅游率　旅游率是每一个区域内到该环境资源旅游的人次。一般来说,潜在的消费者距离旅游资源越远,他们对该环境商品的预期用途或需求越小。利用式(6-13)可以计算出每一出发地小区到该景区的旅游率:

$$Q_i=\frac{V_i}{P_i} \tag{6-13}$$

式中:Q_i 为小区 i 的旅游率;V_i 为小区 i 到景区的年旅游人次(由调查人数估计出);P_i 为小区 i 年末总人口数。

(4)旅行费用估算,并求出旅行费用对旅游率的影响　在设计问卷和现场调查时,应注意收集以下几方面的费用,如游客从出发地小区至旅游点的直接往返交通费用、游客在整个旅程中的食宿费用、门票和景区的其他服务收费、旅途时间价值、购买纪念品及摄影等费用。然后拟合旅行费用与游客人数曲线,即游憩需求曲线。

(5)对游憩需求曲线积分,计算消费者剩余,从而得出游憩区的年游憩总价值　在不考虑其他因素时,由旅游者的单位时间人数和旅游费用建立起一定的需求函数,由此计算出的总费用即代表旅游环境商品的效益。假设不计评价景点的入场费,则旅游者的实际支付就是他的旅行费用。再通过入场费不断增加的影响来确定旅游人数的变化,就可以求得来自不同区域的旅游者的消费者剩余。因此,我们在得出每个出发小区的旅行费用和年旅游者人数的关系式和需求曲线后，进而可以利用式(6-14)、式(6-15)求出每个出发小区的消费者剩余。

$$CS(i)=\int_{P(0)}^{P(m)} f(p)\mathrm{d}p \tag{6-14}$$

$$\mathrm{ACS}=\sum CS(i) \tag{6-15}$$

式中：$CS(i)$为小区i的旅游者的消费者剩余；$P(0)$为小区i到景区的现有旅行费用；$P(m)$为小区i的边际效益为0时的最大旅行费用；$f(p)$为费用与旅游人次的函数关系式；P为景区门票价格；ACS为i个小区旅游者一年中对某一景区的总的消费者剩余。

(6)计算景区的旅游总价值　将每个小区的实际旅行费用与消费者剩余相加，得出总的支付意愿——评价景区的旅游总价值或环境资源的价值：

$$TTV=\sum_{i=1}^{n} CS(i)+\sum_{i=1}^{n} C_{Ti}V_i+\sum_{i=1}^{n} TC(i) \tag{6-16}$$

$$\sum_{i=1}^{n} TC(i)=\sum_{i=1}^{n} TTT(i)\times GZL(i) \tag{6-17}$$

式中：TTV为评价景区的旅游总价值；$CS(i)$为小区i的旅游者的消费者剩余；C_{Ti}为小区i到评价景区的旅行费用；V_i为小区i到评价景区的年旅游人次(由调查人数估计出)；$TC(i)$为旅游时间的机会成本(通常按工资率的30%～50%计算)；$TTT(i)$为小区i游客的总旅行时间(h)；$GZL(i)$为小区i每小时工资率[元(h・人)]。

在计算中，如果是多目的地旅游，还应该计算该目的地旅游点在游客旅行总费用中所占的权重。可以采用游客在各目的地的停留夜数占此次旅行总停留夜数的比例作为权重，也可以采用层次分析法予以计算。

另外要注意的是，通过旅游费用法计算出来的数值仅仅是对该环境资源总体价值中的一部分得出的最小估算值，主要体现在环境资源的娱乐收益方面。旅行费用法虽然存在一定的限定和不足，但这种方法是一种可行的估算环境物品价值或保护环境资源收益的方法。

专栏 6-5　旅游费用法的总体评价

旅行费用法作为主要用于评估休闲娱乐场所的环境价值的方法，对于制定一些政策具有借鉴意义。比如，判断某一处休闲地是不是仅仅作为娱乐场所而不作他用；森林公园的门票费定为多少合适等。

该方法的局限性主要表现在以下几方面。

(1)存在多个目的地时的边界划分问题　旅游者可能同时去很多地方旅游，那么很难分清他在被评价旅游地的支出到底是多少。在这种情况下，也只能划分整个费用，大致估算出在被评价地的实际费用支出。

(2)对于花费的时间问题　旅游所花费的时间的价值属于总的旅游支出的一部分，但对于它的估算还没有统一的方法。此外，旅游者如果利用的是闲暇时间，则所花费的时间就不应该看作一种成本。

(3)存在过多的假设条件　如假设旅游者支出的旅行费用同旅游者的出发地与所评价场所之间的距离是成比例的；假设与所评价场所距离相同的旅游者的偏好也是大致相同

的。诸如这样的假设条件在评价国内旅行情况时还可以成立，但用于评价国际旅行时却不一定适用。

(4)对于交通费的计算方法还没有明确的界定。

(5)自然资源使用价值问题　旅行费用法原则上不能测定非使用价值，用此方法测量的结果并没有包括被评价场所的存在价值和选择价值，同时，也没有包括自然资源为本地区提供的使用价值及资源商品或服务的价值等。因此，旅行费用法会低估总的自然资源价值，尤其在对一些非使用价值较大的环境资源物品的评价上会产生较大偏差。

(6)收集有关数据时存在的问题　需要从各种调查、询问中收集大量的数据和信息。在调查中，询问的样本人群的多少，所花费时间的多少都会影响到价值评估结果的准确性。

资料来源：曹洪军.环境经济学.北京：经济科学出版社，2012.

5.资产价值法

资产价值指的是固定资产的价值，如土地、房屋等的价值。有些固定资产的价格体现着人们的综合评价，其中也包含着当地的环境质量。如房屋的价格，不仅要反映房屋本身的特性，如房屋的面积、间数、结构、楼层、朝向、附属设施等，也要反映房屋所在地区的生活条件，如道路交通、商业网点、学校质量、社会治安等，还要反映房屋周围的环境质量，如空气质量、噪声大小、水质质量、绿化条件、自然景观等。在其他条件一定的情况下，环境质量的差异将直接影响到消费者的支付意愿，进而影响到这些固定资产的价格。环境经济评价中所指的资产价值法，就是在其他条件不变的情况下，可以用因周围环境质量不同而导致的同类固定资产的价格差异，来衡量环境质量变动的货币价值。由于按照上述方法估计的固定资产的价格反映了所在地区的环境质量或舒适程度，因而这种方法有时也称之为土地价值法或舒适性价格法。舒适性是资产的一个主要使用特性，其价格就是资产价值的反映。

运用资产价值法进行分析时，主要进行建立资产的价值方程、住户收入分析、建立支付愿望方式3个方面的工作。资产(房屋、土地)的舒适性价值方程如下：

$$P=f(b,n,g,\cdots) \tag{6-18}$$

式中：P 为固定资产价值或舒适性价格；b 为固定资产的内在要素，即资产特征，如房屋结构类型，面积大小，新旧程度等；n 为自然环境要素，如空气质量水平等；g 为社会环境要素，如距工作地及商店、公园等的远近距离，当地学校的优劣，当地治安情况等。

上式被称为舒适性价格或资产价值函数。如果能得到有关的资料，可用多变量分别来建立函数关系，求得资产使用特性的隐价格。但是资产价值法的应用在理论上有3个基本假设：第一是环境质量改善可利用个人的支付愿望来说明；第二是整个区域可看作单独的房屋市场，所有人都掌握选择方案的资料，并可自由选定任何位置的房屋；第三是房屋市场是处于或接近于平衡状态，并在给定的条件下，选购房子都可获得最大的效用。在这些假设中有些假设是不现实的，同时需要的数据太多，所以在使用中受到一定限制。因此有关资产价值法的理论研究还需深入。

资产的价值方程确定之后，就要进行住户收入分析，同时建立支付愿望方式，确定对环境改善的支付愿望。例如，对于建设项目或其他各项活动引起周围环境质量的变化，则附近的房产价格受到影响，由此使人们对房产的支付愿望或房产的效益发生变化，房产效益变化用下式计算：

$$\Delta B = \sum_{i=1}^{n} P(q_1 - q_2) \tag{6-19}$$

式中：ΔB 为各项活动引起房产效益的变化；P 为房产价格或边际支付意愿；q_1、q_2 为各项活动前、后的环境质量水平。

资产价值法在应用时，应该具备以下条件：①房地产市场比较活跃；②人们认识到而且认为环境质量是财产价值的相关因素；③买主比较清楚地了解当地的环境质量或者环境随着时间的变化情况；④房地产市场不存在扭曲现象，交易是明显而清晰的。在我国传统的房产管理体制和供给十分紧张的条件下，虽然环境质量能反映在住户的选择偏好上，但却很难体现于房产的实际价值中。

一般根据这种方法来研究环境、大气污染以及水体景观对土地、房屋等固定资产价值的影响评估以及美学、景观等环境资源的评价。资产类型中尤以房产价值最为典型。

6. 工资差额法

该方法是利用环境质量不同条件下工人工资的差异来估计环境质量变化造成经济损失或带来的经济效益。影响工资差异的因素有很多，如工作性质、风险程度、技术水平、环境质量（工作条件、生活条件）等，这些因素一般都容易识别。其中，环境质量对劳动者的职业选择和工作热情、工作态度影响较大，在其他条件相同的情况下，劳动者愿意从事工作环境比较好的职业，并且环境质量与工作效率正相关。为了吸引劳动者从事工作环境比较差的职业并弥补因环境污染给他们造成的损失，厂商就不得不在工资、工时、休假等方面给劳动者以补偿（或用高工资吸引工人到污染地区工作，如果工人可以自由调换工作，那么工资的差异部分归因于工作地点的环境质量），这种用工资水平的差异（工时和休假可以折算成工资）来衡量环境质量的货币价值的方法，就是工资差额法。也就是根据工资的不同来估算不同环境质量的隐含价值。例如，有一个相同性质的工作，假如一个是在有噪声污染的环境下进行，给员工发放的工资为 W_1，另一个是安静环境下工作，发放的工资为 W_2，则 $W_1 - W_2$ 就可以认为是减少噪声的货币价值，或者说是噪声污染带来的经济损失。

关于工资差额法的成功应用实例不多，这表明这种方法迄今还不完善，在理论和实践方面都存在着许多困难。在多数情况下，环境质量的隐含价格远远低于职业健康风险的隐含价格。该方法假设在劳动力市场中无歧视、联合的市场支配、被迫失业或自由流动障碍以及可以自由选择职业。实际上，这种完全竞争的劳动力市场在发达国家也不尽存在。对于许多发展中国家或落后地区，低收入者对生活和工作条件往往是不能选择的，劳动者无法自由选择职业，或选择他认为对其收益最大的职业和工作。因此，他们在理论上的支付意愿和实际的可能支付存在着很大的差距。另外，如何将劳动者工资与其工作周围的环境质量的关系定量化描述也缺乏足够的科学认识。但是，由于该种方法应用了实际劳动力市场计算环境改善带来的效益，因此这个方法还是极有吸引力的。

7. 调查评价法

在缺乏价格数据时，不能应用市场价值法。当环境发生变化甚至连通过间接的市场观察也不能估价时，可以通过对专家或环境资源的使用者（消费者）支付意愿的调查来假设一种市场价格，以获得环境资源的价值或环保措施的效益。这是一种主观定量与主观定性综合评估的方法。调查评价的具体方法有很多，需要根据实际情况确定采用合适的方法。下面介绍两种常用的方法，即专家评估法、投标博弈法。

1)专家评估法

专家评估法就是通过专家对环境资源价值或环境保护效益进行评价的一种方法。以专家作为收集环境资源价格信息的对象，依靠专家的知识、经验和判断能力进行预测和评估。专家评估法又可分为专家会议法和专家个人判断法两种。

专家会议法是通过召开专题会议的方式组织专家进行评估的方法。会议有利于交换信息、互相启发、集思广益，但会议参加者易受主观影响，容易受多数人意见和权威人士意见的影响，而忽视少数人的正确意见。

专家个人判断法是对有关方面的专家进行个人咨询评估的方法。该方法能够充分发挥专家个人的专长和作用，受别人的影响小，但难免具有片面性。

德尔菲法(Delphi Method)是近年来应用比较多的一种专家评估方法。德尔菲法是由 Q. 赫尔默和 N. 达尔克在 20 世纪 40 年代首创，经过 T. J. 戈尔登和兰德公司进一步发展而成的。1946 年，兰德(RAND)公司首次用这种方法来进行预测，后来该方法迅速得到广泛采用。1964 年美国兰德公司的赫尔默(Helmer)和戈尔登(Gordon)发表了《长远预测研究报告》，首次将德尔菲法用于技术预测中，以后便迅速地应用于世界各国。除了科技领域之外，德尔菲法还几乎可以用于任何领域的预测。

德尔菲法的本质是一种反馈函询法，即利用函询形式进行专家集体思想交流的方法。一般采用专家个人匿名发表意见的方式，即专家之间不互相讨论、不发生横向联系、只与组织调查人员发生联系。基本做法是，在对所要预测的问题征得专家的意见之后，进行整理、归纳、统计、分析，再反馈给各位专家，再次征求意见，再集中，再反馈，直至取得专家们较为一致的结论，作为预测的结果，这种方法具有比较广泛的代表性和较好的可靠性。在德尔菲法的应用中，始终有两个方面的人在活动：一是预测的组织调查者；二是被选出来的专家。

德尔菲法的具体实施步骤如下：

(1)按照预测问题所需要的知识业务范围，确定专家。专家人数的多少，可根据预测问题的大小和涉及面的宽窄来确定，一般不超过 20 人。

(2)向所有专家提出要预测的问题及有关要求，并附上有关这个问题的所有背景材料，同时请专家提出还需要补充的材料清单，然后由专家做书面答复。

(3)各个专家根据他们所收到的材料，提出自己的预测意见，并说明自己是怎样利用这些材料并提出预测值的。

(4)组织者将各位专家填好的调查表进行汇总整理，进行归类对比，再分发给各位专家，让专家比较自己与他人的不同意见，修改自己的意见和判断，然后把这些意见再分送给各位专家，以便他们参考后修改自己的意见。

(5)组织者收到第二轮专家意见后，对专家意见做统计整理，以便做第二次修改。逐轮收集意见并为专家反馈信息，请专家再次评价和权衡，做出新的预测是德尔菲法的关键环节。收集意见和信息反馈一般要经过 3～4 轮，经过多次反复，专家们的意见趋于一致，即可作为预测评估的结果。

德尔菲法同常见的专家会议法和单纯的专家个人判断法既有联系又有区别。德尔菲法能较好地运用专家们的智慧，发挥专家会议法和专家个人判断法的优点，同时又能避免其不足，它是专家们交流思路、进行预测的一个很好工具。德尔菲法的主要缺点是过程比较复杂，花费时间较长。

2）投标博弈法

投标博弈法广泛用于对环境公共物品价值的评估，是运用条件价值评价法（contingent valuation method，CVM）对环境支付愿望或接受赔偿意愿的一种调查方法。条件价值评价法也称为意愿评价法，是通过询问人们对于环境质量改善的支付意愿或者忍受环境损失的受偿意愿来估算出环境物品的价值。也就是说，可以通过对环境资源的使用者或环境污染的受害者进行调查，反复应用投标方式，以获得人们对该环境资源的支付意愿，即得到为改善环境质量使用者愿意支付的最大金额，以及环境质量下降使用者愿意接受赔偿的最小金额，然后以愿意支付的最大金额，或同意接受的最小赔偿金额，作为评估环境资源或环境质量的货币度量值。

投标博弈法的基本做法是：访问者向环境使用者详细地介绍环境资源的质量、数量、使用时期和权限等情况后，提出一个起点标价，询问使用者是否愿意支付，如果回答是肯定的，则逐渐提高标价直到使用者回答是否定为止；或者假定环境资源受到损失破坏，环境质量下降，询问他们为避免这种损失所愿意支付的最大金额或接受赔偿的最小金额。在实际应用中，因为补偿接受意愿的上限很难确定，所以一般用愿意支付的最大金额作为评价的依据。环境使用者的最大支付意愿通常受其个人收入水平、个人对环境状况的敏感性等多种因素限制或影响，所以在实际工作中需要进行认真分析。

专栏 6-6　深圳河的黑臭状况对环境舒适性影响的经济评价

深圳河位于深圳和香港之间。深圳划为特区后，经济高速发展，造成河水污染，给社会造成多方面的损失。为此，20 世纪 80 年代初期原华南环境科学研究所选择了深圳河沿岸人口较密的文锦渡、罗湖、和平 3 个街区作为调查对象，调查内容有：

深圳河臭味对你家有无影响（有、无）？影响程度如何（不愉快、工作学习效率降低、头痛恶心等疾病增多等）？

为避免受深圳河臭气影响，你们是否有迁离深圳河沿岸的愿望（无、有、强烈）？若能给你们换一个条件相同，但不受深圳河臭气影响的住处，你们愿意每月适当多付房租吗（愿意、不愿意）？在现在这种影响程度下，你们每月最多愿付房租多少（1，2，…，10 元）？如果深圳河变得每天都发臭，那么，为了迁到不受影响的地方，你们每月愿多付多少房租（1，2，…，10 元）？

调查结果如下：

目前深圳河恶臭影响范围。接受调查的 3 个街区，1983 年底共有住户 3529 户，发调查表 500 份，收回 385 份，其中 109 份不合格，合格的 276 份。在有效表中，回答有影响的 153 份，占 55％。

对迁离深圳河支付愿望，调查结果见表 6-4，从表 6-4 中可算出：

$$平均支付愿望=505.2/95=5.32[元/(月\cdot户)]$$

同样，若深圳河全年发臭，平均支付愿望为 9.3[(元(/月·户)]

表 6-4 对迁离深圳河的支付愿望(现在)

支付愿望——房租/[元/(月·户)]	中值 X	户数 f	总值 Xf
1～3	1.5	34	51
3.1～5	4.05	26	105.3
5.1～7.5	6.3	8	50.4
7.6～10	8.8	20	176
10 以上	17.5	7	122.5
总计		95	505.2

据此可计算出这三个街区受影响住户对深圳河舒适性影响的年总支付愿望为：

$$5.32\times12\times3529\times55\%=12.39(\text{万元/年})$$
$$9.3\times12\times3529\times55\%=21.66(\text{万元/年})$$

同样，按上述方法也可以求出接受赔偿的愿望。

资料来源：姚建. 环境经济学. 成都：西南财经大学出版社，2001.

例如，在某地区拟建一建设项目，该建设项目建成和使用后对环境的某一方面产生污染，对附近居民产生不良影响，居民有意见。如果采用投标博弈法来确定这种损失的货币数量，就要对受影响的居民进行调查和询问，调查和询问的基本过程和内容如下。

(1)该建设项目对环境有影响，如果每年给你 100 元作为赔偿金，你是否愿意这一建设项目在此处建设？如果回答肯定，则此问题结束，如果回答否定，则赔偿金额逐步上升，一直到同意为止。

(2)该建设项目对环境有影响，给你付多少钱，你愿意搬出这个区域？一直询问到肯定时为止。

(3)为了避免和减少该建设项目的这些不良影响，你是否愿意采取一些保护措施，并支付这些措施的相关费用？询问到肯定为止。

下面举一具体实例予以说明。一个沿着河流的森林娱乐区，这区域过去一直为居民免费娱乐，有人建议开发这个区域。如果这样，居民就不能进入娱乐区娱乐了。在制定该区域管理规划之前，对该地区的用户进行了调查，要求被访问的用户能代表每年娱乐季节用户的全部人口，误差在允许范围之内(4%)。

询问的过程如下：

(1)为了维持你继续在这个娱乐区出入，你愿意每年支付多少钱？例如每年 10 元。如果回答是肯定的，则支付费用继续增加，每年增加 1 元，一直提高到回答是否定时为止。如果被询问者对开始支付的 10 元就不同意，就提第 2 个问题。

(2)每年付给你多少钱，你才愿意放弃在这个娱乐区出入？提问时，采用与上面相反的程序，直至肯定为止。从访问调查中，找到个人支付愿望和接受赔偿的全部数据，据以计算出该娱乐区每人每年的价值。

调查结果见表 6-5、表 6-6。根据调查结果，可以求出娱乐区的年经济效益在支付愿望

685000 美元与接受赔偿愿望 2985000 美元之间,即每人每年娱乐价值在 34.25～149.25 美元。

表 6-5 出入娱乐区的支付意愿

支付愿望/美元	人数		总支付愿望[1]/美元
	采样总人口的 5%	总人口	
0～10	50	1000	5000[2]
10.01～20	100	2000	30000
20.01～30	200	4000	100000
30.01～40	450	9000	315000
40.01～50	150	3000	135000
50 以上	50	1000	100000
总计	1000	20000	685000

注:(1)人口乘以支付愿望范围的中值,50 美元以上时中值取 100 美元。
(2)即 1000×(0+10)/2=5000 美元

表 6-6 对失去出入娱乐区权利而接受赔偿的愿望

接受赔偿的愿望/美元	人数		总支付愿望[1]/美元
	采样总人口的 5%	总人口	
0～20	50	1000	10000[2]
20.01～50	100	2000	75000
50.01～100	200	4000	300000
100.01～200	450	9000	1350000
200.01～300	150	3000	750000
300 以上	50	1000	500000
总计	1000	20000	2985000

注:(1)人口乘以接受赔偿愿望范围的中值,300 美元以上时中值取 500 美元。
(2)即 10000×(0+20)/2=10000 美元

在使用投标博弈法时,询问会产生偏差。一般来说,出现偏差主要有以下几个方面。①策略偏差:回答者试图以不真实的方式来影响结果;②信息偏差:产生于回答者一方缺乏全面的信息;③起点偏差:投标博弈法的核心就是要知道对于假想的环境质量改变的支付意愿或赔偿;④假想偏差:投标博弈要求使用照片,以便向回答者提供令人信服的质量变化情况,并准确描述可能发生的变化。虽然能产生如上偏差,但只要在运用时注意,就可能很好地消除这种影响。

二、环境质量的费用评价技术

在多数情况下,使用前述介绍的方法,全面估算环境质量价值或改善环境质量的经济效益可能是困难的。这些困难主要来自资金、技术、资料可得性以及方法的可靠性等方面。在这种情况下,从费用角度来评价环境质量的价值将是一种有效的方法,而且这类方法已得到越来越多的应用。这类方法主要有恢复防护费用法和影子工程法两种。

1. 恢复防护费用法

由于在资金、技术、资料、方法和可靠性方面存在不确定性,因此,全面评价环境质量改善的效益,在很多情况下是很困难的。实际上,许多有关环境质量的决策是在缺少对效益进行货币评价的基础上进行的。对环境质量的最低估计,可以从为了消除或减少有害环境影响所需要的经济费用中获得。我们把恢复或防护一种资源不受污染所需的费用,作为环境资源破坏带来的经济损失最低估计。例如，在道路两侧的建筑物，人们为减少交通噪声对其生活和工作的影响而采取的降噪措施（如声屏障、双层窗等）的费用，可以作为由于噪声影响而产生的最低经济损失值，该费用也反映了宁静环境的隐含价值。为改善室内空气质量，安装空气清新、过滤设备。为防止饮用水污染对人体健康的影响，人们购买净水过滤器。由于防护设施的费用是所需要的材料、人工、机械等费用，所以比较容易计算。又因防护设施的效益与防护费用具有统一性，因此可用防护费用来度量环保措施所得到的经济效益。该方法除了应用于对噪声干扰和污染的评价外，也可以用于农田保护、水体的污染治理等的经济分析。

例如，锦州铁合金厂自20世纪50年代到现在已存放铬渣25×10^4 t，占地50多亩（1亩≈666.7 m^2），渣中含可溶性铬1%左右。由于长期受雨雪淋湿，渗入地下，致使方圆30000亩内的1800眼井受到六价铬污染。为了防止继续污染地下水，厂里建了一道铬渣混凝土防护墙，围墙长800 m，平均深度14 m，工程投资为4.2×10^6元，其投资就是铬渣污染引起的经济损失的最低估计。

又如，辽宁电厂建厂初期大气环境质量较好，符合设计要求，一般2～3年清扫一次变电所瓷瓶灰尘。而自从章党水泥厂建成投产后，该厂便增加了清扫次数，防腐剂、绝缘材料消耗量增大，每年防护费用为(3×10^4)～(9×10^4)元。这个费用就可以认为是章党水泥厂排放颗粒物引起大气污染经济损失的最低估计。

再比如，工程建设需要在农田取土，同时要采取措施恢复耕地，恢复耕地所需的投资就是恢复所需的费用，它是因取土造成耕地破坏而引起的经济损失的最低估计，也是恢复耕地所取得的经济效益的最低估算。

恢复防护支出法是一种被广泛使用的环境价值评估方法，适用于水污染、空气污染、噪声污染、土壤侵蚀或退化、山体滑坡、海岸侵蚀和污染等方面的价值评估。当人们直接面临环境恶化的威胁，对受到损害的程度比较了解，能够采取有效的措施时，这种方法是一个比较直接且有效的方法。用此方法和利用其他技术获得的数据进行比较，有利于进行环境管理方面的决策。

这种方法存在的缺陷和局限性主要表现在以下几方面。

(1)有可能会低估环境质量的经济价值　有时，当遭受环境质量恶化时，很多人会采取忍受的态度，直到实在忍受不住了才会采取相应的措施，去购买一些替代品。而且，在现实生活中并不存在能够完全替代环境服务功能的完美的替代品，所购买的替代品在大多数情况下只能替代原来良好环境质量的一部分功能。比如，某人为了防止噪声污染购买了隔音设备，但即便如此，隔音设备也不能完全把噪声阻挡在外。这时如果用购买隔音设备来估算环境污染的经济损失就是低估了环境价值，显然是不准确的。

(2)有可能高估环境质量的经济价值　人们所购买的环境质量的替代品往往有多种用途，即具有除防止污染以外的一些功效。例如，空调不仅能调节室内的温度，还能减少室内空气中存在的浮尘；为防止噪声而安装的双层玻璃，还能减少屋内的热量损失，起到保暖作用，等等。那么，在购买这些替代品的支出中，很难估算出哪些金额是用于防止污染的，这时往往会高估环境质量的价值。

(3)从经验中获取各种数据，显得相对简单，有很强的直觉感，缺乏可靠性。另外，此方法还设立了很多假设条件，如人们必须信息灵通，对于自己面临的风险很了解，还要能够及时作出相应的反应，并计算出防护费用，市场机制要完善，等等。

(4)无法评价环境资源的存在价值。

2.影子工程法

影子工程法是恢复防护费用法的一种特殊形式,又称工程费用法,是当某一环境被污染或破坏后,人工建造一个工程来代替原来的环境物品(劳务)的功能,然后用建造该新工程的费用来估计环境污染(或破坏)造成的经济损失的一种方法。例如,地下水遭到污染使水源地破坏,可以用新建水源的费用作为地下水污染造成的经济损失。

再例如,一个旅游海湾被污染了,则要另建造一个海湾公园来代替它;就近的水源被污染了,则要另找一个水源来代替,其污染损失至少是新工程的投资费用。又如,沈抚灌区10个乡有 $1\times10^4\text{hm}^2$ 土地,由于灌水渗漏使地下水污染,灌区2000多眼井水不能饮用,不得不打深井和安装自来水,费用为 2.4×10^5 元,而新工程的费用就是污染损失的一种估价。

如果需要计算森林的生态效益,则需先对森林的生态服务功能进行判定,然后逐项进行计算。其中,森林涵养水分的功能,实测单位面积森林涵养水分量,而后算出总的涵养量,用库存同等水量水库的基建费和运行费,作为森林涵养水源的效益;森林固土的功能,算出该地区的总固土能力,而后用拦蓄泥沙工程来代替,这笔费用作为森林固土功能的效益;森林制氧效益,算出制多少氧气,而后用市场价来计算,作为森林的制氧效益。以上这些效益均是森林生态效益的重要组成部分。日本曾利用此方法计算了森林的生态效益,相当于日本1972年的全国财政支出,远远高出经济效益。假设森林受到破坏,其破坏作用的突出表现之一就是土地涵养水分能力的破坏,利用影子工程法可以假设如果森林并不存在,用蓄积和森林涵养同等水量的水库建造、运行和管理费用,作为森林涵养水分的经济收益。当环境资源或劳务很难进行估价时,就采用能够提供替代物的影子工程的费用,来估算其货币值。

专栏6-7 围(填)海工程对厦门湾水环境容量的价值损失评估

围(填)海造地虽然带来了一定的社会和经济效益,但是也带来了一定的生态环境负效应,如围(填)海工程改变海域水动力条件,导致海水交换能力下降,降低了环境容量,致使海洋动植物生境改变或丧失等。基于数值模拟,采用环境经济评价的方法,对厦门湾近60年来围(填)海工程导致海湾环境容量的价值损失进行估算。

围(填)海工程造地造成海湾纳潮量减少,从而导致海湾水环境容量的变小。海湾水环境容量的价值损失可以采用影子工程法进行评估,该评估方法是以海湾纳潮量变化量为变量的函数来表示。

围(填)海工程的实施,永久占用了海域,降低了海湾的水容量,造成了厦门湾水环境容量的价值损失,而且该损失是很难挽回的。通过评估,厦门湾不同时期围(填)海工程实施后给厦门湾水环境容量的价值损失达71384.7万~200007.2万元/年,单位围(填)海面积造成水环境容量的价值损失最大达16.25元/(m^2·年),从长远(100年)来看,围(填)海工程导致水环境容量的价值损失最高达1625元/m^2。而厦门湾围(填)海造地海域使用金征收标准为250~300元/m^2,明显低于围(填)海工程造成水环境容量的价值损失,围(填)海工程的实施还对滨海自然景观资源、气候调节、生物多样性产生一定负面影响,从而会带来更大的环境成本。

资料来源:陆荣华.围(填)海工程对厦门湾水环境容量的价值损失评估[J].海峡科学,2018(08):77-79.

三、评价技术的选择

在实际工作中，应根据工作实际需要和各评价技术的特点，选择合适的环境质量的效益与费用评价技术。一般来说，人力资本法适用于评价环境污染或质量改善对人体健康的影响；旅行费用法适用于户外娱乐场所、自然保护区等的价值评估；市场价值法适用于有比较充分市场信息的评估情形，等等。

充分理解各种环境费用效益分析评价技术的特点之后，我们就可以针对不同的环境影响，选择相应的价值评价方法。具体见表6-7。

表6-7 环境质量效益与费用评价技术选择

环境影响	评价方法
生产力	市场价值法、恢复防护费用法、机会成本法、影子工程法
生命健康	人力资本法、恢复防护费用法、调查评价法、影子工程法
舒适性	资产价值法、调查评价法、旅行费用法
存在价值	调查评价法

(1)当环境质量的变动对生产者的产量和利润产生影响时，应该首先选择市场价值法进行评价，或者有时也会用到恢复防护费用法、机会成本法和影子工程法。

(2)当需要对自然保护区、森林公园、休闲娱乐场所、海岸带、生态保护地等进行环境价值评估时，要采用旅行费用法、调查评价法或资产价值法进行评估。

(3)当评价空气质量、噪声污染等对财产价值的影响时，应首选资产价值法。

(4)评价环境质量变化对人体健康的影响时，通常应采用人力资本法、恢复防护费用法和调查评价法等。

(5)当评价环境资源的存在价值或选择价值时要选用调查评价法。

当我们进行环境质量的效益与费用评价技术时，除了要考虑其特点、适用范围外，还要考虑以下两个方面：①时间和资金问题。如果时间不足，资金有限，那么可以采用已有的历史数据和他人的研究成果数据等。总之，应采用相对简单易行的评价方法。当时间和资金比较充裕时，可以采用调查评价法、资产价值法等方法。②评估人员的知识背景。有时，评估人员的知识背景或经验也会影响评价方法的选择。如果评估人员的知识比较丰富，实际分析能力也较强，就可考虑诸如资产价值法这类比较复杂且对评估人员要求较高的评价方法。否则，就应采用对评估人员要求不太高的方法，如恢复防护费用法。

第四节 环境问题引起的经济损失计算方法和参数选择

当今社会各类环境污染和生态破坏事件时有发生，科学合理地计算由此引起的经济损失尤为重要。但由于所需的基础资料和数据收集困难，一些隐性污染和污染的间接影响很难货币定量化，因此一般对环境问题引起的经济损失计算主要针对显性要素开展。本节将分别介绍几种典型的环境污染和生态破坏类型引起的经济损失计算方法和相应的参数选择。

一、环境污染引起的经济损失计算方法和参数选择

前面介绍的环境费用效益分析方法各有不同的适用范围。针对各种不同类型的环境污染和破坏引起的经济损失，我国学者推荐了一些适用的方法，并列出所需要的参数项，在对不同事件进行经济损失量化估算时参考。

1. 水污染引起的经济损失

(1)工业的经济损失　(以水资源短缺为例)

计算方法 A:机会成本法

主要参数:当地水资源的影子价格、水资源短缺的数量。

计算方法 B:影子工程法(远处取水方案)

主要参数:新建水源单位投资费用(包括管道费用)。该参数随规模距供水距离而异增加处理费用。

计算方法 C:恢复费用法

主要参数:自来水厂运转费增加、水处理设施投资。

(2)农业的经济损失

计算方法:市场价值法

主要参数:每亩农田减产的损失或成本增加(与污染或盐渍化前比较增加的化肥投入、劳动力等)、农产品的市场价格。

(3)渔业的经济损失

计算方法:市场价值法

主要参数:污染前后水产品产量的变化、水产品的市场价格。

(4)人体健康损失

计算方法:人力资本法

主要参数:发病率的增加、劳动日的损失(包括陪住人员的误工)、平均寿命、人均国民收入、医疗费用、护理费用等。

(5)景观的损失

计算方法:调查评价法

主要参数:对环境的支付愿望。

2. 大气污染引起经济损失

(1)农业损失

计算方法:市场价值法

主要参数:污染暴露面积、作物亩产量、农产品市场价格。

(2)畜牧业损失

计算方法:市场价值法

主要参数:牲畜发病率、污染面积、单位面积载畜量、病畜损失成本。

(3)建筑物材料腐蚀、损坏的经济损失

计算方法:恢复防护费用法

主要参数:维修周期缩短年限、年维修费用。

(4)尘埃污染损失

计算方法：恢复防护费用法

主要参数：清扫工时定额、工资标准、消耗物品开支、清扫次数的增加量。

(5)人体健康损失

计算方法：人力资本法

主要参数：发病率的增加、劳动日的损失（包括陪住人员的误工）、平均寿命、人均国民收入、医疗费用、护理费用等。

3. 固体废弃物污染引起的经济损失

(1)占用农田对农业造成经济损失

计算方法：机会成本法

主要参数：固体废弃物堆放的占地量、每亩耕地的机会成本。

(2)引起地下水污染造成的经济损失

计算方法 A：影子工程法

主要参数：新建水源费用（地下水污染破坏了水源，新建水源替代原水源）。

计算方法 B：恢复防护费用法

主要参数：为防止地下水污染建防水层或防护墙等所需费用。

(3)引起大气污染

计算方法：同上述 2 中大气污染引起的经济损失

4. 噪声引起的经济损失

计算方法：调查评价法

主要参数：人们对改善噪声环境的支付愿望。

二、生态破坏引起的经济损失计算方法和参数的选择

1. 森林资源破坏引起的经济损失

(1)涵蓄水分功能的损失

计算方法：影子工程法

主要参数：森林涵水能力、水库工程费用（用新建水库来替代损失的涵水能力）。

(2)固土功能降低的损失

计算方法：影子工程法

主要参数：森林固土能力、拦沙坝工程费用（用于拦蓄泥沙工程代替森林固土功能）。

(3)森林生产能力减少

计算方法：市场价值法

主要参数：森林的木材生产率（m^3/hm^2）、木材的价格。

2. 水资源破坏引起经济损失

(1)水资源短缺引起工业停产减产损失

计算方法同一、1.(1)。

(2)固沙能力的损失

计算方法：影子工程法

主要参数：营造每亩防风固沙绿地的费用。

(3)地下水位下降增加开采成本

计算方法：市场价值法

主要参数：地下水成本增加、地下水位开采量。

(4)水面减少引起农业、渔业生产能力降低

计算方法：市场价值法

主要参数：水面生产率、农(水)产品的市场价格。

(5)河流枯竭引起航运的经济损失

计算方法：影子工程法

主要参数：改用陆路运输造成的成本增加、河流可以同时承担经济建设和人民生活需要的水运运输量(以换算万吨公里计)、建设一条同等运输能力的公路投资。

3.土地资源破坏引起的经济损失

(1)水土流失

计算方法：市场价值法

主要参数：水土流失泥沙量、各种肥料的价格。

(2)耕地破坏损失

计算方法：市场价值法

主要参数：耕地破坏造成无法耕种的亩数、每亩耕地的效益。

(3)水电站发电能力的减少

计算方法：影子工程法

主要参数：每年报废电站装机容量、建设单位装机容量的投资。

(4)水库库容减少的经济损失

计算方法：影子工程法

主要参数：水库库容减少的数量、每立方米库容的工程投资。

(5)航运河道泥沙淤积损失

计算方法：恢复费用法

主要参数：泥沙淤积量、每吨泥沙清除费用。

三、关于重复计算的问题

由于环境资源往往是无价格的，环境污染或生态破坏引起的经济损失要采用间接的方法，从不同的角度来度量。因此，如果对实际经济损失鉴别不清，有时会把一种经济损失从不同的角度计算几次，从而夸大了真实的经济损失，这称为重复计算。在环境费用效益分析中，这是需要十分注意的问题。例如，在考虑水资源污染的价值损失和水污染引起缺水造成工业生产损失时就要避免重复计算的问题。

水资源被污染而不能供给工业使用，造成工业停产或减产。这里有两笔账，一是水资源污染后失去了其经济价值，假如某地供水单价为 0.03 元/t，用可获得的需水量乘以单价得到水资源的损失的价值。二是水资源污染造成水资源短缺给工业带来经济损失。其实这两笔账计算的都是被污染的水资源价值，只不过前者是以市场价格计算的，而后者是以水资源的机会成本来计算的。虽然每吨水市场价格仅 0.03 元，但在水资源短缺时，1 t 水若用于工业生产可以带来高得多的经济效益。没有这 1 t 水，也就没有不能产生相应的经济效益。譬如天津市 1981 年每吨水可以产生 14 元的经济效益，前些年天津因缺水停产，一些工厂造成经济损失，

这时每吨水的效益比 0.03 元大得多。所以引滦河水入津，虽然其成本高达每吨水一元多钱，但与每吨水产生 14 元经济效益相比仍然有显著的经济效益。所以用机会成本来计算水资源损失较合适，但不能两笔账相加，否则将造成重复计算。

重复计算的例子很多，但情况又各不相同，需要具体问题具体分析，所以在实际分析时应予以重视。

环境污染和生态破坏引起的经济损失的计算目前还存在许多困难，一方面是环境、环境问题和环境经济具有多样性、复杂性、变化性和广泛性的特点；另一方面是目前环境经济损失的计量方法还不完善；还有就是环境经济的统计系统还未建立起来。所以对环境污染和生态破坏引起经济损失计算的整个方法体系还需进一步进行深入地探讨、研究和实践。

复习思考题

1. 简述财务分析、费用效益分析和环境费用效益分析的区别与联系。

2. 为何要开展环境费用效益分析？

3. 环境费用效益分析有哪些步骤？实施环境费用效益分析需要具备什么条件？

4. 环境质量的效益和费用评价技术有哪几种常用方法？

5. 如何对某一条河流污染造成的经济损失进行估算？请谈谈思路，并列举所需的技术和参数。

6. 什么叫旅行费用法？该方法的基本思路是什么？

7. 请谈谈你对机会成本法的理解。

第七章

环境工程
项目经济评价

投资是令人激动和快乐的工作。但是如果不做准备，投资也是一件危险的事情。

——彼得·林奇《在华尔街崛起》

本章学习目标

1. 掌握现金流量的基本要素、利息种类及其计算过程；
2. 了解静态评价方法、动态评价方法；
3. 掌握环境经济评价的基本方法；
4. 对既定投资方案进行比较与选择。

引导案例

借钱与投资

会计专业中有一个非常重要的理论思想，就是资金具有时间价值。在生活中，每个人都本能地知道这个道理。这个会计思想贯穿整个投资决策的始终。一般而言，有人找你来借钱，如果一年后不给利息，原本还给你，大概是只有非常好的亲戚朋友你才会借。为什么呢，因为划不来。起码,用这些钱存银行可以有银行存款利息。如果银行一年定期存款利率是2.5%,那么1万元一年后就是1.025万元,两年后就是1.0506万元。就是说按照2.5%的贴现率来计算,2年后的1.0506万元,1年后的1.025万元,才等于今天的1万元。

当然贴现率可以按照银行存款利率来计算,也可以按照别的值来计算。当你进行投资决策的时候需要选择一个适合自己的贴现率,计算是否值得投资。在投资中,大量的计算都是围绕资金的时间价值转换进行的。比如说,一个投资项目,是从投资第二年开始,连续五年稳定产生现金收入。第二个投资项目,从第三年开始连续三年大量产生现金收入。这两个项目到底如何选择呢?在计算出这两个项目未来产生现金流转换成今天的现值后,就能一目了然地做出选择了。

第一节 资金的时间价值与等值计算

一、资金时间价值的概念

资金是社会再生产过程中能够增值的价值,货币、物资是资金的不同存在形式,是一种价值。资金的实质在于增值。

当把资金投入到生产领域或流通领域后,经过物化劳动和活劳动,会随着时间的推移而发生增值现象,表现为一笔同样数额的名义资金量在不同的时点具有不同的价值,由于它取得了时间的外在表现,故称为资金时间价值。即使在不考虑风险和通货膨胀的前提下,今天的1元钱与明天的1元钱在价值上也是不相等的,后者要小于前者。

资金的时间价值的实质是指资金作为生产的一个基本要素,在扩大再生产及其资金流通过程中,随时间的变换而产生增值。资金的时间价值理论表明,一定的资金在不同时间节点具有不同的价值,资金必须与时间相结合才能表示出真正的价值。所以,在项目投资决策中考虑时间因素的作用,必须树立时间就是金钱的观念,注重资金运动的时间价值,以提高经济活动的效益。

二、利息与利率

1. 利息

利息是货币在一定时期内的使用费,指货币持有者(债权人)因贷出货币或货币资本而从借款人(债务人)手中获得的报酬。利息是资金时间价值的体现。

利息主要考虑以下几个方面。

(1)贷款人由于借出资金,因而延误了他使用资金进行消费或者投资,为此要求得到一定的补偿。

(2)贷款人由于不能确定借款人是否能够如期偿还债务,因而承担了一定的风险,为此要求得到一定的补偿。

(3)在借款这段时间内,价格水平发生了变化,即借出的资金由于物价上涨而导致的购买力的下降,因而要求得到一定的补偿。

(4)债务拖延造成的。例如借款人到期无法偿还债务，由于延期偿还，造成了较高的风险，从而对延期偿还的债务要求更高的补偿。

2. 利率

利息的大小用利息率(简称利率)表示。利率就是在一定的时期内所获得的利息额与所贷出的资金额之比，通常用百分比来表示。例如，贷出金额为 1 万元，一年后得利息 1000 元，则年利率为 10%。

$$利息=目前应付(应收)总金额-原来借(贷)款金额$$

$$利率=\frac{每单位时间增加的利息}{本金}$$

用于表示计算利息的时间单位，称为利息周期。利息期间通常以一年为期，也有小于一年的。我国现行的存款、贷款的计息周期为月、年，国外的计息周期分为年、半年、季度、月或周，常用为年。当包括一个以上的计息期时，则要考虑"单利"与"复利"的问题。

单利是以本金为基数计算利息，而不考虑利息的时间价值。复利则是考虑了本金和利息的时间价值。在实际计算中一般都是按复利方式进行计息。

在投资项目经济分析中，通常是按年计息的。但有时也会遇到计息周期短于一年的情况，如按半年、季度、月计息。当利率的时间单位与计息周期的时间单位不一致时，就产生了名义利率与实际利率的区别。

3. 名义利率和实际利率

名义利率(r)：计息周期利率与付息期内计息次数的乘积。如付息周期为 1 年，计息周期为 1 个月，月利率为 1%时，则名义利率为 1%×12=12%。名义利率的计算周期可以定为日、月、季度、半年等，即一年有几个计息周期。

实际利率(i)：规定一年的利息与本金之比。很明显，除了计息周期和付息周期相等时实际利率等于名义利率，其他时候实际利率都比名义利率高。

设名义利率为 r，实际利率为 i，每年计息周期数为 m，则：

$$i=\left(1+\frac{r}{m}\right)^m-1 \tag{7-1}$$

当 $m=1$，即 1 年计息 1 次，$i=r$。

当 $m>1$，即 1 年计息若干次，$i>r$。

当 $m\to\infty$ 时，这个实际利率称为连续复利下的实际利率。

由此可见，1 年多次计息时，实际利率必定大于名义利率；1 年的计息次数越多，即 m 值越大，两者相差越大。

设名义利率 $r=12\%$，求实际利率 i。

①每年计息 1 次，即 $m=1$ 时：$i=(1+0.12/1)^1-1=0.12$，即 $i=r=12\%$；

②每年计息 2 次，即 $m=2$ 时：$i=(1+0.12/2)^2-1=0.1236$，即 $i=12.36\%$；

③每年计息 12 次，即 $m=12$ 时：$i=(1+0.12/12)^{12}-1=0.1268$，即 $i=12.68\%$。

[**例 7-1**]年利率为 12%，每季度计息一次，年初存款 100 元，年末本利和是多少？

解：12%是年名义利率，每季计息一次，$m=4$。由上述公式可计算实际利率：

$$i=\left(1+\frac{r}{m}\right)^{m}-1=\left(1+\frac{12\%}{4}\right)^{4}-1=12.55\%$$

年末本利和为($n=1$ 年):

$$F=P(1+i)^{n}=100(1+12.55\%)^{1}=112.55(\text{元})$$

专栏 7-1　银行存款利息

我国银行计息存款利息采用的都是复利计息方法。

定期存款计算利息时。按照存期"算头不算尾"的方法。从存入日期开始算至支取的前一日为止。存期一般按对年,对月计算。对年按 360 天。对月按 30 天。

个人储蓄的活期存款按季度计算利息。每季末月 20 日为结息日,从上季末月 21 日至本季末月 20 日。

三、资金时间价值计算

1. 等值

等值的含义是:不同时间的不同金额可以具有相等的经济价值。例如,今年的 100 元,在年利率为 5%时,将等于一年后的 105 元;同样的 100 元,在年利率为 10%时,将等于一年后的 110 元。等值的概念是指在年利率为 5%的条件下,现在的 100 元与 1 年后的 105 元具有相等的价值量。这一概念包含资金、时间和利率 3 个因素,它是项目经济效果分析的基本出发点,是时间价值计算的前提和根据。

货币时间价值,是指货币在不同时点上的不同价值。计算货币时间价值的尺度,就是指不同时间货币价值的换算率。在项目的分析与评价中,一般是将未来的货币值通过换算率——折现率(discount rate)折算到现在(或某一特定时点)的价值。

计算资金时间价值时常用以下 5 个参数。

1)利率或收益率(i)

若无其他说明,一般指年利率(或年收益率)。利率的意义如前所述,在我国,它是在某一时期由银行规定的一个定值。收益率是指建设项目投产后每年的净收益与原来投资额之比,它是一个随机变数,是考核投资效果的指标。例如,今日投资 1 万元,一年后净收益为 1000 元,则该项投资的收益率为 1000/10000=10%;若再过一年后的净收益为 1500 元,则收益率增大到 1500/10000=15%。在经济分析中,利率与收益率容易混淆,应注意分辨运用。

2)期数(n)

其意义是在某一时期内计算利息的次数,一般指年数。当 n 为某值时,可泛指时间的某一时段,如经济寿命期、服务年限等。在经济分析中,期数在不同场合具有不同的含义。

3)现值(P)

其意义一般是指基建开始或生产开始时货币的价值,有时又称期初投资或本金。可能是投资开始的时间,也可能是在项目评估时所指定的时间。在现金流向图中,一般是在零点,也可以是在任一时点基准时间之价值。把一笔将来的金额,换算成与之等值的较早时间(可以是现在,也可以是指定时间)的金额,这种方法称为现值法或折现法(discounted cash now,DCF)。

4)未来值(F)

又称终值或将来值。其意义是在一定的利率条件下,经过几次计息后,现值(又称期初投资或本金)所产生的新的货币价值。终值又称本利和,即本金加上利息之和。在某一时点的金额,换算成以后某个时点或在项目评估时指定的某个时间的等值金额,这种换算方法称为终值法。

5)年金(A)

其意义是在一定的利率条件下,一定时期内逐年收入或支出数量相等的货币额。所谓一定时期,一般要超过 2 年,常表现为 3 年、4 年或更多年,形成一组序列。如果序列中每年金额相等,这叫作等额序列年金。在序列中,各年收支金额可以不相等,而是成等差级数或一定规律增减,这叫作等差序列年金或其他序列年金。

2.现金流量图

现金流量图是表示资金在一定时期内流进和流出运动状况的图解方法,描述资金运动的轨迹,使资金时间价值计算简便和有效。

现金流量图的作法是:画出一条水平线并画出相等的时间间隔,自零开始向右水平方向延续,表示时间的历程,也就是计算利息的周期数。时间单位一般为年,在特别说明的情况下,也可采用半年、季度或月等计息单位。时间历程的长短常以字母 n 表示,称为"期数"。一般情况下,属于收入的现金(资金输入)画在水平线上方,冠以正号;而支出的现金(资金输出)画在水平线下方,冠以负号。有时也可采用相反的正负号。收入与支出分别以向上、向下的箭头表示,箭线的长短表示现金流量的相对大小。如图 7-1 所示。

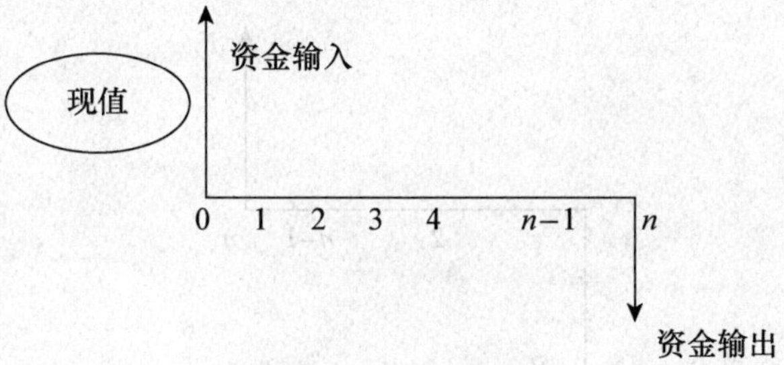

图 7-1　现金流量图

在项目经济分析中,通常假定收入是发生在年末,支出发生在年初。

通过现金流量图可计算净现金流量。各时点的净现金流量就是各年收入和支出的差额,收入大于支出,则得到正净现金流量;反之,则得到负净现金流量。现金流量图与立脚点有关。图 7-2 表示借款人的现金流量图,图 7-3 表示贷款人的现金流量图,从这两个图中可以看出收入与支出正好是相反的。

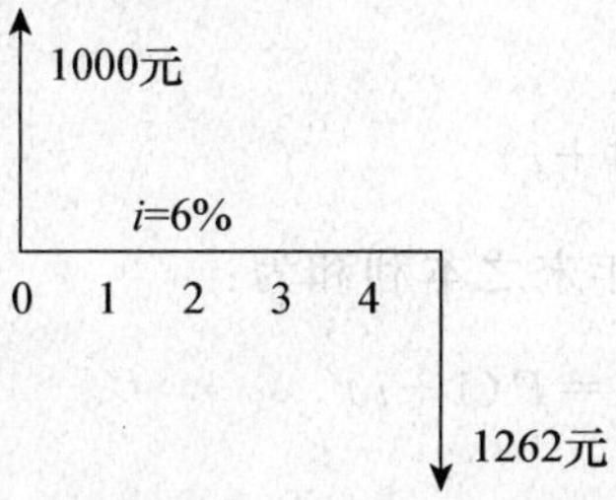

图 7-2　借款人的现金流量图

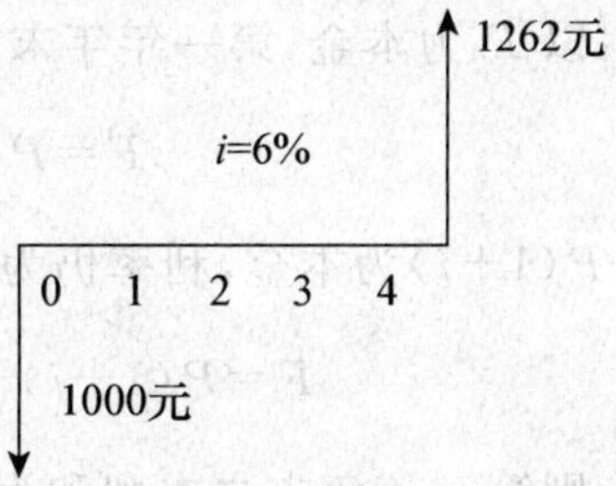

图 7-3　贷款人的现金流量图

3. 资金时间价值的计算

资金的时间价值的计算方法有单利法和复利法。现将这两种方法的基本计算公式分述如下。

1)单利法

单利法是指只计算本金应得的利息，而不计算利息积累下来应得的利息。设一次贷款，即本金为 P，年利率为 i，经过 n 年后，其本金与利息之和，即本利和的计算公式为：

$$F=P+P\times i\times n=P(1+i\times n) \tag{7-2}$$

若 n 年后的未来值为 F，年利率为 i，则折算成现值 P 的公式为：

$$P=F/(1+i\times n) \tag{7-3}$$

从上式可以看出，单利计息贷款与资金占用的时间是线性变化关系，利息额与时间按等差级数增值。

2)复利法

复利法是指不仅本金要计算利息，前期的利息到期不付也要付息，即利息再生利息（俗称利滚利）。根据支付方式不同，按复利法计算资金时间价值又可分为两大类。

(1)一次支付公式　在一次支付的情况下，i，n，P 及 F 4 个参数中 i 及 n 一般为已知，P 及 F 中有一个已知，另一个为未知。

①复利终值公式（一次支付复利公式，本利和公式）资金流动如图 7-4 所示。

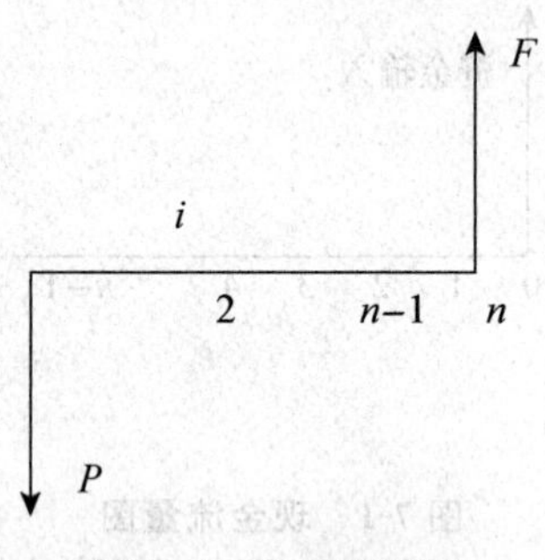

图 7-4　资金流动图

已知：P、i、n 3 个参数，求终值 F。即本金（或期初投资）为 P，在年利率为 i 的条件下，经过 n 年以后所得到的本利和（或终值）F 为：

$$F=P(1+i)^n \tag{7-4}$$

公式推导：以 P 为本金，第一年年末的本利和为：

$$F=P+P\times i=P(1+i) \tag{7-5}$$

第 2 年以 $P(1+i)$ 为本金，利率仍为 i，则第 2 年年末之本利和为：

$$F=P(1+i)+P(1+i)\times i=P(1+i)^2 \tag{7-6}$$

依此类推，则第 n 年年末之本利和为：

$$F=P(1+i)^n \tag{7-7}$$

从公式的推导中，可以看出复利计息贷款与资金占用的时间是指数变化关系，利息额对时间按等比级数增值。利率越高，计息周期越长，利息额增值越大。因此，以复利法计算资金的时间价值更具有经济意义和动态性。经济效果的动态分析，常用复利法。

上式中$(1+i)^n$称为复利终值系数。实用上，常用一种规格化代号来代表各种复利计算系数，这种代号的一般形式为$(x/y,i,n)$。括号中第一项的第一个字母x代表所求之未知数，第二个字母y代表已知数；i为年利率，n为计息的周期数。故复利终值系数$(1+i)^n$的代号为$(F/P,i,n)$。因此，公式可改写为如下形式：

$$F=P(F/P,i,n) \tag{7-8}$$

[例 7-2]某银行贷款给建设单位，年利率12%，第1年贷款3000万元，第2年贷款2000万元，第3年贷款1000万元，请问第5年年末本利和是多少？现金流量如图7-5所示。

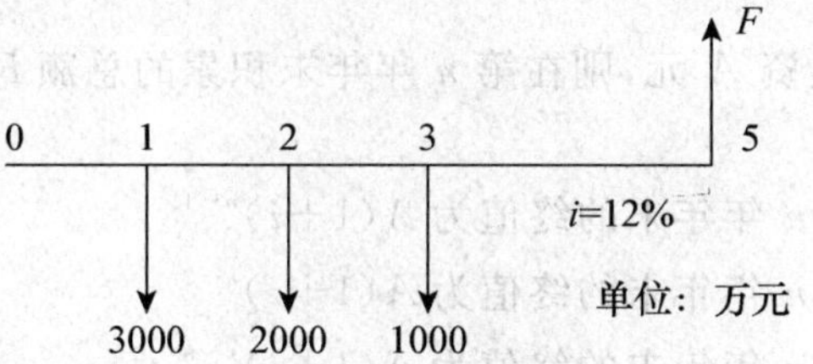

图 7-5　现金流量图

解：$F=3000(F/P,12\%,4)+2000(F/P,12\%,3)+1000(F/P,12\%,2)$
$=3000(1+0.12)^4+2000(1+0.12)^3+1000(1+0.12)^2$
$=3000\times1.574+2000\times1.405+1000\times1.254$
$=8786$(万元)

注：终值系数可通过本书附录表查出。

②复利现值公式。复利现值与上述复利终值的概念恰恰相反。即已知F、i及n求P。意指在年利率为i的条件下，几年后欲得F元，将其折算成现值(或期初投资)P应为多少。前面已讲过，求现值采用折现法，现值系数又叫折现系数，年利率叫折现率。

现值公式的计算可由复利终值公式推导而得：

$$P=F\left[\frac{1}{(1+i)^n}\right]=F(1+i)^{-n} \tag{7-9}$$

式中：$(1+i)^{-n}$称为复利现值系数，也称贴现系数或折现系数(此时i称贴现率或折现率)。其代号为$(P/F,i,n)$。因此，可将公式改写为

$$P=F(P/F,i,n)$$

[例 7-3]某企业在10年后需款4000万元，准备用现在一笔投资的本利和来支付，投资收益率为15%。请问现在这笔投资是多少？

解：根据复利现值公式计算，折算为现在的投资是：

$$P=F(1+i)^{-n}=4000\times(P/F,15\%,10)=4000\times0.2472=988.8(\text{万元})$$

(2)多次支付公式　在多次支付的情况下，公式中除i、n、P或F 3个参数外，必有年金

A。若是等额年金，又称等额多次支付公式。

①等额支付序列年金终值公式。

现在要解决的问题是：每年投入资金 A 元，年利率为 i。问在 t 年内共积累资金 F 是多少？其资金流动如图 7-6 所示。

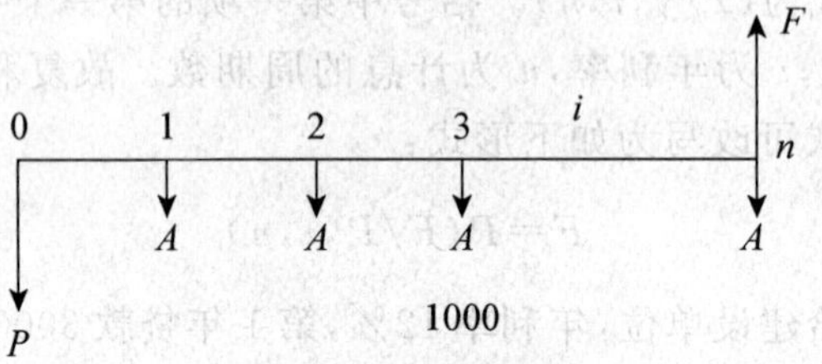

图 7-6 现金流量图

假定在 n 年内，每年投资 A 元，则在第 n 年年末积累的总额 F 等于各次投资 A 的终值的总和，即：

第 1 年投资 A 元到第 n 年年末的终值为 $A(1+i)^{n-1}$

第 2 年投资 A 元到第 n 年年末的终值为 $A(1+i)^{n-2}$

第 3 年投资 A 元到第 n 年年末的终值为 $A(1+i)^{n-3}$

故：
$$F=A(1+i)^{n-1}+A(1+i)^{n-2}+A(1+i)^{n-3}+\cdots+A$$

$$F=A[1+(1+i)+(1+i)^2+(1+i)^3+\cdots+(1+i)^{n-1}] \quad (1)$$

上式两端各乘以 $(1+i)$，得：

$$F(1+i)=A[(1+i)+(1+i)^2+(1+i)^3+\cdots+(1+i)^n] \quad (2)$$

式(2)－式(1)，得：

$$F(1+i)-F=A[(1+i)^n-1]$$

即：
$$F=A[\frac{(1+i)^n-1}{i}] \quad (7\text{-}10)$$

上式就是等额支付序列年金的终值公式。式中：$\left[\frac{(1+i)^n-1}{i}\right]$ 称为年金终值系数，其代号为 $(F/A,i,n)$。因此，可将公式改为：

$$F=A(F/A,i,n) \quad (7\text{-}11)$$

[例 7-4]假如，某项目的建设周期为 10 年，每年投资额 1000 万元，贷款年利率 8%，到第 10 年末建设总费用是多少？

解： $F=A(F/A,i,n)=1000(F/A,8\%,10)=14487$(万元)

②等额支付序列偿还(或积累)基金公式。所谓偿还基金，就是指为了支付若干年后到期的一笔债务，在年利率为 i 的条件下，每年应提取多少金额，作为偿还的基金。也可以理解为欲在若干年后累积起一定的资金，利率为 i，每年年末应存入的年金为多少。即已知 F、i 及 n，求年金 A。偿还基金公式可由年金终值公式推导而得：

$$A=F\left[\frac{i}{(1+i)^n-1}\right] \tag{7-12}$$

式中：$\left[\frac{i}{(1+i)^n-1}\right]$称为偿还（或积累）基金系数，它们代号为$(A/F,i,n)$。因此，公式可改写为：

$$A=F(A/F,i,n) \tag{7-13}$$

［例 7-5］假如，设在8年后要得到包括利息在内的15亿元资金，年利率为12%。每年投入资金A是多少？

解：由偿还基金公式计算，每年平均投入资金A为：

$$A=F(A/F,i,n)=15(A/F,12\%,8)=15\times 0.0813=1.2195(\text{亿元})$$

③等额支付序列资金回收公式。

已知P、i及n，求A。指以年利率为i的期初投资P，到第n年年末将初期投资全部收回，在n年内每年末应等额回收多少。其计算公式的推导方法是：先以期初投资P推算出n年后的复利终值F，即复利终值公式，然后将复利终值公式代入偿还基金公式，即可得年金A

$$A=P\left[\frac{i(1+i)^n}{(1+i)^n-1}\right] \tag{7-14}$$

式中：$\left[\frac{i(1+i)^n}{(1+i)^n-1}\right]$称为资金回收系数，其代号为$(A/P,i,n)$。因此，公式可改写为：

$$A=P(A/P,i,n) \tag{7-15}$$

［例 7-6］假如，某投资项目投资总额为5000万元，拟在6年内用企业的利润收回，已知企业投资利润率为15%。问企业每年的利润不能少于多少？

解：题中数据代入等额支付序列资金回收公式中，A为：

$$A=P(A/P,i,n)=5000(A/P,15\%,6)=5000\times 0.26424=1321.2(\text{万元})$$

④等额支付序列年金现值公式。

已知A、i及n，求现值P。现在的问题是：当年利率为i，为了在t年内每年回收A元，现在的投资应该是多少？公式可由资金回收公式导出，即：

$$P=A\left[\frac{(1+i)^n-1}{i(1+i)^n}\right] \tag{7-16}$$

式中：$\left[\frac{(1+i)^n-1}{i(1+i)^n}\right]$称为年金现值系数，其代号为$(P/A,i,n)$。因此，公式可改写为

$$P=A(P/A,i,n) \tag{7-17}$$

［例 7-7］设某项目建成投产以后，准备在8年内每年收回建设投资800万元，年利率12%。问投资总额是多少？

解：$P=A(P/A,i,n)=800\times(P/A,12\%,8)=800\times 4.968=3974.4(\text{万元})$

专栏 7-2 资金时间价值的实质

资金要具有时间价值必须具备一定的条件，即要把资金有目的地进行投资，只有将资金投入生产经营过程才能形成时间价值。因此，资金时间价值产生的前提条件是，资金出现使用权与所有权的分离。资金的所有者把资金使用权转让给使用者，使用者必须把资金增值的一部分支付给资金的所有者作为报酬。资金占用的金额越大，使用的时间越长，资金时间价值所有者所要求的报酬就越高。

四、现金流量的基本要素

1. 投资

1）投资的概念

投资是劳动消耗中反映劳动占用的一个指标。它是花费在工程项目或企业建设上的全部物化劳动和活劳动的总和，是为实现一项技术方案而花费的一次性支出的资金。活劳动是指商品生产劳动过程中人的体力和脑力的支出；物化劳动指凝结在生产资料中，体现为过去劳动创造的产品中的人的劳动，在今天指一切劳动创造的非劳动生产要素，如机器、厂房、原材料等实物形态的资本，即是过去的活劳动的创造物。

投资包括固定资金和流动资金。固定资金是建设和装备一个投资项目所需的一次性支出，而流动资金则相当于经营该项目所需的一次性支出。固定资金与流动资金都必须在投资初期预先垫付。

固定资金是固定资产价值的货币表现。固定资产指的是土地、建筑物、机器、设备、车辆等价值较高、使用期限较长（一般在一年以上）的生产资料。在我国会计制度中规定，凡称固定资产的应同时具备两个条件：一是使用期限在一年以上；二是单位价值在规定限额以上。建设部、财政部联合颁发的《城市公用事业企业固定资产管理制度》中又规定：有些资产，单位价值虽低于规定限额，但为城市公用事业企业的主要设备，如水表、煤气表、液化气钢瓶也应列为固定资产。有些资产，虽同时具备以上两个条件，但由于容易损坏，经财政部门专项批准后也可不作为固定资产。有些资产，单位价值虽然超过规定限额，但不能作为独立的生产设备使用，且更换频繁，如修理替换用，功率在 7 kW 以下的电动机、汽车发动机、电车发动机等均不作为固定资产。不同时具备上面两个条件者，为低值易耗品。它们在生产过程中始终保持原有的物质形态，其价值按它在使用过程中磨损或折旧的程度逐渐转移到产品中去。随着产品的出售，转移的价值又以货币的形式回到投资者手中。

环境工程项目的固定资产按其用途及特征，可划分为以下几类：①房屋和构筑物。如水厂、污水处理厂的综合楼等。②构筑物。如沉淀池、快滤池等。③机械设备。如水泵、鼓风机等各种水处理设备及配套电动机等。④电气设备。如各种高压、低压、变配电设备。⑤仪表及自控设备。如各种检测仪表、计算机自控系统等。⑥检修和各种运输设备。⑦生产工具、生活用具等。

流动资金是在生产过程和流通过程中周转使用的物资和货币的总和，是企业进行生产和经营活动的必要条件。流动资金在供、产、销 3 个阶段以货币、原材料、在制品和产品几种形态同时存在并周而复始地循环。

2)总投资及其估算

总投资包括固定资产投资和流动资金投资。固定资产投资包括建筑工程费、设备购置费、安装工程费、设备工具及家具用具购置费和其他费用;流动资金包括储备资金、生产资金、成品资金和结算及货币资金。

固定资产投资估算分概略估算和详细估算。概略估算一般在资料不充分的情况下采用,如在项目可行性研究中的机会研究阶段采用。常用的概略估算方法有:

(1)单位生产能力投资估算法　用项目生产能力与同类型项目单位生产能力投资额指标的乘积作为估计值。单位生产能力投资额指标是根据对数据的调查统计得出的。

(2)分项类比估算法　先估算出机器设备部分的投资额(包括购买及运输安置费用),然后按一定比例估算建筑物、构筑物部分的投资及其他投资。

(3)生产能力指数法　生产能力指数法又称指数估算法,它是根据已建成的类似项目生产能力和投资额来粗略估算拟建项目投资额的方法,是对单位生产能力估算法的改进。其计算公式为:

$$C_2 = C_1 \times \left(\frac{Q_2}{Q_1}\right)^x \times f \tag{7-18}$$

式中:x 为生产能力指数,C_1 为已建类似项目的静态投资额,C_2 为拟建项目的静态投资额,Q_1 为已建类似项目的生产能力,Q_2 为拟建项目的生产能力。f 为不同时期,不同地点的定额、单价、费用变更等的综合调整系数。

3)折旧与摊销

固定资产在使用过程中,由于损耗逐渐将其价值每年按一定的比例转移到产品成本中去的过程叫折旧。根据固定资产的折旧额,从销售收入中按月提存,用于固定资产再生产的那部分金额称为折旧费(折旧基金)。折旧费从固定资产的有形损耗和无形损耗两个方面来考虑确定。无形损耗是指原有固定资产已经陈旧和因出现新的效率更高的机器设备或物美价廉的机器设备,从而引起原有固定资产的贬值;有形损耗是指固定资产在使用和保管中发生的一些物理变化,如破坏、磨损、腐蚀等。考虑无形损耗,固定资产在其实体尚可使用的情况下,提前报废而被代替。固定资产实际有效使用的年限称经济寿命。

固定资产虽然在生产过程中始终保持原来的物质形态,其价值却由于不断磨损而处于不断变化之中。投产时核定的固定资产价值称为原值,固定资产原值扣除折旧以后的价值称为净值。通过提取折旧费对固定资产进行价值形态的补偿,通过更新对固定资产进行实物形态的补偿。

折旧在成本估算和经济分析中占有很重要的位置,在评价投资方案的经济效益时具有独立意义,它是回收投资或偿还投资贷款的重要资金来源。

折旧费计算主要取决于折旧年限和折旧率。现在国外许多厂家的设备更新周期多在10年左右,其折旧率高达10%。工厂的建筑物、构筑物以及公共设施等,经济寿命长,可达30年、50年或更长的时间;土地则保持永久价值。这类固定资产到服务年限终止时折旧不完的部分,通常称为残值。有些教材解释为,在经济分析所考虑的期限终了,固定资产还可以出卖,换回的价值称为固定资产残值。由于机器设备的出卖还需要一笔拆迁费,所以通常所说的固定资产残值是扣除拆迁费以后的净残值。净残值可为正数,也可为负数。

在可行性研究中，应考虑合理的折旧率，以保证企业不断更新生产技术，保持高产优质低消耗，以降低产品成本，提高产品的竞争能力。很显然，折旧年限越长，折旧率就越小，每年提取的折旧费也就越少，反之则越多。折旧的计算方法有直线法、双倍余额递减法、年数之和法、偿还基金法、单位产量折旧法等。

(1)直线法　主要有年限平均法和工作量法两种。

年限平均法是指按照固定资产的预计使用年限平均计算折旧的方法。计算时根据固定资产的原值和估计的净残值率得到应计提折旧总额，再根据折旧年限计算折旧。在项目评估中，一般采用年限平均法来计算折旧费。计算公式为：

$$年折旧额=固定资产原值\times\frac{1-预计净残值率}{折旧年限}$$

工作量法是指按照固定资产完成的工作量计算折旧的方法，适用于价值较高，但工作量分布不均衡的固定资产。估算时要先确定应计提折旧总额，然后根据预计使用年限内可完成的工作总量确定单位工作量折旧额，最后再结合预计年工作量得出折旧金额。计算公式如下：

$$年折旧额=固定资产原值\times\frac{1-预计净残值率}{预计总工作量}\times预计年工作量$$

(2)双倍余额递减法　在双倍余额递减法中，是以年限平均法确定的折旧率的双倍为折旧率，乘以期初的固定资产账面净值，从而确定当期应计提的折旧。其计算公式为：

$$年折旧率=\frac{2}{折旧年限}\times100\%$$

$$年折旧额=年初固定资产账面净值\times年折旧率$$

采用这一公式计算，不可能将折旧总额分摊净尽，所以到一定年度以后，要改用直线折旧法，这是一些西方国家税法允许的。从转换为直线法之日开始，估计转换以后的剩余服务年限，并把固定资产尚未提取折旧部分的价值减去残值，再据此按直线法计提折旧。

[例 7-8]某项目建成后形成固定资产原值为 5500 万元，服务年限 15 年，残值 500 万元，求固定资产基本折旧费。

解：2/15=0.1333

$$D1=(5500-500)(1-0.1333)^1\times0.1333=577.65(万元)$$

$$D2=(5500-500)(1-0.1333)^2\times0.1333=500.65(万元)$$

$$D3=(5500-500)(1-0.1333)^3\times0.1333=433.97(万元)$$

$$\vdots$$

$$D10=(5500-500)(1-0.1333)^{10}\times0.1333=159.40(万元)$$

$$\vdots$$

$$D15=(5500-500)(1-0.1333)^{15}\times0.1333=78(万元)$$

(3)年数之和法(年数之和递减法)　这是一种加速折旧法，它是按年限确定递减折旧率，即投产初期折旧率高，后期逐年降低。这种方法又叫年限总和法。

$$D=\frac{n+1-m}{n(n+1)/2}(固定资产原值-固定资产残值) \tag{7-19}$$

式中：n，m 分别为预计使用年限和已使用年数；$\frac{n+1-m}{n(n+1)/2}$为折旧率。

(4)偿还基金法　这种方法是把每年的折旧费作为年金，折旧毕后各年折旧费本利和之总和即为累计折旧费，即为年金总额。

$$D=\frac{i}{(1+i)^n-1}(\text{固定资产原值}-\text{固定资产残值}) \tag{7-20}$$

式中：i 为年利率。

我国现行折旧方法采用直线法。根据国家有关法律利息计入固定资产价值的规定，项目综合折旧按下式计算：

$$\text{年折旧费}=\frac{\text{固定资产投资}\times\text{固定资产形成率}+\text{建设期利息}-\text{净残值}}{\text{折旧年限}}$$

式中：净残值＝残值－清理费用。

折旧年限和残值，各行业可根据有关规定，参照相近行业确定。

可以按折旧与固定资产的关系来理解摊销费与无形资产(专利权、商标权、土地使用权、非专利技术、商业信誉等)的关系。例如，项目引进技术的技术转让费(包括许可证费、专利费、设计费)，在项目投产前一次性支付的部分已作为固定资金的一部分列入总投资。这部分金额应在项目投产后分次摊入成本，称为摊销费。无形资产按规定期限分期摊销，没有规定期限的，按不少于10年分期摊销。摊销费代表无形资产转移给产品的那部分价值，也在销售收入中加以回收。因摊销费与折旧费有类似的性质和地位，所以在计算现金流量时，可以把它并入折旧栏中一道计算。

4)固定资产残值与流动资金回收

在项目寿命期终了时，流动资金将退出生产领域，全部还原成货币资金(流动资金回收)。

2. 环境工程行业的生产成本

1)一般的成本概念

成本是企业生产经营活动重要的综合性指标。它可以综合地反映技术水平、工艺完善程度、固定资产及流动资金利用状况、生产组织完善程度、劳动生产率水平、产品销售条件、物质技术供应条件及生产组织管理水平等。

成本直接反映劳动消耗，它由企业在生产和销售过程中所发生的费用组成。商品在生产过程中发生的生产费用是商品的工厂成本；生产费用加上销售费用，构成商品的销售成本，也称产品成本。在计算企业总成本时常使用生产费用要素，生产费用要素包括：①原料及主要材料费用；②辅助材料费用；③替换设备、工艺和备件费用；④外购燃料费用；⑤外购动力费用；⑥工资；⑦固定资产折旧费；⑧其他费用。

2)经济决策中的几种成本

(1)经营成本　当经济决策考察的范围包括技术方案或工程项目实施的全寿命期时，由于已将投资作为现金流出，所以在生产经营阶段的真正成本支出是不包括折旧和摊销的经营成本的。其计算公式为：

$$\text{经营成本}=\text{产品成本}-\text{折旧}-\text{摊销}$$

经营成本是指不包括折旧和财务费用(利息)的产品成本。经营成本在编制项目计算期内的现金流量和方案比较中是十分重要的。现金流量计算与经营成本核算(会计方法)不同,按照现金流量的定义,只计算现金收支,不计算非现金收入,固定资产折旧费及摊销费只是项目系统内部固定资产投资的现金转移,而非现金支出。因此,经营成本中不包括折旧费和摊销费。另外,在编制全部投资现金流量表时,全部投资均假定为自有资金,因此,经营成本中不包括投资的借款利息。而在成本核算中根据我国现行规定,流动资金借款利息包括在总成本的企业管理费中。某些采掘工业项目仍实行按产量提取“维检费”(维护检修费用),不提取折旧。经营成本计算公式应为:

经营成本=产品成本-折旧-摊销-维检费-借款利息

(2)总成本(TC)、平均成本(AC)和边际成本(MC)

$$TC=f(Q) \tag{7-21}$$

$$AC=TC/Q=f(Q)/Q \tag{7-22}$$

$$MC=TC_n-TC_{n-1}=f_n(Q)-f_{n-1}(Q) \tag{7-23}$$

式中:Q 为产品数量。

(3)固定成本和变动成本(可变成本) 在生产经营过程中之所以发生成本费用是由于投入资本(或称生产要素)引起的,所以生产要素投入的规律和特点也反映在成本上。这种生产要素投入的特点使得在一定产量范围内,有些成本不随产量变化而变化,有些成本随产量变化而变化。在一定产量范围内,不随产量变化而变化的成本称为固定成本,用 FC 表示,如厂房、机器以及保险费、长期雇员工资、固定资产折旧费、行政管理费等;而那些随产量变化的成本称为变动成本,用 VC 表示,如原材料、燃料动力、运输费等。产量为零时可变成本为零。有些书上又分了一类为半可变成本,指产品成本中,有些费用随产量增减而变化,但并非成比例变化。例如维护费、不能熄火的工业炉燃料费等。在财务分析中,要将这种费用划分到固定成本和可变成本中去。

可变成本和固定成本在项目评估中的主要用途是在现金流量表中计算投产期各年的经营成本和用于不确定性分析。

用可变成本与固定成本计算经营成本有 3 个步骤。

第一,计算正常生产年份的总成本;

第二,计算经营成本,并划分为固定成本与单位可变成本;

经营成本=总成本-折旧-流动资金利息

第三,计算投产期各年的经营成本。

经营成本=单位可变成本×当年产量+固定总成本

[例 7-9]某环境工程项目设计年处理废物量 50×10^4 t,投产后第 1 年达到设计产量的 40%,第 2 年达到 60%,第 3 年达到设计产量。正常生产年份的产品经营成本为 7400 万元,其中可变成本为 6400 万元,固定成本为 1000 万元。试估算投产期间各年的经营成本。

解:投产期间各年的经营成本计算如下:

投产后的第 1 年:6400×0.4+1000=3560(万元)

投产后的第 2 年：6400×0.6＋1000＝4840(万元)

投产第 3 年及之后年度：6400＋1000＝7400(万元)

(4)机会成本　使用某种资源(泛指各种原料、机器设备、土地、资金及劳动力等生产投入)所支付的成本是按市场价值实际支付的费用，而机会成本不出现在财务账上。

当有限的资源具有多种可选择的用途时，将其投入甲方案就必然放弃乙方案，从而失掉从乙方案获取收益的机会。这个损失应看作选择和实施甲方案所付出的代价。例如，把一笔资金投入一个钢铁厂的建设，就失掉了把它投入其他项目或把钱投入银行的机会。

因此，机会成本对生产者来说，是指由于使用某种资源而必须放弃的该种资源用于它途的最高代价。对资源所有者来说，机会成本等于该种资源在一切可能的机会中的最高报酬。例如，某炼油厂使用国产原油，原油的调拨价格为 110 元/t，协议价格为 200 元/t，若将这些原油出口，可卖 120 美元/t。假如出口是原油的一切可能用途中带来收益最高的一种，那么 120 美元/t 就是它的机会成本。

(5)沉没成本　沉没成本是指已经过去的、与当前决策无关的费用。例如，某企业前年用 1 万元购入一台仪器，现在车间考虑要用另一台仪器来更新，对于是否更新的决策，前年的 1 万元支出是沉没成本，与决策无关。

由于沉没成本的存在，使得企业在负利润下仍然可能留在市场中。沉没成本是即使企业退出市场也无法摆脱的成本。例如，小丁的环保设备厂可能进行了大规模的电视广告宣传，这种广告的成本就是沉没成本。即使停止生产，也没有办法得到补偿。如果不存在沉没成本，那么当企业的平均总成本上升到价格之上，也就是企业面临负利润时，企业就会退出市场。但是，如果即使企业退出市场也存在某些成本，那么一家已经进入市场的竞争企业面对的问题就是继续生产还是退出市场。

(6)环境工程设备的成本计算

以垃圾卫生填埋为例，其经济指标是反映垃圾处理过程中各项(或综合)费用水平的数值。在垃圾无害化处理的前提下，经济指标是评价和选择填埋处理方案的标准。目前，较为实用的经济指标有：填埋场建设投资指标，垃圾处理单项费用指标，以及垃圾处理综合费用指标等。

反映垃圾卫生填埋场建设投资的主要指标是单位建设成本，单位建设成本的计算公式为：

$$a_1 = A_1 / Q_1 \tag{7-24}$$

式中：a_1 为单位建设成本，元/m^3；A_1 为填埋场建设总投资，元；Q_1 为填埋场设计总容量，m^3。

可以看出，单位建设成本越小，填埋场的经济效益和环境效益越大。

反映垃圾卫生填埋处理费用的最重要指标是单位处理费，单位处理费的计算公式为：

$$a_2 = A_2 / Q_2 \tag{7-25}$$

式中：a_2 为单位处理费，元/m^3(t)；A_2 为填埋场设计使用年限(或年)的垃圾处理费用，元；Q_2 为填埋场设计使用年限(或年)的垃圾处理总量，m^3 或 t。

显然，垃圾单位处理费越低，填埋场的运行费用越小。

全面反映垃圾处理费用及建设投资分摊费用的指标是单位综合费。对于按照填埋场设计总容量和设计使用年限计算的指标，单位综合费为两项单位费之和，即

$$a = a_1 + a_2$$

不言而喻，单位综合费越低，城市生活垃圾处理综合费用的支出越少。

污水处理厂的成本计算，通常还包括污泥处理部分。构成成本计算的费用项目有以下几项。

①能源消耗费。能源消耗费包括电费、水费等在污水处理过程中所消耗的能源费。工业废水处理中除水费、电费外，有时还包括蒸汽、煤等能源消耗，如耗量不大，可略而不计，但若耗量大则应进行计算。污水处理厂的电费计算式为：

$$E_1=\frac{8760Nd}{k_2} \tag{7-26}$$

式中：E_1 为电费，元；N 为污水处理厂内的水泵、空压机或鼓风机及其他机电设备的功率之和（不包括备用设备），kW·h；k_2 为污水量总变化系数；d 为电费单价，元/(kW·h)。

②剂费 E_2，工资福利费 E_3，折旧及大修理基金提成 E_4，检修维护费 E_5，一般生活污水可参照自来水采用固定资产总值的1%提取，但工业废水由于对设备及构筑物的腐蚀较严重，应按废水性质及维修要求分别提取其他费用 E_6，可按$(E_1+E_2+E_3+E_4+E_5)\times10\%$计算。

③污水、污泥综合利用的收入。如不作为产品，且价值不大时，可在污水处理成本中减去；如作为产品，且价值较大时，应作为产品销售，减去处理成本后作为盈利收入。

[例 7-10]某钢厂酸洗废水处理，处理过程中回收硫酸和硫酸亚铁。处理工程的规模为年处理废水 30000 m^3，污水量总变化系数为 1。常用机电设备功率为 145 kW·h(不包括备用设备)，电费按一部计价，每 kW·h 电为 0.063 元。每处理 1 m^3 废水需耗低压蒸汽 0.6 t，每吨蒸汽按 5 元计算。每处理 1 m^3 废水耗清水（厂内自制工业用水）42 m^3，水费按厂制水成本 0.04 元/m^3 计算。职工定员 49 人，年平均工资及福利费按 2000 元/人计算。易损设备更换每年计 5 万元，经常维修材料消耗每年按 3 万元计算。固定资产原值 81 万元，基本折旧率按 5.3%计，大修理基金提成按 24%计。计算废水处理成本为多少？

解：试算本工程废水处理成本为：

$$\text{电费}=\frac{8760\times145\times0.063}{1}=80000(\text{元})$$

$$\text{蒸汽费}=30000\times0.6\times5=90000(\text{元})$$

$$\text{水费}=30000\times42\times0.04=50400(\text{元})$$

共计能耗费 $E_1=220400$(元)

E_2：药剂费$=0$

E_3：工资及福利费$=49\times2000=98000$(元)

E_4：折旧基金及大修理基金提成$=810000\times0.077=62370$(元)

E_5：检修维护费$=50000+30000=80000$(元)

E_6：其他费用$=(220400+98000+62370+80000)\times0.1=46077$(元)

$$\text{年总成本费用}\sum E=220400+98000+62370+80000+46077=506847(\text{元})$$

$$\text{单位废水处理成本}=506847/30000=16.90(\text{元}/m^3)$$

废水处理过程中每年可回收硫酸（折成新酸）2700 t，硫酸亚铁 3600 t，每吨硫酸价格以 200 元计算，每吨硫酸亚铁以 60 元计算，全年可收入：$2700\times200+3600\times60=756000$(元)。

因此,这项废水处理工程,每年扣除成本还可盈得毛利 249153 元,每处理 1 m^3 酸洗废水可得毛利 249153/30000=8.31(元)。

这些废水,如不经处理而排放,需缴纳超标排污费,同时还影响周围环境。这些环境效益和社会效益,在进行项目评价时,都应计算进去。

3.销售收入、利润与税金

(1)销售收入与企业纯收入　销售收入是企业向社会出售商品及劳务的货币所得,等于销售量与销售价格的乘积。企业的销售收入与它同期的总产值是不同的。总产值是指已加工制造完毕的成品、半成品和正在加工制造的制成品,按相应的不变价格计算的总价值,是生产阶段效益的反映;销售收入是产品经过流通领域之后给企业带来的真正的经济效益。

企业纯收入是销售收入减去销售费用以后的盈余,代表了劳动者新创造的那部分价值。其计算公式为:

$$纯收入=销售收入-销售费用$$

(2)利润与税金　利润与税金是对企业纯收入进行分配的不同形式。税收是国家凭借政治权力参与国民收入分配与再分配的一种方式,具有强制性和严肃性。税金是国家按法律规定,向有纳税义务的企业单位和个人征收的资金,是国家的财政收入;利润是因资产所有关系而分配到的纯收入中的一部分。利润率把利润表现为总资本的产物,而当剩余价值率转化为利润率时,才使剩余价值转化为利润。

第二节　环境工程项目经济评价指标体系

环境工程建设项目的经济评价是可行性研究阶段的重要工作之一,其主要内容包括财务评价与国民经济评价两个方面。财务评价与国民经济评价都有 4 个相同的组成部分,即盈利能力分析(净现值、净现值率、内部收益率、投资回收期、投资盈利率等)、清偿能力分析(借款偿还期)、外汇平衡分析(外汇余缺)和其他分析(销售额利润率、负债与资金比率等)。

由于环境工程项目的复杂性,任何一种具体的评价指标都只是反映项目的某一侧面或某些侧面,忽视了另外的因素,凭单一的指标难以达到全面评价项目的目的。故对环境工程项目进行评价时,应用多种指标,对项目的经济、社会、环境效益进行全面衡量。环境工程项目的评价可以根据不同的评价标准、评价深度、方案的特点和可获得的项目数据资料等方面选择不同的评价指标。

环境工程项目评价指标设定与选取应遵守一定的原则:一是与经济学原理相一致的原则;二是项目或方案的可鉴别性原则;三是互斥型方案的可比性原则;四是评价工作的可操作性原则。

评价指标按是否考虑时间价值分为静态评价指标和动态评价指标。

一、静态评价指标

静态评价指标是不考虑资金时间价值的,因此它们主要用于对项目进行粗略评价的项目初选阶段,或是用于对短期投资项目的经济评价,如静态投资回收期、固定资产投资借款偿还期、投资收益率等。其优点是计算简便、直观、易于掌握。环境工程项目的机会研究或初步可行性研究时多采用静态评价指标。静态评价指标的缺点是由于忽视了资金的时间价值，同时也没有考虑整个项目寿命期内现金流量的状况，造成反映项目投资经济效益并不准确，以此作为投资决策的依据，通常容易导致资金的积压和浪费。

1. 投资回收期(P_t)

投资回收期，是在不考虑资金的时间价值的条件下，以项目净收益抵偿项目全部投资所需要的时间。通常以“年”为单位，从投资开始年算起。

它是反映项目财务投资回收能力的重要静态评价指标。全部投资包括固定资产投资和流动资金。其表达式为：

$$\sum_{t=1}^{P_t}(CI-CO)_t=0 \tag{7-27}$$

式中：P_t 为投资回收期(年)；CI 为现金流入量；CO 为现金流出量；$(CI-CO)_t$ 为第 t 年的净现金流量。

在实际计算过程中，上述公式很难直接应用，常采用以下方法计算：

(1)若项目为期初的一次性投资，每年的净收益相同或基本相同时，即每年的净现金流量相等，可采用下式：

$$P_t=\text{总投资}/\text{年净收益}$$

(2)若每年的净现金流量各不相同，投资回收期可直接用财务现金流量表(全部投资)中累计净现金流量计算求得，其计算公式为：

$$P_t=\text{累计净现金流量开始出现正值的年份数}-1+\frac{\text{上年累计净现金流量的绝对值}}{\text{当年的净现金流量}}$$

计算所得的投资回收期(P_t)应与部门或行业的基准投资回收期(P_c)比较。当 $P_t \leqslant P_c$ 时，应认为项目在财务上是可以接受的。投资回收期可以作为项目方案选择和项目方案排队的评价指标。

基准投资回收期，也称标准投资回收期，简称基准回收期或标准回收期。它是为评价建设项目投资回收期所规定的标准而设定的。各部门和行业，由于投资结构、生产性质及技术装备等条件的不同，应分别规定不同的基准投资回收期。基准投资回收期应是同行业的平均先进定额。我国基本建设投资回收期相当长。各工业部门由于利润率相差很大，影响到投资回收期相差很远。如化工、化纤企业一般回收期为 2～3 年，而煤炭企业的投资要 30～40 年才能回收。

[**例 7-11**]若某环境工程项目期初一次性投资为 1500 万元，每年的收益为 400 万元，请计算项目静态投资回收期。若其行业标准的投资回收期为 5 年，判断项目是否可行？

解：

$$P_t=\text{总投资}/\text{年净收益}=1500/400=3.75(\text{年})$$

$$P_t=3.75<P_c=5$$

因此，项目可行。

投资回收期指标的主要优点：第一，概念清晰、简单易用；第二，该指标不仅在一定程度上反映项目的经济性，而且反映项目的风险大小。项目决策面临着未来的不确定因素的挑战，这种不确定性所带来的风险随着时间的延长而增加，因为离现实越远，人们所能确知的东西就越少。为了减少这种风险，就必然希望投资回收期越短越好。

投资回收期指标的缺点和局限性：第一，它不能提供返本期以后企业收益的变化情况，对于寿命较长的工程项目来说，这是一个不完整的评价结论；第二，它反映了项目的偿还能力，但反映不出投资的可盈利性；第三，它没有考虑投资方案在整个计算期内现金流量发生的时间。因此，投资回收期被广泛用作环境工程项目评价的辅助性指标。

2. 投资盈利率

投资盈利率指标是考察项目单位投资盈利能力的静态指标，其含义是单位投资所能获得的年净收益。比如，投资利润率＝15％，则说明每百元投资每年可获利润 15 元。按建设项目获利能力角度不同，投资盈利率可分为投资利润率、投资利税率和投资收益率。

投资利润率是指建设项目达到设计能力后一个正常生产年份的年利润总额与项目总投资的比率。对于生产期内各年的利润总额变化幅度较大的项目，应计算生产期年平均利润总额与总投资的比率，其计算公式为：

投资利润率＝年利润总额或年平均利润总额/总投资×100％

投资利税率是指项目达到设计生产能力后的一个正常生产年份的年利税总额或项目生产期内的年平均利税总额与总投资的比率。其计算公式为：

投资利税率＝年利税总额或年平均利税总额/总投资×100％

投资(净)收益率是指建设项目达到设计能力后一个正常年份的净现金流量或建设项目生产期内的年平均净现金流量与总投资之比率。其计算公式为：

投资收益率＝年净现金流量或年平均净现金流量/总投资×100％

计算所得的投资利润率和利税率，还要与行业或部门的平均投资利润率或利税率相比较。若高于或等于部门或行业的平均水平，则可以考虑接受项目；若小于部门或行业的平均水平，则项目不可取。投资(净)收益率如果大于社会折现率，则可以接受。

3. 借款偿还期

借款偿还期是指以项目投产后可用于偿还借款的资金来源还清建设投资借款本息(不包括已用自有资金支付的建设期利息)所需要的时间，一般以年为单位。借款偿还期可利用“贷款还本付息估算表”的有关数据进行计算。其计算公式为：

$$\text{借款偿还期}=\text{借款后开始出现盈余的年份}-\text{开始借款的年份}+\frac{\text{当年偿还借款数}}{\text{当年可用于还款的资金来源}}$$

如果项目的借款偿还期小于贷款机构要求的期限，则认为项目有足够的偿债能力；否则，认为项目的偿债能力不足，即项目从偿债能力的角度考虑是不可行的。

计算借款偿还期的目的是计算项目的最大偿还能力，因此这一指标适用于尽快偿还贷款的项目。对于涉及国外借款的项目，由于国外借款往往采取等本偿还利息照付或等额偿还本息的方式，借款偿还期是约定的，因而无须计算借款偿还期。

4.(静态)差额投资回收期和(静态)差额投资收益率

对于投资不同、产出相同的两个方案，往往有投资大的方案年成本低，投资小的方案年成本高的情况。这时我们在比较方案优劣的时候就可以采用差额投资回收期或差额投资收益率指标，这两个指标只反映方案之间的相对经济性。

(1)差额投资回收期(P_a) 差额投资回收期，就是一个方案较另一个方案多支出的投资，用年成本的节约额逐年回收的年限。其计算公式为：

$$P_a=\frac{I_2-I_1}{C_1-C_2} \tag{7-28}$$

式中：C_1、C_2 分别为两个比较方案的年经营总成本或单位产品经营成本，且 $C_2<C_1$；I_1、I_2 分别为两个比较方案的投资或单位产品投资，且 $I_2>I_1$。

差额投资回收期 P_a 还要与基准投资回收期 P_c 比较。当 $P_a<P_c$ 时，说明投资的增加部分经济效果是好的，应当选择投资大的方案；当 $P_a>P_c$ 时，说明增加的投资不经济，故应选择投资小的方案。

当比较的两个方案产出不同时，可采用单位产品投资与单位产品成本进行比较。计算公式为：

$$P_a=\frac{I_2/Q_2-I_1/Q_1}{C_1/Q_1-C_2/Q_2} \tag{7-29}$$

式中：Q_1、Q_2 分别为方案 1、方案 2 的年产量。

(2)差额投资收益率(R_a) 差额投资收益率是增加单位投资额所引起的年成本的节约额。其计算公式为：

$$R_a=\frac{C_1-C_2}{I_2-I_1}\times 100\% \tag{7-30}$$

计算所得的差额投资收益率 R_a 还要与基准收益率 i_c 比较。当 $R_a>i_c$ 时，选择投资大的方案；当 $R_a<i_c$ 时，选择投资小的方案。P_a 和 R_a 是不考虑资金时间价值的静态评价指标，因此它们适用于简单的方案比较。

[例 7-12]某建设项目有两个方案，第一个方案投资 2500 万元，年经营成本 1500 万元；第二个方案投资 4000 万元，年经营成本 1000 万元。如该项目的基准回收期为 5 年，问采用哪个方案合理？

解：

$$I_1=2500\text{ 万元},I_2=4000\text{ 万元}$$
$$C_1=1500\text{ 万元},C_2=1000\text{ 万元}$$

由公式，得

$$P_a=\frac{4000-2500}{1500-1000}=3(\text{年})$$

第二方案比第一方案优越，应采用第二方案。

5. 总投资收益率(ROI)

总投资收益率表示总投资的盈利水平，是指项目达到设计能力后正常年份的年息税前利润或运营期内年平均息税前利润($EBIT$)与项目总投资(TI)比率，总投资收益率应按下式计算：

$$ROI=\frac{EBIT}{TI}\times 100\% \tag{7-31}$$

总投资收益率高于同行业的收益参考值，表明用总投资收益率表示的盈利能力满足要求。

二、动态评价指标

动态评价指标不仅考虑了资金的时间价值，而且考察了项目在整个寿命期内收入与支出的全部经济数据，因此它们比静态评价指标更全面、更科学，是多用于项目决策前的可行性研究的评价指标。环境工程项目的动态评价指标有净现值、动态投资回收期、内部收益率等。

1. 净现值(NPV)

净现值是利用项目方案所期望的基准收益率，把项目寿命期内各年的净现金流量折算到建设期初的现值之和。其表达式为：

$$NPV=\sum_{t=0}^{n}\frac{(CI-CO)_t}{(1+i_c)^t} \tag{7-32}$$

式中：NPV 为净现值；CI 为现金流入量；CO 为现金流出量；$(CI-CO)_t$ 为第 t 年的净现金流量；n 为计算期；i_c 为基准收益率(即折现率，一般以项目所在行业的平均收益率为基础，综合考虑银行借贷利率、投资风险、物价变动及资金限制等因素确定)。

净现值指标是考察项目在寿命期内盈利能力的主要动态评价指标。该指标是绝对指标，除用上式可以求得之外也可通过现金流量表计算求得。

净现值的计算结果有 3 种情况。

(1) $NPV=0$，这表示项目方案实施后的投资收益率正好达到基准收益率的水平，即能够达到投资者的期望收益水平；

(2) $NPV>0$，这表示项目方案实施后的投资收益率不仅能够达到基准收益率的水平，而且还能够得到超额现值收益；

(3) $NPV<0$，这表示项目方案实施后的投资收益率达不到基准收益率的水平，即投资收益较低，达不到投资者的期望目标。

因此，将净现值指标用于方案评价时，对于单方案而言，若 $NPV\geqslant 0$，则方案是可取的；若 $NPV<0$，则方案不可取。而在多方案比较时，在 $NPV\geqslant 0$ 的前提下，净现值越大的方案相对越优，即采用的是净现值最大准则。

专栏 7-3　国民经济净现值

国民经济评价中采用的经济净现值指标(ENPV)，是反映项目对国民经济贡献的动态指标。该指标是用社会折现率将项目计算期内各年的净收益折现到建设期初的现值之和。其计算公式为：

$$ENPV=\sum_{t=0}^{n}\frac{(CI-CO)_t}{(1+i_s)^t}$$

式中：i_s 为社会折现率。经济净现值大于零时，表示国家为拟建项目付出代价后，除得到符合社会折现率的社会盈余外，还可以得到以现值计算的超额社会盈余。

资料来源：路君平. 项目评估与管理. 北京：中国人民大学出版社，2009.

[例 7-13]设有两个建设方案，其现金流量表如表 7-1 所示，基准折现率为 15%，计算两方案的净现值，并选择较优方案。

表 7-1 建设方案现金流量表

年份	方案Ⅰ	方案Ⅱ
0	−3000	−3650
1	1000	1200
2	1000	1200
3	1000	1200
4	1000	1200
5	1000	1200

解：计算两个方案的净现值，如表 7-2 所示。

表 7-2 净现值计算

年份	现值系数 ($i=15\%$)	方案Ⅰ			方案Ⅱ		
		净现金流量	净现值	累计净现值	净现金流量	净现值	累计净现值
0	1.000	−3000	−3000	−3000	−3650	−3650	−3650
1	0.8696	1000	869.6	−2130.4	1200	1043.5	−2606.5
2	0.7561	1000	756.1	−1374.3	1200	907.3	−1699.2
3	0.6575	1000	657.5	−716.8	1200	789.0	−910.2
4	0.5718	1000	571.8	−145	1200	686.2	−224
5	0.4972	1000	497.2	352.2	1200	596.6	372.6
		$NPV=352.2$			$NPV=372.6$		

从表中可以看出，方案Ⅱ的净现值大于方案Ⅰ，故应选择方案Ⅱ。

2. 净现值率

净现值率（$NPVR$）指的是项目的净现值与投资现值的比值。其计算公式为：

$$净现值率=\frac{净现值}{投资的现值}$$

净现值率的经济含义是该项目方案单位投资现值所能获得的净现值。净现值率用于评判方案的准则与净现值是一致的。即

当 $NPVR\geqslant 0$，项目可行；当 $NPVR<0$，项目不可行。

用净现值率进行方案比较时，以净现值率较大的方案为最优。对于单一方案是否可行时则净现值率大于零为可行。

用净现值和净现值率指标评价单方案时所得出的结论是一致的。在方案比较和项目排队时这两个指标有时也会导致相矛盾的结论。例如在表 7-3 中，用净现值法评价结论是方案 A 最优，方案 B 次之，方案 C 最差；用净现值率来评价结论是方案 B 最优，方案 C 次之，方案 A 最差。

表 7-3　方案比较(净现值与净现值率)

方案	A	B	C
投资现值/万元	500	300	200
净现值/万元	350	300	160
净现值率	0.7	1	0.8

在多方案进行比较的情况下,有时不能仅根据净现值的大小来选优。因为净现值指标用于多方案比较时,没有考虑各方案投资额的大小,因而不能直接反映资金的利用效率。在应用净现值指标于多方案比较时,还应同时计算净现值率(NPVR)作为净现值的辅助评价指标,来进一步分析单位投资的净现值。在进行方案比较时,这两个指标到底选用哪个指标主要看有无资金限制。在无资金限制的情况下可以采用净现值作为比较指标。当事先明确了资金限制范围时,应进一步用净现值率来衡量。当对多个项目进行排队时,往往是在限定的资金限额内,这时宜采用净现值率指标,选择既符合资金限制条件,又能使净现值最大的项目组合,以实现有限资金的合理利用。

3.内部收益率

内部收益率(IRR)是反映项目获利能力的一个动态评价指标。该指标是项目在整个计算期内各年净现值流量现值累计等于零时的折现率。简单地说,就是使项目在计算期内净现值等于零时的折现率。由此可见内部收益率本身就是项目的一个折现率。其表达式为:

$$\sum_{t=0}^{n}\frac{(CI-CO)_t}{(1+IRR)^t}=0 \tag{7-33}$$

式中:IRR 是项目内部收益率。

内部收益率的判别标准是,计算求出的内部收益率和行业的基准收益率 i_c 进行比较,若 IRR 大于等于 i_c,则认为项目在经济上是可以接受的;若 IRR 小于 i_c,则项目在经济上应予以拒绝。

内部收益率指标的经济含义是项目对占用资金的恢复能力。对于一个有投资者和经营者之间发生了借贷关系的企业来说,内部收益率是仅从企业内部经营来回收投资余额的资金回收利率。它仅仅反映了在投资决策中投资额的回收能力。内部收益率指标的另一层经济含义是反映项目对贷款利率的承受能力。在借贷关系中,它可以是一个最高可以接受的贷款利率的上限。企业可以将它与银行利率进行比较,决定是否借款投资,尤其是在自有资金的情况下,决定是否投资还是存入银行等。由于内部收益率不是用来计算投资收益的,因此不能用内部收益率指标作为多个独立项目优劣顺序排列的依据。

由于内部收益率的表达式是一个一元高次方程,不容易直接求解,通常采用逼近法、线性插值试差法或者通过计算机逐步逼近来求得。

如果计算中出现正负净现值的两个折现率的差距不超过 5%的情况时,可用“插入法”或利用图形求得近似的内部收益率(图 7-7)。

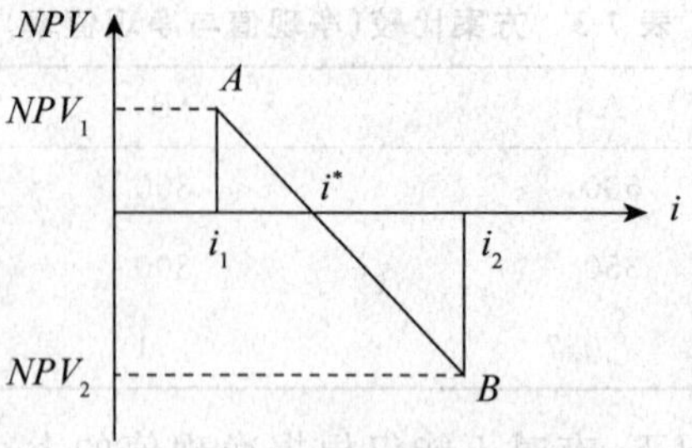

图 7-7 内部收益率的内插法

$$\frac{NPV_1}{NPV_1-NPV_2}=\frac{i^*-i_1}{i_2-i_1}$$

整理后得到线性插值计算公式为：

$$IRR=i_1+(i_2-i_1)\frac{|NPV_1|}{|NPV_1|+|NPV_2|} \tag{7-34}$$

式中：i_1 为试算的较小折现率；i_2 为试算的较大的折现率；i^* 为内部收益率(IRR)；NPV_1 为较小折现率的现值(正值)；NPV_2 为较大折现率的现值(负值)。

由于公式是在假定 AB 为直线的条件下推出的，因此，其误差不能太大。试算中，相邻两个高低折现率之差最大不超过5%。

内部收益率的几种特殊情况。

(1)具有多个内部收益率的情况　从内部收益率的定义式可知，它是一个 N 次多项式。根据 N 次多项式的根存在定理：系数为实数的 N 次多项式，其正实数根的数目不会超过其系数系列中符号变更的数目。可见若干项目在整个实施过程中有多次投资，就会有可能出现多个根，即多个内部收益率。对于常规投资项目，只要累计净现金流量大于0，则必存在唯一的正实根，该根必是项目的内部收益率。一般来说，大多数项目都是常规投资项目，这是因为大多数项目都是在建设期集中投资，直到投产初期还可能出现入不敷出、净现金流量为负值的情况。但是，项目进入正常生产或达产后收入就能大于支出，净现金流量为正值。因而，在整个计算期内净现金流量序列的符号从负值到正值符号仅改变一次，构成常规投资项目。对于非常规投资项目，内部收益率方程的解通常不止一个，如果所有正实数均不符合内部收益率的经济含义，则它们都不是项目的内部收益率。一般来说，内部收益率指标此时已失效，不能用内部收益率来进行评价和选择。为了适应内部收益率指标评价项目的需要，对于非常规项目，通常可采取对现金流量进行适当处理的办法。比如用设定折现率将某些年份的现金流量进行适当折算，使之转化为类似的常规项目，从而得到唯一解。不过，对原有现金流量进行处理后，必然导致项目的经济内容发生变化。

(2)内部收益率不存在的情况　有些项目的现金流量似乎没有内部收益率，如表 7-4 所示。

表 7-4 不同项目的现金流量表

项目	0	1	2	3	4	5
A	600	400	200	100	100	10
B	−1000	−200	−100	−50	−50	−50
C	−1000	−800	800	500	500	0

可见项目 A、B 均不是投资的情况。A 情况通常可以认为是租赁固定资产，产生效益，租赁费后付；B 情况可以理解为捐款或公用事业非营利目的的活动。

内部收益率指标具有的优点：一是 IRR 的概念明确，形象直观，与利率形式一致，反映项目所占用的资金盈利能力，在实际工作中被广泛使用；二是 IRR 的计算不需要事先确定基准收益率，而计算净现值或净年值都需要事先确定基准折现率。

内部收益率的缺点：计算比较麻烦，因为求解内部收益率的方程是一个高次方程，而且对于非常规项目或非典型投资项目（净现金流序列符号变化一次的项目称为常规项目；净现金流序列符号变化多次的项目称为非常规项目）来说，IRR 的解可能不是唯一的。此外，其中隐含的再投资假设也降低了它反映实际情况的准确程度。

[例 7-13]已知某环境工程项目净现金流量表如表 7-5 所示。计算该环境工程项目的内部收益率。

表 7-5　某项目现金流量表

年份	0	1	2	3	4	5
净现金流量	−1000	−800	500	500	600	1000

解：令 $i_2=12\%$，计算 $NPV_2=-11.0609$（万元）

令 $i_1=11\%$，计算 $NPV_1=39.3761$（万元），将以上数据代入 IRR 的计算公式：

$$IRR=i_1+(i_2-i_1)\frac{|NPV_1|}{|NPV_1|+|NPV_2|}$$

$$=11\%+(12\%-11\%)\frac{39.3761}{39.3761+11.0609}$$

$$=11.7807\%$$

4. 外部收益率

外部收益率（ERR）是投资的终值与再投资的净收益终值累计相等时的收益率，它假定所收回的资金可以用于能够获得基准收益率的重复投资。计算公式为：

$$\sum_{j=0}^{k} I_j(1+ERR)^{n-j}=\sum_{j=k+1}^{n} N_j(1+i_c)^{n-j} \tag{7-35}$$

式中：I_j 为第 j 年年末投资；K 为投资建设年限；$N_j=(CI-CO)>0$。

外部收益率的经济含义可理解为：把一笔资金投资于某一方案，在经济上无异于将这笔资金存入一个年利率为 ERR 且以复利计息的银行中所获得的价值。因此，ERR 越大，说明投资的经济性越好，投资的效率越高。

外部收益率的判别标准：若 ERR 大于等于 i_c，可以考虑接受该项目；若 ERR 小于 i_c，可以考虑拒绝该项目。

外部收益率指标及其评价方法目前在项目经济评价中还没有得到普遍应用，但其前景看好。这是因为它对项目进行动态评价时，考虑了资金的时间价值；它还考察了项目在整个寿命期内的经济状况。与内部收益率相比，有两个优点：可以直接求解；具有唯一解。

[例 7-14]某一项目现金流量表见表 7-6，若 $i_c=15\%$，问项目是否可以接受？

表 7-6 项目现金流量表

	0	1	2	3	4	5	6
现金流入	0	0	6000	6000	6000	6000	6000
现金流出	10000	5000	1000	1000	1000	1000	1000
净现金流量	－10000	－5000	5000	5000	5000	5000	5000

解：$10000\times(F/P,ERR,6)+5000\times(F/P,ERR,5)=5000\times(F/A,15\%,5)$，得

$ERR=0.153=15.3\%>i_c$，因此能接受。

5. 差额投资内部收益率

在进行互斥方案的比较和选择时，采用净现值、内部收益率和净现值率三个指标评价有可能导致相反的结论，此时应采用差额投资内部收益率法。差额投资内部收益率是两个方案各年净现金流量差额的现值之和等于零的折现率。表达式为：

$$\sum_{t=0}^{n}[(CI-CO)_2-(CI-CO)_1]_t(1+\Delta IRR)^{-1}=0 \tag{7-36}$$

式中：$(CI-CO)_2$ 为投资大的方案的净现金流量；$(CI-CO)_1$ 为投资小的方案的净现金流量；ΔIRR 为差额投资内部收益率，可用试差法求得。

差额投资内部收益率就是两方案净现值相等时的内部收益率。

用 ΔIRR 作为评价时的判别准则是：若差额投资内部收益率大于或等于基准收益率（财务评价）或社会折现率（国民经济评价）时，投资大的方案较好。这与净现值得出的结论也是一致的。

6. 净年值

净年值是通过资金等值换算，将项目净现值分摊到寿命期内各年的等额年值。其表达式为：

$$NAV=NPV(A/P,i_c,n)=\sum_{t=0}^{n}(CI-CO)_t(1+i_c)^{-t}(A/P,i_c,n) \tag{7-37}$$

式中：NAV 为净年值；NPV 为净现值；$(A/P,i_c,n)$ 为资金回收系数。

由于 $(A/P,i_c,n)=\dfrac{i_c(1+i_c)^n}{(1+i_c)^n-1}>0$，因此，用净年值指标来评价方案的经济性时的结论与净现值是一致的，其判别准则为：

若 $NAV\geqslant0$，则项目在经济效果上可以接受；

若 $NAV<0$，则项目在经济性上不可行。

所以，就评价结论而言，净年值与净现值是等效评价指标。但是这两个指标所给出的信息的经济含义是不同的：净现值给出的信息是项目在整个寿命期内获取的超出最低期望盈利的超额收益现值，净年值给出的信息是寿命期内每年的等额超额收益。

由于信息的含义不同，而且由于在某些决策结构形式下，采用净年值比采用净现值更为简便和易于计算，故净年值指标在经济评价指标体系中占有相当重要的地位。

7. 动态投资回收期

动态投资回收期（p_t^*）指标的含义与静态投资回收期指标基本相同，所不同的是它考虑了资金的时间价值。动态投资回收期的表达式为：

$$\sum_{t=0}^{p_t^*}(CI-CO)_t(1+i_c)^{-t}=0$$

利用动态投资回收期指标的判别准则是：设基准动态投资回收期为 P_c^*，若 $P_t^*\leqslant P_c^*$，项目可以接受；而若 $p_t^*>p_c^*$，项目应予以拒绝。

根据净现金流量表可以按下式求解动态投资回收期。

$$p_t^*=(T^*-1)+\frac{\text{第}(T^*-1)\text{年累计折现值的绝对值}}{\text{第}T^*\text{年净现金流量的折现值}}$$

式中：T^* 为累计折现值开始出现正值的年份。

8. 经济效益费用比

经济效益费用比(R_{BC})是指项目在计算期内效益流量的现值与费用流量的现值之比，应按照下式计算：

$$R_{BC}=\frac{\sum_{t=0}^{n}B_t(1+i_c)^{-t}}{\sum_{t=0}^{n}C_t(1+i_c)^{-t}} \tag{7-38}$$

式中：B_t 为第 t 年的效益流量；C_t 为第 t 年的费用流量；i_c 为折现率。

经济效益费用比的判别标准是：对项目进行评价时，若 R_{BC} 大于等于 1，则该项目经济上是可以接受的；反之，经济上应该予以拒绝。因为若经济效益费用比小于 1，在这一折现率时费用的现值将超过收益的现值，就不能回收初始投资，投资该项目也不会获得净收益。

经济效益费用比是第一个为人们所熟知的评价项目的动态指标。尽管它被美国广泛地应用于水利项目的经济评价，但正在日益被种种形式的价值指标所取代；在发展中国家，经济效益费用比指标并未得到普遍使用，故对 R_{BC} 不再进行更深入的讨论。

三、建设项目环境评价指标体系

按照研究的对象和范围，建设项目环境评价指标体系又可分为污染防治与资源保护指标体系和社会经济环境综合指标体系两个指标体系。

1. 污染防治与资源保护指标体系

该类指标按照描述的对象可分为两类，即污染物排放、利用与治理指标和环境要素质量指标。污染物排放、利用与治理指标反映的是拟建建设项目排入区域环境的污染物数量、性质以及利用、处理情况。主要指标包括：①污染物排放指标。如"三废"排放量、污染物折纯排放量、废弃物排放达标率等；②"三废"综合利用指标。如工业循环水、余热、可燃气和资源综合利用率。另外，还有主要污染物处理指标、环境保护设施指标等。环境要素质量指标主要从环境保护的角度考察环境质量的变化情况，其中最重要的是拟建设项目对区域大气环境和水环境的影响。该类指标主要有环境中的污染物含量、检出率和达标率等。

2. 社会经济环境综合指标

该类指标按功能又可分为计划类、控制类、评价类和约束类指标 4 类，如图 7-8 所示：①环境计划类指标。即环保投资计划指标。该类指标把对环境保护的要求以投资的形式参与到国民收入的分配与再分配过程中，确定在一定的经济发展规模下相应的环保投资比例，以实现环境保护与社会经济发展在投资分配上的综合平衡。②环境控制类指标。该类指标是为控制环境污染、保护环境质量和防治对环境资源的破坏而设置的指标，具体又包括环境损失控制指标、环境污染控制指标和资源保护控制指标。③环境评价类指标。该类指标由环境损失、环保投资、环保投资效益三者之间相互比值构成，反映环保投资的有效性。④环境约束类指标。该类指标是从环境保护的角度，对上述计划类、控制类指标反馈，并作为优化约束条件确定符合环境要求的，经济实力和科技水平相允许的指标。

- 社会经济环境指标体系
  - 计划指标
    - 环保投资比例（环保投资/国民生产总值）
  - 控制指标
    - 环境损失（环保投资/国民收入）
    - 环境污染（污染物排放总量/万元国民收入）
    - 资源保护（主要能源、资源原材料消耗量/万元国民收入）
  - 评价指标
    - 环境损失
    - 环保投资
    - 环保投资效益（环境损失减少量/环保损失）
  - 约束指标
    - 产业结构（重污染部门产值之和的变化率/国民收入变化率）
    - 经济密度（环境损失变化率/每平方千米产值变化率）
    - 人口密度（环境损失变化率/每平方千米人口数变化率）
    - 环保投资与效益评价（环境损失变化率/环保投资效益变化率）
    - 资源保护（主要资源开采利用及回用率的变化率/环境损失变化率）
    - 环保与再生产投资效益平衡（万元环保投资的效益变化率/万元再生产投资的效益变化率）
    - 环保对发展生产影响（环保投资变化率/国民收入变化率）
    - 环保投资与环境净损失评价（环保投资变化率/环境损失与投资效果之差的变化率）
    - 环保与固定资产投资平衡（环保投资变化率/固定资产投资变化率）
    - 环保投资与消费总额对比（环保投资变化率/消费总额变化率）
    - 环境损失与国民收入平衡（环境损失变化率/国民收入变化率）
    - 污染物排放（污染物排放总量变化率/国民收入变化率）

图 7-8 社会经济环境综合指标体系结构

环境工程项目评价时，既要考虑经济评价指标的设立，也要考虑污染防治与资源保护指标和社会经济环境综合指标的结合。在具体项目评价时应根据项目的特点及要求选择适当的指标进行综合评价，既要考虑项目的经济效果，也要考虑环境保护方面的效益。

第三节 环境工程投资项目比选

现实中，企业所面临的选择往往不是单独一个方案，因此，需对提出的多种建设方案进行比较和选择，以筛选出最佳方案，使得投入的资源得以合理利用，取得最佳效益。多方案比选和排序就是在一个项目的规划、设计或施工过程中，从多种方案中筛选出一个最优方案付诸实施；或在资源限定条件下各级计划部门对若干个独立的可行方案，按照他们的经济效益好坏，优先安排某些效益好的项目，以保证资源合理利用。

一、投资方案的类型及比选原则

1. 投资方案的类型

根据建设项目投资方案之间的经济关系，投资方案分为独立型、互斥型、层混型、从属型等几种基本类型。

(1)独立型　独立型是指在某一建设项目的投资建设方案中，方案之间相互独立，互不排斥。在独立方案中，选择某一方案并不排斥选择其他方案。如果采纳或放弃某一项目方案并不显著地改变另一项目方案的现金流量，或者采纳或放弃某一项目方案并不影响另一项目方案，那么这两个方案就是独立方案。

多个方案应同时满足以下5个条件，才能称为独立方案：①投资资金来源无限制；②投资资金无优先使用原则；③各方案所需人力、物力均能得到满足；④不考虑地区、行业之间的相互关系及其影响；⑤每个方案是否可行，仅取决于该方案的经济效益。

(2)互斥型　互斥型也称为替代型、对立型、择一型等。对于两个方案来说，如果采纳其中一个方案就自动地(在技术上或经济上)排斥另一方案，则这两个方案为互斥方案。即互斥方案具有排他性。互斥型方案的特点是项目或方案之间具有互不相容性。

(3)层混型　层混型的特点是项目群内项目有两个或两个以上层次，高层次是一组独立型项目，低层次由构成每个独立型项目的若干个互斥型方案组成。

(4)从属型　接受某个方案是以接受另一个方案为前提的，即前者即为后者的从属方案。例如，工厂的污水处理方案以生产工艺排出污水的水质、水量及回收利用程度为前提，即工厂的生产工艺方案为前提方案，污水处理方案为从属方案。

2. 投资方案的比选原则

建设项目投资方案的比选应坚持以下4个方面的基本原则。

(1)投资方案之间必须具有可比性　坚持可比性原则是方案比选的最基本要求。可比性原则要求方案之间比选时，各方案一般应具备以下条件：①满足需要上的可比；②满足消耗费用上的可比；③满足价格指标上的可比；④满足时间上的可比。在具有可比性的前提下，方案比较可按各个方案所含的全部因素(相同因素和不同因素)，计算各方案的整个经济效益，进行全面的对比；也可仅就不同因素计算相对的经济效益，进行局部的对比。

(2)动态分析与静态分析相结合，以动态分析为主　在方案比较时，强调利用复利计算方法计算时间因素，进行价值判断。这种动态计算方法是将不同时间内资金的流入和流出换算成同一时点的价值，为不同方案和不同项目的经济比较提供同等的基础或共同平台，并能反映出未来时期的发展变化情况。这样做对投资者和决策者树立资金周转观念、利息观念、投入产出观念，以及合理利用建设资金，提高经济效益具有十分重要的作用。而静态指标具有比较简单、直观和使用方便的特点，但由于其未考虑时间因素使其使用范围受限。因此，在评价过程中，可以根据工作阶段和深度要求的不同，计算静态指标以进行辅助分析。

(3)定量分析与定性分析相结合，以定量分析为主　在环境工程项目评价时，应将定量分析与定性分析相结合，以定量分析为主作为评价的方法。在过去的评价中，由于缺乏定量分析的方法和技术，对一些主要经济因素只能罗列，分别对比和做定性的描述。随着现代技术的发展与应用，定量分析的方法日益深化，许多定量分析的方法应用计算机都能快速求得结果，因此在环境工程项目评价时，宜以定量分析为主力求正确反映项目的费用和效益两个方面的情况，扩大经济因素的数量化范围。对于一些不能量化的经济因素，则应进行实事求是地、准确地定性描述，与定量分析结合进行评价。

(4)宏观效益与微观效益分析相结合

环境工程项目方案比选的经济效益不能停留在项目或企业本身，应将项目给国家、区域、行业带来的经济效益与建设项目本身的经济效益有机结合起来，而且还应以前者为主，尤其应将环境效益重点考虑，这也是为了人类进一步的可持续发展。这是因为国家、区域、行业效益属于全局、整体效益，而建设项目或企业效益属于局部、个体效益。

二、多方案比选的解法

1. 基本比选法

在进行多方案的经济性比较与选择时，我们总是希望在进行方案比较时的方案越少越好，这就要求我们在进行方案比较前首先对单个方案进行初步考察，从而将不能达到经济上最低要求的方案剔除掉，也就是要剔除无吸引力的方案，然后再根据各项目方案的关系采取不同的比较选择方法。所谓不能达到经济上最低要求的方案，是指内部收益率小于基准收益率，收益的现值小于成本的现值，即净现值小于零的方案。

在剔除不能满足经济上最低要求的项目方案后，环境工程项目多方案比选的基本原则有以下几点。

(1)净现值：$NPV_A > NPV_B$，则方案 A 优于方案 B。

(2)净年值：$NAV_A > NAV_B$，则方案 A 优于方案 B。

(3)费用现值：$PC_A < PC_B$，则方案 A 优于方案 B。

(4)费用年值：$AC_A < AC_B$，则方案 A 优于方案 B。

需要说明的是，上述方案比选原则只是一般性的比选原则，具体比较时不同的比较标准可能会存在差异甚至矛盾，这要根据不同项目方案的组合关系、方案的目标等选择不同的比选原则进行方案比选。

2. 互斥组合法

所谓互斥组合，是指组与组之间为互斥关系，而组内各方案之间为独立关系的方案组合。互斥组合法就是在资金限量条件下对备选方案首选进行互斥组合，然后再从多个互斥组合中选择一组投资总和小于(或等于)资金限额，而经济效益又最大的互斥组合方案作为最优方案，并以此为分配资金的对象。一般情况下，当环境工程项目各方案之间存在非互斥关系时，都可以把它们转换为一系列的互斥组合项目，解决独立型和层混型项目决策的主要方法就是互斥化法，即首先利用某种方法把独立型或层混型项目方案转化为若干个相互排斥的组合方案，然后求解互斥方案优选问题。

(1)独立型项目的互斥化　独立型项目的互斥化是针对资金约束条件下的一组独立项目进行比选和排序。因为每个项目都有两种可能——接受或拒绝，用 1 代表项目被接受，0 代表项目被拒绝，则 A，B，C 三个相互独立项目，可以组合成 8 种可能的互斥组合，如表 7-7 所示，此时这种方法比较简便。但当独立项目数增加时，如 10 个独立项目，其方案数则将组合成 $2^{10}=1024$ 个互斥方案。由此可见，当项目数目较大时用这种方法是相当麻烦的，但是这种方法可以保证在已知条件下选择最优的项目组合。

表 7-7 独立型项目的互斥组合表

方案	项目			
	A	B	C	组合内的项目
1	0	0	0	无
2	0	0	1	C
3	0	1	0	B
4	1	0	0	A
5	0	1	1	B,C
6	1	0	1	A,C
7	1	1	0	A,B
8	1	1	1	A,B,C

(2)层混型项目的互斥化 层混型项目也可以以借助互斥组合表仿照表 7-7 转化为互斥方案组合。例如某企业有 A,B 两家工厂,各自提出互斥方案 A_1 与 A_2,B_1 与 B_2,该投资项目可以组合成表 7-8 所示的 9 个互斥方案。

表 7-8 层混型项目的互斥组合表

方案	项目				
	A_1	A_2	B_1	B_2	组合内的项目
1	0	0	0	0	无
2	0	0	0	1	B_2
3	0	0	1	0	B_1
4	0	1	0	0	A_2
5	1	0	1	0	A_1
6	0	1	1	0	A_2,B_1
7	0	1	0	1	A_2,B_2
8	1	0	0	1	A_1,B_2
9	1	0	1	0	A_1,B_1

如果 M 代表相互独立的项目数,N 代表第 j 个独立项目中相互排斥的方案个数,则可以组成相互排斥的方案数为:

$$N=\prod_{j=1}^{M}(N_j+1)=(N_1+1)(N_2+1)\cdots(N_m+1) \qquad (7\text{-}39)$$

例如,有 10 个独立项目,每个项目有 2 个互斥方案,则可能组成的互斥方案共有$(2+1)^{10}=59049$ 个,显然这是一个非常复杂的计算问题。这种方法同样也能保证得到已知条件下的最优项目组合。

三、互斥型方案的比选

通常对于环境工程项目经济评价时,更多的是互斥型方案的比较和选择问题。当这些方案在技术上都是可行的,经济上也是合理的时候,即单个方案的经济效果评价都通过时,项目评价的任务就是从中选择最好的方案。如果能够利用货币单位统一度量互斥型环境工程方案的产出和费用，则可以利用下述 4 条比较原则进行选择和作出判断。

现金流量的差额评价原则，即评价互斥型方案时，首先计算两个方案的现金流量之差，然后再考虑某一方案比另一方案增加的支出在经济上是否合算。

比较基准原则，即相对于某一给定的基准收益率来说，看一看投资大的方案比投资小的方案所增加的投资是否值得，即衡量差额投资所增加的收益率是否在基准收益率之上。

环比原则，即互斥型方案的选择，必须将各方案投资从小到大排序，依次比较，而不能仅仅采用将各方案与投资最小的方案比较、选择差额指标最好方案的“定基法”。

时间可比原则，即比选互斥型投资方案时各方案的寿命应该相等，否则必须利用某些方法，如最小公倍数法、净年值法、研究期法等进行方案寿命上的变换，以保证各方案具有相同的比较时间。

对于一组互斥方案，要保证方案的投资额在规定的投资额之内均有资格进行评价选择。下面以项目(方案)寿命期相等、项目(方案)寿命期不等与项目(方案)寿命期无限长 3 种情况讨论互斥方案的经济效益评价。

1. 寿命期相等的方案比选

寿命期相等的环境工程建设项目方案在时间上具有可比性。在进行寿命期相等的互斥方案比选时，一般采用差额分析法、直接比较法和最小费用法等方法来选择最佳方案。

1)差额分析法

对于两个或两个以上方案的比选，可采用差额指标。两个方案在投资、年收益、残值以及经营费用等方面的差异量，构成新的现金流量即差额现金流量，因此对不同方案的差额现金流量进行分析的方法称为差额分析法。评价互斥方案时，根据不同方案，应用差额分析法选择方案时应遵循以下原则。

第一，唯有较低投资额的方案被证明是合理时，较高投资额的方案才能与其比较。

第二，若追加投资是合理的，则应选择投资额较大的方案；反之，则应选择投资额较小的方案。

(1)差额净现值法(ΔNPV)　差额净现值法是根据两个方案的差额净现金流量计算差额净现值指标进行方案比选。比选的标准是：当基础方案可行时，$\Delta NPV \geqslant 0$ 保留投资额大的方案；如果 $\Delta NPV < 0$，则选投资额小的方案。

(2)差额内部收益率法(ΔIRR)　无论是采用净现值法还是采用内部收益率法进行方案相对比选，比选的实质都是将投资大的方案和投资小的方案相比，它的追加投资能否被其增量收益抵消或抵消有余，即可以对增量现金流量的经济性作出判断。因此，用内部收益率法进行互斥方案比较时应计算增量现金流的内部收益率，称为“追加投资内部收益率”或“差额内部收益率”(记作 ΔIRR)，在方案寿命期相等的情况下，计算差额内部收益率的方程式为：

$$\sum_{t=0}^{n}(\Delta CI-\Delta CO)_t(1+\Delta \mathrm{IRR})^{-t}=0 \tag{7-40}$$

式中：n 为方案寿命期；ΔCI 为互斥方案(A,B)的差额(增量)现金流入(CI_A-CI_B)；ΔCO 为互斥方案(A,B)的差额(增量)现金流出(CO_A-CO_B)。

差额内部收益率与差额净现值评选方案的做法基本相同，只是取舍方案的标准不一样。按差额内部收益率评选方案的准则是：在投资由小到大进行方案比较时，应保留投资额大且内部收益率大于基准贴现率的方案。

2)直接比较法

在方案互斥的条件下，经济效益评价包含两部分：一是考察各个方案自身的经济效益，即进行绝对效果检验；二是比较两个方案的经济效益，即相对效果检验。两种检验的目的和作用不同，但缺一不可。差额分析法是对两个方案进行相对效果的检验；直接比较法是用净现值、净年值、内部收益率等评价指标对各个方案的绝对效果进行检验。下面用净现值法来说明。

[例 7-14]设 A、B、C 三个互斥方案，寿命期相同，其寿命期内各年的净现金流量如表 7-9 所示，基准收益率 $i_c=10\%$，试用净现值法、差额内部收益率法比选方案。

表 7-9 互斥方案 A、B、C 的净现金流量表 万元

方案	项目期净现金流量	
	0	1～10/年
A	1000	300
B	1800	450
C	2500	650

解：

①用净现值法来进行比较选优。

计算各方案的净现值(NPV)：

$$NPV_A(10\%)=-1000+300(P/A,10\%,10)=843.5(\text{万元})$$

$$NPV_B(10\%)=-1800+450(P/A,10\%,10)=965.25(\text{万元})$$

$$NPV_C(10\%)=-2500+650(P/A,10\%,10)=1494.25(\text{万元})$$

通过计算，可以看出三个方案的净现值均大于零，因此三个方案的绝对经济效果都通过了检验，即三个方案都是可行的。三个方案的类型为互斥型，因此在评价选优时选择净现值最大的为最佳，在上述三个方案的计算中，$NPVc$ 最大，因此最优方案为 C。

计算方案间的差额净现值：

$$\Delta NPV_{B-A}=-800+150(P/A,10\%,10)=121.75(\text{万元})$$

$$\Delta NPV_{C-B}=-700+200(P/A,10\%,10)=429(\text{万元})$$

$\Delta NPV_{B-A}>0$，可以判断出 B 方案优于 A 方案。$\Delta NPV_{C-B}>0$，又能判断出 C 方案优于 B 方案，所以 C 方案为最优方案。

由此可见，当互斥型方案寿命相等，直接比较各方案的 NPV 并取 NPV 最大的方案与上述差量分析法的选择结果是一致的。这是因为：

$$\begin{aligned}\Delta NPV_{B-A}&=\sum_{t=0}^{n}[(CI_B-CI_A)-(CO_B-CO_A)]_t(1+i_c)^{-t}=0\\&=\sum_{t=0}^{n}(CI_B-CO_B)_t(1+i_c)^{-t}-\sum_{t=0}^{n}(CI_A-CO_A)(1+i_c)^{-t}\\&=NPV_B(i_c)-NPV_A(i_c)\end{aligned}$$

故当 $\Delta NPV_{B-A}(i_c)\geqslant 0$ 时，必有 $NPV_B(i_c)\geqslant NPV_A(i_c)$ 成立，即 NPV 指标具有可加性和可减性。在互斥方案寿命相等时，以直接用净现值指标比选最为简便。实际计算中，只要计算出各方案自身现金流量的净现值，取净现值指标最大者为最优方案。

②用差额投资内部收益率进行比较选优。

计算各方案的内部收益率：

$$-1000+300(P/A,IRR_A,10)=0，根据内插法求得：IRR_A=27.3\%$$

$$-1800+450(P/A,IRR_B,10)=0，根据内插法求得：IRR_B=21.4\%$$

$$-2500+650(P/A,IRR_C,10)=0，根据内插法求得：IRR_C=22.6\%$$

从计算结果看出，三个方案的内部收益率均大于基准收益率，故三个方案绝对经济效果都通过了检验，即三个方案都可行。

计算方案间的差额内部投资收益率：

$$-800+150(P/A,IRR_{B-A},10)=0，根据内插法求得：IRR_{B-A}=13.4\%$$

$$-700+200(P/A,IRR_{C-B},10)=0，根据内插法求得：IRR_{C-B}=25.6\%$$

由于方案 B 与方案 A 的差额投资内部收益率大于标准的投资收益率，因此应该选择投资额大的方案，即 B 方案。

由于方案 C 与方案 B 的差额投资内部收益率大于标准的投资收益率，因此应该选择投资额大的方案，即 C 方案。

综合比较分析，最优方案为 C 方案。

专栏 7-4 内部收益率指标不具有可加性

在多个方案或项目进行评价选优时，不能直接用内部收益率指标进行评价选优。从上例中就可以看出方案 A 的内部收益率是最大的，但它却不是最优的，因此内部收益率指标是不能直接用于多个方案评价的。

(3)最小费用法

在实际中环境工程项目评价中经常会遇到这类问题，即项目方案所取得的经济效益是一样的。例如，在水力发电和火力发电之间、在铁路运输和公路运输之间、在水泥结构的桥梁和金属结构的桥梁之间进行选择。这类问题无论选择哪一种方案，其效益是相同的，且是无法用货币衡量的，也就无法采用如净现值法、差额净现值法等方法来对此类项目进行经济评价。在这种情况下，只能通过假定各方案的年收益是相等的，对各方案的费用进行比较，根据费用较小的方案是较好的方案的原则来选择最佳方案，这就是最小费用法。此时评价指标可采用费用指标，即令项目的流出为正，流入为负，因而可得费用现值 PC 和年费用 AC。

$$PC=-NPV,AC=-NAV$$

①费用现值比选法。费用现值比选法实际上是净现值法的一个特例，费用现值的一个含义是指利用此方法所计算出的净现值只包括费用部分。由于无法估算各个方案的收益情况，

只计算各备选方案的费用现值(PC)并进行对比,以费用现值最小的方案为最佳方案。其表达式为:

$$PC = \sum_{t=0}^{n} CO_t (1+i_c)^{-t} = \sum_{t=0}^{n} CO_t (P/F, i_c, t) \tag{7-41}$$

②费用年值比选法。费用年值比选法是通过计算各备选方案的年等额费用(AC),以年费用较低的方案为较好的方案的一种方法,其表达式为:

$$AC = \sum_{t=0}^{n} CO_t (P/F, i_c, t)(A/P, i_c, n) \tag{7-42}$$

2. 寿命期不相等的方案比选

就比选的基本原则而言,寿命期不相等的互斥方案的比选同寿命期相等的方案比选一样,但不能直接采用净现值法等评价方法对方案进行比选,因为此时寿命期长的净现值与寿命期短的净现值不具有可比性。为了满足时间上的可比性需要对各备选方案的计算期和计算公式进行适当的处理,使各方案在相同的条件下进行比较,才能得出合理的结论。保证时间可比性的方法有多种,最常用的有最小公倍数法、年值法和研究期法。

(1)最小公倍数法　最小公倍数法是将被比较方案的一个或几个重复若干次,直至各方案期限相等为止,取各备选方案寿命期的最小公倍数作为共同的分析期。例如,有 A、B 两个方案,A 方案寿命 4 年,B 方案寿命 6 年,则其最小公倍数寿命为 12 年。这就要求 A 方案完全相同地重复 2 次、B 方案重复 1 次,以保证二者具备时间可比性。在计算期可比的基础上,运用净现值法进行方案比选。

[例 7-15]有 A、B 两种环境工程建设的项目设备均可满足使用要求,数据见表 7-10。设有吸引力的最低投资收益率 $R_c = 10\%$,试选择一台经济上有利的设备。

表 7-10　寿命期不相等的互斥型方案比选　　万元

设备	投资 I	每年末净收益 R_j	寿命 n/年
A	1000	400	4
B	2000	530	6

解:由于两种设备的寿命期不同,它们的最小公倍数为 12 年,在此期间 A 设备重复更新 2 次,B 设备更新 1 次。可得:

$$NPV_A(10\%) = [400(P/A, 10\%, 4) - 1000] \sum_{j=0}^{2} \frac{1}{(1+10\%)^{4j}} = 575.96(\text{万元})$$

$$NPV_B(10\%) = [530(P/A, 10\%, 6) - 2000] \sum_{j=0}^{1} \frac{1}{(1+10\%)^{6j}} = 482.31(\text{万元})$$

因为 $NPV_A > NPV_B$,A′项目与 A 项目等效,B′项目与 B 项目等效,所以,选择设备 A 为最佳方案。

(2)净年值法　在对寿命期不等的互斥方案进行比选时,当参加比选的方案数目众多时,采用净年值法较为简便。设 m 个互斥方案的寿命期分别为 $n_1, n_2, \cdots, n_m$,方案 $j(j=1,2,3,\cdots,m)$在其寿命期内的净年值:

$$NAV_j=\left[\sum_{t=0}^{nj}(CI_j-CO_j)_t(P/F,i_c,t)\right](A/P,i_c,n_j) \tag{7-43}$$

当 NAV≥0 时，NAV_m 的方案为可行方案。

用净年值法进行寿命期不等的互斥方案比选，实际上隐含着这样一种假定：各备选方案在其寿命结束后均可按原方案重复实施或以与原方案效果水平相同的方案持续。即虽然比选过程不要方案多次重复，但却以方案重复为前提假设。

[例 7-16]若[例 7-15]直接求 NAV 指标，则有

$$NAV_A=-1000(A/P,10\%,4)+400=84.53(\text{万元})$$
$$NAV_B=-2000(A/P,10\%,6)+530=70.79(\text{万元})$$

因为 $NAV_A>NAV_B$，所以 A 项目优于 B 项目。

从[例 7-15]和[例 7-16]可以看出，最小公倍数法和净年值法得到的结论是一致的。最小公倍数法和净年值法实质上都是延长寿命期以达到可比要求，这通常被认为是合理的。但在某些情况下并不符合实际，因为随着社会经济的发展和技术进步，方案多次重复是不经济的，甚至在实践中是完全不可能的。净年值法通过计算净年值指标进行方案比选，简化了比选过程且便于应用，但是忽略了对寿命期不等的处理，因此有待进一步的研究讨论。

(3)研究期法　一种比较可行的办法是利用研究期法，即选择一段时间作为可比较的计算期。所谓研究期法，就是针对寿命期不相等的互斥方案，直接选取一个适当的分析期作为各个方案共同的计算期。通过比较各方案在该计算期内的净现值来对方案进行比选，以净值最大的方案为最佳方案。其中，计算期的确定要综合考虑各因素，通常有 3 种做法：①取最长寿命作为共同的分析计算期；②取最短寿命作为共同的分析计算期；③取计划规定年限作为共同的分析计算期。

研究期的选择没有特殊的规定，但显然以诸方案中寿命最短者为研究期时计算最为简便，而且可以完全避免可重复性假设。不过，值得指出的是，对于计算期比共同的研究期长的方案，要对其在共同研究期以后的现金流量情况进行合理的估算，以免影响结论的正确性。目前，对存在着寿命未结束方案的未使用价值的处理方式有 3 种：第 1 种是不承认方案的未使用价值；第 2 种是预测方案未使用价值在研究期末的价值并作为现金流入量；第 3 种是承认方案的未使用价值。

3. 寿命期无限长的方案比选

一般情况下，方案的计算期都是有限的，但有些工程项目的服务年限或工作状态是无限的，如果能维修好的，则可以认为能无限期的延长，也即其使用寿命无限长。如公路、铁路、桥梁、隧道、运河、水坝等。

(1)净现值法　方案重复无限次致使寿命无穷之后的总净现值为：

$$NPV\infty=\frac{NAV_1(i_c)}{i_c} \tag{7-44}$$

[例 7-17]互斥方案 A，B，现金流量如表 7-11 所示。假设基准收益率为 10%，试求方案重复无数次使寿命无穷大后的最优方案。

表 7-11　方案 A、B 的现金流量

方案	投资额/万元	年净收益/万元	寿命 n/年
A	5000	2500	4
B	8000	2650	6

解：计算方案 A，B 寿命无穷大的净现值：

$$NPV_A\infty=[2500-5000(A/P,10\%,4)](P/A,10\%,\infty)=9225(\text{万元})$$

$$NPV_B\infty=[2650-8000(A/P,10\%,6)](P/A,10\%,\infty)=8132(\text{万元})$$

因为 $NPV_A\infty>NPV_B\infty$，故方案 A 为最优方案。

(2)费用年值法　对于仅需要计算年费用现金流量的互斥方案，可计算方案的费用年值进行比选。判别标准为：费用年值最小的方案为最优方案。

$$\text{由于无穷大寿命法的 } NPV\infty=\frac{NAV_1(i_c)}{i_c}$$

所以若有 $NPV_A\infty>NPV_B\infty$，必有 $NAV_{A1}(i_c)>NAV_{B1}(i_c)$成立，也即直接比较寿命期不相等的互斥型方案第 1 个周期的 NAV 即可得到与无穷大寿命法一致的结论。

[例 7-18]改造某地荷塘，有 A、B 两个方案可以选择，$i_c=10\%$，问如何选择。

A 方案：投资 60 万元，用于挖河道铺水泥面，可永久使用，年维护费用 1 万元，水泥面需要每 5 年支付 3 万元的维修费。

B 方案：投资 50 万元，购置挖掘设备，每 10 年挖掘一次，残值为 1 万元，年人工费 2 万元，清除杂草支出 1.2 万元。

解：求各方案的年费用值：

$$AC_A=60\times(A/P,10\%,\infty)+1+3\times(A/F,10\%,5)=7.5(\text{万元})$$

$$AC_B=50\times(A/P,10\%,10)+2+1.2-3\times(A/F,10\%,10)=11.2(\text{万元})$$

由于 $AC_A<AC_B$，故选择 A 方案为最优方案。

4. 独立型方案的比选

当各投资项目相互独立时，若资金对所有项目不构成约束，只要分别计算各项目的 NPV、NAV 或 IRR，选择 NPV⩾0，NAV⩾0 或者 IRR⩾i_0 的项目即可，这种用经济效果评价指标检验投资方案自身经济性的比选过程，称为绝对效果检验。在独立方案组的比选过程中，凡通过绝对效果检验的方案，就认为它在经济效果上是可以接受的，否则就要予以拒绝。若资金不足以分配到全部的 NPV⩾0 的项目时，即形成所谓的资金约束条件下的定量分配问题。

[例 7-19]两个寿命期分别为 8 年和 10 年的独立方案 A 和 B，其投资额分别为 200 万元和 300 万元，每年的收益分别为 45 万元和 50 万元，假设基准收益率为 15%，试判断其经济可行性。

解：方案 A、方案 B 为独立方案，比选过程可分别计算方案各自的绝对经济效果指标——净现值、净年值或内部收益率，然后根据各指标的判别标准进行绝对效果检验并作出取舍的决策。

①计算两个方案的 NPV：

$$NPV_A=-200+45\times(P/A,15\%,8)=1.93(\text{万元})$$
$$NPV_B=-300+50\times(P/A,15\%,10)=-49.06(\text{万元})$$

由于 $NPV_A>0$，$NPV_B<0$，根据净现值判别准则，方案 A 应予以接受，而方案 B 应予以拒绝。

②计算两个方案的 NAV：

$$NAV_A=[-200+45\times(P/A,15\%,8)](A/P,15\%,8)=0.43(\text{万元})$$
$$NAV_B=[-300+50\times(P/A,15\%,10)](A/P,15\%,10)=-10.93(\text{万元})$$

由于 $NAV_A>0$，$NAV_B<0$，根据净年值判断标准，方案 A 应予以接受，而方案 B 应予以拒绝。

③计算两个方案的 IRR：

$$-200+45(P/A,i,8)=0 \quad \text{计算 } i=IRR_A=15.31\%$$
$$-300+50(P/A,i,10)=0 \quad \text{计算 } i=IRR_B=10.64\%$$

由于 $IRR_A>15\%$，$IRR_B<15\%$，所以接受方案 A，拒绝方案 B。

从上例可以看出，对于独立方案而言，经济上是否可行的判断是其绝对效果指标是否优于一定的标准，而且采用净现值法、净年值法和内部收益率指标的比选结果都是相同的。

第四节　不确定性和风险分析

一、不确定性问题及产生

1.不确定性的概念

不确定性是指对项目有关的因素或未来的情况缺乏足够的信息因而无法作出正确的估计；没有全面考虑所有评价项目的因素而造成的实际价值与预期价值之间的差异。

不确定性分析是指在预测或估计一些主要因素发生变化的情况下，分析其对经济评价指标的影响。

2.不确定性问题的产生

环境工程投资项目评价所采用的数据，大部分来自对未来的预测及估算。由于环境工程投资项目所处的环境条件及分析人员主观预测能力的局限性，一个投资项目的实际效果与投资评价的结论不可避免地会出现偏差。导致这种偏差出现的原因主要有以下几个方面：①基本数据的误差，这一般是由原始统计数据的差错造成的；②样本数据量不够，不足以反映客观的变动趋势或数据之间的关系；③统计方法的局限性或数学模型过于简化，不能很好地反映实际情况；④假设前提不准确；⑤无法预见的经济或社会政治情况的变动；⑥经济关系或经济结构的变化；⑦存在不能以数量表示的因素；⑧新产品或替代品的出现；⑨技术或工艺的变化和重大突破。除此之外，以下的一些不稳定因素也可能存在，如国民收入和人均收入的增长率的变化；有力的竞争者的出现或消失；家庭消费结构的变化；需求弹性的变化；运费、税收因素的变化等。

3. 不确定性分析的作用

不确定性分析有以下 4 个方面的作用。

(1)明确不确定因素对投资效益指标的影响范围,了解项目投资效益变动的大小　不确定因素多种多样,其对投资效益指标的影响也不一样,通过不确定性分析,可以确定各种因素及其作用力度的大小对投资效益指标影响的范围,从而了解项目总体效益变动的大小。

(2)确定项目评估结论的有效范围　在明确不确定因素的变动及其作用力度的大小对投资效益指标的影响及项目总体效益变动的大小以后,就可以确定按典型情况测定的项目评估结论的有效范围,以便项目决策者和执行人员充分了解不确定因素变动的作用界限,尽量避免不利因素的出现。

(3)提高项目评估结论的可靠性　经过不确定性分析,依据不确定因素变动对项目投资效益影响的大小和指标变动范围,可以进一步调整项目的评估结论,以提高评估结论的可靠性。

(4)寻找在项目效益指标达到临界点时,变量因素允许变化的极限值　由于不确定因素的影响,导致项目经济效益指标在某一范围内变动,当这些效益指标的变动达到使项目发生从可行变到不可行的本质变化时,称此效益指标达到了临界点,与这一临界点相应的不确定因素的变化值就是这一变量因素允许变化的极限值。寻找这一极限值,有利于投资者在项目执行和经营过程中尽量把握住这种因素的变动幅度,避免项目经济效益的下降。

4. 不确定性分析的步骤

(1)鉴别主要不确定性因素　在对投资项目进行不确定性分析时,首先要从各个变量及其相关诸因素中,找出不确定程度较大的和对投资项目影响较大的主要因素。这些变量和因素是不确定性分析的重点。在投资项目的不确定性分析中,其主要的不确定性因素有销售收入(产品价格和产品产量等)、生产成本、投资支出和建设工期等。引起他们变化的原因一般有物品价格上涨、技术工艺发生变化、市场变化、未能达到设计生产能力投资变化、建设期延长等。

(2)估计不确定因素的变化范围,进行初步分析　找出主要的不确定性因素,就要估计其变化范围,确定其边界值或变化率。

(3)进行敏感性分析　对不确定因素进行敏感性分析,即分析其对投资项目的影响程度。

二、敏感性分析

敏感性分析,是指分析并测定项目主要不确定因素的变化对项目评价指标的影响程度,并判定各个因素的变化对目标的重要性。其中,对评价指标影响最大的因素叫作敏感因素,我们要分析评价指标对该因素的敏感程度,并分析该因素达到临界值时项目的承受能力。一般地,不确定因素主要有产品价格、产品产量、主要原材料价格、建设投资、汇率等,分析的评价指标主要有净现值、内部收益率等。敏感性分析有单因素敏感性分析和多因素敏感性分析两种。

1. 敏感性分析的步骤

(1)确定分析指标　指标的确定与所涉及的具体项目有关。经常使用的指标是净现值(NPV)、内部收益率(IRR)和投资回收期等。

(2)找出需要分析的不确定性因素　需按照以下原则进行筛选。①预计在其可能变动的范围内,其变动将较为强烈地影响经济效益指标;②对在确定性经济评价中采用的数据的准确性把握不大。确定不确定因素时应该把这两条原则结合起来。项目敏感性分析中的影响因素通常从下列几个因素选定：项目投资、项目服务寿命年限、寿命内的资产残值、经营成本、产品价格、基准折现率等。

(3)计算不确定因素的变动对经济指标的影响程度　研究并设定不确定因素的变动范围，并列示不确定因素的不同变化率或不同取值的几个点态。对所选定的需要进行分析的不确定性因素，按照一定的变化幅度(如5%、10%、20%等)改变它的数值，然后计算这种变化对经济评价指标的影响数值，并将其与该指标的原始值相比较，从而得出该指标的变化率，用公式可表示为：

$$\text{相对变化率}(\beta)=\frac{\text{评价指标变化幅度}}{\text{变量因素变化幅度}}=\frac{\Delta Y_j}{\Delta X_i}=\frac{Y_{j1}-Y_{j0}}{\Delta X_i} \tag{7-45}$$

式中：β为灵敏度，是衡量变量因素敏感程度的一个指标；ΔX为第i个变量因素的变化幅度(变化率)；Y_{j1}为第j个指标受变量因素变化影响后所达到的指标值；Y_{j0}为第j个指标未受变量因素变化影响时的指标值；ΔY_j为第j个指标受变量因素变化影响的差额幅度(变化率)。

2. 单因素敏感性分析

单因素敏感性分析时，在固定其他因素的条件下，变动其中某个不确定性因素，计算分析指标相应的变动结果，这样逐一得到每个因素对指标的影响程度。

[**例 7-19**]某项目初始投资200万元，寿命期为10年，期末残值为20万元，各年的销售收入为70万元，经营成本为30万元。经预测，将来投资、销售收入、经营成本可能在10%范围内变动。试对净现值NPV进行敏感性分析。($i_c=10\%$)

解：在本题中，指标为NPV，不确定性因素为投资、销售收入、经营成本。

计算原方案指标：

$$\begin{aligned}NPV&=-200+(70-30)\times(P/A,10\%,10)+20\times(P/F,10\%,10)\\&=-200+40\times6.1446+20\times0.3855=53.5(\text{万元})\end{aligned}$$

计算各因素变化后的指标值。

(1)设投资增加10%，其他因素不变：

$$NPV=-200\times(1+10\%)+40\times6.1446+20\times0.385=33.5(\text{万元})$$

比原方案减少20万元；

求投资变化的临界值，即设投资变化百分比为x时，NPV等于0，此时，

$$NPV(x)=200\times(1+x)+40\times6.1446+20\times0.3855=0$$

由上面方程解得，$x=0.2675=26.75\%$。

(2)设销售收入减少10%，其他因素不变：

$$NPV=-200+[70\times(1-10\%)-30]\times6.1446+20\times0.385=10.48(\text{万元})$$

比原方案减少43.02万元；

设销售收入变化百分比为y时，NPV等于0，此时

$$NPV(y)=-200+[70\times(1+y)-30]\times6.1446+20\times0.3855=0$$

由上面方程解得，$y=-13\%$。

(3)设经营成本增加10%，其他因素不变：

$$NPV=-200+[70-30\times(1+10\%)]\times 6.1446+20\times 0.385=35.06(万元)$$

比原方案减少18.44万元。

设经营成本变化百分比为x时，NPV等于0，此时，

$$NPV(x)=-200+[70-30(1+x)]\times 6.1446+20\times 0.385=0$$

由上面方程解得，$x=29\%$。

结论：

由上面计算可知，在不确定性因素都变化同样数值(10%)时，引起指标的变化大小不同，销售收入导致的最多，所以为最敏感因素；投资次之，为次敏感因素；经营成本引起的变化最少，为不敏感因素。

3.多因素敏感性分析

单因素敏感性分析适用于分析最敏感的因素，但它忽略了各参数之间相互作用的可能性，故需分析经济效益受多个参数同时变化的影响。常用的方法是把一次改变一个参数的敏感性分析方法应用到多参数的敏感性分析中去。这里，以一个双因素敏感性分析为例，两个因素以上方法相似。

[例7-20]某企业对一项目投资方案的数据预计如表7-12所示。

表7-12　投资方案数据

项目	投资	寿命	残值	年收入	年支出	i_c
预测值	10000元	5年	2000元	5000元	2200元	8%

解：假定参数中投资和年收入为不确定性因素，变化范围不超过10%，对指标NAV关于投资、年收入做双因素敏感性分析。

设x表示投资变化的百分比，y表示年收入变化的百分比，则

$$\begin{aligned}NAV&=-10000\times(1+x)(A/P,8\%,5)+5000(1+y)-2200+2000(A/F,8\%,5)\\&=-10000(1+x)\times 0.2505+5000(1+y)-2200+2000\times 0.1705\\&=636-2505x+5000y\end{aligned}$$

如果$NAV\geqslant 0$，则该投资方案可行。将$636-2505x+5000y\geqslant 0$绘成图形，就得到如图7-9所示的两个区域。

如图7-9所示，直线$636-2505x+5000y=0$将平面分为两个区城，左上部分为$NAV>0$，即项目可行；右下部分为$NAV<0$，即项目不可行。如果预计造成20%的估计误差，则NAV对投资增加比较敏感。例如投资增加5%，年收入减少12%，则$NAV<0$，此时便达不到8%的基准收益率。

三、盈亏平衡分析

1.盈亏平衡分析概述

盈亏平衡分析是通过盈亏平衡点(BEP)分析项目成本与收益平衡关系的一种方法。各种

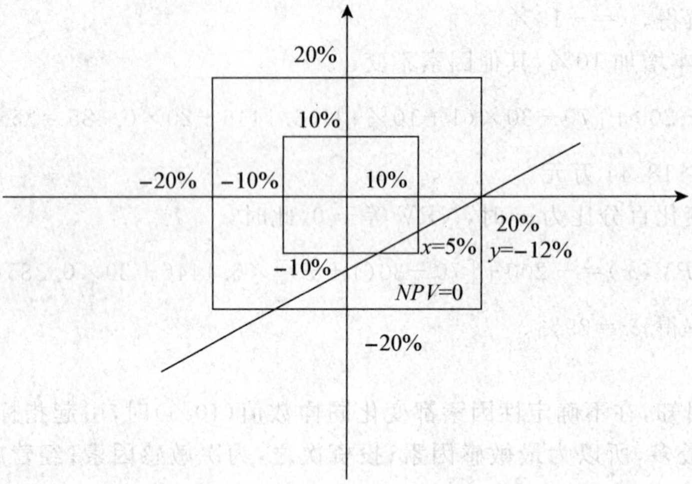

图 7-9　双参数的敏感性分析

不确定因素(如投资、成本、销售量、产品价格、项目寿命期等)的变化会影响投资方案的经济效果,当这些因素的变化达到某一临界值时,就会影响方案的取舍。盈亏平衡分析的目的就是找出这种临界值,即盈亏平衡点(BEP),判断投资方案对不确定因素变化的承受能力,为决策提供依据。

盈亏平衡分析实际上是敏感性分析的特例,将敏感性分析由全寿命期缩为1年时即为盈亏平衡分析。盈亏平衡分析又称保本点分析或本量利分析法,是根据产品的业务量(产量或销量)、成本、利润之间的相互制约关系的综合分析来预测利润,控制成本,判断经营状况的一种数学分析方法。

盈亏平衡分析有线性盈亏平衡分析和非线性盈亏平衡分析两种。一般情况下只做线性盈亏平衡分析。

2. 线性盈亏平衡分析模型

基本盈亏平衡模型就是投资项目的产量、成本及利润之间的函数关系,通过它可以找出使投资项目达到临界状态时的产量,即盈亏平衡产量。如果盈亏平衡产量与投资项目的正常生产能力相比的比值越低,则投资项目的风险越小;反之,则需要较高产量才能达到盈利状态,因而投资风险较大。

一般来说,投资项目的销售收入 TR 和总成本 TC 都是产量的函数,即:

$$TR = f(Q)$$
$$TC = \varnothing(Q)$$

当投资项目达到盈亏平衡状态,销售收入等于总成本,即 $TR = TC$ 时,从这一等式出发就可找到盈亏平衡状态所对应的产量。

当投资项目的销售收入及成本都是产量的线性函数时,此时盈亏平衡分析称之为线性盈亏平衡分析。在上述条件下,销售收入函数和成本函数可分别写为:

$$TR = PQ \tag{7-46}$$

式中:P 为产品价格;Q 为产品销售量。

$$TC=F+VQ \tag{7-47}$$

式中：F 为固定成本；V 为单位产品变动成本。

盈亏平衡点可以用计算法或图解法确定。

根据盈亏平衡点的定义，当达到盈亏平衡状态时，总成本等于总收入，即：

$$TR=TC$$

$$PQ=F+VQ$$

$$Q^*=\frac{F}{P-V}$$

上式所表示的产量 Q^* 就是盈亏平衡点的产量。盈亏平衡点除可用产量表示外，还可用生产能力利用率来表示。设企业正常生产能力为 Q_N，则盈亏平衡生产能力利用率为：

$$U=\frac{Q^*}{Q_N}\times 100\%$$

［**例 7-21**］某环保产品项目计划生产能力为 10 万台，年固定成本为 1296 万元，单位产品的成本为 620 元，产品售价为 820 元/台。试确定盈亏平衡点。

解：由公式

$$Q^*=\frac{F}{P-V}=\frac{1296}{820-620}=6.48(\text{万台})$$

盈亏平衡生产能力利用率，利用公式可得：

$$U=\frac{Q^*}{Q_N}\times 100\%=\frac{6.48}{10}\times 100\%=64.8\%$$

上述结果表明：当产量达到 6.48 万台时，该项目可实现盈亏平衡，或者说当生产能力利用率超过 64.8%时，该项目可实现盈利。

盈亏平衡分析具有一定的局限性：第一，盈亏平衡分析只讨论价格、产量、可变成本、固定成本等因素对项目盈亏的影响，其他相关因素考虑很少，对项目的盈利能力分析也比较粗浅；第二，盈亏平衡分析是静态分析，没有考虑资金的时间价值；第三，盈亏平衡分析的各条假设与现实情况不尽一致，计算结果也不够精确。盈亏分析一般情况下只用于财务评价。

四、风险分析概述及方法

1. 风险分析的概述及识别

风险通常是指由于一些不确定因素的存在，导致项目实施后偏离预期结果而带来不利影响的可能性。从理论上讲，风险与不确定性既有紧密的联系，又有区别。人们对未来事物认识的局限性、可获信息的不完备性以及未来事物本身的不确定性使得未来经济活动的实际结果偏离预期目标，这就形成了经济活动结果的不确定性，从而使经济活动的主体可能得到高于或低于预期的效益，甚至遭受一定的损失，导致经济活动“有风险”。正是由于不确定性是风险的起因，所以不确定性与风险总是相伴而生。

根据造成风险的范围大小，投资风险可分为宏观风险和微观风险。宏观风险是指由于宏观环境因素，如国家的政治、经济、法律、金融等方面发生变化，对投资收益有可能带来的损害，通常是影响所有投资项目的那些风险因素。宏观风险包括国际风险、政治政策风险、经济金融风险、法律风险、灾害风险等。

微观风险主要指针对某一个具体项目的风险因素，如技术的选择、投资规模的选择、目标市场的选择等。微观风险包括技术风险、市场风险、管理组织风险、投资风险、配套条件的风险因素。

2.风险分析方法

(1)专家调查法　专家调查法是大系统风险辨识的主要方法，它是以专家为索取信息的重要对象。各领域的专家运用专业方面的理论与丰富的实践经验，找出各种潜在的风险并对其后果作出分析与估计。专家调查法的优点是在缺乏足够统计数据和原始资料的情况下，可作出定量的估计；缺点主要表现在易受心理因素的影响。专家调查法主要包括专家个人判断法、智暴法和特尔菲法等10余种方法。其中智暴法与特尔菲法是用途较广、具有代表性的两种方法。

智暴法是通过专家之间的相互交流，在头脑中进行智力碰撞，产生新的智力火花，使专家的论点不断集中和精化。智暴法作为一种创造性的思维方法在风险分析中得到广泛的应用。智暴法一般采用专家小组会议的形式进行，参加的人数不要太多，一般只有五六个人，多则十来人。大家就某一具体问题发表个人意见，畅所欲言，做到集思广益。

特尔菲法是以匿名方式通过几轮函询征求专家们的意见，然后对每一轮意见都汇总整理，作为参考资料再发给各专家，供他们分析判断，提出新的论证。如此多次反复，专家的意见渐趋一致，使最终结论的可靠性越来越大。

(2)层次分析法　层次分析法就是把问题分解成有序的递阶层次结构，通过两两比较的方式，判断层次中诸元素的相对重要性，由判断矩阵计算被比较元素的权重，最后计算各层元素的组合权重。这一特征体现了决策思维的基本特征：分解、判断、综合。

(3)CIM法　CIM模型(controlled interval and memory models)称为控制区间和记忆模型，是进行概率分布叠加的有效方法之一，它是由Chapman和Cooper两人于1983年提出的。其特点是：用直方图表示变量的概率分布，用和代替概率函数的积分，并按串联或并联相应模型进行概率叠加，直方图具有相同宽度的区间，而CIM模型正是利用相等区间直方图进行叠加计算，使概率分布的叠加得以简化或普遍化。CIM模型分为“串联响应模型”和“并联响应模型”，按变量的物理关系分别进行变量概率分布的“串”联或“并”联组合与叠加。它既能处理变量相互独立的情况，又能处理变量相关的问题，是现代风险分析方法中进行风险因素组合、量化评价的一种新的技术。

(4)概率分析法　概率分析是运用概率理论和数理统计原理，借助概率来研究预测不确定因素和风险因素对项目经济评价指标影响的一种定量分析技术。该法一般应用于大中型工程投资项目。

概率分析的一般做法是：首先预测风险因素发生各种变化的可能性即概率，将风险因素作为自变量，预测其取值范围和概率分布，再将选定的经济评价指标作为因变量，测算评价指标随风险因素变动的相应取值范围和概率分析，计算评价指标的数学期望值和项目成功或失败的概率。

(5)蒙特卡罗模拟法　蒙特卡罗模拟法，又称统计试验法或随机模拟法。在使用蒙特卡罗法进行项目风险量化分析时，其做法是随机从每个不确定风险因素中抽取样本，然后对整个项目进行计算，并将上述计算过程反复进行，以模拟各种不确定组合，从而获得不同组合下的多种结果。在此基础上，通过运用统计方法并处理上述这些数据结果，能够观察出项目变化的规律性。项目模拟采用的模型，可以将详细规定的不确定性转化为对项目总体目标的潜在影响。对于风险量化中的成本风险分析，在模拟中可用传统的项目工作分解结构作为模型，并运用蒙特卡罗法估算项目成本可能的变化范围。

复习思考题

1. 如何理解资金的时间价值？
2. 简述静态评价方法的优缺点。
3. 如何区别不确定性风险？产生不确定风险的原因有哪些？
4. 若年利率 $i=6\%$，第一年初存入银行 100 元，且 10 年中每年年末均存入 100 元，试计算：

(1)到第 10 年年末的本利和是多少？

(2)其现值是多少？

(3)其年金是多少？

5. 复利计算：

(1)年利率 $r=12\%$，按季度计息，1000 元现款存 10 年的本利和是多少？

(2)年利率 $r=12\%$，按月计息，每季度末存款 300 元，连续存 10 年，本利和是多少？

(3)年利率 $r=9\%$，每半年计息一次，若每半年存款 600 元，连续存 10 年，本利和是多少？

6. 某项目净现金流量如下表所示。当基准折现率 $i_0=12\%$时，试用内部收益率指标判断该项目在经济效益上是否可以接受。

元

年末	0	1	2	3	4	5
净现金流量	−100	20	30	20	40	40

7. 下表所示为 A、B、C 三个互斥型方案的现金流量，寿命为 10 年，$i_c=15\%$，试找出经济上最有利的方案。

互斥型方案资料 元

年末 t/年	A	B	C
0	−5000	−8000	−10000
1～10	1400	1900	2500

8. 4 种具有同样功能的环境工程项目设备，使用寿命均为 10 年，残值均为 0。初始投资和经营成本见下表($i_c=10$)。试选择最有利设备。

4 种设备的投资和经营成本 万元

设备	A	B	C	D
初始投资	30	38	45	50
年经营成本	18	17.7	14.7	13.2

9. 设某项目的现金流量表如下表所示，基准贴现率为12%。当初始投资额、年销售收入、经营成本同时变化时，对项目净现值的影响进行敏感性分析。

项目的现金流量表

万元

年份	0	1～9	10
投资	32		
销售收入		88	88
经营成本		26	26
期末残值			25

第八章

环境经济政策概述

参与分享人员最多的公共物品，获得的关心最少。

——亚里士多德

本章学习目标

1. 理解环境经济政策的内涵与基本功能；
2. 掌握环境经济政策的分类；
3. 了解环境经济政策的实施条件。

引导案例

市场与计划

戈尔巴乔夫时代，苏联的生活日用品已经十分匮乏，老百姓到商店买台电视机都得排几天几夜的队。一个人实在排不下去了，掏出手枪说："我受不了啦，我要到克里姆林宫去把戈尔巴乔夫杀掉！"过一会儿他就回来了，别人问他，你把戈尔巴乔夫杀掉了？他垂头丧气地说："没有，那边排的队伍更长。"

我们面临的是一个稀缺的世界，如何让有限的资源发挥最大的作用，就产生了经济学，稀缺性是经济学存在的理由；我们面临的是一个互相冲突的世界，如何让有限的财富在人们之间分配，就产生了法律，解决冲突是法律存在的理由。这两种说法，在很大程度上是相通的。什么样的资源配置或者冲突解决方式才是合理的？什么样的规则是好的规则？可能各说各有理，因为各自的条件不一样，立场不一样，“屁股决定脑袋”，也可能是因为各自目标不一样。但经济学家可以断言：一种标准因其没有经济浪费才是最有效率的。这个标准就是——按市场价值进行分配。

实施环境经济政策来纠正“市场失灵”和“政策失效”，可使私人成本接近或等于社会成本。例如，对农药和化肥补贴，会鼓励这些对环境有害的化学品的过量使用，导致农村环境污染。减少或取消对农药和化肥的补贴，就是纠正“政策失效”，让生产者直接面对社会成本。据估计，在20世纪90年代，发展中国家和经济转型国家用于能源、道路、水和农业的补贴每年超过2400亿美元。这虽然极大地改善了当时的经济发展情况，但这些补贴仍然造成了资源的浪费和对环境的损害。如果把这些补贴中的1000亿美元用于可持续发展，则可在很大程度上减轻对环境的压力。

第一节　环境经济政策内涵与功能

随着市场化改革的深入推进，市场机制在资源配置中的作用已经从“基础性作用”上升为“决定性作用”，环境经济政策在生态建设与环境保护中的作用日益凸显。

一、环境经济政策的内涵与特点

1. 环境经济政策的内涵

环境经济政策有广义与狭义之分。从广义的角度看，一种政策手段只要同时对环境与经济有影响，就可以称为环境经济政策。但环境经济政策一般是从狭义的角度进行界定的。按照经济合作与发展组织（OECD）的观点，当某种手段的应用足以影响到经济当事人（污染者）对可选择的行动（如安装治污设施以减少污染排放、缴纳排污费以获准排放污染物、与其他厂商协商以取得许可等）的费用进行评估时，该手段之前便可以冠之以“经济”之名。

2. 环境经济政策的特点

环境经济政策具有以下几个特点。

(1)环境经济政策是与成本—收益比较相联系的　一方面，它表现在政府对生态环境管理的政策手段要做成本—收益比较，要选择在生态环境效益相同时的政策手段成本最小的一种手段，或者说要选择在政策手段成本既定时的生态环境效益的最大化。另一方面，它表现在使得有关经济主体能够根据政府确定的经济手段进行权衡比较，选择能够使自己获益最大的方案。也就是说，环境经济政策使得有关经济主体拥有可选择性。

(2)环境经济政策的使用有利于环境的改善　经济手段的作用在于它影响经济主体的决策和行为，这种影响表现在使得人们所做的决定能够获取比没有这些手段时更加理想的环境状态。也就是说，环境经济政策不是一般的经济手段或财政手段，一般的经济手段或财政手段只强调经济利益的最大化，相对较少考虑环境效果，而环境经济政策的目的在于以“经济”的手段获取良好的环境效果。

(3)环境经济政策不一定与收费计划相联系 某些财政手段(如管制中的收费)不是经济手段，相反，某些非财政手段(如交易计划)则是经济手段。例如，环境政策中的交易计划可能旨在以最小的成本达到一定的环境质量标准。因此，它属于环境经济政策。

(4)环境经济政策对经济主体具有刺激性而不具有强制性 经济手段对经济主体的刺激性可以直接改变经济主体的行为。环境经济政策本身就是与直接管制手段相对应，能使当事人以他们自认为更有利的方式对特定的刺激作出反应。也就是说，经济主体基于经济利益的考虑，至少可以在两个不同的方案之间进行选择。直接管制手段通常也包括一些财政或金融方面的内容。在某些情况下，管制伴随着收费，这些收费并不是旨在改变行为，而是在于惩处。因此，这不属于经济手段。

总之，环境经济政策能使经济主体以他们认为最有利的方式对某种刺激作出反应，它是向污染者自发的和非强制的行为提供经济刺激的手段。因此，环境经济政策可以定义为：政府环境管理部门从影响成本—收益入手，引导经济当事人进行选择，以便建立最终有利于环境保护的一种政策手段。

二、环境经济政策的基本功能

环境经济政策具有两种最基本的功能——行为激励和资金配置。

环境经济政策的行为激励功能表现为通过经济手段，借助于市场机制的作用，使外部不经济的环境费用内部化，改变生产者和消费者原有的经济刺激模式，纠正他们破坏环境的行为。

环境经济政策的资金配置功能包括 3 方面的内容：①依据法律、行政授权，实现和聚敛用于环境保护的资金；②资金的重新分配；③资金的使用。

理论家和环境政策制定者往往强调发挥环境经济政策行为激励的功能，因为行为改变是实现环境目标的主要途径。如上所述，环境经济政策通过使外部费用内部化，刺激生产者和消费者，促使其改变行为，达到保护环境的目标。因此，行为激励功能和实现环境目标具有一种“因果一致性”。

与行为激励相比，环境经济政策的资金配置功能往往不太被重视。这里面可能有 3 个原因：①当环境保护资金供给不足时，尽管环境经济政策具有明显的聚敛资金的作用，甚至可能实际上已经在发挥着这一作用，但为了避免一些利益冲突和政策风险，政策制定和实施部门可能会尽量淡化这一功能。②当环境保护资金不再成为制约环境保护事业发展的瓶颈时，资金配置功能的重要性自然退居次要地位。③资金配置与行为激励的功能过程存在一定的抵消关系。行为改变必然导致资金配置重要性的降低和可配置资金量的减少；反之，如果通过实施环境经济政策仍然可以聚集到大量环境保护资金，至少在某种程度上说明破坏环境的行为尚未改变，环境状况有待改善。

但是，在环境经济政策执行过程中，政策目标能否实现和如何实现，取决于政策执行过程的社会、经济、政治甚至文化等背景条件。环境经济政策行为激励功能的实现程度，对于政策对象来说，要求具备足够强的经济承受能力和足够高的环境意识，外部条件则要求比较完备的法规和制度建设。脱离现实的约束条件，对政策对象超前要求，不仅政策目标无法达到，而且会干扰政策实施，使政策发展失衡。

另外，在特定的时间段内，特别是在国民经济高速起飞期实施环境经济政策，行为激励和资金配置之间会出现一种功能互补关系，而不是最终要出现的功能抵消关系。因为行为改变是一个时间过程，对于发展中国家来说，这个过程可能要持续很长时间。行为改变不可能一蹴而就，资金短缺又是实施有效环境管理的主要制约。故在这一时期，不断加大的刺激力度，可以产生更多的可配置资金，资金的有效配置又促进了行为的改变。此时，环境经济政策的资金配置功能和行为激励功能相得益彰、并行不悖。

在目前和今后一段时期内，我国环境保护资金供给不足(包括资金总量绝对不足和专项资金的相对不足)的问题仍然存在。面对这种形势，借激励之名的环境经济政策，必然要行资金配置之实。所以，期望完全实现具备很高社会经济承受力的行为激励功能恐怕难尽人意，而从发挥资金配置集腋成裘、物尽其用的功能做起，倒可能更符合国情。相反的例证是西方发达国家的环境经济政策已经逐步到位于行为激励。当政府具有足够强大的资金调配能力、国民具有足够高的环境意识和支付意愿、国民经济具有足够强的承受能力时，这一转变也就水到渠成了。

第二节 环境经济政策的分类及形式

一、环境经济政策的分类

关于环境经济政策已有不同的分类。OECD在《环境经济政策应用指南》中曾经将环境经济政策划分为3种：环境收费或税收、许可证制度和押金—退款制度。OECD在《环境管理中的经济手段》一书中进一步将环境经济政策确定为5种：收费、补贴、押金—退款制度、市场创建和执行鼓励金。这种分类方式在国内已经被比较广泛地接受。

世界银行哈密尔顿等所著的《里约后五年——环境政策的创新》一书中将实施可持续发展战略的政策与手段列成一个矩阵，如表8-1所示。

表8-1 政策矩阵——实施可持续发展战略的政策与手段

主题	政策与手段			
	利用市场	创建市场	实施环境法规	鼓励公众参与
资源管理与污染控制	减少补贴 环境税 使用费 押金—退款制度 专项补贴	产权/分散权力 可交易的许可证 国际补偿制度	标准 许可证和配额	公众参与 信息公开

这一分类虽然不是完全针对环境经济政策而言的，但它把实施可持续发展战略有关的所有政策手段都通过矩阵的形式列举出来。仔细考察表中的内容可以看出，表中的“利用市场”和“创建市场”两列所指的正是环境经济政策，“实施环境法规”一列所指的是法律手段和管制手段，“鼓励公众参与”一列所指的是教育手段。

上述两种分类都具有国际权威性，但是，这种分类仅仅是对环境经济政策的一种列举，没有从环境经济政策的内在特征和本质角度去加以区分。

国内学者大多接受上述两种分类。但也有一些与上述分类不同的观点。有的把环境经济政策分成下列5种：财政资助、税收优惠与低息贷款、排污收费、污染赔偿与罚款、利润；还有的将环境经济政策仅分成3类：财政援助、低息贷款、税收。这两种分类有两个共同的特点：①将环境经济政策的含义界定更宽泛了，例如把属于管制手段的罚款也作为经济手段，把属于一般财政和金融政策的手段也看作环境经济政策；②没有包含已经被广泛接受的排污权交易制度等新型手段。

从理论研究的角度，可以将环境经济政策划分为庇古手段和科斯手段两大类，见图8-1。之所以这样分类是基于如下考虑：在几百年的经济理论发展历史中始终存在经济自由主义和政府干预主义的争论。市场经济好还是政府干预好，市场机制多一点还是政府干预多一点，始终是经济学研究和争论的热门话题。“市场失灵”自然让人想到政府干预，但“政府失灵”又让人想到市场机制。在生态环境问题上，同样存在这一认识问题上的争论。这集中表现在对外部性问题的论述上。以庇古为代表的经济学家强调通过政府干预的手段使外部性内部化，而以科斯为代表的经济学家又强调由市场机制本身来解决外部性问题。那么，这两种手段是相互排斥的还是相互补充的，就成为学者关注和思考的问题。

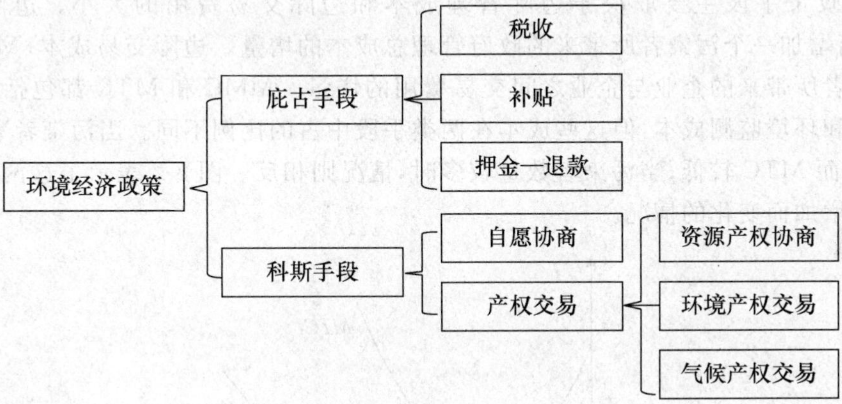

图8-1　环境经济政策分类

二、环境经济政策的形式

调节市场型的环境经济政策主要是通过“看得见的手”即政府干预来解决环境问题，其核心思想是由政府给外部不经济性确定一个合理的负价格，由外部不经济性的制造者承担全部外部费用。最先提出这一思想的人是英国经济学家庇古。因此这类环境经济政策又称为庇古手段。

建立市场型的环境经济政策主要通过“看不见的手”即市场机制本身来解决环境问题。其基本思想是1960年科斯在《社会成本问题》一文中提出的“科斯定理”，因此又称之为科斯手段。

这两类环境经济政策的共同之处在于都是为了使外部费用内部化；都允许经济人为了实现环境目标，通过费用效益的比较，选择一种最优方案。但两类政策手段的实施途径和效果是不同的，主要表现在以下几个方面。

(1)庇古手段多依赖于政府。例如，依赖于政府对环境问题及其重要性的认识以及掌握的信息。而科斯手段更多地依赖市场机制。如果不存在“政策失效”，两种手段都可行。但如果出现政府“寻租”的情况，科斯手段比庇古手段更有效。

(2)庇古手段需要政府实施收费或补贴，管理成本较大；而科斯手段需要政府界定产权。在产权制度不健全，污染者数量比较多的情况下，环境资源的产权界定比较困难，企业间交易成本比较大，使得科斯手段效率降低。

(3)实施庇古手段，除了使社会获得环境效益外，还可使政府获得经济收益。例如，在中国，排污收费一直是环保部门筹措资金的手段。科斯手段则一般只获得环境效益。

(4)庇古手段一般提供不了刺激，因为费率或税率一般是固定的，而且经常低于治理污染的边际成本。它对所有厂商的标准一样，这又造成厂商之间的不公平。而科斯手段一般能刺激厂商采取措施改进生产设备，减少排污。

(5)如果被税收保护的人企图通过自己的行为影响税负和税收，实施庇古税可能导致另外一些外部性。例如，有些人为获得赔偿，搬到排放烟雾的工厂附近居住，或在工厂周围开设洗衣店，人为造成排放烟雾的社会成本增加，因而带来排污税(费)的增加。

庇古手段和科斯手段各有利弊。在其他条件不变，特别是环境收益相同的情况下，选择什么环境经济政策手段主要取决于边际管理成本和边际交易费用的大小。边际管理成本(MMC)是指增加一个污染者所带来的政府管理总成本的增量。边际交易成本(MTC)是指增加一个污染者所带来的企业与企业之间交易费用的增量。MMC 和 MTC 都包括环境保护机构运行成本和环境监测成本，但这些成本在两类手段中占的比例不同。当污染者数量较少时，MMC 较高，而 MTC 较低；当污染者数量较多时，情况则相反。图 8-2 表示了这两种成本随污染者数量的增加而变化的情况。

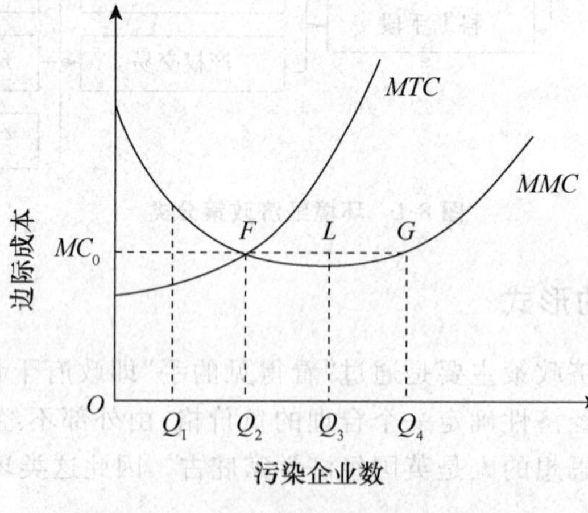

图 8-2　边际管理成本与边际交易成本

图 8-2 中，当 MTC 与 MMC 交于 F 点，对应的边际成本和污染企业数分别为 MC_0 和 Q_2。此时，两种手段都可以采用。当 $Q<Q_2$ 时，$MMC>MTC$，应选择科斯手段。当 $Q>Q_2$ 时，$MTC>MMC$，应选择庇古手段。进一步分析可知，MMC 到达最低点 L，然后又回升。L 点以后采取什么手段不仅取决于 MTC 与 MMC 的比较，还涉及庇古手段与命令控制型手段的比较。但在 G 点以左，即在 $Q_2<Q<Q_4$ 时，政府还可以继续选择庇古手段。而在 G 点以右，即 $Q>Q_4$ 时，由于 MMC 急剧回升，所以应考虑采用命令控制型手段。

但是，随着市场化程度的提高，MTC 会向右移，交点 F 也移至 F'，决定管理手段的临界

污染企业数也由 Q_2 移到 Q_2'，这时科斯手段的活动区间增加（图 8-3）。

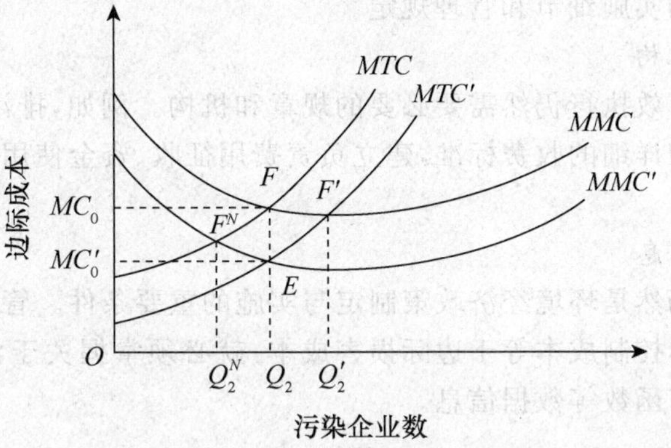

图 8-3　市场化程度与政府效率

同理，如果提高政府工作效率，则 MMC 会下降到 MMC'，交点 F 降为 F^N，相应的 Q_2 降为 Q_2^N，这时庇古手段的活动区间增加。

但在有些情况下，市场化程度和政府工作效率会同时提高，此时有可能达到图 8-3 中的新的临界点 E。E 点与 F 点所决定的环境经济政策手段的选择区间基本一致，但边际成本由 MC_0 下降到 MC_0'。因此努力完善市场机制，提高政府工作效率是值得期望的。

上述分析表明，可以把科斯手段与庇古手段混合使用，而不是把两类手段对立起来。例如，我国将排污收费和排污权交易配套使用的试点，以排污权交易为主，用排污收费做保证，从而以最小成本实现污染控制目标。

第三节　环境经济政策的实施条件及影响因素

一、实施条件

实施以市场为基础的环境经济政策和管理手段，必须具备以下条件。

1. 比较完备的市场体系

环境经济政策是环境管理部门通过经济刺激手段，直接或间接调控管理对象的行为。因此，环境经济政策成功与否，取决于市场的完善程度。如果市场功能不健全，管理者就失去了传递意图的中介，或者导致市场信号失真；而管理对象可能对市场信号反应迟钝，甚至不发生反应和不在乎市场是否存在，最终导致环境经济政策的效率降低甚至失败。

2. 相应的法律保障

市场经济是法制的经济，这一观念目前已经得到普遍认同。同理，参与市场运行的环境经济政策，只有在相应的法律保障之下，才具有合法性和权威性。因此，在制定环境经济政策的时候，必须首先寻求法律体系的支持。如果某项环境经济政策与现行法律相冲突，除非修改有关法律条文，否则政策不可能被执行。这在国外已有先例。例如，巴西的宪法只允许对每一项交易征收一种税，因此，在巴西现行宪法体制下，对任何已经征税的生产和消费活动再征收环境税就属于违法行为，不可能被执行。此外，如果拟议的环境经济政策与现行法律不相悖，也必须获得法律认可，赋予政策合法地位。这种法律保障除了确认该政策的合法性之外，还要授权主管部门制定政策的实施细节和管理规定。

3. 配套的规章和机构

环境经济政策的有效执行仍然需要必要的规章和机构。例如，排污收费制度的实施，需要制定具体的实施细则和详细的收费标准，建立负责费用征收、资金使用和管理的环境监督管理机构。

4. 相应的数据和信息

必要的数据信息仍然是环境经济政策制定与实施的重要条件。管理者若要在最优水平上实施调控，例如，使边际控制成本等于边际损害成本，就必须掌握关于污染控制（或资源保护）成本函数以及环境损害函数等数据信息。

二、影响因素

从总体看，影响环境经济政策实施的因素主要有以下几个方面。

1. 政策可接受性

有些环境经济政策实施后，会影响一些部门、地区或团体的利益。受影响的利益集团会采取相应的反措施，抵制环境经济政策的施行，当反对的力量强大到足以影响政治决策过程时，该项环境经济政策就会被修改乃至被放弃。因此，考虑一项环境经济政策能否实行，有必要评价其政治和社会的可接受程度。

2. 相关政策的制约

现行的法规框架为环境经济政策的选择划定了有限的生存空间，在此范围之内，环境经济政策与其他经济政策之间的关系，只能采取配合而不是冲突的形式。例如，在我国建立环境保护基金或投资公司，根据有关政策规定，必须经由中国人民银行批准；从国外融资，要经过有关部门批准并符合国家控制外债规模的要求；基金的资金规模，要符合计划和财政部门的宏观投资计划。否则，一些在环保部门内部合理的、有意义的设想，一旦放在国民经济运行的背景之下，可能会同国家的宏观经济政策相抵触，而不具备现实上的可实施性。

3. 管理的可行性

管理的可行性既影响环境经济政策的选择，也影响具体政策的执行。例如，荷兰 1988 年实行的环境税，因税种太多，难以管理，因而于 1992 年将 5 种税改为 1 种税。我国正在推行的排污许可证制度，由于技术含量高，在许多地区难以操作，也在一定程度上妨碍了这一制度的推广。

4. 公平性的考虑

对社会公平性的考虑也会制约一些环境经济政策的选择与使用，因为在决策者看来，有些经济手段的实施可能会引起社会不公平问题。例如，如果普遍提高水资源的价格，对于规模不同的生产者和收入不等的社会阶层，其意义和影响是不同的，这就可能导致不公平问题。

5. 对市场竞争力的担心

环境经济政策最终要参与国民经济运行，发挥宏观调控的功能。一些部门和地方政府担心，实行环境经济政策会给企业造成经济负担，影响经济效益水平，最终削弱本部门或地方产品的市场竞争力。因此，可能对一些环境经济政策持消极或抵触态度，干扰环境经济政策的实施。

6. 产业政策

各级政府为实现特定时期的经济目标而制定的一些产业政策，也会影响环境经济政策的实施。例如，为扶持和保护国内某种产业，提供财政补贴和征收高额关税；为鼓励出口而对有关产业或企业提供补贴等，都会妨碍环境经济政策的实施，不利于环境成本内部化。

复习思考题

1. 名词解释——环境经济政策。
2. 简述环境经济政策的基本特点。
3. 什么是庇古手段和科斯手段？

第九章

环境税收政策

世界上只有两件事是不可避免的，那就是税收和死亡。

——本杰明·富兰克林

税收上的任何特权都是不公平的。

——伏尔泰

本章学习目标

1. 理解环境税的定义；
2. 了解排污收费制度的特点与存在的问题；
3. 掌握环境保护税的应税污染物类型；
4. 掌握环境保护税的核定方法。

引导案例

轻徭薄赋

汉武帝病逝时立下遗嘱，由大司马大将军霍光来辅助年仅8岁的汉昭帝执政。霍光执掌汉室最高权力近20年，史称“霍光辅政”，位列麒麟阁十一功臣之首。汉武帝时期，实行盐铁官营、运输等政策，以保证国家收入，用来支持反击匈奴战争。因此，财富逐渐集中于大官僚、大地主手中，老百姓日趋贫困，阶级矛盾日渐突出。后来，在霍光的大力主张下，汉昭帝废除了盐铁官营、运输等政策，老百姓的税负减轻了，有效缓和了社会矛盾，使汉朝的经济走上了复兴的道路。因此，班固在《汉书》中对霍光做了这样的评价：“武帝之末，海内虚耗，户口减半，霍光知时务之要，轻徭薄赋，与民休息。至是匈奴和亲，百姓充实。”

税收政策的好坏与国家的兴亡息息相关，我们应当不断优化完善税收政策，构建绿色财税体系，促进税负公平，积极推动社会经济发展，形成良性循环，使国富民强，令国泰民安，共筑“中国梦”，实现中华民族的伟大复兴。

第一节　环境税的理论基础

一、环境税的内涵

环境税的理论最先由英国福利经济学家阿瑟·庇古(Arthur Cecil Pigou)提出，并于20世纪末在国际财税学界兴起，其旨在解决环境外部成本内在化问题。国内外对环境税有不同的称谓，如环境税收(environmental taxation)、生态税收(ecological taxation)、绿色税收(green taxation)、环境收费(environmental levy)、环境费(environmental fee)、环境污染税或费(environmental pollution tax/fee)、环境税(environmental tax)、与环境相关的税收(environmentally related taxes)等。目前国际上无论在理论界还是实践中，都没有形成一个被广泛接受的、公认的定义。关于环境税的名称和内涵的认识也没有达成一致，往往在不同的语境中有着不同的表述。一般而言，环境税有广义、狭义之分，不同的学者由于研究视角不同，甚至对环境税的狭义与广义的认识也不同，也有研究人员认为环境税还存在介于广义和狭义的中间意义的定义。

1. 狭义环境税

对狭义环境税的内涵认识存在一些分歧。丛中笑(2006)认为狭义环境税通常专指单一的污染税，即以向环境排放污染物的单位和个人的污染行为为征税对象的独立税种。有专家认为，狭义环境税是指独立开征的环境税，是直接针对环境污染征收的，也就是对污染物的排放行为和排放数量征收的。也有专家对狭义环境税的内涵认识较宽泛些，认为除了包括对污染物排放行为征税外，还包括对污染产品征税。把狭义环境税界定为国家为了限制环境污染的范围、程度，而对导致环境污染的经济主体征收的税收，主要包括污染排放税、污染产品税。还有专家则认为狭义环境税概念应更为宽泛些，针对环境行为的税收征免行为应属于狭义环境税。狭义环境税界定为对开发、保护和使用环境资源的单位和个人，按其对环境资源的开发、利用、污染、破坏和保护程度进行征收或减免的一种税收。从这些狭义环境税概念的界定可以看出，比较一致的观点是，狭义环境税是一类与生态环境的保护密切相关的税收，保护环境是其主要政策目标，其调控范围相对较窄，调控的是各种不利于生态环境的行为，也称为独立型环境税。独立型环境税可划分为污染排放税、污染产品税、碳税和生态保护税等类型。其中，污染排放税是对污染物(如废气、污水和固体废物等)的排放行为征收的环境税;污染产品税是对污染环境的产品(如能源燃料、臭氧损耗物质、化肥农药、含磷洗涤用品、汞镉电池等)的消费行为征收的环境税;碳税是对二氧化碳的排放行为征收的环境税;生态保护税是对资源开发利用(如矿产资源开采等)过程中破坏生态环境的行为征收的环境税。

2. 广义环境税

专家对广义环境税的认识也存在不少差异。经济合作与发展组织(OECD)将环境税定义为:"政府征收的具有强制性、无偿性,与环境相关税基的任何税收。"相关税基包括能源产品、机动车、废弃物、测量或估算的污染物排放、自然资源等,即对与环境相关税基的任何税收都纳入环境税范畴。有专家认为,广义环境税既包括以环境保护为主要目的而专门征收的税,也包括其他并非以环境保护为主要目的,但客观上起到环境保护作用的税收。也有专家认为,广义环境税包括所有有助于环境保护的税种,同时资源税、消费税由于具有类似功能,也属于广义环境税。环境税不仅包括污染排放税、自然资源税等,还包括为实现特定的环境目的而筹集资金的税收,以及政府影响某些与环境相关的经济活动的性质和规模的税收手段。

3. 本书采用的环境税定义

总体上看,对环境税的名称和内涵的理解与税收手段在生态环境保护中的功能定位和作用有紧密联系,随着在税收体系中的功能定位不同,环境税内涵也在发生变化。在环境税研究起步阶段,主要从狭义的角度理解环境税,认为环境税就是国家为了限制环境污染的微观经济主体而征收的特别税种。随着对发挥税收在生态环境保护中的功能的日益重视,环境税的内涵不断扩大,直接、间接利用税收手段实现生态环境保护目标的税收也逐渐被认为属于环境税的范畴。综上所述,本书认为环境税的内涵有狭义、广义之分。一般情况下,环境税是指广义环境税或者环境税收。在提及相对其他税收作为一个独立的税收种类时,则为狭义环境税,主要指针对污染排放行为和生态行为的环境税收。因此,环境税的内涵可界定为:国家为实现特定生态环境保护目标,采用税收手段调控经济行为主体的各种税收总称,既包括以生态环境保护为基本目标的环境税收,即独立型环境税,也包括那些政策目标虽非生态环境保护但是起到生态环境保护目的的税收,还包括具有环保功能的税式支出政策。通常,在分析环境政策时经常选用广义环境税概念,而在设计环境政策时主要选用狭义环境税概念。无论是广义还是狭义环境税,其内涵都是一个动态的概念。随着生态文明建设和生态环境保护的需要,环境税的调控范围也将随之发生转变。

二、环境税的理论起源

环境税的思想最早是在20世纪20年代,由英国现代经济学家、福利经济学的创始人庇古在他的外部性理论中提出的。20世纪60年代,由于工业化的迅猛发展,许多国家发生了一系列重大环境污染事件,人类面临着日益严重的、累积性的环境污染问题,使人类生存和发展都受到了严重威胁。加强环境保护,以税收强制手段控制全球环境退化等问题,就成为世界经济可持续发展研究的核心问题。20世纪80年代,随着全球宏观税收比例的提高及税收宏观调控的区域一体化发展,国际贸易中关税壁垒和绿色壁垒的宏观税收调控作用日益凸显,世界各国已逐步开始探讨有关生态环境保护的"绿色环境税收"问题,于是顺应世界潮流的绿色环境税收应运而生。

1. 外部性理论

征收环境税的理论根源可以从"福利经济学之父"庇古的外部性理论谈起。他认为:在市场经济运行中,因为自然环境提供的服务不能由市场进行交易,所以市场机制无法对经济运行主体在生产和消费过程中可能产生的副产品——环境污染和生态破坏起到作用。这种以危害自然为表现形式的外部性成本发生在市场之外,庇古称之为"负的外部性"。经济活动的外部性产生没有反映社会成本和未来成本,价格也不能真正反映使用环境资源的社会边际成本。为了克服这种"负的外部性"所导致的边际私人成本和边际社会成本之间的差异,政府应当实行干预措施,从而把污染者的外部性成本内在化,迫使其面临真实的私人成本和收益,以达到控制其污染程度,实现资源优化配置的目的。

2. 污染者负担原则

1972 年,OECD 提出污染者必须承担削减污染措施的费用,即"污染者负担原则"。这种措施由公共机构决定,并能保持环境处于一种"可接受状态"。1974 年,OECD 又提出无补贴原则,以"污染者负担原则"作为一个总原则,要求污染者承担采用污染控制措施的费用,即污染者应承担采取污染控制和治理的全部费用。

三、环境税的国际经验与借鉴

目前 OECD 国家的环境税较为成熟和完善,是最早依据"污染者负担原则"进行补偿成本形式的收费。其环境税体系主要包括排污税、产品税、能源税、碳税等税种。

1. 国际经验

(1)税率——重视调节行为　在 OECD 国家,环境税税率的设计一般会体现公平和效率原则,充分发挥其经济杠杆的调节作用。各个国家在制定环境税税率时会充分重视其对企业和消费者的刺激作用,运用行业差别税率和产品差别税率。例如,芬兰的电税设置为两档,工业和温室种植业采用较低的税率,家庭和服务业采用较高的税率。瑞典的硫税也同样是根据同一燃料的含硫量而设置差别税率,含硫量越高税率越高,以此来鼓励低硫燃料的使用。此外,在统一性和灵活性结合的基础上,OECD 国家经常采用加征与减免手段,即对那些重要的敏感性自然资源以及危害大的污染物加征部分税款;对环保新产品、新技术开发以及综合利用和资源回收利用等环境"幼稚"产业,通过税收减免进行扶持。

(2)税基——易测量且稳定　从经济效率考虑,税基应当同排放紧密相关。OECD 国家在综合考虑环境效益、征收管理成本等多方面因素后,往往采用间接计税的方法征税。通常情况下,针对 SO_2 污染多采用硫税,即根据化石燃料中的硫含量进行征税而非基于 SO_2 排放量;而针对 NO 污染均开征 NO 税或费,即依据实际或测算的 NO 排放量进行征税或收费。在环境税的实践中,丹麦、瑞典和挪威针对 SO_2 污染选择化石燃料的硫含量作为税基设置了硫税,挪威和瑞典根据 NO_2 的性质将实际监测或估算的 NO_2 排放量作为税基设置了 NO_2 税。

(3)征管——降低成本　按照排放量征税,必须考虑排放监测的问题。即便是按照燃料含量征税,对于采取了排放削减手段的企业,如烟气脱硫,也必须考虑脱硫设施运行情况或脱硫量的监测与核查。征管环节对排放的监测与核查所要求的专业技术性及其带来的高成本是环境税有别于其他税种的一个特点,必须要在有效监测核查与成本之间进行权衡。

(4)税收的豁免　豁免手段一方面用于调控税收的影响，各国根据自己的产业特点确定豁免范围；另一方面给企业减少排放提供激励。例如，对于安装了烟气脱硫的企业，企业已经按照燃料的硫含量缴纳税款后，针对其采取脱硫措施而减少的二氧化硫排放量会给予税款减免。脱硫量要有记录和核查，保证企业申报的脱硫量的真实性。

(5)税收的使用——体现“收入中性”　OECD国家对于环境税的使用形式一般分为两种：一种是专款专用，即环境税的收入主要用于对污染者的生产补贴，补偿其污染削减成本和资助一些大型的环境工程或清洁生产计划等。另一种是纳入一般财政预算使用，体现“收入中性”，即政府在一定程度上将税基由劳动所得转向环境污染，纳税人不会因为环境税的调整而增加额外负担。如环境税的收入用于降低个人所得税收入，税收返还用于降低雇主应缴纳的社会保障金，税收返还同时降低企业和雇员的其他税收负担。

2. 借鉴

我国应借鉴OECD成员国的成功经验，根据整体税负中性、税费改革同步的原则，对环境税进行合理设计。

(1)按照税负平移原则进行环境保护费改税　自确立排污收费制度近40年来，排污费制度对于防止环境污染发挥了重要作用，但也存在执法刚性不足，地方政府和部门干预过多等缺点。而税收具有的强制性、无偿性和固定性的特点能解决排污费征收过程中存在的问题，这也与发达国家环境保护方面的税收大部分经历过费改税的改革路径一致。

(2)按照“污染者负担原则”科学确定纳税人和税额标准　“污染者负担原则”是发达国家在环境保护税立法上的一个重要原则。我国环境保护税法按照现行排污费项目设置税目，将直接向环境排放应税污染物的企业、事业单位和其他生产经营者作为纳税人，也体现了这一原则。同时，中央还授权各省、自治区、直辖市人民政府统筹考虑本地区环境承载能力、污染物排放现状和经济社会发展目标等因素后，经法定程序确定和调整对大气污染物和水污染物的具体适用税额。

(3)按照便利征管原则合理确定税基　环境保护税将排污费的缴纳人作为环保税的纳税人，以排放的应税污染物为征税对象。其计税依据也有别于其他税种，专业性强，征收管理较为复杂，单靠税务机关是无法做到的，需要税务机关和环保部门的通力配合。按照便利征管原则，税法在数据共享、信息移交、协同征收等方面明确了环保、税务部门各自的职责，以便于形成合力进行征收管理。

(4)按照减少污染物排放原则科学设计税收减免　结合自身的产业特点和对企业减少污染物排放量进行税收减免是各国通常做法。我国环境保护税法结合我国实际，对农业生产，对机动车、船舶和航空器等流动污染源，对依法设立的城镇污水集中处理、生活垃圾集中处理场所，对纳税人符合综合利用的固体废物等5种情形规定了免税政策。

(5)按照事权和财权匹配原则确定收入级次　地方政府承担主要污染治理的责任，而环境保护税的收入规模并不大，如继续延续现行的排污费政策，即实行中央和地方1∶9分成，将不利于调动地方政府的积极性。因此，我国将环保税收全部作为地方收入，并且明确省、市、县三级的分配原则，发挥各级地方人民政府在推进生态文明建设中的积极作用。

第二节　中国环境保护费改税的历史沿革

一、环境保护费改税的必要性

党中央、国务院高度重视生态环境保护工作。近年来，中央大力推进大气、水、土壤污染防治，持续加大生态环境保护力度，我国生态环境质量有所改善。但总体上看，我国环境保护仍滞后于经济社会发展，生态环境恶化趋势尚未得到根本扭转，部分地区环境污染问题较为突出，严重影响了正常生产生活和社会可持续发展。为此，国家提出“推动环境保护费改税”“用严格的法律制度保护生态环境”“坚持节约资源和保护环境的基本国策”等政策和原则。实行环境保护费改税，是强化国家治理体系和治理能力现代化的重要体现，在宏观调控中发挥着越来越重要的作用。在绿色税收体系建设方面，我国已初步构建了从资源的开采环节（资源税、耕地占用税），原料使用和产品生产环节（增值税、企业所得税），消费和财产保有环节（消费税、车船税、车辆购置税）等环节的税收机制，但在污染排放环节尚没有独立的税种来规制。

环境保护税在我国是一个全新的税种，征收环境保护税的主要目的是为了保护和改善环境，减少污染物排放，推进生态文明建设。

二、排污收费制度概述

在我国，环境保护税收的前身就是排污收费制度。排污收费制度是中国最早制定并实施的三项环境政策之一，也是中国实施时间最长的环境经济政策之一。20 世纪 70 年代末期，中国环境保护主管部门根据中国的实际情况，并借鉴国外的经验，提出了“谁污染谁治理”的原则。根据这一原则，开始实施排污收费制度。这项政策要求一切向环境排放污染物的单位和个体经营者，应当依照政府的规定和标准缴纳一定的费用，以使其污染行为造成的外部费用内部化，促使污染者采取措施控制污染。

1.排污收费制度的发展历程

1)产生期

(1)第一阶段(1978—1981 年)　1979 年 9 月，江苏省苏州市开始在 15 个企业开展征收排污费的试点工作；10 月云南省在螳螂川流域试行排污收费制度；12 月，河北省全省从 1980 年 1 月起实施排污收费制度，是我国首个在全省范围试行排污收费制度的省。1980 年年初，浙江杭州市、山东济宁市和淄博市开始征收排污费试点工作；3 月，山西省开始征收排污费试点；7 月，辽宁省开始征收排污费试点。

截至 1981 年年底，除西藏、青海外，其他省份均开始征收排污费的试点工作。

(2)第二阶段(1982—1987 年)　1982 年 2 月 5 日，国务院发布了《征收排污费暂行办法》，7 月 1 日起在全国执行，标志着排污收费制度在我国正式建立。《征收排污费暂行办法》对征收排污费的目的、对象、收费标准、收费政策、排污费管理及使用等内容作了详细规定。1984 年，第六届全国人大常委会通过《中华人民共和国水污染防治法》，该法第十五条规定：“企业事业单位向水体排放污染物的，按照国家规定缴纳排污费，超过国家或地方规定的污染物排放标准的，按照国家规定缴纳超标排污费，并负责治理。”这一规定，使我国排污收费制度从超标收费转向超标收费与排污收费相结合。

(3)第三阶段(1988—1993 年) 1988 年,以国务院颁布的 10 号令《污染源治理专项基金有偿使用暂行办法》和 1991 年第二次全国排污收费工作会议为标志,排污收费制度在内涵和外延上得到全面的挖掘和拓展,初步建立了环境监管执法队伍。

1991 年 6 月 24 日,国家环境保护局、国家物价局、财政部发布了《关于调整超标污水和统一超标噪声排污费征收标准的通知》,我国的污水超标排污费收费标准略有提高,同时,统一了噪声超标排污收费标准。

2)成长期(1994—2002 年)

1994 年 6 月,世界银行环境技术援助项目《中国排污收费制度设计及其实施研究》正式启动,经过 3 年多的工作,于 1997 年 11 月完成,其主要成果是建立了我国的总量收费理论体系和实施方案。

1998 年 5 月 26 日,国家环境保护总局、国家发展计划委员会、财政部联合发文《关于在杭州等三城市实行总量排污费收费试点的通知》。通知规定:从 1998 年 7 月 1 日起,杭州市、郑州市、吉林市开始进行总量收费的试点工作,这标志着我国已经初步建立了总量收费制度。

3)成熟期(2003—2017 年)

2003 年 2 月 28 日,国家发展和改革委员会、财政部、环境保护总局、国家经贸委发布了《排污费征收标准管理办法》,该办法发布了我国的总量收费标准,替代了原有的污水处理费、污水超标排污费、废气超标排污费、二氧化硫排污费、超标噪声排污费等收费标准,自 2003 年 7 月 1 日起实施。2003 年我国还颁布了《关于排污费征收核定有关工作的通知》(环发〔2003〕64 号)、《排污费资金收缴使用管理办法》《关于减免及缓缴排污费有关问题的通知》。按照 2014 年 9 月发展改革委、财政部和环保部发布的《关于调整排污费征收标准等有关问题的通知》(发改价格〔2014〕2008 号)的要求,2015 年 6 月底前要将废气中的二氧化硫和氮氧化物排污费征收标准调整至不低于每污染当量 1.2 元,将污水中的化学需氧量、氨氮和 5 项主要重金属(铅、汞、铬、镉、类金属砷)污染物排污费征收标准调整至不低于每污染当量 1.4 元。在每一污水排放口,对 5 项主要重金属污染物均须征收排污费,其他污染物按照污染当量数从多到少顺序,对最多不超过 3 项污染物征收排污费。

全国 31 个省(自治区、直辖市)已于 2015 年 6 月底前,将大气和水污染物的排污费标准分别调整至不低于每污染当量 1.2 元和 1.4 元,即在 2003 年的基础上上调 1 倍。

2.排污收费制度的特点

中国排污收费制度有以下特点。

(1)中国的排污收费制度是在全国范围内,对污水、废气、固体废物、噪声、放射性等多种污染物的各种污染因子,按照标准收取费用。国外尚未见到收费地域如此之广,收费种类和收费因子如此之多的报道;

(2)从中国的国情、国力出发,实行以征收超标排污费为主,以征收非超标排污费为辅的收费体制;

(3)在中国的环境经济政策体系中,排污收费制度的经济学色彩最浓,包括了收费、罚款、财政和金融 4 种经济手段,尽管其中有些还未充分发挥其应有的作用;

(4)在中国环保投资渠道中,排污收费是唯一由环保部门管理的投资渠道;

(5)中国排污收费的法规体系由 4 个层次组成:全国人大颁布的法律,国务院制定的行政法规，各省、自治区、直辖市制定的地方法规，中央和地方政府部门制定的地方法规；

(6)排污收费是中国为数不多的纳入财政预算内的行政收费，因而具有一种“准税”的性质。经国务院批准，地方环保部门管理并使用一部分排污费收入，因此而成为集政策的设计者、实施者和资金的管理者、使用者四种身份为一身的政府部门，这在中国的政府机构中几乎是唯一的。因此，排污费收入已经成为地方环保部门的重要经费来源。

3.排污收费制度的实施原则

在长期的管理实践中，中国的排污收费制度形成了自己的实施原则。

(1)排污单位缴纳排污费，并不免除其应承担的治理污染、赔偿损害的责任和法律规定的其他责任；

(2)排污单位逾期不缴排污费，每天增收滞纳金1‰；拒缴排污费，环境保护部门可以处以罚款，并可申请法院强制执行；

(3)缴纳排污费但仍未达到排放标准的排污单位，从开征的第三年起，每年提高征收标准的5%；

(4)《环境保护法》公布以后，新建、扩建、改建的工程项目和挖潜、革新、改造的工程项目排放污染物超过标准的，应当加倍收费；

(5)排污费和超标排污费可以从生产成本列支，但滞纳金、提高标准收费、加倍收费和补偿性罚款均不得计入成本；

(6)征收的排污费纳入预算内，按专项基金管理，不参与体制分成；

(7)排污单位采取污染治理措施财政经费确有不足时，可从排污费中给予不高于其所缴纳排污费80%的补助；排污费的20%可用于补助环保部门的自身建设；

(8)从排污费中提取一定比例的资金，设立污染源治理专项资金，采取委托银行贷款的方式有偿使用。

4.排污收费制度存在的问题

排污收费制度是污染者负担原则在污染防治领域的具体化。在30多年的运行中，排污收费制度为环境保护方面的投资提供了部分资金。2003—2016年，全国累计征收排污费2321.68亿元，2016年征收额为205.68亿元，增强了污染治理能力。

但是，排污费制度在运行中无法避免收费制度本身存在的缺陷：①收费面不全。排污收费的对象主要是大中型企业和一部分事业单位，对第三产业和乡镇企业的排污收费仅在一部分地区开始实行；居民生活污染物排放基本未实行收费。②收费标准偏低。根据收费标准收取的排污费，至少应当不低于污染治理费用；而目前的排污收费标准，仅为污染治理设施运转成本的50%左右，某些项目甚至不到污染治理成本的10%，对于污染控制缺乏刺激作用，使企业宁愿缴纳排污费买排污权。③污染治理资金使用效益不高。现行的排污费资金使用体制，导致有限的资金分散使用，忽视了必要的集中治理，不仅投资效益下降，而且影响治理设施的运转。④排污费大部分无偿使用。排污收费污染治理资金有偿使用的比例仅为20%～30%，贷款利率低，贷款项目完成后还可以申请豁免。⑤现行政策规定排污费只能用于工业污染的末端治理，不能用于清洁生产和集中控制设施，影响了投资效果。⑥由于是用行政手段管理排污收费资金，这不可避免地受到来自各方面的行政干预，挤占、挪用、拖欠、积压排污收费资金的现象比较普遍。

三、环境保护税立法的重要意义

税收是促进生态环境保护的重要经济手段。“推动环境保护费改税”“用严格的法律制度保护生态环境”是党的十八届三中全会提出的一项重要任务，也是落实税收法定原则的基本要求。我国现行税收政策在促进生态环境保护方面发挥了积极作用，但仍不能满足我国加大环境保护力度、改善生态环境的迫切要求。因此，开征环境保护税，具有十分重要的意义：①有利于解决排污费制度存在的执法刚性不足、地方政府干预等问题。②有利于提高纳税人环保意识和遵从度，强化企业治污减排的责任。③有利于构建促进经济结构调整、发展方式转变的绿色税制体系，强化税收调控作用，形成有效的约束机制，提高全社会环境保护意识，推进生态文明建设和绿色发展。④“清费立税”有利于规范政府分配秩序，优化财政收入结构，强化预算约束。

第三节 环境保护税相关政策解析

《环境保护税法》是我国第一部专门体现“绿色税制”的单行税法，是落实绿色发展理念、推进生态文明建设的重要举措。环境保护税专业性强，征税对象与其他税种差异较大，与排污费相比，纳税人需自行申报，在征管上更注重税务和环保部门的协作。

一、相关概念释义

1.环境

环境是指影响人类生存和发展的各种天然的和经过人工改造的自然因素的总体，包括大气、水、海洋、土地、矿藏、森林、草原、湿地、野生生物、自然遗迹、人文遗迹、自然保护区、风景名胜区、城市和乡村等。

2.生活垃圾

生活垃圾是指在日常生活中或者为日常生活提供服务的活动中产生的固体废物以及法律、行政法规规定视为生活垃圾的固体废物。

3.危险废物

危险废物是指列入国家危险废物名录或者根据国家规定的危险废物鉴别标准和鉴别方法认定的具有危险特性的固体废物。

4.贮存

贮存是指将固体废物临时置于特定设施或者场所中的活动。

5.处置

处置是指将固体废物焚烧和利用其他改变固体废物的物理、化学、生物特性的方法，达到减少已产生的固体废物数量、缩小固体废物体积、减少或者消除其危险成分的活动，或者将固体废物最终置于符合环境保护规定要求的填埋场的活动。

6.利用

利用是指从固体废物中提取物质作为原材料或者燃料的活动。

7. 环境噪声

环境噪声是指在工业生产、建筑施工、交通运输和社会生活中所产生的干扰周围生活环境的声音。

8. 环境噪声污染

环境噪声污染是指所产生的环境噪声超过国家规定的环境噪声排放标准，并干扰他人正常生活、工作和学习的现象。《环境保护税法》第三条所称噪声，是指在工业生产活动中产生的干扰周围生活环境的声音，具体范围依照税法所附《环境保护税税目税额表》确定。

9. 水污染物

水污染是指水体因某种物质的介入，而导致其化学、物理、生物或者放射性等方面特性的改变，从而影响水的有效利用，危害人体健康或者破坏生态环境，造成水质恶化的现象。

水污染物是指直接或者间接向水体排放的，能导致水体污染的物质。

第一类水污染物包括总汞、总镉等 10 种以重金属为主的对环境影响特别严重的污染物。

其他类水污染物包括化学需氧量、氨氮等 51 种第二类水污染物和 pH、色度、大肠菌群数、余氯量等共计 55 种。

10. 固体废物

固体废物是指在生产、生活和其他活动中产生的丧失原有利用价值或者虽未丧失利用价值但被抛弃或者放弃的固态、半固态和置于容器中的气态的物品、物质，以及法律、行政法规规定纳入固体废物管理的物品、物质。

11. 污染当量与污染当量值

污染当量是指根据各种污染物或污染排放活动对环境的有害程度以及处理的技术经济性，衡量不同污染物对环境污染的一个综合性指标或计量单位。相同污染当量的不同污染物，其污染程度基本相当。应税大气污染物、水污染物的污染当量数，以该污染物的排放量除以该污染物的污染当量值计算污染当量值，是相当于 1 污染当量的污染物排放数量。每种应税大气污染物、水污染物的具体污染当量值，依照税法所附《应税污染物和当量值表》执行。

12. 产污系数与排污系数

产污系数，即污染物排放系数，指在典型工况生产条件下，生产单位产品（使用单总原料）所产生的污染物量经过末端治理设施削减后的残余量，或生产单位产品（使用单原料）直接排放到环境中的污染物量。

排污系数是指在正常技术经济和管理条件下，生产单位产品所应排放的污染物量的统计平均值。

当污染物直排时，排污系数与产污系数相同。

13. 实测法

实测法是指使用国家有关部门认定的连续计量设施和仪表，直接确定污染源排污量的方法。我国供电部门、供水部门、管道燃气管理部门都是采用这种方法确定消耗量的。

14. 物料衡算

物料衡算是指根据物质质量守恒原理对生产过程中使用的原料、生产的产品和产生的废物等进行测算的一种方法。

二、纳税人

在中华人民共和国领域和中华人民共和国管辖的其他海域，直接向环境排放应税污染物的企业事业单位和其他生产经营者为环境保护税的纳税人。

《环境保护税法》关于纳税人的规定可以从以下几个方面来理解。

1.《环境保护税法》的空间效力

中华人民共和国领域是指我国行使国家主权的空间，包括领陆、领海、领空。中华人民共和国管辖的其他海域是指我国法律规定的领海毗连区和领海以外200海里的专属海洋经济区。

2.《环境保护税法》对纳税人的效力

《环境保护税法》对于纳税人的规定与《环境保护法》相衔接，纳税人是具有生产经营行为的企业事业单位和其他生产经营者，对不具有生产经营行为的行政机关和自然人排放污染物不征收环保税。

居民个人排放生活污水和垃圾对环境影响很大，但考虑到目前我国大部分市、县的生活污水和垃圾已进行集中处理，不直接向环境排放，对环境的影响得到了有效控制；同时，为平稳实施费改税，避免增加纳税人负担，所以在立法安排上，未将排放生活污水和垃圾的居民个人列入征税范围，不用缴纳环境保护税。

3.对"直接排放"的理解

环境保护税以直接向环境排放应税污染物作为应税行为。《环境保护税法》第四条列举了不属于直接排放的两种情形：一是企业事业单位和其他生产经营者向依法设立的污水集中处理设施、生活垃圾集中处理场所排放应税污染物的；二是企业事业单位和其他生产经营者在符合国家和地方环境保护标准的设施、场所贮存或者处置固体废物的。这两种情况不缴纳相应污染物的环境保护税。除此之外，其他排放应税污染物的行为应纳入征税范围，依法征收环境保护税。

4.几类特殊情形纳税人

1）城乡污水集中处理、生活垃圾集中处理场所

依法设立的城乡污水集中处理、生活垃圾集中处理场所超过国家和地方规定的排放标准向环境排放应税污染物的，应当缴纳环境保护税。

《环境保护税法》对依法设立的城乡污水集中处理、生活垃圾集中处理场所排放相应应税污染物，不超过国家和地方规定的排放标准的，暂予免征环境保护税。

城乡污水集中处理场所，是指为社会公众提供生活污水处理服务的场所，不包括为工业园区开发区等工业聚集区域内的企业事业单位和其他生产经营者提供污水处理服务的场所，以及企业事业单位和其他生产经营者自建自用的污水处理场所。

城镇污水集中处理设施的运营单位应按照国家规定，向排污者提供污水处理的有偿服务，收取污水处理费用，保证污水集中处理设施的正常运行。向城镇污水集中处理设施排放污水缴纳污水处理费用的，不再缴纳排污费。收取的污水处理费用应当用于城镇污水集中处理设施的建设和运行，不得挪作他用。

城乡污水和生活垃圾处理场所是污染治理单位，既是治污大户也可能是排污大户。考虑到城乡污水和生活垃圾处理场所承担的公共服务职能具有公共服务性质，特别是目前许多城乡污水、生活垃圾集中处理场所运营较为困难，实际亏损由各级财政以多种方式予以补贴。因此，为减轻城乡污水、生活垃圾集中处理场所的运营负担，调动其不断改进治污工艺和技术水平，减少污染物排放的积极性，税法规定对其暂免征收环境保护税。但同时附加了条件，即不

得超过国家和地方规定的排放标准。

工业污水集中处理场所与城乡污水集中处理场所的性质不同。工业污水集中处理场所服务于工业园区内少数企业,由双方协商确定服务费用,具有商业性质。为此,《环境保护税法实施条例》规定,对工业污水集中处理场所不适用达标排放免税的优惠。工业污水集中处理场所按要求须达标排放,达标排放污水所含污染物一般较少,为此,根据《环境保护税法》规定按污染当量数征税计算,工业污水集中处理场所税收负担不重。在实际中,存在着城乡污水集中处理场所同时处理生活污水和工业污水的情形,为准确划分征免界限需要对城乡污水集中处理场所进行认定。根据相关法律法规对城镇污水集中处理场所建设和运营的有关规定,可以结合排污许可证、立项审批文件以及环境影响评价文件等认定是否属于城乡污水集中处理场所。

2)规模化畜禽养殖场

《环境保护税法》对于农业生产(不包括规模化养殖)排放应税污染物的,暂予免征环境保护税,也就是说,规模化养殖不属于免税的范围,应当依法缴纳环境保护税。

《环境保护税法实施条例》规定:达到省级人民政府确定的规模标准并且有污染物排放口的畜禽养殖场,应当依法缴纳环境保护税,依法对畜禽养殖废弃物进行综合利用和无害化处理的,不属于直接向环境排放污染物,不缴纳环境保护税。

对规模化养殖应当征收环境保护税,养殖规模由省级人民政府确定。《畜禽规模养殖污染防治条例》第四十三条明确规定:"畜禽养殖场、养殖小区的具体规模标准由省级人民政府确定,并报国务院环境保护主管部门和国务院农牧主管部门备案。"《环境保护税法》及其实施条例对于养殖规模的规定与《畜禽规模养殖污染防治条例》保持了一致。

同时,《环境保护税法》所附《禽畜养殖业、小型企业和第三产业水污染物当量值》备注表中明确"仅对存栏规模大于 50 头牛、500 头猪、5000 羽鸡鸭等的畜禽养殖场征收",即对无法进行实际监测或者物料衡算的畜禽养殖场,还应符合《环境保护税法》所附《禽畜养殖业、小型企业和第三产业水污染物当量值》列明的标准实行从高原则。对于禽畜养殖场,同样要按《环境保护税法》第十条所列的方法和顺序进行计算排放量,即首选自动监测设备生成的自动监测数据,其次是监测机构出具的监测数据,然后是物料衡算的方法,不能使用以上方法的情况下,才能按《环境保护税法》附表二中的《禽畜养殖业、小型企业和第三产业水污染物污染当量值》采用抽样测算的方法计算排放量。

例如:A 省政府办公厅印发的规模化养殖标准中,生猪为不低于 600 头。对某生猪存栏为 550 头的养殖场,如对污染物无法进行实际监测或者物料衡算,适用税法所附《禽畜养殖业、小型企业和第三产业水污染物污染当量值》计算排放量的,因未达到 600 头猪的存栏规模标准,不对其征收环境保护税。

对于牧区放牧养殖征税问题,考虑到《畜禽规模养殖污染防治条例》明确不适用牧区放牧养殖污染防治,而且排污费也未对牧区放牧征收,以及牧区养殖对环境影响的特殊性,故明确牧区放牧养殖不属于税法所称规模化养殖,对其暂免征收环境保护税。

3)固体废物环境保护税纳税人

固体废物环境保护税纳税人包括应税固体废物产生单位和固体废物贮存、处置、综合利用单位。

固体废物贮存、处置应当符合国家固体废物污染环境防治要求。按照《固体废物污染环境防治法》的规定,固体废物贮存是指将固体废物临时置于特定设施或者场所中的活动;固体废物处置是指将固体废物焚烧和用其他改变固体废物的物理、化学、生物特性的方法达到减少已产生的固体废物数量、缩小固体废物体积、减少或者消除其危险成分的活动，或者将固体废物最终置于符合环境保护规定要求的填埋场的活动。

依照固体废物污染环境防治法的规定，没有建设工业固体废物贮存或者处置的设施、场所，或者工业固体废物贮存或者处置的设施场所不符合环境保护标准的，按照排放污染物的种类、数量缴纳排污费；以填埋方式处置危险废物不符合国家有关规定的，按照排放污染物的种类、数量缴纳危险废物排污费。

《固体废物污染环境防治法》(2005)第五条规定，国家对固体废物污染环境防治实行污染者依法负责的原则。第十四条规定，建设项目的环境影响评价文件确定需要配套建设的固体废物污染环境防治设施，必须与主体工程同时设计、同时施工、同时投入使用。固体废物污染环境防治设施必须经原审批环境影响评价文件的环境保护行政主管部门验收合格后，该建设项目方可投入生产或者使用。对固体废物污染环境防治设施的验收应当与对主体工程的验收同时进行。由于我国对固体废物采取了较为严格的管理制度，固体废物排放量较小，所以对固体废物征收的环境保护税所占份额最小。

4)海洋工程纳税人

在中华人民共和国内水、领海、毗连区、专属经济区、大陆架以及管辖的其他海域从事海洋石油、天然气勘探开发生产等作业活动，并向海洋排放应税污染物的企业事业单位和其他生产经营者，为海洋工程环保税的纳税人。

海洋工程除海洋石油、天然气勘探开发之外，目前暂不包括海上堤坝工程、海底隧道工程等。这些工程对环境污染损害程度不大，而且目前海洋主管部门未对其污染物排放量进行监测管理，暂不具备开征条件。

三、征税对象

大气污染物、水污染物、固体废物和噪声是影响环境的最主要污染物，国际上一般都选择对这 4 类污染物征税。我国现行排污费的征收对象也是这 4 类污染物。参照国际经验，并与我国现行排污费制度相衔接，环境保护税的征税对象确定为大气污染物、水污染物、固体废物和噪声，具体应税污染物依据《环境保护税法》所附《环境保护税目税额表》《应税污染物和当量值表》的规定执行。

四、计税依据

环境保护税主要按照污染物排放量计征，但污染物排放量的计量较为复杂，大气污染物、水污染物、固体废物以及噪声等计量标准不尽相同。为此，《环境保护税法》对应税污染物的计税依据分别作了规定。

《环境保护税法》第七条规定：应税污染物的计税依据，按照下列方法确定：①应税大气污染物按照污染物排放量折合的污染当量数确定。②应税水污染物按照污染物排放量折合的污染当量数确定。③应税固体废物按照固体废物的排放量确定。④应税噪声按照超过国家规定标准的分贝数确定。

1. 确定计税依据的一般原则

(1)大气污染物、水污染物按照排放量折合的污染当量数确定 以排放口(排污许可证对无组织排放大污染物的排放口有具体规定的，从其规定）为计算应税污染物排放量的单位。

从两个以上排放口排放污染物的，对每一排放口排放的应税污染物分别计算征收环境保护税。对持有排污许可证的纳税人，按照排污许可证的规定确定其废气、污水排放口。

(2)固体废物，按照固体废物排放量（吨）确定　固体废物的排放量是指不符合国家和地方环境保护标准贮存或者处置的固体废物的数量，不包括符合国家和地方环保标准的综合利用的固体废物数量。

(3)噪声按照超过国家规定标准的分贝数确定　国家规定标准指《工业企业厂界环境噪声排放标准》(GB 12348—2008)，厂界外声环境功能区划分为0、1、2、3、4五类（表9-1）。

表9-1　工业企业厂界环境噪声排放限值　dB(A)

厂界外声环境功能区类型		时段	
		昼间	夜间
0		50	40
1		55	45
2		60	50
3		65	55
4	4a	70	55
	4b	70	60

①0类声环境功能区：指康复疗养区等特别需要安静的区域。

②1类声环境功能区：指以居民住宅、医疗卫生、文化教育、科研设计、行政办公为主要功能，需要保持安静的区域。

③2类声环境功能区：指以商业金融、集市贸易为主要功能，或者居住、商业、工业混杂，需要维护住宅安静的区域。

④3类声环境功能区：指以工业生产、仓储物流为主要功能，需要防止工业噪声对周围环境产生严重影响的区域。

⑤4类声环境功能区：指交通干线两侧一定距离之内，需要防止交通噪声对周围环境产生严重影响的区域，包括4a类和4b类两种类型。4a类为高速公路、一级公路、二级公路、城市快速路、城市主干路、城市次干路、城市轨道交通（地面段）、内河航道两侧区域；4b类为铁路干线两侧区域。

2. 确定计税依据的具体方法

(1)大气污染物、水污染物

应税大气污染物、水污染物的污染当量数，以该污染物的排放量除以该污染物的污染当量值计算。每种应税大气污染物、水污染物的具体污染当量值，依照税法所附（应税污染物和当量值表）执行。

$$污染当量数=排放量/污染当量值$$

每一排放口或者没有排放口的应税大气污染物，按照污染当量数从大到小排序，对前三项污染物征收环境保护税。

每一排放口的应税水污染物，区分第一类水污染物和其他类水污染物，按照污染当量数从大到小排序。对第一类水污染物按照前五项征收环境保护税，对其他类水污染物按照前三项征收环境保护税。

应税大气污染物、水污染物的应纳税额为污染当量数乘以具体适用税额。

$$应纳税额=污染当量数\times税额$$

省、自治区、直辖市人民政府根据本地区污染物减排的特殊需要，可以增加同一排放口征收环境保护税的应税污染物项目数，报同级人民代表大会常务委员会决定，并报全国人民代表大会常务委员会和国务院备案。

税法所附《pH 值、色度、大肠菌群数、余氯量水污染物污染当量值》中“色度”的污染当量数，以污水排放量乘以色度超标倍数再除以污染当量值计算。

例如：某印染厂排放标准为 80 倍，实际排放监测值为 320 倍，超标倍数为(320－80)/80＝3 倍。

$$污染当量数=\frac{排放量(吨)\times 3倍}{5吨水\cdot倍}$$

(2)固体废物

应税固体废物的计税依据，按照固体废物的排放量确定。固体废物的排放量为当期应税固体废物的产生量减去当期应税固体废物的贮存量、处置量、综合利用量的余额。

上述规定的固体废物的贮存量、处置量，是指在符合国家和地方环境保护标准的设施、场所贮存或者处置的固体废物数量；固体废物的综合利用量，是指按照国务院发展改革、工业和信息化主管部门关于资源综合利用要求以及国家和地方环境保护标准进行综合利用的固体废物数量。

固体废物的排放量为纳税人产生应税固体废物的数量依次扣减贮存处置、综合利用的数量，通过计量和记录，实现对应税固体废物排放链条式跟踪和闭环管理。

①纳税人应当准确计量应税固体废物的贮存量、处置量和综合利用量。未准确计量的，不得从其应税固体废物的产生量中减去。

②纳税人依法将应税固体废物转移至其他单位和个人进行贮存、处置或者综合利用的，固体废物的转移量相应计入其当期应税固体废物的贮存量、处置量或者综合利用量；纳税人接收的应税固体废物转移量，不计入其当期应税固体废物的产生量。

③纳税人对应税固体废物进行综合利用的，应当符合工业和信息化部制定的工业固体废物综合利用评价管理规范。

④纳税人申报纳税时，应当向税务机关报送应税固体废物的产生量、贮存量、处置量和综合利用量，同时报送能够证明固体废物流向和数量的纳税资料，包括固体废物处置利用委托合同、受委托方资质证明、固体废物转移联单、危险废物管理台账复印件等。有关纳税资料已在环境保护税基础信息采集表中采集且未发生变化的，纳税人不再报送。

⑤纳税人应当参照危险废物台账管理要求，建立其他应税固体废物管理台账，如实记录产生固体废物的种类、数量、流向以及贮存、处置、综合利用、接收转入等信息，并将应税固体废物管理台账和相关资料留存备查。

⑥值得注意的是，在《环境保护税按月计算报表(固体废物适用)》(表 9-2)中，本月应税固体废物的排放量(含综合利用量)(吨)是用本月固体废物的产生量减掉本月固体废物的贮存量，再减掉本月固体废物处置量得出，而综合利用量的减除体现在《环境保护税减免税明细计算报表》中，直接免征相应的税额。

表 9-2　环境保护税按月计算报表(部分)(固体废物适用)　t

本月固体废物的产生量/t	本月固体废物的贮存量/t	本月固体废物的处置量/t	本月应税固体废物的排放量(含综合利用量)/t
(4)	(5)	(6)	(7)=(4)-(5)-(6)

(3)工业噪声

噪声按超过国家规定标准的分贝数确定每月税额,超过国家规定标准的分贝数是指实际产生的工业噪声与国家规定的工业噪声排放标准限值之间的差值。

①一个单位边界上有多处噪声超标,根据最高处超标声级计算应纳税额,当沿边界长度超过 100 m 有两处以上噪声超标,按照两个单位计算应纳税额。

②一个单位有不同地点作业场所的,应当分别计算应纳税额,合并计征。

③工业企业应税噪声以每分贝为计税单位,每月应税噪声以本月昼(夜)间最高超标分贝数计算应纳税额,不足一分贝的按四舍五入原则计算。

④昼、夜均超标的环境噪声,分别计算昼夜应纳税额,累计计征。

⑤声源本月昼(夜)超标作业时间不足 15 昼(夜)的,减半计算应纳税额。

⑥昼间是指 6 时至 22 时之间的时段,夜间是指 22 时至次日 6 时之间的时段。

⑦夜间频繁突发和夜间偶然突发界超标噪声,按等效声级和峰值噪声两种指标中超标分贝值高的项计算应纳税额。

3.应税排放量的计算方法

《环境保护税法》第十条规定,应税大气污染物、水污染物、固体废物的排放量和噪声的分贝数,按照下列的方法和顺序计算。

(1)自动监测　纳税人安装使用符合国家规定和监测规范的污染物自动监测设备的,按照污染物自动监测数据计算。

污染物自动监测设备,是指在污染源现场安装的用于监控、监测污染物排放的在线自动监测仪、流量(速)计、污染治理设施运行记录仪和数据采集传输仪器仪表、传感器等设备。

(2)监测机构监测　纳税人未安装使用污染物自动监测设备的,按照监测机构出具的符合国家有关规定和监测规范的监测数据计算。

视同监测机构处理的情形:属于《环境保护税法》第十条规定情形的纳税人,自行对污染物进行监测所获取的监测数据,符合国家有关规定和监测规范的,视同《环境保护税法》第十条规定的监测机构出具的监测数据。

纳税人委托监测机构对应税大气污染物和水污染物排放量进行监测时,其当月同一个排放口排放的同种污染物有多个监测数据的,应税大气污染物按照监测数据的平均值计算应税污染物的排放量;应税水污染物按照监测数据以流量为权的加权平均值计算应税污染物的排放量。

在环境保护主管部门规定的监测时限内，当月无监测数据的，可以跨月沿用最近一次的监测数据计算应税污染物排放量。

(3)排污系数和物料衡算方法计算　因排放污染物种类多等原因不具备监测条件的，按照国务院环境保护主管部门规定的排污系数物料衡算方法计算。

排放大气污染物、水污染物的纳税人有以下5种情形之一的，当期应税污染物的排放量按照排污系数、物料衡算方法以污染物产生量计算。①未依法安装使用污染物自动监测设备或者未将污染物自动监测设备与环境保护主管部门的监控设备联网。②损毁或者擅自移动、改变污染物自动监测设备。③篡改、伪造污染物监测数据。④通过暗管、渗井渗坑、灌注或者稀释排放以及不正常运行防治污染设施等方式违法排放应税污染物。⑤进行虚假纳税申报。该规定在一定程度上体现了对未按期办理纳税申报以及环境违法排放行为的惩罚性质。

(4)抽样测算　不能按照《环境保护税法》第十条第一项至第二项规定的方法计算的，按照省、自治区、直辖市人民政府环境保护主管部门规定的抽样测算的方法核定计算。

按照《环境保护税法》要求，为规范环境保护税征收管理工作，部分省参考环保部门部分文件，制定了《环境保护税核定征收管理办法》《部分行业排污特征值系数表》及《施工扬尘产生削减特征值系数表》等。

《环境保护法》第四十二条(第三款、第四款)规定，重点排污单位应当按照国家有关规定和监测规范安装使用监测设备，保证监测设备正常运行，保存原始监测记录。

严禁通过暗管、渗井、渗坑灌注或者篡改、伪造监测数据，或者不正常运行防治污染设施等逃避监管的方式违法排放污染物。

4.税率和应纳税额的计算

《环境保护税法》第十一条规定环境保护税应纳税额按照下列方法计算：①应税大气污染物的应纳税额为污染当量数乘以具体适用税额；②应税水污染物的应纳税额为污染当量数乘以具体适用税额；③应税固体废物的应纳税额为固体废物排放量乘以具体适用税额；④应税噪声的应纳税额为超过国家规定标准的分贝数对应的具体适用税额。

5.环境保护税税目税额表

环境保护税税目税额的计税单位和税额见表9-3。

表9-3　环境保护税税目税额表

税目		计税单位	税额/元	备注
大气污染物		每污染当量	1.2～12	
水污染物		每污染当量	1.4～14	
固体废物	煤矸石	每吨	5	
	尾矿	每吨	15	
	危险废物	每吨	1000	
	冶炼渣、粉煤灰、炉渣及其他固体废物(含半固态、液态废物)	每吨	25	

续表

<table>
<tr><th colspan="2">税目</th><th>计税单位</th><th>税额/元</th><th>备注</th></tr>
<tr><td rowspan="6">噪声</td><td rowspan="6">工业噪声</td><td>超标 1～3 dB</td><td>每月 350</td><td rowspan="6">1. 一个单位边界上有多处噪声超标，根据最高一处超标声级计算应纳税额；当沿边界长度超过 100 m 有两处以上噪声超标，按照两个单位计算应纳税额。
2. 一个单位有不同地点作业场所的，应当分别计算应纳税额，合并计征。
3. 昼、夜均超标的环境噪声，昼、夜分别计算应纳税额，累计计征。
4. 声源一个月内超标不足 15 天的，减半计算应纳税额。
5. 夜间频繁突发和夜间偶然突发厂界超标噪声，按等效声级和峰值噪声两种指标中超标分贝值高的一项计算应纳税额。</td></tr>
<tr><td>超标 4～6 dB</td><td>每月 700</td></tr>
<tr><td>超标 7～9 dB</td><td>每月 1400</td></tr>
<tr><td>超标 10～12 dB</td><td>每月 2800</td></tr>
<tr><td>超标 13～15 dB</td><td>每月 5600</td></tr>
<tr><td>超标 16 dB 以上</td><td>每月 11200</td></tr>
</table>

按照 2014 年 9 月发展改革委、财政部、环境保护部《关于调整排污费征收标准等有关问题的通知》要求，全国 31 个省、自治区、直辖市于 2015 年 6 月底前，将大气和水污染物的排污费标准分别调整至不低于每污染当量 1.2 元和 1.4 元，即在 2003 年基础上上调 1 倍。同时，鼓励污染重点防治区域及经济发达地区，按高于上述标准调整排污费征收标准，充分发挥价格杠杆作用，促进污染减排和环境保护。目前，各地实际执行的排污费标准差异较大，大部分省份按国家规定的最低标准执行，有 7 个省、直辖市调整后的收费标准高于国家规定的最低标准。其中，北京市调整后的收费标准是最低标准的 8～9 倍；天津市调整后的收费标准是最低标准的 5～7 倍；上海市分三步调整至最低标准的 3～6.5 倍；江苏省分两步调整至最低标准的 3～4 倍；河北省分三步调整至最低标准的 2～5 倍；山东省分两步将大气污染物收费标准调整至最低标准的 2.5～5 倍；湖北省分两步调整至最低标准的 1～2 倍。

为实现排污费制度向环境保护税制度的平稳转移，环境保护税以现行大气、水污染物排污费标准作为税额下限。同时，按照税收法定原则，为避免地方裁量权过大，对环境保护税设定了税额上限，为最低税额标准的 10 倍，即大气污染物的税额幅度为 1.2～12 元/污染当量，水污染物的税额幅度为 1.4～14 元/污染当量。

参考现行排污费征收标准，对固体废物和噪声实行固定税额。其中，固体废物按不同种类，税额标准为 5～1000 元/吨；噪声按超标分贝数，税额标准为 350～11200 元/月。

《环境保护税法》第六条第二款规定应税大气污染物和水污染物的具体适用税额的确定和调整，由省、自治区、直辖市人民政府统筹考虑本地区环境承载能力污染物排放现状和经济社会生态发展目标要求，在该法所附环境保护税目税额表规定的税额幅度内提出，报同级人民代表大会常务委员会决定，并报全国人民代表大会常务委员会和国务院备案。目前，全国各省、自治区、直辖市人民政府已根据税法要求提出本地区适用税额，如表 9-4 所示。

表 9-4 各地区环境保护税具体标准

地区	标准
北京	一、北京市应税水污染物适用税额为 12 元/污染当量 二、北京市应税大气污染物适用税额为 14 元/污染当量

续表

地区	标准
上海	一、应税大气污染物适用税额标准：2018 年 1 月 1 日起，二氧化硫、氮氧化物的税额标准分别为 6.65 元/污染当量、7.6 元/污染当量；其他大气污染物的税额标准为 1.2 元/污染当量；2019 年 1 月 1 日起，二氧化硫、氮氧化物的税额标准分别调整为 7.6 元/污染当量、8.55 元/污染当量 二、应税大气污染物适用税额标准：2018 年 1 月 1 日起，化学需氧量税额标准为 5 元/污染当量，氨氮税额标准 4.8 元/污染当量，第一类水污染物税额标准为 1.4 元/污染当量；其他类水污染物税额标准为 1.4 元/污染当量
天津	应税大气污染物具体适用税额为 10 元/污染当量；应税水污染物具体适用税额为 12 元/污染当量
江苏	大气污染物环境保护税适用税额为 4.8 元/污染当量(南京市为 8.4 元/污染当量)；水污染物环境保护税适用税额为 5.6 元/污染当量(南京市为 8.4 元/污染当量)
河北	执行一档税额标准的区域：与北京市相邻的 13 个县(市、区)，包括涞水县、涿鹿县、怀来县、赤城县、丰宁满族自治县、滦平县、三河市、大厂回族自治县、香河县、廊坊市的广阳区和安次区、固安县、涿州市；雄安新区及相邻的 12 个县(市、区)，包括雄县、安新县、容城县以及永清县、霸州市、文安县、任丘市、高阳县，保定市的竞秀区、莲池区、满城区、清苑区、徐水区、定兴县、高碑店市。税额标准：大气主要污染物为 9.6 元/当量，水主要污染物为 11.2 元/当量；大气其他污染物为 4.8 元/当量，水其他污染物为 5.6 元/当量。执行二档税额标准的区域：石家庄市、保定市、廊坊市、定州市、辛集市(不含执行一档税额的区域)。税额标准：大气主要污染物为 6 元/当量，水主要污染物为 7 元/当量；大气其他污染物为 4.8 元/当量，水其他污染物为 5.6 元/当量 执行三档税额标准的区域：唐山市、秦皇岛市、沧州市、张家口市、承德市、衡水市、邢台市、邯郸市(不含执行一档、二档税额的区域)。税额标准：大气主要污染物和其他污染物均为 4.8 元/当量；水主要污染物和其他污染物均为 5.6 元/当量
河南	大气污染物适用税额为 4.8 元/污染当量，对当量值排前 3 位的大气污染物征收；水污染物适用税额为 5.6 元/污染当量，对当量值排前 5 位的第一类水污染物和当量值排前 3 位的其他类水污染物征收
山西	大气污染物适用税额为 1.8 元/污染当量，水污染物适用税额为 2.1 元/污染当量
山东	一、应税大气污染物的具体适用税额 二氧化硫、氮氧化物的具体适用税额为 6.0 元/污染当量，其他应税大气污染物的具体适用税额为 1.2 元/污染当量 二、应税水污染物的具体适用税额 (一)化学需氧量、氨氮、总铅、总汞、总铬、总镉、总砷的具体适用税额为 3.0 元/污染当量，其他应税水污染物的具体适用税额为 1.4 元/污染当量 (二)城乡污水集中处理场所超过国家和省规定的排放标准向环境排放应税水污染物的，其化学需氧量、生化需氧量、总有机碳、悬浮物、总磷、氨氮、大肠菌群数(超标)、总铅、总汞、总铬、总镉、总砷的具体适用税额为 3.0 元/污染当量；排放其他应税水污染物的具体适用税额为 1.4 元/污染当量
湖北	一、大气污染物的税额。废气中的一氧化硫和氮氧化物的税额为 2.4 元/污染当量；其余大气污染物的税额为 1.2 元/污染当量 二、水污染物的税额。废水中的化学需氧量、氨氮、总磷和五项主要重金属(铅、汞、铬、镉、类金属砷)的税额为 2.8 元/污染当量；其余水污染物的税额为 1.4 元/污染当量
湖南	应税大气污染物适用税额为 2.4 元/污染当量，应税水污染物适用税额为 3 元/污染当量
广东	大气污染物 1.8 元/污染当量，水污染物 2.8 元/污染当量
广西	大气污染物环境保护税适用税额为 1.8 元/污染当量，水污染物环境保护税适用税额为 2.8 元/污染当量
海南	应税大气污染物的适用税额为 2.4 元/污染当量，应税水污染物的适用税额为 2.8 元/污染当量
重庆	应税大气污染物环境保护税适用税额为 3.5 元/污染当量；应税水污染物环境保护税适用税额为 3 元/污染当量

续表

地区	标准
四川	环境保护税大气污染物适用税额为3.9元/污染当量，水污染物适用税额为2.8元/污染当量
贵州	大气污染物环境保护税适用税额为2.4元/污染当量；水污染物环境保护税适用税额为2.8元/污染当量
云南	2018年1月至12月，大气污染物1.2元/污染当量；水污染物1.4元/污染当量。2019年1月起，大气污染物2.8元/污染当量；水污染物3.5元/污染当量
黑龙江	大气污染物适用税额为1.2元/污染当量，水污染物适用税额为1.4元/污染当量
吉林	环境保护税应税大气污染物税额标准执行1.2元/污染当量，应税水污染物税额标准执行1.4元/污染当量
辽宁	大气污染物拟定税额标准为1.2元/污染当量，水污染物拟定税额标准为1.4元/污染当量
浙江	一、大气污染物适用税额：大气污染物(除四类重金属污染物项目)适用税额为1.2元/污染当量，四类重金属污染物项目(铬酸雾、汞及其化合物、铅及其化合物、镉及其化合物)适用税额为1.8元/污染当量 二、水污染物适用税额：水污染物(除五类重金属污染物项目)适用税额1.4元/污染当量，五类重金属污染物项目(总汞、总镉、总铬、总砷和总铅)适用税额为1.8元/污染当量
安徽	大气污染物税额标准为1.2元/污染当量，水污染物税额标准为1.4元/污染当量
福建	大气污染物适用税额为1.2元/污染当量；水污染物适用税额为五项重金属(总汞、总镉、总铬、总砷、总铅)、化学需氧量和氨氮，1.5元/污染当量，其他水污染物1.4元/污染当量。两者均相对现行排污费标准有所上升
江西	应税大气污染物适用税额为1.2元/污染当量，应税水污染物适用税额为1.4元/污染当量
陕西	应税大气污染物适用税额为1.2元/污染当量，应税水污染物适用税额为1.4元/污染当量
甘肃	大气污染物适用税额为1.2元/污染当量，水污染物适用税额为1.4元/污染当量
青海	应税大气污染物适用税额为1.2元/污染当量，应税水污染物适用税额为1.4元/污染当量
宁夏	大气污染物税额标准为1.2元/污染当量，水污染物税额标准为1.4元/污染当量
新疆	大气污染物适用税额为1.2元/污染当量，水污染物适用税额为1.4元/污染当量
内蒙古	应税大气污染物环境保护税具体适用税额：2018年，1.2元/污染当量；2019年，1.8元/污染当量；2020年2.4元/污染当量；应税水污染物环境保护税具体适用税额：2018年，1.4元/污染当量；2019年，2.1元/污染当量；2020年2.88元/污染当量
西藏	大气污染物税额标准为1.2元/当量，水污染物税额标准为1.4元/当量

北京、天津、河北、上海、江苏、河南环境保护税税额处于较高水平，黑龙江、辽宁、吉林、浙江、安徽、福建、江西、陕西、甘肃、青海、宁夏、新疆按低限确定税额，其他12个省份税额处于中间水平，大气污染物税额在1.8～3.9元/污染当量，水污染物税额在2.1～3.5元/染污当量。

6.减免情况

1)免征情形

《环境保护税法》第十二条规定的免征情形有5种。

(1)农业生产(不包括规模化养殖)排放应税污染物的

农业生产中因使用化肥农药等形成污染物，并通过农田地表径流、农田排水和地下渗漏等方式进入水体而造成面源污染。鉴于上述污染情况较为复杂且难以准确计量污染排放量，同时考虑农民负担能力较弱，为支持农业生产，税法规定暂不对农业污染征税。

目前，我国畜禽养殖场(户)1亿多个，畜禽养殖规模化率达54%，畜禽粪便年产生量约38亿t，畜禽养殖化学需氧量、氮、磷、铜、锌的排放量分别占农业源排放总量的96%、38%、56%、

99%和98%，畜禽粪污成为农业面源污染的主要来源。鉴于规模化养殖对农村环境危害较大，所以税法中未将其列入免税范围。

但在具体征税政策上，对不同的规模化养殖企业采取区别对待，规模化畜禽养殖场产生的畜禽养殖废弃物在符合国家和地方环境保护标准的设施、场所贮存，并采取粪肥还田、制取沼气、制作有机肥等方式进行综合利用和无害化处理的，免征环境保护税。

对于向外环境排放污染物的规模化养殖企业按照以下方法征税：一是规模化养殖企业向环境排放污染物，排放量可以监测的，按实际监测的排放量征收环境保护税。二是规模化养殖企业向环境排放污染物，其排污量无法实际监测的，依据《环境保护税法》所附《禽畜养殖业、小型企业和第三产业水污染物当量值》，按畜禽饲养量折合的污染当量数计算征税。三是对《环境保护税法》所附《禽畜养殖业、小型企业和第三产业水污染物当量值》中未列明的畜禽种类，其应税污染物排放量的计算方法由各省、自治区、直辖市人民政府环境保护主管部门确定。

达到省级人民政府确定的规模标准并且有污染物排放口的畜禽养殖场，应当依法缴纳环境保护税。依法对畜禽养殖废弃物进行综合利用和无害化处理的，不属于直接向环境排放污染物，不缴纳环境保护税。

(2)机动车、铁路机车、非道路移动机械、船舶和航空器等流动污染源排放应税污染物的

考虑到现行税制中已有车船税、消费税、车辆购置税等税种对机动车的生产和使用进行调节，并且对促进节能减排发挥了积极作用，因此，对机动车、船舶和航空器等流动污染源排放的应税污染物暂免征税。

交通噪声具有瞬时性、流动性和隐蔽性等特点，监测难度比较大，将其纳入环境保护税的征税条件尚不成熟，因此，本次立法未将交通噪声纳入环境保护税征税范围。

非道路移动机械，是指装配有发动机的移动机械和可运输工业设备。

(3)依法设立的城乡污水集中处理、生活垃圾集中处理场所排放相应应税污染物，不超过国家和地方规定的排放标准的

上述城乡污水集中处理场所，是指为社会公众提供生活污水处理服务的场所，不包括为工业园区、开发区等工业聚集区域内的企业事业单位和其他生产经营者提供污水处理服务的场所，以及企业事业单位和其他生产经营者自建自用的污水处理场所。

根据国家有关规定，城乡污水集中处理、生活垃圾集中处理场，达标排放的污染物免缴排污费，为保持政策的连续性，对依法设立的城乡污水集中处理，生活垃圾集中处理场所向环境达标排放的应税污染物暂予免税。

(4)纳税人综合利用的固体废物，符合国家和地方环境保护标准的

固体废物的综合利用，是指按照国家发展和改革、工业和信息化主管部门关于资源综合利用要求，以及国家和地方环境保护标准进行综合利用的固体废物。

为鼓励固体废物综合利用，减少污染物排放，对纳税人符合标准综合利用的固体废物暂免征税。

(5)国务院批准免税的其他情形

2)减征情形

《环境保护税法》第十三条规定两种减征环境保护税的情形：

(1)纳税人排放应税大气污染物或者水污染物的浓度值低于国家和地方规定的污染物排放标准30%的，减按75%征收环境保护税。

(2)纳税人排放应税大气污染物或者水污染物的浓度值低于国家和地方规定的污染物排放标准50%的,减按50%征收环境保护税

《环境保护税法》第十三条所称应税大气污染物或者水污染物的浓度值,是指纳税人安装使用的污染物自动监测设备当月自动监测的应税大气污染物浓度值的小时平均值再平均所得数值或者应税水污染物浓度值的日平均值再平均所得数值,或者监测机构当月监测的应税大气污染物、水污染物浓度值的平均值,依照《环境保护税法》第十三条的规定减征环境保护税的,上述规定的应税大气污染物浓度值的小时平均值或者应税水污染物浓度值的日平均值,以及监测机构当月每次监测的应税大气污染物、水污染物的浓度值,均不得超过国家和地方规定的污染物排放标准。

依照《环境保护税法》第十三条的规定减征环境保护税的,应当按照每一排放口的不同应税污染物分别计算。

《环境保护税法实施条例》的以上条款对适用于税收减免的条件进行明确,使税收减免的实施有可操作性,同时明确享受税收减免的当月不能有超过国家和地方规定的污染物排放标准情况存在。因此,有效监测并记录相应的数据支持,是享受税收优惠的必要前提条件。

减免只对符合条件的应税污染物开展,并不适用同一排放口的其他应税污染物。根据污染物排放浓度实行差别化征税政策,可以对促进企业减排起到良好的激励作用。现行排污费制度,只规定了一档减征政策,即对排污单位排放大气或者水污染物的浓度值低于国家或地方规定的排放标准50%以上的,减半征收排污费。考虑到将排放浓度值降到规定标准的50%以上技术要求较高,一些企业可能享受不到优惠政策,为充分发挥税收的激励引导作用,进一步调动企业改进技术工艺、减少污染物排放的积极性,《环境保护税法》根据纳税人排放污染物浓度值低于国家和地方规定排放标准的程度不同,设置了两档减税优惠,即纳税人排污浓度值低于规定标准30%的,减按75%征税;纳税人排污浓度值低于规定排放标准50%的,减按50%征税,进一步鼓励企业改进工艺,减少对环境的污染。

7.环境保护税计算实例

[例9-1]某企业2018年第一季度废水排放量为1200 t,检测到的污染物为悬浮物、化学需氧量、生化需氧量、氨氮、总汞,浓度分别为100 mg/L、85 mg/L、60 mg/L、35 mg/L、0.2 mg/L,计算该企业本季度应缴纳的环境保护税。

解:

①排放总量计算

悬浮物=1200×1000×100÷1000÷1000=120(kg)

化学需氧量=1200×1000×85÷1000÷1000=102(kg)

生化需氧量=1200×1000×60÷1000÷1000=72(kg)

氨氮=1200×1000×35÷1000÷1000=42(kg)

总汞=1200×1000×0.2÷1000÷1000=0.24(kg)

②根据《应税污染物和当量值表》查找各类水污染物的当量值。

污染物	悬浮物/kg	化学需氧量/kg	生化需氧量/kg	氨氮/kg	总汞/kg
排放量	120	102	72	42	0.24
当量值	4	1	0.5	0.8	0.0005
当量数	120/4=30	102/1=102	72/0.5=144	42/0.8=52.5	24/0.005=480

③根据水污染的性质，总汞属于第一类污染物，其他四项污染物取当量值最大的前三项。

④计算应缴税额

总汞税额=480×1.4 元=672 元

其他水污染物税额=(生化需氧量当量数+化学需氧量当量数+氨氮当量数)×税率

=(102+144+52.5)×1.4 元

=417.9 元

实际应缴总税额=672+417.9=1089.9(元)

[**例 9-2**]某市一家小型企业，月排放污水量无法计数，2018 年第一季度用水 432 t，根据该省的环境保护税核定征收办法，该省的污水排放系数取值 0.8，计算该企业第一季度环境保护税。

解：

①该企业第一季度用水水量为 432 t；

②该省污水排放系数为 0.8；

③第一季度排水量为 432 t×0.8=345.6 t；

④查表得到小型企业污染当量值为 1.8 t 污水；

⑤计算当量数=345.6÷1.8=19.2；

⑥计算应缴税额=19.2×1.4=268.8(元)。

[**例 9-3**]某炼钢厂，每月生产 30 日，每日产生冶炼渣 500 kg，没有专用的贮存场地，计算该炼钢厂每月应缴纳多少固体废物环境保护税？

解：

①冶炼渣属工业固体废物；

②没有专用的贮存场地；

③查收税标准为：冶炼渣 25 元/t；

④计算固体废物排放量：500×30÷1000=15(t)；

⑤应征环保税=15×25=375(元)。

[**例 9-4**]丙机械加工厂，厂界南侧为交通干线，其余厂界均为工商、居住混杂区。经监测，2018 年 3 月该厂南、西、北、东侧厂界的噪声最敏感处的昼/夜噪声等效值分别为 72/57 dB、65/52 dB、66/51 dB、64/53 dB，该厂各噪声源每月白天工作 28 天，夜间工作 10 天。该厂厂界为 100 m。请计算该厂 3 月应缴纳的环境保护税？

解：

①找各侧厂界环境噪声的排放标准

该厂南、西、北、东侧厂界所临功能区的昼/夜排放标准为 70/55 dB、60/50 dB、60/50 dB、60/50 dB。

②各侧厂界的超标值：

南侧昼/夜超标值分别为：2 dB/2 dB

西侧为：5 dB/2 dB

北侧为：6 dB/1 dB

东侧为：4 dB/3 dB

③全部厂界昼/夜最高超标值分别为：6 dB/3 dB。

④计算昼间超标噪声按照一个月计收：700 元。

夜间未达 15 天减半计收：175 元。

该厂该月共计征收环境保护税：700＋175＝875(元)。

复习思考题

一、名词解释

1. 危险废物

2. 水污染物

3. 应税污染物

二、简答题

1. 简述大气、水污染物的计税方法。

2. 简述应税排放量核定的计算方法。

三、论述题

1. 请判断对于下述 4 种情况，是否需要缴纳环境保护税：

(1)A 药厂产生的工业废水，全部通过管网向所在园区青山污水处理厂排放。

(2)B 火电厂产生的炉渣，企业按照环保部门相关标准建立专门设施进行贮存。

(3)C 城镇污水处理厂进行处理并排放，排放的水质经当地环保部门监测超标。

(4)D 冶炼厂产生的冶炼渣自行贮存，经环保部门验收，发现其贮存条件不符合国家和地方环保标准。

2. 甲化工厂是环境保护税纳税人，该厂仅有 1 个污水排放口且直接向黄河排放污水，已安装使用符合国家规定和监测规范的污染物自动监测设备。监测数据显示，2018 年 1 月，该排放口共排放污水 50 万 t(折合 50 万 m^3)，其中：含一类应税污染物浓度分别为：六价铬 0.5 mg/L，总砷 0.6 mg/L，总铅 1.0 mg/L，总镍 1.1 mg/L，总铍 0.005 mg/L，总铬 1.5 mg/L；二类应税污染物浓度分别为：总氰化物 0.5 mg/L，硫化物 0.025 mg/L，氨氮 25 mg/L，氟化物 10 mg/L。请计算该化工厂 1 月应当缴纳的环境保护税(假设该厂所在省应税水污染物税率为 3 元/污染当量)。

第十章

生态环境补偿政策

良好生态环境是最公平的公共产品，是最普惠的民生福祉。

——习近平

我们既要绿水青山，也要金山银山。宁要绿水青山，不要金山银山，而且绿水青山就是金山银山。

——习近平

本章学习目标

1. 理解生态环境补偿的概念；
2. 了解生态环境补偿的关键技术环节；
3. 了解生态环境补偿方式；
4. 掌握生态环境补偿范围界定的技术路线；
5. 掌握生态环境补偿标准的核算方法。

引导案例

实现"双赢"的东阳-义乌水权交易

2000年11月24日，浙江省东阳市和义乌市签订了一个有偿转让水权的协议：义乌市花2亿元向毗邻的东阳市购买了约5000万 m^3 水资源的永久使用权。水利部有关专家称，两市政府签订的这笔水权交易协议，开创了中国水权制度改革的先河。所谓水权，可以简单地划分为水资源的所有权和使用权，通常所说的水权是指水资源的使用权。

浙江省虽然是一个地域小省、资源小省，它却作为市场大省而享誉四海。其中，义乌市的"中国小商品城"尤其引人注目。但由于地形、污染等原因，使这个城市的发展尤其是由小城市迅猛发展到中等城市，并正朝着大城市发展的过程中，水资源成为首要的制约因素。义乌市用"自行贷款、自行建设、自行收费、自行还贷、自行管理"政策引入市场机制，建设了八都水库，使老城区现有供水能力达到每天9万t，基本满足了老城区的供水要求。但义乌新城区的发展很快，水问题仍然是制约这座城市发展的"瓶颈"。以"建筑之乡""博士之乡"著称的东阳市，全市面积1793 km^2，人口78.6万。境内最大河流——钱塘江的三大源流之一的东阳江全长57 km，多年平均径流量达874亿 m^3。除东阳江外，还有南江及其他丰水溪流，水资源总量16.08亿 m^3。精明的东阳人意识到，通过节水灌溉工程得到的多余的水不能让它白白流走，要设法让它为东阳创造效益。东阳市、义乌市以政府为代表，双方经过水利部门的五轮磋商，对水利部门达成的一致意向进行投票表决，在双方均获全票通过的情况下于2000年11月24日在东阳市举行了水权转让协议签字仪式。

资料来源：郑忠成，毛湘宏.开创水权制度改革先河——浙江义乌市出资2亿元购得东阳市5000万方水权，光明日报，2001.3

第一节 生态环境补偿的相关概念

一、生态环境补偿的基础概念

1.生态系统

生态学界有关"生态系统"的概念最早是由英国生态学家Tansley在1935年提出的，他认为："生物与环境形成一个自然系统。正是这种系统构成了地球表面上各种大小和类型的基本单元，这就是生态系统。"目前，生态学界对生态系统比较公认的概念是"在一定时间和空间范围内，生物与生物之间、生物与物理环境之间相互作用，通过物质循环、能量流动和信息传递，形成特定的营养结构和生物多样性，这样一个功能单位就被称为生态系统"。由此可见，生态系统是一个功能单位，它把生物及其非生物环境看成是互相影响、彼此依存的统一整体，且具有下列共性：①具有自我调节能力，其结构越复杂，物种数量越多，自我调节能力越强；②具有两大功能，即能量流动和物质循环。生态系统由生产者、消费者、分解者构成，生产者经过光合作用合成有机物，为消费者供给食物，分解者将没有被消费的物质及动植物的残体重新分解为无机物释放到生态系统环境中，此过程完成了能量流动与物质循环；③生态系统营养级的数目因生产者固定能值所限及能流过程中能量的损失，一般不超过5～6个；④它是个动态系统，要经历一个从简单到复杂、从不成熟到成熟的发育过程。另外，生态系统对其范围、边界和大小没有严格限制，具体范围、边界和大小由研究对象及研究内容而定，可以小到微生物系统，大至整个地球的生物圈。生态系统概念的提出为生态学的研究和发展奠定了新的基础，极大地推动了生态学的发展。

2. 生态系统服务功能

1970 年，以 Wilson 为首的 SCEP(study of critical environmental problems)小组在其报告 *Man's impact on the global environment* 中首次使用了"environmental service"来表示自然生态系统的生态服务功能，同时列出了自然生态系统在害虫控制、昆虫传粉、渔业、土壤形成、水土保持、气候调节、洪水控制、物质循环与大气组成等方面的服务功能。

国际上有关生态系统服务功能的概念影响最为广泛的是由 Daily、Costanza 以及 UNEP 提出的。1997 年 Daily 在 *Nature's Service：Societal Dependence on Natural Ecosystem* 一书中将生态系统服务定义为自然生态系统及其物种所提供的能够满足和维持人类生活需要的条件和过程。他强调自然生态系统本身对人类社会的支持过程以及自然界物种提供的满足人类生活的条件就是生态系统服务，其功能分类见图 10-1。在这一过程中，人类是享受服务的主体，而生态系统是提供服务的主体。Costanza 等在 *The Value of the Worlds Ecosystem Services and Natural Capital* 文中指出生态系统服务是人类直接或间接从生态系统获得的利益，包括生态系统产品(如食物)和服务(如废弃物处理)两大类共 17 种功能，并强调每种生态系统类型都具有不同的生态系统功能(表 10-1)。

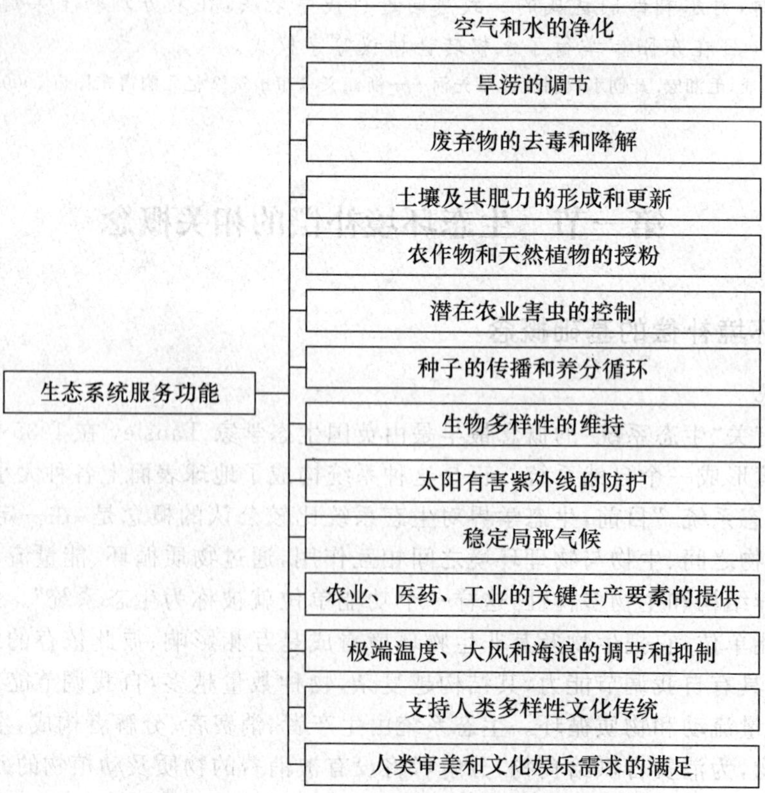

图 10-1 Daily 提出的生态系统服务功能类型

表 10-1　Costanza 提出的生态系统服务功能类型

功能类型	功能内涵	举例
气体调节	大气化学成分调节	CO_2/O_2 平衡、O_3 防护和 SO_x 水平
气候调节	全球温度、降水及其他生物媒介的气候调节	温室气体调节，影响云形成的产物生成
干扰调节	对环境波动的容量、衰减和整合能力	风暴防治、洪水控制、干旱恢复等生境对主要受植被结构控制的环境变化的反应
水调节	水文循环的调节	为农业、工业或运输提供用水
水供给	水的贮存和保持	向集水区、水库和含水层供水
侵蚀控制和沉积保持	生态系统内的土壤保持	防止土壤被风、水侵蚀，以及在湖泊和湿地中的积累
土壤形成	土壤形成过程	岩石风化和有机质积累
养分循环	养分的贮存、循环和获取	固 C、N、P 和其他元素及养分循环
废物处理	易流失养分的再获取，过多或外来养分、化合物的去除或降解	废物处理，污染控制，毒物降解
授粉	有花植物配子的运动	提供传粉者以便植物种类繁殖
生物控制	生物种类的营养动力学控制	关键捕食者控制猎物种类，高级捕食者使食草动物减少
庇护所	为定居和迁徙种类提供栖息地	育雏地、迁徙动物栖息地，当地物种栖息地或越冬场所
食品生产	总初级生长中可用为食物的部分	通过渔、猎、采集和农耕收获的鱼、鸟兽、作物、坚果和水果等
原材料生产	初级生产中可用为原材料的部分	木材、燃料和饲料的生产
基因资源	特有的生物和产品的资源	医药、材料科学产品，用于农作物抗病和抗植物感染的基因，家养物种
休闲娱乐	提高休闲娱乐活动机会、场所	生态旅游、体育、钓鱼运动及其他户外游乐活动
文化	提供非商业性用途的机会、场所	生态美学、艺术、教育、精神及科学价值

3. 生态价值

生态学界比较公认的生态价值分为使用价值和非使用价值，使用价值又分为直接使用价值、间接使用价值和选择价值；非使用价值又分为选择价值、遗产价值和存在价值。直接使用价值是指生态系统产品所产生的价值，可划分为直接实物价值和直接服务价值。直接实物指有形的、消耗性的自然生态系统的产品，如为人类提供的食物及原材料等；直接服务指无形的、非消耗性的服务功能利用，如自然生态系统提供的休闲旅游、美学功能等。间接使用价值指自然生态系统提供的无法商品化的生态服务功能所产生的生态效益和社会效益，这些效益对维持人类社会的生产、生活起着至关重要的作用，如自然生态系统的固碳释氧功能、水质净化功能、土壤保持功能等产生的价值。选择价值即自然生态系统提供的生态服务功能的潜在使用价值或非使用价值。遗产价值是指为了公平和对我们的后代负责，将自然生态系统的产品及生态服务功能留给子孙后代的那部分价值。存在价值是指自然生态系统本身具有的价值，是一种与人类的开发利用无直接关系，但与人类对其存在的观念和关注相关的价值，如生物栖息地价值、濒危物种价值。

二、生态环境补偿的概念

生态环境补偿是当前国内外生态学界研究的热点问题之一，但由于生态系统和生态环境补偿本身的复杂性，目前尚未形成统一的概念。本书选用《环境科学大辞典》给出的定义，即生态环境补偿是指为维护、恢复或改善生态系统服务功能，调整相关利益者的环境利益及其经济利益分配关系，以内化相关活动产生的外部成本为原则的一种具有经济激励特征的制度。

三、生态环境补偿的相关概念界定

生态环境补偿作为有效解决生态环境问题的一种新型生态环境保护激励机制，引起了学术界及政界的广泛关注。随着生态文明建设的提出，以及国家各项决策的发布实施，我国的生态环境补偿已经在各个领域开展实践，因此涉及的理论及实践概念也不断丰富。

横向生态环境补偿：指为获得良好的生态环境质量，与生态功能重要区域关系密切的区域之间、企业、个人和社会组织，根据生态保护成本、发展机会成本和所提供的生态服务价值，由生态环境受益方向生态环境保护方进行的补偿。需要说明的是其涉及的利益相关方所在行政区域没有隶属关系。

生态环境补偿重要区域：指生态环境保护及提供生态服务功能的重要区域，包括国家已经划定的禁止开发区域、重点生态功能区域以及未列入上述范围的具有重要生态功能或生态环境敏感脆弱性的森林、草原、湿地、荒漠、海洋、河流、耕地等区域。

生态环境补偿区域关联：指由于生态系统服务功能会通过某些途径在空间上转移到系统之外的具备适当条件的地区，并产生效能，进而使生态环境补偿产生的区际横向联系。

生态环境补偿标准：指生态环境保护的受益者对受损者补偿支付金额的确定，即解决“补多少”的问题。它是实现生态环境补偿的前提，也是建立生态环境补偿机制的难点。

森林生态环境补偿：指围绕森林生态系统调整利用与保护森林生态效益的主体间利益关系的一种综合手段和激励方式。它既包括公益林的补偿，又包括对生态系统功能退化而进行的森林生态系统恢复的投入成本和为保护森林而丧失的机会成本的补偿。

矿产资源开发生态环境补偿：指以节约矿产资源、保护生态环境、维持矿区可持续发展能力为目的，规范约束矿业开发行为，以及防范、恢复、补偿矿产开发中受损或可能受损的经济主体利益的相关制度设计。

流域生态环境补偿：指以保护流域水资源和水环境、促进人与水生态和谐为目的，通过调整流域生态环境受益者与保护者、破坏者与受害者之间的利益关系，将流域生态环境保护中的外部性成本内部化，从而调动保护者的积极性、约束破坏者行为的机制。它既包括生态环境服务功能受益者向保护者的补偿，也包括破坏者向受害者的补偿。

海洋生态环境补偿：指以保护海洋资源环境，可持续利用海洋生态系统服务为目的，以市场和政策手段调节海洋生态资源环境保护的利益相关者之间利益关系的制度安排。它既包括对海洋生态环境本身的补偿(生境补偿和资源补偿)，如为了恢复和改善海洋生态环境、建设人工鱼礁、设立海洋自然保护区、优化增殖渔业资源等，又包括制止破坏海洋环境的行为而进行的收费，或者要求海洋生态保护的受益者支付相应的费用，如征收海域使用费、自然保护区保护管理费、渔业资源增值保护费等。

四、生态环境补偿的关键技术环节

生态环境补偿的关键技术环节包括生态环境补偿利益相关方界定、生态环境补偿标准核算、生态环境补偿方式选择等，即解决“谁补谁、补多少、怎么补”的问题。

生态环境补偿利益相关方是指在生态环境补偿实施过程中与之有重大利益关系的国家、地区、个人或团体等。以流域生态环境补偿为例，其生态环境补偿利益相关方既包括流域上游实施生态环境保护而失去发展机会的群体，也包括下游生态环境受益群体，群体可以是群众、集体、企业或政府其中一方或者多方的聚集体。

生态环境补偿标准是实施生态环境补偿的依据，目前常用的方法有基于生态服务价值的补偿标准核算、基于生态足迹的补偿标准核算以及基于生态保护成本、生态投入成本和生态恢复成本的补偿标准核算。

生态环境补偿方式是生态环境补偿实施的途径，从不同的角度可以分为不同的类型，如按照空间尺度可以分为流域补偿、区域补偿和国际补偿；按照补偿方向可以分为纵向补偿和横向补偿；按照补偿实施主体可以分为政府主导型补偿和市场主导型补偿，其中政府主导型补偿又可分为资金补偿、实物补偿、政策补偿、智力补偿、环境税费制度等，市场主导补偿又可分为产权交易市场、一对一交易、生态标记等。

第二节　生态环境补偿的原则及补偿方式

一、生态环境补偿原则

为推进生态环境状况的改善和提升，建立生态环境补偿机制，需要把握公平原则、环境责任补偿原则、可持续性原则、帕累托最优原则等。

1. 公平原则

从生态伦理与正义的角度来看，人类在享受自然环境提供的生态服务的同时，也应该对经济活动造成的环境破坏进行保护，使子孙后代平等地享有环境权和发展权。这种平等表现在人类在开发利用资源的同时，不能危及其他生物及整个生态系统的完整性。公平性原则指尽可能在不同利益相关者之间公平分配生态资源收益和公平分担生态治理成本，实现环境正义的主张。

公平原则主要包括代内公平和代际公平。代内公平是指不同国家或地区拥有平等的使用环境资源的权利及相对应的环保责任，它指的是同一代人的横向公平。但由于不同资源空间分布的非均衡性，各国或同一国家不同地区发展背景和潜力的不平衡性，现有的资源管理与开发机制很难实现这种平等性，结果既拉大了他们之间的社会经济发展水平，又使保护对象因无力支持而受到破坏。所以，为了减少由历史背景差异、地区发展不平衡、政策不同等因素所导致的经济、社会发展同环境保护间的不协调及区域经济发展与保护之间的不平衡，就必须依据公平原则来保障相应补偿的实施。

在公平原则中，除了强调代内之间的横向公平之外，世代人之间的纵向公平意识也是极为重要的。它指的是每代人都不可以独享资源以及环境，每代人都应同等地享有发展所带来的利益，即各代人拥有同样多的选择发展的机会和权利。关于代际间的公平，爱蒂丝·布朗·魏伊丝在《公平地对待未来人类》一书中有非常深刻的论述。她强调："第一，要求各世代保护自然和文化遗产的多样性，这样便不会对后代人解决自身问题和满足自身价值观造成不适当的限制，而且未来世代有权享有同其以前世代相当的多样性。第二，要求各世代维持地球的质量，从而使其留传给未来世代时的地球质量状况不比其从前代继承时有所下降，并且其有权享有与前世代所享有相当的地球质量。第三，各世代的每个成员都有权公平地获取其从前代继承的遗产，并应当保护后代人的这种获取权。"

公平原则是一种通过实施搭配合理的补偿体系，从而弱化致使各区域间和代际间不公平的各种因素，保证不同区域的人及每代人都能够"平等地"共享资源以及环境，所有人都能同等地享有发展所带来的利益。

2. 环境责任补偿原则

环境责任补偿原则是指在环境资源的开发、利用、保护和管理的过程中，各类主体应当履行的义务及违反义务所应当承担后果的原则，其内容包括污染者付费、利用者补偿、开发者养护、破坏者恢复。

(1)污染者付费　污染者付费原则是指对环境造成污染的单位或个人必须按照法律的规定，采取有效措施对污染源和被污染的环境进行治理，并赔偿或补偿因此而造成的损失。污染者付费原则最初由 OECD 理事会在 1972 年提出，这一原则有利于促进合理地利用环境与资源，防止并减轻环境损害，达到公平负担，因此很快得到国际社会的认可，并被一些国家确定为环境法中的一项基本原则。但此原则并不适用所有的环境问题，这是因为很多情况下生态环境资源的价值无法在市场上得到实现。例如，森林生态公益林的生态效益和社会效益是无形的，而广大的受益者却可以以此为由，拒绝承担应尽的责任和义务。其结果是经营者的劳动报酬无法通过商品交换在市场上得到实现。

(2)利用者补偿　利用者补偿是指开发利用环境资源的单位和个人应当按照国家的有关规定承担经济补偿责任。它既能对环境保护者起到有效的激励作用，又可以对环境破坏者发挥制约作用。生态环境破坏造成的是社会公害，生态破坏者不仅要为其破坏行为付出代价，而且有义务进行赔偿；同样生态环境的受益者也有责任和义务对为此付出努力的地区和人民提供适当的补偿。自然资源的开发者从自然资源中获得利益时，也应当从其所得的利益中拿出一部分用于生态环境的补偿。

(3)开发者养护　开发者养护是指有权开发利用环境资源的单位和个人，有责任对生态环境资源加以维护、恢复和整治，其内容包括采取预防措施、整顿环境、恢复原状、承担整治费用或支付补偿费用。《中华人民共和国环境保护法》第三十条规定："开发利用自然资源，应当合理开发，保护生物多样性，保障生态安全，依法制定有关生态保护和恢复治理方案并予以实施。"环境资源的开发和养护紧密相连，开发的目的是为了利用，养护的目的则是为更好地利用创造条件。只有开发和养护相结合，才能实现自然资源的永续利用，才能实现生态系统的良性循环和社会经济的可持续发展。

(4)破坏者恢复　破坏者恢复是指造成生态环境和自然资源破坏的单位和个人，必须承担将破坏的环境资源予以恢复和整治的责任。比如，《矿产资源法》第三十二条规定："开采矿产资源，应当节约用地。耕地、草原、林地因采矿受到破坏的，矿山企业应当因地制宜地采取复垦利用、植树种草或者其他利用措施。”

以上各项原则统称为环境责任补偿原则。这些原则的相互组合，使经济主体在拥有发展权利的同时，也对受损的生态环境和为保护生态环境做出牺牲和贡献的经济主体予以相应的补偿，全面地承担起应有的环境保护责任。

3. 可持续性原则

可持续性原则要求将生态环境补偿纳入整个生态—经济—社会的协调可持续发展的范畴之内，核心是要求人类的经济和社会发展不能超越资源和环境的承载能力。要满足人类及其相应的经济增长的需要，就必须快速地修复自然，并提升其自我维持的能力和对人类的承载力，走集约化发展新路，依靠科技管理和社会的全面进步，创建节约型经济，鼓励低消耗、高效益的发展模式，以人为本。

可持续性原则作为生态环境补偿设立的根本原则，要求对受损的生态环境进行恢复、综合治理，维持生态的平衡，为整个人类社会可持续性地提供物质与能量条件。

4. 帕累托最优原则

帕累托最优是一种资源的配置状态，具体是指没有一个人可以在使他人情况变得更坏的同时使自己的情况变得更好。如果一个人在不使他人的情况变得更坏的前提下，使自己的状况得到了改善，那么这就存在资源配置上的改进，即帕累托改进。帕累托改进是帕累托最优的必由之路，帕累托最优是帕累托改进最想达到的效果，是一种相对均衡、不愿打破的状态，是从效率的角度来衡量资源配置的结果。

帕累托最优应用到生态环境补偿里可以类比为资源分配的一种状态，是指不减少其他人的福利条件下，无论如何分配资源，都不能再使任何一个人的福利增加。生态环境帕累托最优原则指在没有让任何人的环境福利变坏的前提下，使得至少一个人的环境福利变得更好，并达到无法再进行帕累托改进状态。

二、生态环境补偿的理论基础

生态环境补偿涉及生态学、经济学、法学、管理学等多个学科。因此，生态经济学、环境经济学与资源经济学理论都是生态环境补偿制度的理论依据，特别是生态环境价值论、外部性理论和公共物品理论为生态环境补偿机制提供了理论基础。

三、生态环境补偿利益相关者分析

1. 利益相关者界定

生态环境补偿利益相关者是指在生态环境补偿实施过程中，与生态环境保护和建设的利益关系相联系的生态环境保护者、生态环境保护受益者及其相关者所组成的利益关系组合体。利益相关者追求自身利益的最大化，同时影响其他利益相关者的行为策略。不同层次的利益相关者行为的组合决定了生态环境补偿的绩效。在生态环境补偿中基于利益相关者属性特征分析其策略选择，寻求协调利益相关者之间关系的方法，为提升生态环境补偿效果提供政策依据。生态环境补偿着重强调政府的核心主导作用，只有政府才能成为生态环境保护的有效推动者，因为环境保护具有公共服务管理功能，它既是政府实现经济社会可持续发展的重要组成部分，也是改善人居质量的重要途径。

利益相关者分析主要包括理性层面、过程层面和交易层面三个层面。理性层面要解决的是“谁是利益相关者”和“这些利益相关者可观察到的收益是什么”。也就是说，在某一系统中，谁是利益相关者，利益相关者的目的和想要得到的产出是什么。过程层面要解决的是系统的组织者如何管理其同利益相关者的关系，并促使这种管理过程向着有利于系统目标的方向发展。交易层面要解决的是，理解系统的组织者与其利益相关者之间的交易或讨价还价，并考虑这种交易是否符合利益相关者的目标。因此，对利益相关者的分析应有 3 个方面：①明确谁是利益相关者及其利益要求；②明确利益相关者在系统中的权力大小和影响程度；③利益相关者在系统中的互动对系统目标的实现或偏离。

我国生态环境补偿的利益相关主体主要涉及中央政府、各级地方政府和应获补偿的客体，一般为补偿地居民。对于补偿主体来说，中央政府在生态环境补偿过程中具有绝对的主导权，政府在生态环境补偿中的核心地位也是生态环境补偿机制设计的重点，其主要职责是为建立生态环境补偿机制提供政策导向、法规基础和一定的财力支持，同时引导建立全国性和一些区域性的生态环境补偿机制。地方政府及其相关部门是地方生态环境补偿的实施者和责任主体，负责建立本辖区的生态环境补偿机制，并配合中央政府实施全国性和区域性的生态补偿。补偿客体主要是指生态环境补偿的保护者、建设者、维护者等个人和群体。在生态环境补偿的系统中，他们是直接受到补偿政策影响的一方，同时也直接决定着生态环境补偿政策的执行程度和效果。长期以来，我国的生态环境建设形成“少数人负担，多数人受益”“上游地区负担，下游地区受益”“贫困地区负担，富裕地区受益”等不合理局面。

2. 利益相关者类别

生态环境补偿利益相关者通常分为 4 类：①从生态环境补偿影响涉及范围角度，分为影响者和被影响者，这种分类所反映的“影响”可以是主动的或被动的，也可以是正面影响或负面影响，如图 10-2(a)所示。②从行为(或过程)作用的负面影响特征角度，可以分为破坏者和受害者。这种分类强调生态环境问题的负外部性，侧重于主体行为对生态环境系统产生的破坏作用，同时这种行为使得利益相关主体成为生态环境破坏的利益受损者，如图 10-2(b)所示。③从生态环境保护角度，可以分为保护者和受益者，这一分类强调生态环境保护行为的正外部性，体现了生态保护行为收益与成本的非对称性，如图 10-2(c)所示。④从生态环境补偿涉及主体的直接或间接性特征角度，分为直接利益相关者和间接利益相关者。这种分类体现了利益相关主体的层次性，也意味着利益相关主体的利益具有不同的重要性程度，如图 10-2(d)所示。

四、生态环境补偿方式分析

生态环境补偿的方法和途径很多，按照不同的准则有不同的分类体系，如按照空间尺度可以分为流域补偿、区域补偿和国际补偿；按照补偿方向可以分为纵向补偿和横向补偿；按照补偿实施主体可以分为政府主导型补偿和市场主导型补偿(图 10-3)。

从多年来生态环境补偿的实践看，补偿实施主体和运作机制是决定生态环境补偿方式本质特征的核心内容。本书按照实施主体和运作机制的差异，分别介绍政府主导型补偿和市场主导型补偿两大类生态环境补偿模式。

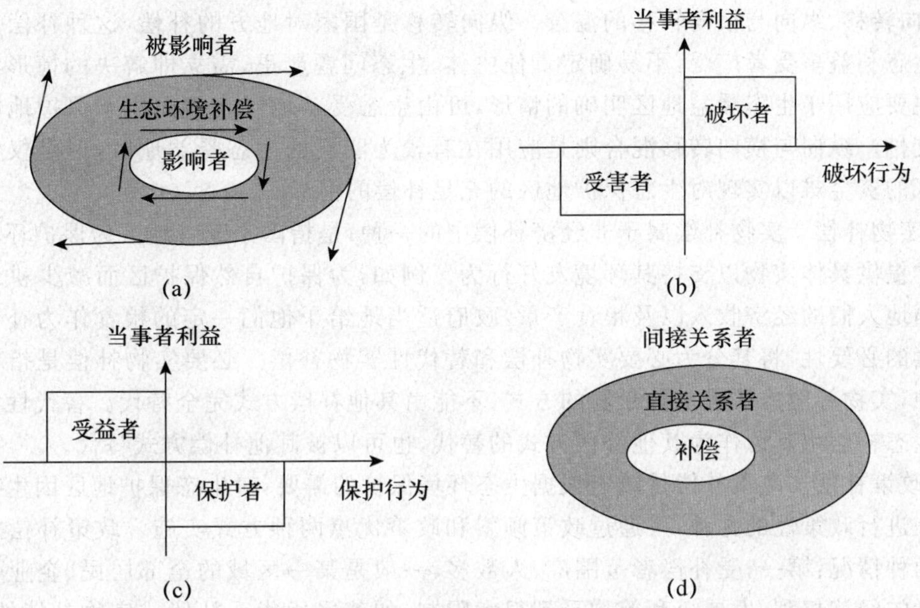

图 10-2　生态环境补偿利益相关者分类

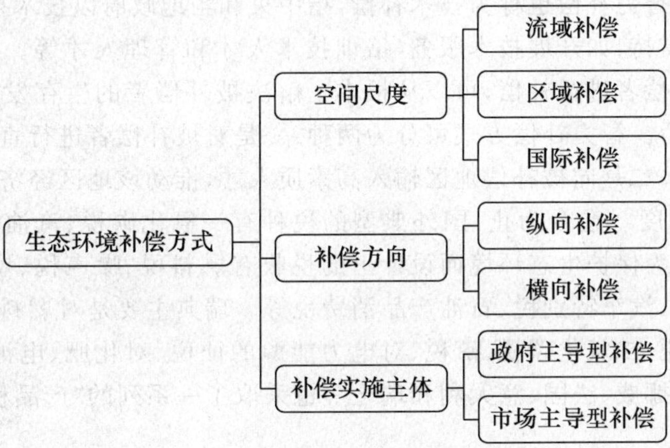

图 10-3　生态环境补偿方式分类

1. 政府主导型补偿

政府主导型补偿是以国家或上级政府为实施和补偿主体，以区域、下级政府或民众个体为补偿对象，以国家生态环境保护及生态安全为目标的补偿方式。政府补偿方式主要通过货币补偿、实物补偿、政策补偿、智力补偿等手段实现补偿的目的。

(1)货币补偿　货币补偿是指补偿责任主体通过向被补偿者支付货币的形式补偿后者因保护生态环境而受到的损失。货币补偿方式是最常见、最迫切、最急需的补偿方式，普遍适用于所有类型的生态补偿。相对于其他类型的补偿方式，货币补偿最直接，操作起来也比较方便。财政转移支付是目前我国货币补偿的主要表现形式。财政转移支付也称财政转移支出，是指上、下级预算主体之间按照法定的标准进行的财政资金的相互转移。根据分级预算管理体制，上、下级预算主体间、同级预算主体间的收支规模是不对称的，转移支付制度就是均衡各级预算主体间收支规模不对称的预算调节制度。转移支付主要有 3 种方式：自上而下的纵向转移、横向转移、纵向与横向转移的混合。纵向转移是国家对地方的补偿，这种补偿方式主要应用于生态利益享受者广泛，不易确定责任主体，生态问题严重，需立即解决的情形。横向转移支付主要应用于生态受益地区明确的情形，可由生态受益地区直接向生态保护地区进行财政转移支付。纵向与横向转移混合则是应用在有较为明确的生态受益地区，但是仅依靠生态受益地区的资金难以实现对生态保护地区的充足补偿的情形。

(2)实物补偿　实物补偿属于非经济补偿中的一种，是指国家或者地区为保护环境行为的行为主体提供具体实物以支持其环境友好行为。例如，为保护自然保护区而减少耕地等行为降低了当地人们的经济收入以及粮食产量，政府适当地给予他们一定的粮食作为补偿。根据实物补偿的必要性，将其分为必要实物补偿和替代性实物补偿。必要实物补偿是指在某一生态补偿中，实物补偿方式是一种必需的方式，不能由其他补偿方式完全替代。替代性实物补偿是指在生态补偿中其可作为其他补偿方式的替代，也可以被其他补偿方式替代。

(3)政策补偿　政策补偿是政府根据生态环境保护的需要，对生态保护地区因生态保护受到的损失进行政策性的弥补，可通过政策倾斜和政策优惠两种方式实施。政策补偿主要适用于以下两种情况：第一，受补偿者范围广、人数多，一般是某一区域的全部居民、企业等；第二，受补偿者的经济权利、发展权利等均受到很大限制，如若采用货币补偿或实物补偿的方式，不仅耗资巨大而且见效甚微。

(4)智力补偿　智力补偿也称为技术补偿，指中央和当地政府以技术扶持的形式对生态环境的综合防治给予支持，如开展技术服务，培训技术人才和管理人才等。智力补偿是以"授之以渔"的方式对被补偿者进行补偿，可以从根本上解决被补偿者的生存发展问题，也是被补偿地区持久发展的动力。智力补偿方式可分为两种：一是对被补偿者进行直接的培训，使其自身能力、素质得以提高；二是向被补偿地区输入高素质人才，推动该地区经济社会长足发展。

(5)环境税费制度　迄今为止，国外典型的税种有一氧化碳税、汽油税、垃圾税和资源税等。例如，荷兰政府为保护生态环境而设计出的税收有燃料税、噪声税、垃圾税、水污染税、土壤保护税、地下水税、汽车特别税、石油产品消费税等。瑞典主要是对燃料征收的一般能源税、对能源征收的增值税、二氧化碳税、硫税、对电力能源的征税、对化肥、电池等的征税等。其他国家，如丹麦、芬兰、挪威、法国、意大利和瑞士等也采取了一系列的"产品税收"(如对碳氢燃料等)措施。

(6)环保基金支持　建立生态补偿基金一般是由政府、非政府、机构或个人拿出资金支持生态保护行为或项目，同时也接受国际和国内组织、单位、个人的捐款或援助。到目前为止，我国水利、农业、国土、林业、环保等部门均建立了专项基金，对有利于生态环境保护和建设的行为，如农村新能源建设、水土保持补贴和农田保护等进行资金补贴和技术扶助。

2.市场主导型补偿

市场主导型补偿是指在建立和执行生态环境补偿机制的过程中发挥市场机制的作用，使资源资本化、生态资本化，使环境要素的价格真正反映它们的稀缺程度，探索资源使(取)用权、排污权交易等市场化的补偿模式。它的主体可以是市场交易中的任何人，可以是生态环境的供给者，可以是生态环境的受益者，也可以是政府，但政府在市场补偿活动中，地位与其他交易者相同，对其他主体不能施加命令强制。生态补偿市场运作主要形成了产权交易市场、一对一交易、生态标记等形式。

(1)产权交易市场　产权交易市场形式指环境产权交易市场建立之后，任何市场主体均可以按照卖家最低价与买家最高价相符时成交的交易规则，进行环境产权交易。政府也可以以平等市场主体身份进入产权交易市场，根据生态—经济的发展状况，通过收购或抛出资源产权来调整该区域内的产权交易量，间接地对生态环境进行补偿。

(2)一对一交易 一对一交易的特点是交易的双方基本上是确定的，只有一个或少数潜在的买家(如某城市市政供水企业、某水力发电站、某特殊用水企业如矿泉水企业、酿酒企业、某灌区等)，同时只有一个或少数潜在的卖家(某个中小流域)，交易的双方直接谈判，或者通过一个中介来帮助确定交易的条件与金额。该中介可能是一个政府部门、非政府组织或者是一个咨询公司。一对一交易适用的典型情况是流域上、下游之间，按照双方协议，由下游地区支付上游地区保护和改善环境的投入，或者是买断上游的发展权。

(3)生态标记 生态标记实际上是对生态环境服务的间接支付方式。生态标记虽然不是直接意义上的生态服务功能购买或生态补偿，但是公众通过对以环境友好方式生产的产品进行消费，实际上是以超出一般产品的价格购买了附加在这些产品上的生态服务功能的价值，是对生产这类产品所付出的保护生态环境的额外成本进行了间接补偿，因此可作为生态补偿的一种创新政策工具加以应用。

(4)押金制、保证金制 押金制和保证金制是运用经济手段促使开发者进行生态环境修复而采取的手段。开发者在进行开发前，一般会先付给银行或相应管理部门某一数额的款项，从而确保开发者可以及时修复受损的生态环境。

第三节 生态环境补偿方法

一、生态环境补偿范围界定方法

科学界定生态环境补偿范围是实施生态环境补偿的前提。不同生态系统的空间差异性导致生态系统服务的空间差异性，同一生态系统在不同区域也会提供不同的生态服务功能。因此，在界定生态补偿范围时，要根据区域生态系统类型与格局、生态问题、生态系统服务功能类型及其空间分布特征，明确区域主导生态系统服务功能及重要程度，根据生态保护目标，明确生态系统服务主要供给区，界定生态环境补偿范围。

1.生态环境补偿范围的基本思路

划定生态环境补偿范围要把握4个主要原则：①主导功能原则。不同的区域具有不同的生态功能，甚至同一区域常常具有几种不同的功能，因此，生态功能的确定需要以生态系统的主导服务功能为主。②生态系统完整性原则。划定生态环境补偿范围时应当从生态功能的完整性角度出发，将研究区的主要范围纳入补偿范围。③可操作性原则。划定生态环境补偿空间范围应与行政边界充分衔接，以便于管理措施、环境政策、绩效考核等一系列后续工作的实施。④协调性原则。划定生态环境补偿范围时应与环境功能区划、生态功能区划、社会经济发展区划等相关区划进行充分衔接。具体步骤参照图10-4。

2.生态环境补偿范围确定的主要方法

界定生态环境补偿范围，首先要进行生态功能重要性评价，也就是针对各生态系统区域分异规律，明确各种生态系统服务的重要区域。生态系统服务功能定量评估是从20世纪后期开

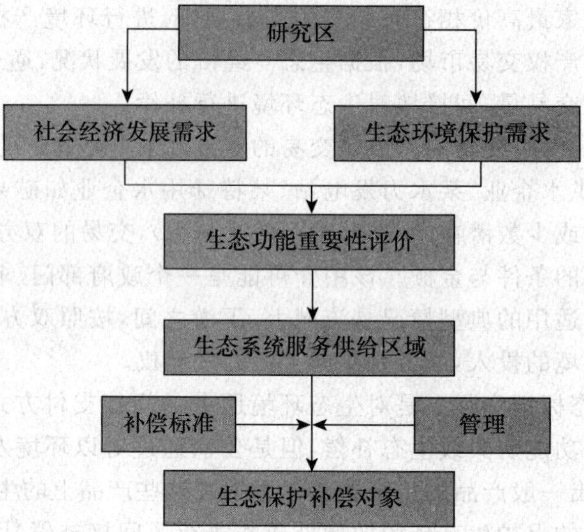

图 10-4 技术路线图

始的，最具代表性的是 1987 年美国学者 Costanza 等基于生态系统服务领域大量的研究基础，提出了物质量评价方法、能值分析方法和价值量评价方法，并对每一类子生态系统进行测算，最后加总求和。这 3 种方法是至今应用最为广泛的方法。但是，这些方法没有实现空间化，不够直观。近年来，随着遥感技术(RS)和地理信息系统技术(GIS)的快速发展，为生态系统服务功能的准确评估提供了强大的工具，借助于模型工具来揭示景观和区域尺度生态系统服务的表征、相互作用、时空变异规律等的研究越来越多。总结当前的研究成果，生态系统服务功能重要性评价的方法主要有两种思路。

第一种是在研究区环境基础上建立生态系统服务功能评价指标体系，在 RS、GIS 平台基础上，利用栅格成分数据，采用因子分析法，在空间上辨识各种生态系统服务功能及其重要性，提取出研究区主导生态系统服务功能以及重要性的空间分布特征。我国生态环境部发布的《生态保护红线划定技术指南》就采用了这种方法。

第二种是借助模型工具对生态系统服务功能进行评估。例如，美国地质调查局落基山地理科学中心和科罗拉多州立大学联合开发的生态系统服务的社会价值模型，基于公众的态度和偏好等社会调查手段，借助 ArcGIS 手段对生态系统服务的价值进行地理制图，可以计算娱乐、生物多样性等难以用价值估值的服务功能。

专栏 10-1 相关软件学习推荐网站

1. InVEST. Integrated Valuation of Ecosystem Services and Tradeoffs，生态系统服务和交换综合评价模型

开发者：斯坦福大学生物系 G,C. Daily 研究小组

最新版本：2.0

主要功能：基于 Python 语言和 ArcGIS 平台开发的生态系统服务评价模型，最新版本包括生物多样性、碳汇、水力、水净化、水库沉积、木材生产管理、作物传粉等陆地生态系统

服务模型，以及水产养殖、波能、海岸灾害等海洋生态系统服务模型，能够计算生态系统服务的生物物理量和价值量。可用于生态系统服务的建模和决策支持。

共享方式：开源，免费

软件网址：http://www.naturalcapitalproject.org/InVEST.html

2. MIMES，Multi-scale Integrated Models of Ecosystem Services，多尺度生态系统服务综合模型

开发者：弗蒙特大学冈德生态经济研究所 Robert Costanza 研究小组

最新版本：0.1

主要功能：软件把地球分为人类圈、生物圈、大气圈、水圈和化石圈五个部分机型建模，据此对生态系统服务的价值进行评估。软件的设计过于复杂，还没有找到有关的应用。

共享方式：免费。

软件网址：http://www.uvm.edu/giee/mimes2/downloads.html

3. SoIVES，Social Values for Ecosystem Services，生态系统服务的社会价值模型

开发者：美国地质调查局落基山地理科学中心 Ben Sherrouse，科罗拉多州立大学

最新版本：1.0

主要功能：基于 ArcGIS 的生态系统服务的社会价值的评估模型，方法是基于公众的态度和偏好等社会调查手段，对生态系统服务的价值进行地理制图，可计算娱乐、生物多样性等难以用价值估值的服务。

共享方式：免费

软件网址：http://solves.cr.usgs.gov/

1）生态服务重要性分级评价法

借助 RS 与 GIS 技术，参考《生态保护红线划定技术指南》，在生态系统调查、生态敏感性与生态系统服务功能评价的基础上，确定不同区域生态系统服务功能类型、空间分布与重要性格局，优先对生态功能极重要区进行补偿。

（1）水源涵养功能重要性评估　水源涵养是生态系统（如森林、草地等）通过其特有的结构与水相互作用，对降水进行截留、渗透、蓄积，并通过蒸散发实现对水流、水循环的调控，主要表现在缓和地表径流、补充地下水、减缓河流流量的季节波动、滞洪补枯、保证水质等方面。以水源涵养量作为生态系统水源涵养功能的评估指标。

采用水量平衡方程来计算水源涵养量，计算公式为：

$$TQ=\sum_{i=1}^{j}(P_i-R_i-ET_i)\times A_i\times 10^3 \tag{10-1}$$

式中：TQ 为总水源涵养量，m^3；P_i 为降雨量，mm；R_i 为地表径流量，mm；ET_i 为蒸散发，mm；A_i 为 i 类生态系统面积，km^2；i 为研究区第 i 类生态系统类型；j 为研究区生态系统类型数。

(2)土壤保持功能重要性评估　土壤保持是生态系统(如森林、草地等)通过其结构与过程,减少由于水蚀所导致的土壤侵蚀的作用,是生态系统提供的重要调节服务之一。水土保持功能主要与气候、土壤、地形和植被有关。以水土保持量,即潜在土壤侵蚀量与实际土壤侵蚀量的差值,作为生态系统土壤保持功能的评估指标。

采用修正通用水土流失方程(RUSLE)的水土保持服务模型开展评价,公式如下:

$$A_c = A_p - A_r = R \times K \times L \times S \times (1 - C) \tag{10-2}$$

式中:A_c 为土壤保持量,t/(hm^2·a);A_p 为潜在土壤侵蚀量;A_r 为实际土壤侵蚀量;R 为降雨侵蚀力因子,MJ·mm/(hm^2·h·a);K 为土壤可蚀性因子,t·hm^2·h/(hm^2·MJ·mm);L、S 为地形因子,L 表示坡长因子,S 表示坡度因子;C 为植被覆盖因子。

(3)防风固沙功能重要性评价　防风固沙是生态系统(如森林、草地等)通过其结构与过程,减少由于风蚀所导致的土壤侵蚀的作用,是生态系统提供的重要调节服务之一。防风固沙功能主要与风速、降雨、温度、土壤、地形和植被等因素密切相关。以固沙量(潜在风蚀量与实际风蚀量的差值)和固沙率(固沙量与潜在风蚀量的比值,即生态系统固定风蚀量的比例),作为生态系统防风固沙功能的评价指标。其主要考虑风速、降雨、温度、土壤质地、地形以及植被覆盖对土壤侵蚀以及水土保持的影响,采用修正风蚀方程(revised wind erosion equation, RWEQ)计算固沙量、固沙率。

$$SR = S_{L潜} - S_L \tag{10-3}$$

$$R_k = SR / S_{L潜} \tag{10-4}$$

式中:SR 为固沙量;R_k 为固沙率;$S_{L潜}$ 为潜在风蚀量;S_L 为实际土壤侵蚀量。

(4)生物多样性保护功能重要性评价　生物多样性保护功能是生态系统(如森林、草地、湿地、荒漠等)在维持基因、物种、生态系统多样性方面所发挥的作用,是生态系统提供的最主要功能之一。生物多样性保护功能与珍稀濒危和特有动植物的分布丰富程度密切相关,主要以国家一、二级保护物种和其他具有重要保护价值的物种作为生物多样性保护功能的评价指标,以国家一、二级保护物种和其他具有重要保护价值的物种为保护目标,全面收集区域动植物多样性和环境资源数据,建立物种分布数据库。根据关键物种分布点的环境信息和背景信息,应用物种分布模型,量化物种对环境的依赖关系,从而预测任何一点某物种分布的概率,结合关键物种的实际分布范围,最终划定确保物种长期存活的保护红线。

2)生态系统服务重要区域划定

根据上述各单项生态服务功能因子的分级及赋值,利用 ArcGIS 的空间叠加功能,将各因子敏感性影响分布图进行叠加计算,公式如下:

$$ESI_j = \sqrt[4]{\prod_{i=1}^{4} ES_i} \tag{10-5}$$

式中:ESI_j 为 j 空间单元生态系统综合服务功能重要性指数;ES_i 为生态系统服务功能重要性等级值。

采用 ArcGIS 自然分界法将生态系统服务功能重要性进行分级,可以得出研究区单项生态系统服务功能以及综合生态服务功能极重要区域、高度重要区域、一般重要区域,根据生态补偿的需要，优先对主导服务功能的极重要区域进行补偿。

二、生态环境补偿标准核算方法

生态环境补偿是协调保护者与受益者的环境及经济利益关系，保障生态环境质量的重要手段，而调整利益关系的一个核心问题和难点就是生态环境补偿标准的确定。由于生态环境补偿对象的多样性以及范围的不确定性等，目前学术界并没有形成公认的生态补偿标准的确定方法，各种研究和实践中往往根据自身需求使用不同的生态环境补偿标准核算方法。比较常用的有生态系统服务功能价值法、生态效益等价分析法（HEA）、生态足迹法、市场法、成本核算法、意愿调查法、微观经济学模型法等方法。这些方法的内涵与适用范围各有偏重，但基本均是基于价值理论、半市场理论和市场理论这 3 种理论提出。其中，价值理论主要方法是生态系统服务功能价值法、生态效益等价分析法（HEA）以及生态足迹法，市场理论的代表方法是市场法，半市场理论的主要方法是成本核算法、意愿调查法和微观经济学模型法（图 10-5）。

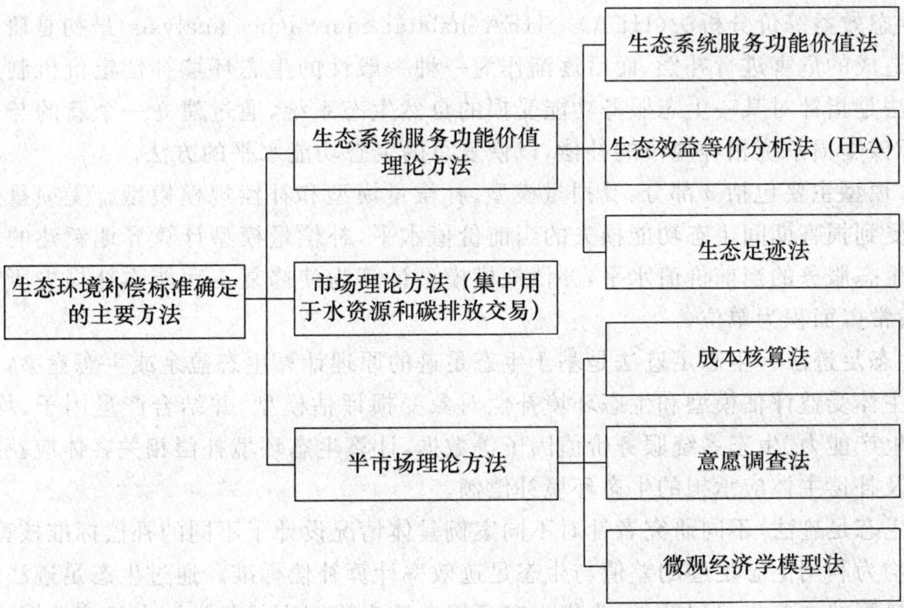

图 10-5 基于 3 大理论的生态环境补偿标准核算方法

1. 价值理论方法

价值理论以生态系统服务价值构成及评估的相关理论为基础，通过计算生态系统服务提供者向受益者提供的生态系统服务的价值来确定生态补偿的标准。该理论可以引申出 3 种确定生态补偿的标准：①生态系统服务提供者所提供的生态系统服务的价值；②生态系统服务享受者所享受的生态系统服务的价值；③生态环境破坏者破坏的生态环境的价值。基于该思路，主要有 3 种生态环境补偿标准核算方法：生态系统服务功能价值法、生态效益等价分析法（HEA）以及生态足迹法。

（1）生态系统服务功能价值法　生态系统服务功能价值法即通过估算生态系统服务功能本身的价值或修正后的价值来确定生态环境补偿标准。根据庇古税理论，补偿金额为私人成本与社会成本的差额，即边际外部成本；从环境经济的角度来说，当边际外部成本等于边际外部收益时可以实现环境效益的最大化,因此理论上最佳补偿额应该以提供的生态服务的价值为补偿标准。生态系统服务功能价值法确定生态补偿标准的基本步骤包括:①根据实际情况选择适合的生态系统服务分类方法(通常为供给服务、调节服务、文化服务和支持服务 4 类),并结合生态补偿政策的主要目标选取生态系统服务价值评估的指标,突出重点目标、避免重复核算。②选取恰当方法确定生态系统服务价值评估指标的权重。③确定生态系统功能价值评估方法。④根据土地利用类型变化数据,通过确定各类生态系统面积及其单价,计算生态补偿政策范围内的生态系统服务功能经济价值。⑤以计算出的生态系统服务功能价值以及价值变动情况为依据确定生态补偿标准。

值得注意的是,尽管生态系统服务价值评估确定的标准是最直接的生态补偿标准,也在生态环境补偿标准核算中被广泛使用,但该方法还难以直接在实际补偿中具体应用。这是因为各种评估、核算方法不同,评估结果大相径庭且一般数额巨大,远远超过现实的补偿能力。因此,理论界的一般观点是生态系统服务价值可以作为生态环境补偿标准的理论上限,而不是作为现实的生态补偿标准。

(2)生态效益等价分析法(HEA)　HEA(habitat equivalence analysis)最初是研究石油泄漏对生态造成的危害进行补偿,而后逐渐作为一种一般性的生态环境补偿定价机制应用于实践。该方法是指针对某一生态服务功能受损的自然生态系统,通过建立一个新的与之相近的系统,给予该受损系统相等规模的补偿,以恢复总的生态功能水平的方法。

HEA 模型主要包括 3 部分:受损量模型、补偿量模型和补偿规模模型。受损量模型计算自然资源受到损害期间生态功能损失的当前价值水平,补偿量模型计算异地新建的修复工程所提供的生态服务的当前价值水平,补偿规模模型计算为使修复工程能弥补损失所需要的修复规模,通常以面积为单位。

(3)生态足迹法　生态足迹法是基于生态足迹的原理计算生态盈余或生态赤字,构建生态环境补偿主体受益评估模型和生态环境补偿对象受损评估模型,并结合产量因子、均衡因子、世界平均生产能力、生态系统服务价值因子等数据,计算生态环境补偿相关客体应获得的生态补偿额以及补偿主体应承担的生态环境补偿额。

运用生态足迹法,不同研究者针对不同案例具体情况设计了不同的补偿标准核算方式,但基本思路均为利用生态足迹的差值与生态足迹效率计算补偿标准。通过生态足迹法进行生态补偿标准核算的主要步骤包括:①收集生态环境政策实施范围的各类社会经济数据,明确生态足迹核算的生物生产土地面积、均衡因子和产量因子,并据此计算人均生态足迹、人均生态承载力、总生态足迹以及人均生态足迹效率。②计算生态环境政策实施范围的生态赤字,以及当前生态足迹状态与理想状态的差额。③根据生态赤字或生态足迹差额以及人均生态足迹效率计算补偿金额。

生态足迹法确立的生态环境标准评价结果较稳定,也具有较高的可操作性,但生态足迹核算的产量因子通常直接取用相关文献中的全国平均水平,与案例区的实际水平可能存在一定差异。

2. 市场理论方法

市场理论的基础在于供求关系,即将生态系统服务功能看作一种商品,围绕这种商品建立的市场中买卖双方分别是生态环境补偿的主体和客体。理论上生态环境补偿标准应该是市场均衡价格,即供求曲线的交点;然而,由于生态环境的特殊属性,生态环境的供需市场在我国尚未建立，生态系统服务功能的价值几乎无法体现在市场定价中。但是，水资源和碳排放权在生态环境资源中比较特殊，其所有权相对明晰，具有较强的市场属性。对于水资源来说，生活用水、工业用水和农业用水都有明确的市场价格；而碳排放权已经建立了较完善的国际市场，从1992年的联合履行机制(joint implementation,JI)到1997年的《京都议定书》以及欧洲排放交易计划(EU-ETS)，国际上已通过一系列条约来保证国家之间的碳排放量买卖。因此，水资源和碳排放权按照市场价格进行交易的可操作性较高。

就一般情况而言，生态系统服务的供给者和需求者很难直接接触讨论生态补偿的标准，因此，这种理论一般适用于交易双方为一对一的政府与政府或者政府与企业，通过协商来实现最终标准的确定。国际上相当多的国家关于水资源的生态环境补偿实践都是基于水资源市场交易价格来确定补偿标准，如美国卡茨基尔山上调9%的水费并将其用于补偿200 km^2 流域内的农民，以避免花费双倍成本建设水过滤厂；厄瓜多尔 Pimampiro 地区将水价加价20%、昆卡和基多的水价加价5%，以负担生态环境补偿费用；哥斯达黎加埃雷迪亚省对用水按统一费率收取水资源补偿费；墨西哥 Zapaliname 的用水用户可以自选付费水平自愿付款进行生态环境补偿等。对碳排放权交易来说，一般是通过发达国家向发展中国家购买碳当量实现，通过买卖碳排放量来达到经济发展与环境保护的均衡格局。

总体来说，市场法使用的范围比较小，只能分别对几种生态系统服务功能进行定价，但在实际中生态环境补偿往往涉及众多生态系统，相对比较复杂。另外，由于补偿标准最终还是需要补偿主客体双方进行协商谈判，因此标准的科学性仍然可能受到人为因素的干扰。

3. 半市场理论方法

运用市场法确定生态环境补偿标准需要明确供求曲线的交点，但实际上生态系统服务功能市场的建立非常困难。因此，在市场不能发挥作用时，可以根据供给曲线或需求曲线分别确定标准，其标准确定的公式如下：

$$S=F(Q^s,Q^d) \tag{10-6}$$

$$S_s=f(Q^s)=f(Mac_s,Mic_s,\varepsilon) \tag{10-7}$$

$$S_d=f(Q^d)=f(Mac_d,Mic_d,\varepsilon) \tag{10-8}$$

式中：Q^s 为供给曲线；Q^d 为需求曲线；S 为补偿标准；S_s 为受偿者标准；S_d 为补偿者标准；Mac 为宏观因素；Mic 为微观因素；ε 为其他因素。

宏观因素相对较为复杂，不确定性较高，因此目前大多数研究都是围绕微观因素进行。对于生态环境补偿的提供者来说，影响其补偿标准的微观因素(Mic_d)包括收入、偏好以及预期等，这些因素往往被称为提供者的意愿；对生态系统服务的提供者来说，影响其补偿标准的微观因素(Mic_d)主要是成本，包括直接成本和机会成本。综上所述，半市场理论以市场理论为基础，实际上是分别对生态补偿的提供者和接受者的单方面标准进行评估，找到其影响因素，最终确定生态补偿的标准。半市场理论主要包括成本核算法、意愿调查法和微观经济学模型法。

(1)成本核算法　成本核算法指以对生态环境保护建设的各项投入成本(包括人力、物力和财力等因素)、修复或重置受损的生态系统成本、放弃的部分或全部机会成本等的核算作为补偿的依据。理论上讲，对生态建设和环境保护的直接投入与机会成本之和应是生态环境补偿的最低标准。若补偿标准低于这个下限，生态环境补偿将达不到激励生态保护行为的目的；

但也有部分学者认为生态环境补偿的补偿标准与生态系统服务的提供者的机会成本直接相关，这种观点在实践中被广泛采用。目前国际上普遍接受的补偿水平实际上以机会成本的补偿为主。

直接成本多是已经发生的成本，核算相对明确、可靠性强，通常采用市场价值法将补偿客体为保护生态环境、维持和改善生态系统服务而投入的人力、物力和财力以货币的形式计算出来，在核算时应根据具体的投入形式采取合理的方法。考虑到生态保护和建设的周期较长，可以将某年的各类生态环境保护投入作为年补偿额，或将一个时间段内生态保护的各种投入累计总额平均分配到补偿期的各个年度。

机会成本主要是指生态系统服务功能的提供者为保护生态环境而放弃的其他经济收入、发展机会等。一方面，生态环境保护以及生态环境补偿是个长期连续的动态过程，历年的生态环境保护投入总额并不是各年投资的简单累积，还应考虑资金的时间效应，使用贴现率或银行利率来计算资金的机会成本。另一方面，生态环境补偿核算中的机会成本主要是土地利用成本和人力资本，而目前的研究主要集中于与生态环境关系密切的土地利用上，在实践中普遍认为机会成本是最佳土地利用获得的产品利润。机会成本法在确定生态环境补偿标准中的应用案例见表 10-2。

表 10-2 机会成本法在确定生态环境补偿标准中的应用案例

序号	典型案例	补偿标准确定依据
1	尼加拉瓜草牧生态系统补偿	农户最佳土地利用产生的价值
2	哥斯达黎加 PES 项目	造林地区的机会成本
3	西藏水生态系统服务功能补偿	农民每年土地大麦产量
4	美国环境质量激励项目	在生产者成本和潜在收益之间
5	纽约流域管理项目	最佳经营活动的成本
6	美国保护准备金项目	每年 125 美元和 50%的成本补偿
7	中国退耕还林工程	接近机会成本的粮食和资金补贴

与此同时，无论是直接成本还是间接成本的核算都应该考虑不同地区自然条件和社会经济条件的空间差异性：一方面，不同生态系统的保护措施方法不同，因此保护成本也不同；另一方面，不同的地区和阶段的同一种生态系统所需的保护措施不同、保护的单位成本也不同。如营造不同的森林结构产生的造林费不同；不同地区的社会经济条件存在差异，因此土地、人力、运输成本差别也较大。

专栏 10-2 运用机会成本法确定海南中部山区生态补偿标准

海南中部山区是海南省主要河流发源地和重要水源涵养区，同时也是全球 25 个生物多样性保护关键区之一，在保障海南岛生态安全方面具有举足轻重的地位。具体范围包括五指山市、琼中县的全部辖区以及三亚、陵水、乐东、昌江、白沙、保亭、东方等市县的部分，共 41 个乡镇，总面积为 92.0 万 hm^2，约占海南省土地面积的 27.1%。

研究针对海南中部山区生态公益林划定和管护对林农造成的经济损失相关机会成本确定海南中部山区生态补偿标准，主要包括生态公益林内集体土地中可利用土地的机会成本以及在生态公益林严格管护过程中对现有的橡胶和槟榔地所造成的损失两部分。

根据统计数据收集、遥感影像解译以及居民种植结构调查，得知中部山区有集体所有的生态公益林 6.464 万 hm^2，其中 18.9%为可利用土地，可种植橡胶或槟榔，且在生态公益林内的集体林地中，橡胶和槟榔面积比例分别为 14.92%、4.14%。

根据问卷调查收集槟榔和橡胶的树苗成本、化肥成本、开始产生收入的时间、更新速度、经营现金流等数据，以中国最新的国债票面利率 3.95%作为贴现率，将经济作物生命周期内的收入与成本平均分摊到各年度。

研究以补偿区域内可种植的经济作物利润总额作为总的补偿标准，根据以上数据计算得到：橡胶的等年度补偿标准为 19387.35 元 hm^2，槟榔的等年度补偿标准为 19268.40 元/hm^2。如果按照集体可利用土地全部种植橡胶，补助 30 年，则应该补偿的金额为 2.37 亿元/年；如果按照集体可利用土地全部种植槟榔，补助 30 年，则应该补偿的金额为 2.35 亿元/年。

资料来源：李晓光，苗鸿，郑华，等. 机会成本法在确定生态补偿标准中的应用——以海南中部山区为例. 生态学报，2009，29(9)：4875-4883

(2)意愿调查法　影响生态环境补偿主体支付意愿的收入、偏好以及预期等微观因素往往通过条件价值评估法(contingent valuation method，CVM)来进行分析研究，以得到补偿主体所愿意支付的最大值。条件价值评估法(CVM)是一种典型的陈述偏好评估法，被大量应用于非市场化物品的价值评估。它以消费者效用恒定的福利经济学理论为基础，利用效用最大化原理，通过对不能在市场上交易的资源(生态系统服务功能)假设一种市场，询问被调查者当这种资源的质或量在假定条件下发生改变时对该资源的支付意愿(WTP)或受偿意愿(WTA)，研究者根据被调查者的回答来分析支付意愿(WTP)或受偿意愿(WTA)的分布规律，推导生态系统服务功能的价值，从而确定生态环境补偿的标准。

条件价值评估法可以用于估计所有的生态系统和环境服务功能的经济利益，它通常以个人或者家庭为样本，通过直接询问的方法了解调查对象的支付意愿和接受赔偿意愿。条件价值评估法的基本步骤包括：①界定评估的范围、对象、评估的生态系统服务功能，以及调查形式、样本大小等；②进行试访；③使用随机抽样方法抽取受访人群并进行调查，争取尽量获得较高的问卷回收率；④选取适当的统计学方法整理、分析调查结果，形成研究区域的支付意愿模型，继而结合模型中自变量的数据计算得出研究区域的人均支付意愿以及支付意愿总额。

专栏 10-3　骆马湖饮用水水源地生态补偿居民支付意愿研究

骆马湖是江苏省四大淡水湖之一，1958 年建成为长年蓄水水库，是一个集多个功能于一体的平原型湖泊，也是南水北调的重要调蓄性湖泊，其主要功能有饮用水水源地、航运、水产养殖、灌溉、防洪等。

研究人员通过设计问卷调查，对骆马湖饮用水水源地的受水区居民、各个行业的补偿意愿，调研其家庭现状、年收入以及其愿意承受的最大支付意愿。问卷包括 4 个部分：①对居民、各行业个人信息的调查；②对居民关于环境保护的认知状况和对水源地水质状况的调查；③对居民关于生态补偿认知状况的调查；④居民的支付意愿调查，支付意愿以现金支付的形式呈现。

在进行预调查后，采用分层抽样法随机选取受访人群，共发放问卷1023份，回收有效问卷995份，问卷回收率为97.26%。根据调查结果，下游地区公众的支付意愿主要集中在20～100元区间范围内，约占调查人数的64.0%，其中有85人选择0支付；仅9人选择支付最高金额500元。调查结果表明下游地区的支付意愿较低。采用二分类Logistic法进行回归分析，建立Logit回归模型的计量方程，将愿意支付的概率定为P，对P作Logit转换记为Logit P，以Logit P为解释变量，以受访者的社会经济信息变量为被解释变量。根据问卷调查结果，利用SPSS软件进行回归模拟，可以得到个人年收入对支付意愿影响最大的结果，继而将年收入水平引入pearl生长曲线，计算得出宿豫区、宿城区和宿迁新区的支付意愿调整系数分别为1.71、1.83和0.76。结合问卷调查中受访者平均支付意愿为62.92元，计算得出调整后的宿豫区、宿城区和宿迁新区的人均支付意愿分别为107.6元、115.1元和47.8元；根据2011年的人口数据可知宿豫区、宿城区和宿迁新区的补偿额分别为0.76亿元、1.02亿元和0.21亿元。

意愿调查法相对于其他生态环境补偿标准确定的方法，其适用范围更大，可以忽略部分难以获取数据的因素，有效协调进行环境评估存在的多重目标，保证评估目的的实现，且具有很大的灵活性，因此得到了广泛应用。但意愿调查法的局限性主要包括：①它是主观行为倾向调查，容易造成包括信息偏差、支付方式偏差、起点偏差、策略性偏差等在内的各种偏差；②存在接受意愿和支付意愿两种标准不统一的风险，尤其当支付意愿远远小于接受意愿的时候难以调节；③利益相关者对调查的理解情况不同，被调查者自身素质差距较大。因此，使用意愿调查法进行生态环境补偿标准核算也存在一定风险。

(3)微观经济学模型法　微观经济学模型法是以微观经济学原理为基础，通过对相关个体的偏好研究，来解决确定生态环境补偿标准问题的一种方法。它实际上是通过数学和经济学方法，针对具体案例构建模型，以得到比较符合实际情况的补偿标准。微观经济学模型主要是基于生态系统服务功能提供者和受益者的生产或消费决策过程来进行经济学推导，不同研究者采用的具体方法存在较大差异。在厄瓜多尔生物多样性保护的补偿案例中，补偿标准确定的原则是最大化农民的期望效用，并据此模拟出不同情况下的补偿价格；在荷兰高速公路的生态环境补偿中，补偿标准确定原则是生态系统服务功能的提供者净损失为零；哥斯达黎加的森林生态环境补偿实践是基于土地上农作物性质与交易成本的相关性来确定补偿标准。

理论上来说，通过微观经济学模型确定补偿标准是一种比较客观的方法，但相关模型的数值关系并没有被实证研究所证实。另外，不同学者采取的方法不同，得出的结论也存在很大的差异，难以进行横向比较。

以上这些被广泛应用的生态环境补偿标准核算方法各有侧重，适用范围不同，优劣势也不同。价值理论确定的标准是最直接的生态环境补偿标准，理论上最为科学但计算出的补偿量较大，难以被补偿主体接受；市场理论和半市场理论方法更加注重利益相关方的基础条件和偏好，得出的结果适用性较强，但主观性也更强。

值得指出的是，目前广泛使用的生态环境补偿标准核算方法均需要大量基础数据进行计算，但如此大量的数据，其可获取性及可靠性均难以保证，导致计算结果的准确度存在一定的不确定性，且收集数据需要很长的时间和较高的经济成本。

我国生态环境条件较为复杂，因此生态环境补偿标准核算方法应尽量与实践相结合，应针对不同类型生态系统服务功能或不同尺度建立不同类型的补偿标准核算方法，并进一步强化GIS、SWAT、INVEST等模型在补偿标准核算中的应用，以增强不同时空分布下数据的可获取性。

第四节　生态环境补偿政策实践案例

新安江流域水环境补偿试点是全国首个跨省流域水环境补偿试点，在我国生态环境补偿，尤其是横向补偿领域具有里程碑式的意义，其实施效果对流域生态环境补偿政策在全国的推行具有较大影响。

一、案例区概况

“源头活水出新安，百转千回下钱塘。”新安江是浙江钱塘江的重要源头，是安徽省内仅次于长江、淮河的第三大水系，也是浙江省最大的入境河流。新安江发源于安徽省黄山市休宁县境内的六股尖，地跨皖浙两省，流经安徽省黄山市的休宁县、祁门县、屯溪区、黄山区、徽州区、黟县、歙县，宣城市的绩溪县，浙江省杭州市的建德市、淳安县，流入新安江水库(千岛湖)，经千岛湖、富春江、钱塘江在杭州湾入东海。新安江流域总面积11452.5 km^2，干流总长359 km；其中安徽省内流域面积6736.8 km^2(5856.1 km^2 在黄山市)，干流长242.3 km，分别约占流域总面积的58.8%和干流总长的67.5%，大小支流600多条，覆盖了黄山市7个县区和宣城市绩溪县，总人口139.7万人。新安江安徽段平均出境水量占新安江水库多年平均入库总量的60%以上。新安江水库不仅担负着浙江省杭州、绍兴、宁波、舟山四市共约1500万人、930万亩耕地的供水任务，还对钱塘江中下游地区具有重要影响。它既是浙江省重要的饮用水源保护区，还是整个长三角地区的战略备用水源。千岛湖及新安江流域不仅是浙皖两省的重要生态屏障，也事关整个长三角地区的生态安全，战略地位举足轻重。

二、生态环境状况

近年来，国内多数大江大河、淡水湖泊拉响水质警报，而千岛湖依然是全国水质最好的湖泊之一。2006—2010年，千岛湖湖体主要水质指标呈现缓慢波动上升趋势，2010年，千岛湖湖体水质总体评价为Ⅱ类。千岛湖作为筑坝蓄水山地型深水人工水库，生态系统比较脆弱，一旦破坏将难以恢复。而新安江占千岛湖入湖水量的60%以上，其水质的好坏对千岛湖的水质有直接影响。新安江上游及支流断面水质总体为Ⅱ～Ⅲ类，但近年来由于种种原因，水环境水生态保护面临着较大压力，水质有所下降。一方面，水土保持条件差，新安江水库移民区人多地少坡陡，水土流失严重，上游洪涝灾害频发、流速大、冲刷力大、含沙量大和破坏力大，洪水过程涨得快、落得快、历时短；另一方面，污染物浓度降低难度大，新安江流域近年来出现干旱化趋势，1999—2008年的年平均流量只有27.45亿 m^3/s，比前10年年平均流量减少26.8%，导致水体自净能力下降，同时依赖化肥农药的粗放型农业生产方式尚未根本改变，农村生活污水处理能力薄弱，农村面源污染防治任务艰巨，大量的氮磷污染物随着水土流失进入水体。

2001—2007年，新安江在安徽黄山市歙县街口镇的出境断面街口江段水质是较差的Ⅳ类水,2008 年变成更差的Ⅴ类水。8 年间,街口江段的水质指标中,总氨浓度上升了 34.5%,总磷浓度上升 4%,江水透明度则下降了 18.5%。1998 年,千岛湖第一次被蓝藻侵袭,2010 年 5 月,千岛湖的部分湖面出现蓝藻异常增加繁殖。新安江与千岛湖的水生态环境质量面临着严峻挑战。

三、补偿政策出台背景

历史上,新安江流域上下游地区人与自然和谐共生,形成了经济繁荣、文化昌盛、人民安居乐业的经济文化圈。近几十年来,由于自然环境、交通等因素制约,上下游地区发展差距日益扩大。2009 年上游地区各区县中除了黄山市的行政中心屯溪区和风景区黄山区以外,其他区县的人均 GDP 和农村居民人均纯收入均远低于下游的建德市和淳安县(表 10-3)。

表 10-3　新安江流域社会经济概况(2009 年 GDP 及人均纯收入)

		GDP/亿元	人均 GDP/元	农村居民人均纯收入/元
上游地区(安徽省)	休宁县	36.3	13193	5707.8
	祁门县	29.52	15727	5529.3
	屯溪区	32.30	18656	6993
	黄山区	41.14	25214	5948
	徽州区	18.61	18590	5825
	黟县	13.78	14342	5562
	歙县	74.50	13779	5875
	绩溪县	27.51	15500	5023
下游地区(浙江省)	建德市	162.25	34963	8879
	淳安县	103.32	22858	6511

数据来源:各县区国民经济和社会发展统计公报

长期以来,上游地区为保护新安江流域生态环境和千岛湖水资源,不仅投入了大量的人力、物力、财力,而且在发展中付出了巨大的机会成本。就黄山市而言,作为安徽省 16 个地级市之一,黄山市只有 590 户规模以上的工业企业,只占全省的 4%;2010 年的工业增加值约 101 亿元,只占安徽省的 2%,排名地级市倒数前三;在沿海地区制造业内迁的产业转移的良好机遇中,黄山市却只能为确保新安江及其下游千岛湖的水质安全而设置环保准入高门槛,放弃了大量投资项目。"十一五"期间,黄山市在全省率先完成淘汰落后产能任务,关停并转企业 100 多户,此后没有新上一个"两高"项目。全市共否定外来投资项目 140 多个,投资规模达 130 亿元。一方面是上游百姓要求加快发展、实现富裕的强烈愿望;另一方面是新安江流域及千岛湖对水质保持甚至改善的客观要求。新安江流域保护在浙皖两省相左的利益诉求中徘徊,如果不能找到一条互利共赢的道路,保护与发展不能协调发展,新安江流域水质保护将难以为继。

党中央、国务院、全国人大、政协、国家有关部委和安徽省委、省政府对新安江及千岛湖水质状况一直高度关注,对新安江流域综合治理十分重视。面对新安江上下游水质保护与发展的矛盾局面,皖浙两省乃至于国家层面都对如何解决这一矛盾进行了大量调研和讨论,竭力推动皖浙两省走合作共赢之路,共同保护好新安江和千岛湖,避免重蹈先污染后治理的覆辙。2004 年,全国人大环境与资源委员会对新安江流域生态保护和污染防治相关工作进行了现场调研。2005 年,黄山市委托中国水利水电科学研究院进行了《新安江生态共建共享机制》的研究，提出了生态共建共享的理念。2006 年，国家发改委地区经济司邀请水利部、财政部、国家环保总局等有关部委和皖浙两省及黄山杭州两市发展改革、环保部门共同召开了新安江流域生态共建共享示范区人大代表建议案座谈会，提出要加快推进生态补偿机制建设。

2007 年，国家发改委、财政部、国家环境保护总局等国家有关部委将新安江流域生态补偿机制列为全国首个跨省流域生态补偿机制建设试点。2009 年，黄山市向全国人大递交《关于推进新安江流域补偿机制试点工作的议案》，财政部和环境保护部计划在浙皖两省实施新安江流域水环境补偿试点工作。2010 年 3 月，财政部和环境保护部就关于开展跨省新安江流域水环境补偿试点的实施方案征求安徽和浙江两省意见。同年 12 月，财政部下发了安徽省黄山市新安江流域生态补偿机制试点启动资金 5000 万元（其中绩溪县 380 万元），重点实施流域生态补偿保护建设规划、生态治理及水源地保护治理、水质自动站建设、农村面源污染治理、农村环境综合治理方面的 6 个项目，新安江流域试点工作迈出实质性一步。

四、生态环境补偿方案

2011 年 9 月，财政部和环境保护部牵头制订试点实施方案，印发了《财政部 环境保护部关于印发新安江流域水环境补偿试点实施方案的函》（财建函〔2011〕123 号），新安江流域作为全国首个跨省流域水环境补偿试点正式启动。该文件明确了新安江流域水环境补偿试点实施方案，决定由中央财政和安徽、浙江两省共同设立新安江流域水环境补偿基金，资金额度每年为 5 亿元，资金来源分别为：中央财政投入 3 亿元，安徽、浙江两省分别出资 1 亿元，以街口断面水污染综合指数作为上下游补偿依据，补偿资金专项用于新安江流域产业结构调整和产业布局优化、流域综合治理、水环境保护和水污染治理、生态保护投入及发展机会成本补偿等方面，由环保部推动两省签订环境补偿协议。

根据《新安江流域水环境补偿试点实施方案》，纳入补偿范围的水质项目包括《地表水环境质量标准》（GB 3838—2002）中高锰酸盐指数、氨氮、总氮、总磷 4 项指标，以这 4 项指标 2008—2010 年的 3 年平均浓度值为基本限值，根据街口断面补偿指数决定浙江省和安徽省的 1 亿元资金的拨付对象。补偿指数测算公式如下：

$$P = k_0 \times \sum_{i=1}^{4} k_i \frac{C_i}{C_{io}} \tag{10-9}$$

式中：P 为街口断面的补偿指数；k_0 为水质稳定系数，考虑降雨径流等自然条件变化因素，k_0 取值 0.85；k_i 为指标权重系数，按 4 项指标平均，k_i 取值 0.25；C_i 为某项指标的年均浓度值；C_{io} 为某项指标的基本限值。

当补偿指数 $P \leqslant 1$ 时，浙江省的 1 亿元资金拨付给安徽省；当 $P > 1$ 或新安江流域安徽省界内出现重大水污染事故，安徽省 1 亿元资金拨付给浙江省。不论何种情况，中央财政的 3 亿元资金全部拨付给安徽省。

五、补偿政策落实情况

补偿政策正式出台以后，皖浙两省均把落实政策、深化流域保护工作摆上重要位置。安徽省委、省政府把以生态环境补偿机制为核心的新安江综合治理作为建设生态强省“一号工程”。省政府在制定市县政府分类考核办法中，把黄山单独作为四类地区，对黄山市的考核不再单纯以 GDP 作为主要考核指标，加大生态环保、现代服务业等考核权重，纠正了单纯以经济增长速度评定政绩的偏向，引导支持黄山市进一步加强生态环境保护，努力促进新安江流域经济社会科学发展。皖浙两地联合下发了《关于新安江流域沿线企业环境联合执法工作的实施意见》和《关于新安江流域跨界环境污染纠纷处置和应急联动工作的实施意见》，成立了地区联合环境执法小组，每半年召开一次联席会议，每季度开展一次新安江流域沿线污染企业联合执法检查等，共同预防与处置跨界环境污染纠纷。黄山市和淳安县就新安江流域综合治理情况建立了联合监测、汛期联合打捞、联合执法、应急联动等机制。

2010—2013 年，中央财政共下达补偿资金 8.5 亿元，浙江、安徽两省拨付补偿资金共 4.2 亿元，合计 12.7 亿元。黄山市共安排农村面源污染、城镇污水和垃圾处理、工业点源污染整治、生态修复工程、能力建设等 5 大类 156 个项目。2014 年起又继续将相关工作细化为 20 项，包括：村级垃圾清洁、河面打捞、网箱退养、流域采砂治理、重要支流水草治理、畜禽养殖整治、生态农业建设、主要河流综合治理、重点区域环境风貌整治、农业综合开发、增殖放流、园区基础设施建设、企业转型升级、城镇污水处理、入河排放口整治、农村生活污水处理、服务性行业污染整治、生态林业建设，地质灾害防治、水资源开发利用等。在此基础上实现村级垃圾清洁、河面打捞、网箱退养、主要干交流综合治理、采砂洗砂治理和主要支流水草治理的“六个全覆盖”，并且在工作中对推进机制、联防机制、综合治理机制、管理机制、筹资机制以及参与机制等 6 大机制进行了积极创新。

复习思考题

一、名词解释

1. 生态价值
2. 生态环境补偿
3. 流域生态环境补偿

二、简答题

1. 生态环境补偿范围界定的技术路线是怎样的？
2. 请列举基于生态系统服务功能价值理论的生态环境补偿标准核算方法。

三、论述题

请通过课堂学习和文献资料查阅，分析成本核算法、意愿调查法和微观经济学模型进行生态环境补偿标准核算的优、缺点。

第十一章

环境产权政策

实行资源有偿使用制度和生态补偿制度。发展环保市场，推行节能量、碳排放权、排污权、水权交易制度，建立吸引社会资本投入生态环境保护的市场化机制。

——《中共中央关于全面深化改革若干重大问题的决定》

本章学习目标

1. 掌握排污许可的定义；
2. 理解排污权、排污权交易的定义、特点；
3. 了解我国排污权交易制度的实践情况。

引导案例

上海市闵行区以低成本实现环境保护目的

黄浦江是上海市的母亲河。黄浦江上游的闵行区段又是上海市的水源保护区。20 世纪 80 年代初期，根据水质模型计算，黄浦江上游要达到Ⅱ、Ⅲ级水质目标，必须在 1982 年污染排放总量的基础上到 1990 年削减 60%，而当时排污已大大超过环境容量，导致无法开发新项目。上海市人大于1985年颁布了《上海市黄浦江上游水源保护条例》。该条例规定,在黄浦江上游实行总量控制和许可证制度时,允许"总量指标有偿转让或交换"。

这一环境经济政策出台以后,中国第一例水污染权交易于1987年在闵行区发生。进而很快成功地实现了多例水污染权交易。在初始阶段,水污染权交易活动尚存在较多的政府介入,但随后的交易活动主要依靠市场本身。截至2002年年底,区内水污染权交易共计40多例,涉及企业累计80多家次,交易金额达到1403万元。通过交易活动,一些经济效益差、污染严重的企业,从经济成本考虑逐渐转让排污指标,退出了水源保护区;一些污染小、经济效益好的企业逐渐落户保护区,形成了经济与环境协调发展的良性循环。据统计,仅1994—1999年,闵行区的经济以两位数的速度增长,而工业废水排放量则由21971万t下降到13145万t,COD的排放量由8891 t下降到5098 t,万元产值COD排放量由3.79 kg下降到2.02 kg。这些成绩的取得是与水污染权交易制度密不可分的。2003年以来,闵行区的工业废水处理率、废水排放达标率均已达到100%,与此相对应,城市水功能区水质达标率、城区河流水质达标率也均达到100%。

资料来源:排污权交易市场将步入广阔空间,东方循环,2018

新古典经济学认为,在市场失灵的情况下往往依靠政府干预;新制度经济学则认为,市场失灵是政府干预的充要条件。科斯定理表明,环境产权制度的建立同样可以解决外部性内部化的问题。《中共中央关于全面深化改革若干重大问题的决定》(以下简称《决定》)第51条的主题是"健全自然资源资产产权制度和用途管制制度",《决定》第53条的主题是"实行资源有偿使用制度和生态补偿制度"并强调"推行节能量、碳排放权、排污权、水权交易制度"。本章以排污权制度为例阐述环境产权制度。

第一节 排污许可制度简介

一、排污许可的概念

排污许可属于行政许可的范畴。行政许可有广义和狭义之分。狭义的行政许可指行政机关根据公民、法人或者其他组织等行政相对人的申请,经依法审查,准予其从事某种特定活动的行为。广义的行政许可内涵则相对比较广泛,包括了许多一般许可之外的行为,如特许、认可、核准、登记、批准、审核、备案等。《行政许可法》第十二条规定:直接涉及生态环境保护等特定活动的项目,按照法定的条件予以批准,可以设立行政许可。因此,排污许可是指需要排放污染物的单位或个人根据法律规定向环境保护部门申请排污许可证,环境保护部门依法准许申请人排放一定量污染物,并予以发放排污许可证。

排污许可是行政机关控制污染物排放,维护生态稳定的具体运用,是政府实施环境综合管理的重要手段。排污许可是行政行为的一种,是行政许可在生态环境保护中的具体运用。

二、国外排污许可证制度实践经验和启示

1. 美国排污许可证制度

美国的许可制度体系较为庞大,以其完善的框架、细致的规范、创新的措施和显著的效果

成为各国学习典范。由于实行的是单项许可证制度，美国对不同环境要素的排污许可单项管理；1970 年美国制定了《废物排放许可证计划》，1972 年美国的《联邦水污染控制法》(《清洁水法》前身)首次引入了水排污许可证制度。1990 年《清洁空气法》修正案借鉴《清洁水法》的经验，增加了“许可证”制度(图 11-1)。本书重点介绍其在大气和水方面的排污许可证管理方法。

1)美国大气排污许可证制度

(1)许可类型　《清洁空气法》是美国大气排污许可的法律核心。《清洁空气法》主要规定了 3 类许可证：建设许可证、运行许可证、酸雨许可证。3 类许可证的具体实施目的各不相同，分别用于不同方面的大气污染物排放管理。

①建设许可证。建设许可又称新源审查许可(preconstruction permits/new source review permits)，是指为防止达标区的空气质量出现显著恶化或影响未达标地区的空气质量好转进程，要求常规大气污染物潜在排放量超过一定值的新建或改建固定污染源在建设前须申请获得建设许可证。根据固定污染源及所在区域的空气质量达标情况，可将建设许可证分为 3 类：一是针对达标区的“防止明显恶化”许可(prevention of significant deterioration，PSD)，即达标区新建或改建的重大固定污染源在建设前必须取得 PSD 许可证，重大固定污染源的具体限定详见表 11-1。二是针对未达标区的“新污染源审查”许可(new source review，以下简称 NSR)，即在未达标地区新建或改建具有潜在排放量大于等于 100 t 未达标污染物或其污染物前体的排污单位在建设前必须取得 NSR 许可证。在未达标地区获取许可的要求比在达标地区更为严格，首先要执行排污抵消制度，即新增污染物排放量必须小于现存企业的污染物削减量，即企业只有替新污染源找到“排污空间”，才能获得 NSR 许可；其次要安装污染物最低排放率技术，新源要配置最低可达排放速率(lowest achievable emission rate，LAER)技术，即在任何州实施计划(state implementation plans，SIPs)中包含的或者实践中可达到的最严格的排放限制技术。三是小源许可(minor source permits)。小源许可适用于不需要 PSD 和 N/ANSR 许可的固定源。此类许可通常对污染源的排放量作出限制，使其可以免受 PSD 和 N/ANSR 许可的管制。

表 11-1　适用于达标区 PSD 许可证的重大固定污染源

项目	适用行业	受控污染物	受控污染物的潜在排放量
新建项目	来自石油、造纸、冶金等 28 个行业	6 种常规大气污染物及硫酸雾，硫化氢，氟化物	≥250 t/年
	除以上 28 个行业外的其他行业	6 种常规大气污染物及硫酸雾，硫化氢，氟化物	≥100 t/年
	所有行业	6 种温室气体	≥100000CO_2e t/年
改建项目	所有行业	6 种常规大气污染物及硫酸雾，硫化氢，氟化物	≥40 t/年(大部分污染物)也有低至 1 t/年
	所有行业	6 种温室气体	现有设施≥100000CO_2e t/年 改建增加≥75000CO_2e t/年

[来源：40CFR52.21(b)(49)(v).]

②运行许可证。运行许可证(operating permits/title V permits)是在大气污染源开始运行后，由许可当局对污染源发放的许可证。与建设许可证不同，运行许可证重点是对现有源的管理。其实施的主要目的是通过把联邦、州、地方政府所有的大气污染控制要求并入一份单独而全面的“运行许可证”，并利用这份许可证来管制污染源每年的排污活动，从而简化各级政府

对大气污染的管理，消除各种各样的减排计划对企业可能带来的困惑。运行许可证的适用对象为所有的大型污染源和数量有限的较小污染源。具体来说，需获得运行许可证的企业主要有以下几类：一是重大污染源，即实际排放量或潜在排放量达到或超过某一排放阈值的污染源（根据污染物类型和地区空气质量是否达标来确定排放阈值）；二是建设前受 PSD 和 N/ANSR 许可管制的污染源；三是受控酸雨源，即需要获得酸雨许可证的污染源；四是固废焚烧装置、城市固体废物填埋场和化工制造企业；五是受有害空气污染物国家排放标准（national emission standards for hazardous air pollutants，NESHAP）管制的非重大污染源。

③酸雨许可证。酸雨许可证（acid rain permits，或 title IV permits），是为促进酸雨计划（acid rain program，ARP）的实施而向相关企业发放的许可证。在遭受多年的酸雨危害后，美国提出了著名的酸雨计划，旨在大幅削减电力行业所排放的导致酸雨的两大主要污染物：二氧化硫和氮氧化物。其中，氮氧化物的削减主要通过采用低氮新技术来控制排放率，而二氧化硫的削减采用可交易的排污许可模式（排污权交易）。对于每个受控源，酸雨许可证要求持有足够的二氧化硫“排放配额”以保障其年度排放，遵守相应的氮氧化物排放限制，监视和报告排放情况。酸雨许可证的一个重要作用是推进二氧化硫的排污权交易，作为酸雨控制项目中排污权交易政策的一项辅助管理手段。例如，通过利用许可自动修订机制，酸雨许可证允许污染源之间进行排放配额的实时交易。

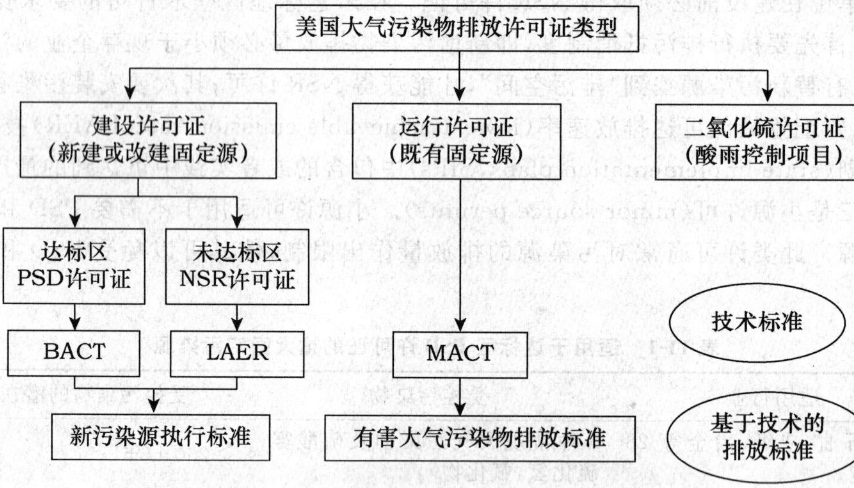

图 11-1　美国大气排污许可体系示意图

注：BACT——现有最佳控制技术：可以合理使用的能最大限度减少污染的现有技术。
LAER——最低可得排放率技术：不计成本，是现有控制技术中最严格的技术。
MACT——最大可得控制技术：排放表现是现有排放单位排名前 12%的平均排放水平。

（2）排放限制　美国的许可管理方法十分细致。除了依据污染源的所处阶段、所在地区或是实施项目的不同而采用不同类型的许可证以外，各类许可证适用的排放限制也是非常多的。《清洁空气法》主要确立了三类排放限制的来源：①联邦发布的条例，例如新源执行标准（new source performance standards，NSPS）和 NESHAP；②州实施计划的相关要求；③PSD 和 N/ANSR 许可。

为了对全国范围的大气污染物排放进行管制，联邦环保署发布了 NSPS 和 NESHAP。NSPS 是适用于新建或改建的固定源的常规污染物排放标准。这里的常规污染物是指臭氧、颗粒物、一氧化碳、氮氧化物、二氧化硫、铅6种污染物。NSPS制定依据为最佳示范技术(best demonstrated technology,BDT)。BDT是对于某一既定产业来说,在考虑了经济成本和其他因素(如能源消耗)的基础上,已经得到实践检验的最佳减排措施。NESHAP则是同时适用于新源和现有源的有害空气污染物排放标准,对重大污染源,其制定依据为最大可达控制技术(maximum achievable control technology,MACT),对其他污染源,其制定依据为一般可行控制技术(generally available control technology,GACT)。MACT对现有源和新源的控制标准也不一样。对于现有源,MACT要求其所能实现的排放水平不能低于现有污染源中排放控制效果最优的前12%的平均排放水平。对于新源,MACT更为严格,其代表的是实践中得到最优控制的同类污染源所能达到的排放水平。GACT则不分现有源还是新源,统一为在考虑了经济影响和企业的技术能力后,可以商业获取且适合实际应用的污染控制措施。不难看出,GACT远不及MACT严格。值得注意的是,无论是NSPS还是NESHAP,都是基于技术的标准,其标准内容不仅包括数值化的排放限值,也包括设备或设计标准、工作实践标准等。

在这些联邦统一的排放标准之上,《清洁空气法》进一步要求各个州应该向联邦环保署提交州实施计划,阐明各州如何让空气质量达标,并对空气质量进行维护。一旦被环保署批准,州实施计划就具有了联邦法律效力。对于空气质量未达标地区的现有源,州实施计划必须规定合理可行控制技术(reasonably available control technology,RACT)以对其常规污染物排放进行管制。RACT是指经济和技术上都可以实现的、合理可行的控制措施。在实践中,运行许可证就主要采用RACT作为其排放限制。相比建设许可证要求的BACT和LAER,RACT更多地考虑了经济技术因素,因而较为宽松。需要指出的是,RACT/BACT/LAER并不仅是指排放控制技术或措施,其内容也包括数值化的排放限值、操作限值、工作实践标准等,因而实质上也可看作是一种排放标准。

第三类排放限制的来源为PSD和N/ANSR许可。具体来说,这类排放限制即是指在PSD和N/ANSR许可中必须要有的BACT和LAER。然而,与NSPS和NESHAP不同,BACT和LAER(也包括部分RACT)并不是统一的标准,而是基于"个案分析(case-by-case)"来加以确定的。州或者地方许可当局要对各个固定源的技术经济水平进行考察,结合联邦环保署公布的控制技术清单和本州的空气质量控制目标,确定具有针对性的排放标准。在这种要求下,减排潜力大和减排成本低的污染源就会被制定更严格的标准,从而削减更多的污染物,避免排污单位因为达到了统一的排放标准(例如NSPS)就不再减排。换言之,对于新建和改建的污染源来说,PSD和N/ANSR许可的BACT和LAER都会比NSPS更为严格,它是在联邦统一标准上更进一步的要求。

美国的大气排污许可证的排放限制标准多样、细致而且复杂。总体来看,新源的排放限制比现有源严格,重大源的排放限制比非重大源严格,非达标地区的排放限制比达标地区严格,个案分析的排放限制比联邦统一严格。

(3)实施机制

①实施体系。美国的大气排污许可证发放机构包括联邦环保署、州和地方的政府环保机构,但绝大部分许可证都是由州和地方机构发放。对于建设许可证,联邦环保署负责建立许可证制度的基本要求。各个州可以制定符合自身特点的建设许可证制度,但是不能比联邦环保署的要求更为宽松。各州的建设许可证制度都被整合到州实施计划当中,并随着州实施计划的被批准而被批准。依据被批准的建设许可证制度,各州就可以向污染源发放建设许可证。

空气质量达标的州也可以不制定自身的建设许可证制度，而直接采用联邦环保署的建设许可证制度。在这种情况下，联邦环保署授权这些州代表其发放许可证。在少部分地区，联邦环保署直接作为发证机构（图 11-2）。

运行许可证的实施机制与建设许可证类似。首先，联邦环保署建立运行许可证的基本要求。在此基础上，各州制定州运行许可证制度，并交联邦环保署批准。依据被批准的州运行许可证制度，各州就可以向污染源发放运行许可证。在少部分地区（如印第安领地）和其他一些特殊情况下，联邦环保署负责发放运行许可证。值得注意的是，依照《清洁空气法》的第四章和第五章的规定，州政府同时也要制定本州的酸雨许可证制度作为它们州运行许可证制度的一部分。据此，每个酸雨许可证也可看成是一个综合性更强的运行许可证的一部分。

总体来看，美国的大气排污许可证制度是一项联邦环保署要求的，由州政府负责实施的政策。州政府制定的州实施计划和州运行许可证制度必须满足联邦环保署制定的最低许可证制度要求，而且必须通过联邦环保署批准后方可实施。同时，在各州的许可证制度的实施过程中，州环保局或地方空气质量管理委员会仍然受到联邦环保署的监督，联邦环保署有权审查，甚至反对拟发的许可证。如果各州未能按规定实施许可证制度或实施不力，许可证发放权将被收归联邦环保署所有，由联邦环保署执行联邦实施计划或联邦运行许可证制度。可见，联邦环保署拥有最高的授权和监督权力，州政府在制定和执行许可证制度时向联邦环保署负责，受其监督。

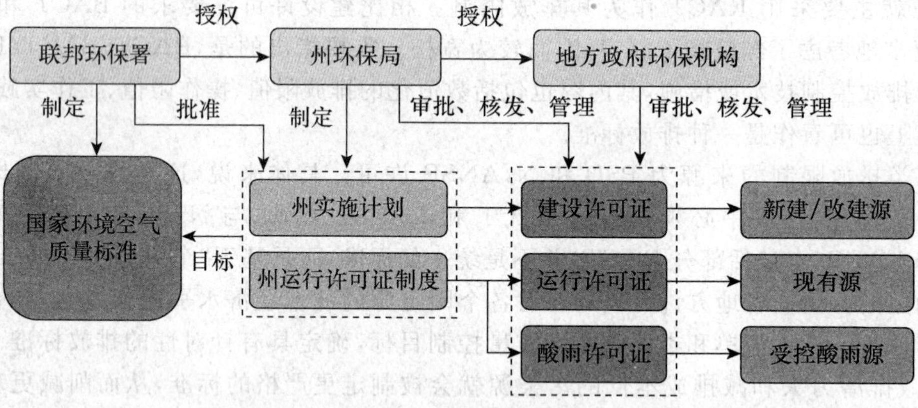

图 11-2　美国大气排污许可证基本实施体系

②实施程序。在具体的实施程序上，美国的大气排污许可证制度主要可以分为企业申请、审核发证、证后监管、惩罚机制 4 个方面。实施程序的示意图见图 11-3。

2）美国水排污许可证制度

（1）发展历程与许可原则　和大气排污许可证制度类似，美国的水排污许可证制度在以《清洁水法》为核心的法律体系上建立。1972 年，美国对《联邦水污染控制法》（《清洁水法》的前身）进行了一次全面修订，在其中首次引入了“国家污染物排放消除体系”（national pollutant discharge elimination system，NPDES）许可证制度，即美国的水排污许可证制度。NPDES 许可证制度要求，凡是通过点源向水体排放污染物的设施，都要获取排污许可证。同时，该版《联邦水污染控制法》修订案还强调了以下 4 个原则：①向可航运水体排放污染物不是一项权利；②当利用公共资源处置污染物时，许可证是必需的，并且许可证要对污染物的排放量

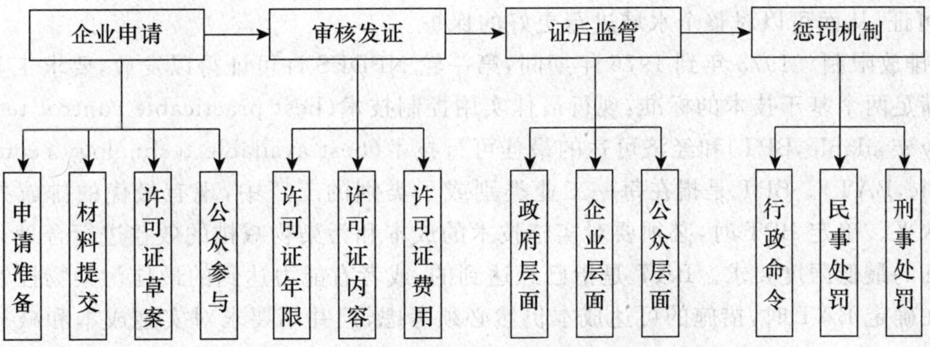

图 11-3　美国大气排污许可证制度实施程序

做出限制；③无论受纳水体的状况如何，污水都必须用经济上可行的最佳处理技术处理；④排放限制必须基于处理技术的表现，但是如果基于技术的限制不能防止受纳水体的质量不受损害，就可以加入更为严格的限制。

NPDES许可证制度在很大程度上就是围绕着这4项原则展开的，很多方面都是这些原则的具体体现。在1972年之后，《联邦水污染控制法》在1977年被再次修订，除了正式更名为《清洁水法》以外，更加注重了对有毒污染物的控制。1987年，《清洁水法》再次被修订，工业和市政暴雨水排放也被加入了NPDES许可证制度的管制范围内。

(2)许可类型　一般来说，NPDES许可证一共有两种类型：个别许可证和普通许可证。

个别许可证(individual permits)是专门适用于单个设施的许可证。一旦某个设施提出合适的许可证申请，许可当局就会基于申请上的信息(活动类型、排放性质、受纳水体质量等)对此设施制定许可证。许可证在一个特定时段内有效(不超过5年)，且在过期之前需要再次申请。

普通许可证(general permits)是能对某一特定类别中多个设施同时进行管制的许可证。对许可当局来说，普通许可证是一个更有效率的许可方案，因为仅用一个许可证就可以管制同个类别下的大量设施。普通许可证适用的设施类别包括：①暴雨点源；②操作方式相同或者基本类似的设施；③排放相同废物，或利用、处置淤泥方式相同的设施；④具有相同的排放限制、运行条件、下水道淤泥利用或处置标准的设施；⑤监控要求相同或类似的设施。然而，这些排污设施必须是位于同一个地理区域范围内(同一个市、郡、州、规划区域、下水道区、州公路系统等)，否则普通许可证将不能适用。

普通许可证使得具有相同特点的设施可以统一管制，避免了对各个设施一一发布个别许可证所带来的时间和资金花费。得益于此，许可当局可以以更有效的方式分配资源，更及时地扩大许可管制范围。同时，普通许可证还可以确保对于类似的设施，采用的许可条件是一致的。

然而，独立的个别许可证或普通许可证并不能完全解决水质问题。为此，联邦环保署自2003年起实施了一个新的许可方法：基于水域的NPDES许可(watershed-based NPDES permitting)。该许可注重对一个水域范围内所有水质施压者的联合管理，而不是再对污染源进行一个个的单独管理。基于水域的NPDES许可可以囊括一系列活动，例如对水域内的多个许可证进行同步化管理，或利用多源模型分析来制定污染源排放标准。许可活动的类型取决于水域和污染源的特点。基于水域的NPDES许可的最终目标是更有效地制定和发放NP-

DES 许可证,从而可以对整个水域进行更好的保护。

(3)排放限制　1973 年到 1976 年期间,第一轮 NPDES 许可证得以发放,要求工业设施必须逐步满足两个基于技术的标准:现行最佳实用控制技术(best practicable control technology currently available,BPT)和经济可达的最佳可行技术(best available technology economically achievable,BAT)。BPT 是指在每一工业类别或子类别的工厂中,现有最优的排放控制效果的平均水平。确定 BPT 时,必须要对实施技术的成本和污染物减排的效益进行合理论证。它是许可证的最低限度要求。BAT 是指已经达到的,或者有能力达到的最佳污染物控制和处理措施。在确定 BAT 时,措施的可达成本仍然必须考虑,但并不要求对实施成本和减排效益进行平衡。

1977 年《清洁水法》修订后,污染控制的重点开始转移。水体污染物被分为 3 类:常规污染物、有毒污染物、非常规污染物,不同类型的污染物采用不同的排放限制,而控制的重点转移到了毒性污染物上。所谓常规污染物是指五日生化需氧量、总悬浮物、酸碱度、粪大肠菌群、油和油脂 5 类污染物指标。常规污染物采用的排放限制为最佳常规污染物控制技术(best conventional pollutant control technology,BCT)。BCT 的制定依赖于两个"成本合理性"检验。第一个检验是比较水污染物的行业内削减成本和排放到公共废水处理厂以将其处理到类似排放水平的成本;第二个是研究在 BPT 基础上进一步进行工业处理的成本效益率。联邦环保署必须根据这两个检验制定合理的排放限制,并将其确定为 BCT。BCT 在常规污染物的管制上完全取代了 BAT,但是对于有毒污染物和非常规污染物,其排放限制仍然是 BAT。

上述的这些控制措施都是针对现有源的。为了加强对新源的监管,1972 年的《联邦水污染控制法》建立了新源执行标准(new source performance standards,NSPS)。和大气污染源的排放限制类似,水污染源的 NSPS 也是基于最佳可行示范控制技术(best available demonstrated control technology,BADT)制定的。然而,NSPS 对水污染源来说,管制范围包括所有的 3 类污染物。同时,考虑到新源具有装配最佳、最有效率的生产工艺和废水处理技术的机会,联邦环保署希望 NSPS 可以代表能够达到的、最严格的排放控制措施。

无论是 BPT、BCT、BAT 还是 NSPS,都有两个共同特点:①都是联邦统一的排放标准,而不是基于个案分析来确定的;②都是基于技术的标准。然而,如果基于技术的排放标准不足以保护水体,那么许可证就需要适用更为严格的基于水质的排放标准。基于水质的标准一般是基于最大日负荷总量(total maximum daily loads,TMDLs)来制定的。TMDLs 是通过计算得出的、在满足水质标准的前提下水体可接受的最大污染物量。利用 TMDLs,可以在许可证中对污染源的排放量进行合理分配,促进水质达标。

(4)实施机制　《清洁水法》授权联邦环保署直接实施 NPDES 制度。联邦环保署可以再授权各州实施全部或部分的 NPDES 制度内容。对于只获得部分授权的州,联邦环保署负责实施其余部分。然而,即使是交给各州实施,联邦环保署仍然保留审查每份拟发的许可证的权利,并且可以对其中与联邦要求有冲突的元素提出反对。如果许可当局不解决这些问题,那么环保署可以直接发放符合其要求的许可证。一旦许可证被得以发放,它就具有法律效力。

如果州未被联邦环保署授权实施 NPDES 制度,那么联邦环保署负责实施该制度。当环保署发放许可证时,它需要从污染源所在的州那里获得认证,以确保污染物的排放符合排放限制、州水质标准以及州法律的其他适用要求。州需要在认证中列明许可证必须包含的条款,以便认证的开展。

在实际实施过程中，大部分许可证都是由州发放的。总体上，与大气排污许可证的实施体系类似，美国的水排污许可证是一项联邦环保署领导的，由州政府负责实施的政策。联邦环保署拥有最高的授权和监督权力，州政府在执行许可证制度时向联邦环保署负责，受其监督。

2.欧盟排污许可证制度

1)总体框架和发展历程

欧盟的许可证制度是建立在1996年颁布的《综合污染预防与控制指令》(integrated pollution prevention and control directive，以下简称IPPC指令)上的，目的是对环境实施综合管理。在此之前，欧盟已经有200多件环境指令和规定。这些立法几乎涵盖了所有重要的领域。然而，这些立法是分散式的。例如，在有关水污染的指令中很少提及废物管理或者空气污染指令的相关内容。即使是在单一领域，由于同时存在多个不同的立法，导致对同一个类型的污染问题有不同的对策措施。为了提高执行效率，增加可操作性，欧盟出台了IPPC指令，对污染控制法规进行了融合。IPPC指令是一个综合性的污染控制指令，其目标是预防或减少对大气、水体、土壤的污染，控制工业和农业设施的废物产生量，确保高水平的环境保护。IPPC指令的颁布，代表了欧盟开始采用综合许可证制度，力求对各种环境要素中的污染物进行统一控制。

IPPC指令要求，具有较高污染潜力的工业和农业活动需要获取许可证。许可证只在要求的环保条件都得以满足的情况下发放，企业对其自身产生的污染负有预防和削减的责任。指令适用于以下行业的新建或现有污染源：能源、金属生产及加工、采矿、化工、废物管理、畜牧业等。获得许可证所要满足的环保条件包括以下几条。

(1)使用所有适合的污染预防措施，即所谓的最佳可行技术(best available techniques，BAT)。BAT应当具有如下的效果：产生最少的废物，使用更少的有害物质，以及使得产生的物质可以被再利用或回收，等等；

(2)预防所有的大规模污染；

(3)尽可能地以产生最少污染的方式来预防、回收或者处置废物；

(4)高效地使用能源；

(5)确保事故预防和损害控制；

(6)当活动结束时，恢复场地到它们原先的状态。

此外，在决定发放许可证时，必须明确以下要求：①污染物质的排放限值(如果有相应的排放交易体系，那么温室气体的排放限值可以除外)；②任何需要的土壤、水体以及大气保护措施；③废物管理措施；④特殊情况下的应对措施(泄漏、故障、暂时或永久性的停工等)；⑤长距离或跨界污染的最小化措施；⑥排放监控措施；⑦其他适用的措施。

IPPC指令的核心要求，就是要根据BAT来对指定行业的污染设施发放综合许可证。从定义上来说，BAT代表了各项生产活动、工艺过程和相关操作方法发展的最新阶段。它表明了某种特定技术在满足排放限值基础上的适用性，或者当无法满足排放限值时，又无其他指定技术的情况下，采用此种技术可以使向整个环境中的排放量达到最小。BAT同时也考虑了在技术实施的成本和环境保护的效益之间进行平衡。为了帮助成员国发证机构和工业界更好地确定BAT，委员会在与技术专家、工业界和环保团体进行信息沟通及交流的基础上制定了一份最佳可行技术参考文件(BAT reference documents，BREFs)。BREFs介绍了针对欧盟各类设施的BAT，重点说明与此类技术相关的排放和消耗水平。然而，这份文件只有参考价值，并没有法律约束力。在实际操作过程中,允许成员国考虑相关设施的技术特点、地理位置和当地的环境条件来确定合适的BAT。

理论上,欧盟各成员国应当将IPPC指令的内容转化为本国的法规并严格加以实施。然而,经过多年的运行,指令的实施仍存在着以下一些问题:①许可证发放的进度落后。指令所要求的行业设施在规定期限前仍有多个许可证未被发出,其中落后最多的国家包括希腊、意大利、保加利亚和斯洛文尼亚等。②许可证的质量参差不齐。指令的设想是根据BREFs中BAT来确定许可证的排放限值。但实际中,很多许可证并未据此来设定许可条件。各国对BAT的具体解释各异,由于BREFs没有法律约束力,一些国家在实施过程中往往以设施的技术特点、地理位置和环境条件的特殊性为由降低要求。③IPPC指令所涵盖的行业不够广泛,条文欠清晰,无法确保欧盟委员会战略目标的实现。

为解决以上问题,欧盟委员会开始考虑对污染排放法律进行改进。其目标是将现行的排放立法进行明晰化,同时强化BAT的统一执行。2010年,《工业排放指令》(industrial emission directive,IED)被正式批准通过,该指令将下列指令合为一体:《大型燃烧装置大气污染物排放限制指令》《污染综合防治指令》《废物燃烧指令》《溶剂排放指令》以及之前有关二氧化钛的处置、监测和监管、减少行业污染的3个指令。其中,IPPC指令仍然是核心。IED强化了技术规制这一手段,它适当更新了BAT的概念,将BREFs转化为欧盟法律文件,提升了BREFs的效力。IED要求,在BAT之外所制定的例外条件必须要有合理的理由并被记录在案。IED同时收紧一些部门(如大型燃烧设施)的最低排放限值,以确保空气污染主题战略目标的实现。此外,IED要求主管机关每年评估排放监测结果,以确保设施的正常排放不超过BAT规定的排放水平,并在检查、审查许可条件及合规性报告方面引入一些必要的规定。欧盟的各成员国应当在2013年1月7日之前将IED纳入国家法规。

2)英国环境许可证制度

目前,英国的许可证制度以2007年颁布的《环境许可条例》为法律依据。该条例将多个欧盟指令全部或部分地纳入了其中,包括:《综合污染预防与控制指令》《废弃物框架指令》《垃圾掩埋指令》《汽车报废指令》《废电子电机设备指令》《废弃物焚化指令》《溶剂排放指令》《大型火力电厂指令》《石棉指令》《二氧化钛指令》《汽油气体回收指令》《电池指令》《采矿废物指令》(2013年修订后,《工业排放指令》也被加入其中)。《环境许可条例》试图将英国在过去几十年对各种活动发放的大量许可证和授权执照放在一个统一的框架下。通过使用整体方法,该条例将大气、水体、土壤的排污活动许可整合到了一起,从而简化了企业的规范流程。

英国的环境许可制度要求对各类有损环境或人体健康的设施进行管制。对于某些设施,经营者应当获取许可证;对于其他设施,则可以将其登记为许可豁免。同时,经营者必须持续地接受监管者的监督。环境许可制度的目标包括:

(1)对环境进行保护,使得法定的和政府政策的环境目标可以实现;

(2)有效地实施许可体系、遵守许可条件、遵照环境目标,从而使得经营者和监管者的职责明确,减少行政负担;

(3)鼓励监管者推广设施运行的最佳实践经验;

(4)持续地全面推行欧盟法规。

英国的许可证有两种类型:标准许可证(standard permits)和定制许可证(bespoke permits)。标准许可证要求许可证持有者遵守一系列标准规定。每种活动都有其固定的规定,由英国环保局和行业组织协商承担。作为全国标准系统的一部分,这些标准许可证相对申请进度快捷,程序简单,导则文件清晰扼要。然而,某些活动由于种种原因不在标准规定约束的范畴当中,就需要申请定制许可证。定制许可证当中包括了许可证持有者从事特定活动的适用条件,其申请和维护往往要花费更多的时间和费用。此外,对于一些环境影响较小的活动,英国允许将其登记为许可豁免。

英国有相当多的法律涉及污染物排放限制。例如,在水体污染物排放方面,就有《水框架法》《淡水渔业法》《饮用水法》《危险物质条例》《洗浴水法》《硝酸盐法》《城市废水处理法》,等等。此外,在核电部门和其他一些行业,曾广泛采用的排放限制还包括最佳实用方法(best practicable means, BPM)和最佳实用环境选择(best practicable environmental option, BPEO)。随着欧盟IPPC指令的推进和IED指令的生效,英国遵循欧盟的要求,对许可制度进行了修改。《环境许可条例》就先后对IPPC和IED指令进行了融合。与此相对应,一些原先的排放标准也逐步被BAT所取代。

3)德国排污许可证制度

在德国,环境保护一直是公众的主要关注点及政策制定的优先考虑对象。德国的许可证制度也开展较早。1974年,德国开始施行《空气污染、噪声、振动等环境有害影响预防行动》,其核心内容之一就是对颁发许可证的要求和程序等进行规定。此外,德国于1964年开始实施并在1974年、1983年、1988年和2002年多次修订的《空气质量控制技术指导》也规定了不同生产设施排放空气污染物的限值和措施要求,并重申了许可证颁发要求。IPPC指令颁布以后,德国的许可证颁发相关法律都开始遵照欧盟的要求,BAT也被加入德国法律之中,使得IPPC指令得到了良好贯彻。

德国的许可证制度是对IPPC指令的进一步加强。在德国,有192种不同类型的设施需要获取综合预防和控制许可证,这远远超过了IPPC指令的原本要求(33种)。此外,IPPC指令要求的是综合许可证,而德国发放的许可证是综合且集中的许可证。"集中"的意思是,许可证中集合了与设施相关的主管机构的其他决定。集中许可证中可以包括的内容有:

(1)综合环境许可;

(2)建设许可;

(3)蒸汽锅炉使用及爆炸物处置的特别技术性许可;

(4)与自然保护相关的批准;

(5)铁路建设及运营的批准;

(6)有害水源物质的处置及操作的批准等。

德国排污许可证适用的排放限制是"基本约束条例"(general binding rules,GBR)。为了将BAT纳入排放标准,联邦政府环境部在制定和修正GBR时会考虑最佳可行技术参考文件BREFs。具体来说,联邦政府环境部设立顾问委员会,定期评估新的BREFs,审核这些文件对于排放限制的要求是否超出或能够补充现有的技术性准则中的要求,并决定现有GBR是否需要审核或更新。然而,与基于技术的标准不同,GBR并未规定任何具体的技术,只是包含了必须满足的排放限值。尽管如此,由于BAT的加入,GBR有时会为了确定污染控制或降低的具体水平而对具体的技术进行规定。

作为一个联邦制国家,德国各州的许可证申请和发放形式并不完全一致。德国的国家法律规定了申请许可需要提交的申请材料的范围，但是在国家层面上并没有标准的申请形式。只有在各个州的法规中，才有关于申请需要的文件以及应该如何陈列这些文件的详细指示。同时，在对许可程序作出规定的法规中，也有许可申请决策程序的相关规定。许可证的申请程序中有一些固定的期限。例如，书面提交许可申请后，申请文件的完整性必须在一个月内审核；在文件齐全后，决策必须在一个月内作出。值得注意的是，除了填埋场设施（每四年审核一次），在综合污染预防和控制许可中不会规定复审期限。而且，现在颁发的许可证都没有过期时限。

总体而言，德国的法律体系有力支撑着 IPPC 指令的实施，使得德国在贯彻指令中很少出现问题。截至 2005 年 6 月，IPPC 指令要求发放许可证的 8068 项设施中，有 83%已经得到了许可。

3. 国外排污许可证制度经验启示

美国、欧盟等发达国家均采用排污许可证制度来对污染源进行约束，实现对各类污染物的管控。在具体许可形式上，美国采用单项许可，欧盟等地则采用综合许可。综合许可有利于对企业实行统一管理，促进环境管理人员对企业环境行为的整体认识；单项许可有利于对单个要素开展精细化管理，但许可效率较低，且缺乏对企业的整体管控。事实上，美国国内也早有呼声，要求进行综合许可改革，以提高许可效率，加强管理效果。然而，对于已经习惯了并且投入了大量人力物力来维持当前许可体系的社会各界来说，改革的成本过于高昂而难以开展。对于我国的排污许可证制度建设来说，应当在综合考量、权衡利弊的基础上，对国外排污许可证制度进行借鉴。

国外的排污许可证制度虽然具体形式各异，但从内涵上来说，都是作为环境管理的核心手段，其主要目的都是利用排污许可证进行全周期、多方面、深层次的一证式管理。

（1）从管理的时段上来看，排污许可证覆盖了企业生命周期的各个阶段　美国排污许可证制度依靠建设许可证、运行许可证，分别对不同阶段的企业（新源和现有源）进行管理；欧盟排污许可证制度则将生产活动结束之后的场地恢复也纳入排污许可证的管理范围。从企业的开工建设到最终消亡，排污许可证可以实现“从摇篮到坟墓”全过程式监管。

（2）从管理的对象上来看，排污许可证综合了多种环境要素的污染行为规范　虽然美国由于法律框架等原因实行单项排污许可证并成为实施典范，但从国际实践经验看，多数国家和地区采用综合许可证模式，其中欧盟是综合许可证制度的典型代表，排污许可证对大气、水体、土壤的污染同时进行管理；加拿大也将废水、废气、废物、噪声都列入了排污许可证管理范围。将多种环境要素中的污染行为在排污许可证中进行统一管理，一方面可以提高行政效率、减少申请负担；另一方面也可以对污染物在不同介质中的转移进行有效控制。

（3）从管理的内容上来看，排污许可证提供了各项环境管理活动的整合平台　在各个国家排污许可证制度中，排污许可证都被定位为政府、企业、公众共同参与环境管理的平台，是整合各项环保制度的基础，也是展开各类环境管理行为的依据。以美国排污许可证制度为例，排放许可证制度不仅包括许可证的发放，也包括许可的技术标准、许可量的确定方法以及排放监测、排放报告制度。运行许可证集成了联邦、州、地方政府的各类污染环保要求，极大地方便了政府监管、企业守法、公众监督。

三、我国排污许可制度的变迁及其绩效

1. 以实施水污染物排放总量控制为目的的环境管理时期

以实施水污染物排放总量控制为目的的环境管理时期指 20 世纪 80 年代至 20 世纪末这段时间。在这一时期，我国排污许可制度的实践主要围绕水污染物排放展开，其主要是作为实现污染物总量控制的政策工具，而非法律制度。

水是生命的源泉，是社会存在和经济发展的必要条件，我国重经济轻环保导致的后果在水污染方面反映的尤为明显。20 世纪 70 年代初，我国污水排放量达到了 150 亿 t，然而短短十年之后全国污水排放量足足翻了一番。排污量如此巨大直接导致我国遭受到污染的河段占比相当高。而国外的一些国家通过实施排污许可制度在治理水污染方面取得了显著的成效，在这种背景下，我国率先在水污染领域展开了对排污许可制度的探索。

水污染物排放总量控制具体是指国家环保部门通过对经济、技术、环境承载能力等方面进行综合评价，得出在一定区域内可排放的水污染物的总量，再以核发排污许可证的形式将可排放的污染量分配给各个排污主体，允许其在一定范围内以合理的方式排放污染物。1985 年《上海市黄浦江上游水源保护条例》的颁布标志着我国排污许可制度正式开始了法律化的进程。该条例虽然只在上海地区有效力，但是为国家统一实行排污许可制度积累了经验。随后 1988 年原国家环保局发布了《水污染物排放许可证管理暂行办法》，首次从国家层面规定了排污许可制度。该办法详细规定了排放许可制度，要求全国各地在允许排污许可之前必须先进行申报登记，然后再由地方的环境保护行政主管部门根据每个区域不同的经济、环境保护发展状况，分批分期地对重点污染源和重点污染物实行排放许可制度。此后，原国家环保局又在 1989 年颁布了《中华人民共和国水污染防治法实施细则》，该实施细则提出了两种情况下排污许可证的颁发：一是对于不超过水污染物排放标准的企业予以发放排污许可证，二是对于超过水污染物排放标准的企业责令其限期整改，并且在整改期间所必须排放的污染物，须符合临时排污许可证的要求。随着我国对水污染排放制度的深入研究和全国各地试点经验的增多，1996 年由全国人大常委会修正的《水污染防治法》出台，对之前的法律作出了很大的修改，扩大了污染源的管理范围，加大了违法排污的处罚力度，从而系统规定了水污染防治领域的排污许可制度。

我国很早就出台了一系列有关水污染防治的规范性文件，也在一定时期和范围内取得了一些成效，基本确立了按水质为目标规定排放水污染物总量的控制模式，这种模式对于控制水污染物的排放和减轻水污染的状况起到了积极的作用。但是在推进实施的过程中，由于我国环保法和行政法都未规定排污许可，导致其法律依据较为薄弱，因此在这一时期，排污许可制度的发展也有很多困境。一是排污许可制度的定位不明确，二是排污主体的违法排污行为所应承担的责任没有被落实，三是环境保护部门的监管不力。这些问题都使得排污许可制度在这一时期的成效未能完全发挥。而且，这些规范性文件在进行实际推广的过程中也不是一帆风顺的，特别是各个地方政府在进行推广的时候，因为牵扯到了各方的经济利益，推进比较缓慢。20 世纪 90 年代，大部分企业对于国家通过立法限制排污很不认可，这种狭隘的想法使他们认为，环保部门不能影响企业的发展，既然国家已经批准了企业可以从事生产经营，就意味着批准了企业可以正常排污，这些限制排污行为的政策措施不仅阻碍了企业的进一步发展，也会阻碍整个社会的发展。

总的来说，在以水污染物排放总量控制为目的的环境管理时期，正是我国实行改革开放、一心一意求发展的时期，不仅政府，全社会都对经济的发展十分重视，而对环境污染的问题不够重视。排污许可制度的实施主要还是依靠环保部门和地方政府制定的规章文件，而制定这些规章文件既没有经验可以参考，也没有理论积累，所以规定大多比较笼统，缺少可操作性，使排污许可制度在现实中取得的成效不如预期。

2. 以排污许可证为手段的污染防治管理时期

以排污许可证为手段的污染防治管理时期是指 2000 年至 2013 年这段时间。在这一时期，通过法律确立了排污许可制度，该制度不只运用在水污染防治领域，在大气污染防治领域也开始运用，排污许可证的发放和监督管理变得有法可依，并且初现"一证式"的管理模式。

2000 年 3 月，国务院在其制定的《水污染防治法实施细则》中系统地规定了排污许可制度，对排污许可实行全过程控制，从申请到监督都作出了初步的规定。除了水污染物排放方面，大气污染物排放许可也被提上日程。同年 4 月，全国人大常委会修正了《大气污染防治法》，其中第十五条对大气污染物排放许可制度作出了原则性的规定，规定在国务院和地方政府确定的大气污染物排放总量控制区，实施排污许可的管理模式，企业排放污染物需经许可并严格按照许可的总量和方式来进行。而国家环保部门在 2001 年出台的《淮河和太湖流域排放重点水污染物许可证管理办法(试行)》，先是明确了水污染排放物的"双达标"要求，即水污染物排放的标准和总量控制指标，同时对排污许可证的实施程序作出了较为详细的规定，包括了申请、审查、监督等程序。该办法对推动水污染物排放许可制度发展发挥了重要的作用。

2008 年修订的《水污染防治法》第二十条对于国家实行排污许可制度作出了明确的规定。至此，水污染物排放许可制度和大气污染物排放许可制度均被以法律的形式加以确立。

随着国家层面立法的不断完善，全国各地也根据区域内环境污染的具体情况，对排污许可制度作出了相关规定。2009 年《贵州省环境保护条例》明确了在贵州省内实施排污许可制度，以此来对贵州省内的生态和居民生活环境进行维护。这些地方性的立法为排污许可制度的实施积累了丰富的经验。

在以排污许可证为手段的污染防治管理这一时期，无论是从立法还是从实践上看，我国排污许可制度都得到了很大的发展。

在立法上，国家的法律、行政法规和地方性行政法规都对排污许可制度作出了规定，而且将适用的范围扩大到了大气污染防治领域；在实践上，由于政府有关环境保护和经济的职能冲突逐渐缓和，保护环境越来越被重视，再加上对各地关于排污许可经验的学习，政府不仅在排污许可制度实施程序的规定上越来越科学、严格，而且利用排污许可制度管理环境的手段变得多样化，除了传统的行政手段，经济刺激等手段在环境行政管理中也发挥重要作用。

这一时期的排污许可制度虽然初现"一证式"的管理模式，但是并未深入发展，整个管理模式仍然有很多不足：①排污许可制度的发展不平衡，适用范围仍以大气污染、水污染总量控制许可制度为主。②排污许可制度分头推进，将水污染物和大气污染物的排放管理分开进行，加大了企业环境管理的运行成本，也导致政府工作重复，或者出现监管盲区，发生"几不管"的情况。③排污许可制度在环境管理制度中的定位不明确，没有将其作为污染防治的核心制度去实施。④在某些地区，政府的环保观念仍然不强，导致该地区排污许可制度的发展缓慢。

3. "一证式"排污许可制度的形成时期

2013 年至今都属于"一证式"排污许可制度的形成时期。党的十九大在继续坚持生态文明建设的基础上，提出了树立“绿水青山就是金山银山”这一理念，这表明建设良好的生态环境已经被作为国家建设的重心之一。而排污许可制度作为管控污染物排放的重要制度，也得到了大力发展。不同于前一阶段排污许可制度的分头管理，这一阶段系统地提出了排污许可制度改革的顶层设计，明确了排污许可制度建设在固定污染源环境管理中的核心地位，基本形成对固定污染源的“一证式”管理。

2014 年 4 月，全国人大常委会对《中华人民共和国环境保护法》进行修订，对我国实施排污许可制度作出了原则性的统一规定。为了具体实施该制度，我国开始对其进行改革。2016 年 12 月中华人民共和国环保部出台的《排污许可证管理暂行规定》就排污许可的适用对象、许可证应记载的内容、实施的程序、环保部门如何监督等问题进行了详细的规范。

此后，全国各地的政府以环保部的规定为基础，因地制宜地制定了符合本地区排污许可的具体实施细则。2017 年 4 月，排污许可与总量控制办公室正式成立，作为我国第一个专门实施排污许可的办公机构，该办公室拥有总量控制、排污权交易、排污许可 3 项职能，为综合实施“一证式”的排污许可制度提供了良好的行政基础。之后，我国排污许可制度改革步入正轨。2018 年 1 月中华人民共和国环保部印发了《排污许可管理办法(实行)》，明确规定了排污主体的责任，强调其违反法律规定需要承担严格的责任，并且在一定程度上对排污许可制度与环境影响评价制度、总量控制制度进行了融合。该办法进一步强化了之前的《排污许可管理暂行规定》的内容，推进了我国排污许可制度的发展，为各地环保部门实施排污许可提供了更为详细的依据。为了推进排污许可制度的实施，国家从立法和实践上作出了改革，各地环保部门也积极地采取了一系列措施。比如，上海市在 2016 年出台了《上海市环境保护条例》，该《条例》第十六条规定：本市对主要污染物实行排污许可证制度。再如，四川省于 2017 年通过的《四川省环境保护条例》，对排污主体违法排放污染物行为的各种模式以及其应承担的法律责任进行了详细的规定。法律规定的完善使得企业有法可依，环保部门有法律依据可执行，2018 年四川省重点监督的水污染物排放和大气污染物排放企业达标率高达 98%，其他种类的污染物排放企业则全部合格，充分发挥了排污许可制度的作用。

在“一证式”排污许可制度的形成时期，我国排污许可制度体系已经基本成型，其法律依据也已经初步具备，且国家政策大力支持，全国各省市的实践成效大幅度提升，为形成“一证式”的排污许可制度积累了大量的经验，奠定了良好的基础。从制度本身的发展情况来说，这一阶段的排污许可制度将企业的生产经营信息、排污许可证记载的内容与环境部门的管理要求这三者有机结合，不仅加强了对固定污染源实施全程管理，也在一定程度上改进了对多种污染物的协同控制。但是改革的大幕才刚刚拉开，任务仍然十分艰巨，除了要对排污许可制度的核心地位进行进一步的确认，还要不断探索其与其他环境管理制度的融合渠道，健全排污许可的监管体制，不断强化企业的责任。

第二节　排污许可权交易制度概述

一、排污权的内涵

美国经济学家戴尔斯在《污染、产权与价格》中首次提出了排污权概念，其内涵是指在一定区域范围内，在污染总量不超过允许排放量的前提下，明确排污权的产权主体，从而使政府、受污染者、排污者等各个主体可通过买进或卖出排污权，以最小的成本实现环境保护的目的。从经济学意义上看，排污权不仅是指对环境资源的所有权，还包括对环境资源的使用权、用益权、决策权和让渡权，是一组权利束。排污权除了排他性、可交易性等属性外，还具有可分解性。所以，在排污权的所有权国家所有的前提下，排污权的使用权可以从其中分离出来。因此，我国所指的排污权是指排污单位对环境容量资源的使用权。

法学界对排污权有不同的认识，有的认为是一种“环境权”，有的认为是一种“天赋人权”，有的认为是一种“用益物权”。实际上，这些理解都有偏颇。排污权的法律属性实质上是一种行政许可性权利。因为排污权实际上是一种排污许可，在实际操作中，排污许可是环保部门根据排污者的申请，依法审查其实际排污量后，准予其排放一定量的污染物。排污者在许可限度内排污是被允许的，这是法定权利；超许可排污是要遭受惩罚的，这是法律对其行为的一种约束。

经济学和法学意义上的排污权各有侧重。经济学主要是从成本和收益的角度出发，通过排污权利的界定来更有效率地减少污染物排放；而在法学上，主要是从保障交易的合法性并减少交易成本的角度出发，通过一种国家强制力来界定污染物排放的权利。但是，两者的精神实质是一致的。实际上，法学上所讲的“排污许可”的权利就是经济学上讲的“环境容量资源的使用权”。

综上所述，排污权是指在一定区域内允许排污总量由环境容量决定的前提下，排污单位按照排污许可所取得的排污指标向环境排放污染物的权利。排污者所排放的污染物的量必须在行政许可范围内，这样该排污者的排污行为才是合法的，该排污者才有资格使用环境资源。

二、排污权交易制度的内容

排污权交易制度的基本内容是：实行排污许可证制度，政府向企业发放排污许可证，企业则根据排污许可证向特定地点排放特定数量的污染物；排污许可证及其所代表的排污权是可以买卖的，企业等经济主体和政府可以根据自己的需要，在市场上买进或卖出排污权。这一制度包含下列几个要点。

(1)“排污权”或者称污染指标出售的总量要受到环境容量的限制。一个区域到底出售多少“排污权”要建立在环境检测部门、环境保护部门认真研究、论证的基础上。最大限度是不能超过环境容量，最佳数量是使老百姓普遍感到满意。绝不能因为“排污权”是政府的垄断产品，而任意发放和出售。

(2)“排污权”初次交易发生在政府环境管理当局与各经济主体之间，即政府把“排污权”出售给各经济主体。经济主体可以是污染排放企业，也可以是环境保护组织，甚至可以是投资者。污染排放企业购买“排污权”的初始动机是，在技术水平保持不变的前提下，为了维持原来产品的生产，不得不排放污染物。环境保护组织购买“污染权”的动机是将污染排放总量降低更多，比政府做得更好。投资者购买“排污权”的动机是自身利益的最大化，期望依靠“排污权”现期价格与未来价格的差价牟取利润。

(3)“排污权”的将来交易可能发生在更宽广的范围之内。①污染企业与污染企业之间的交易。有的企业生产规模扩大了，需要拥有更多的“排污权”，而有的企业通过技术创新，“排污权”有节余，只要两个企业之间的交易使双方都能获利，“排污权”交易就会发生；②污染企业与环境保护组织之间的交易。环境保护组织认为随着经济发展和生活水平的提高，环境质量应该有相应的提高，所以出资竞购"排污权"，从而迫使污染企业减少污染排放；③污染企业与投资者之间的交易。投资者认识到"排污权"是一种稀缺的经济资源，也加入到这种资源交易的操作，在买进卖出中渔利；④政府与各经济主体之间的交易。随着环境质量要求的日益提高以及政府财力的不断增强，政府还可以回购一些"排污权"，以进一步减少污染排放。当然，在"排污权"的交易活动中，就像一种普通商品的交易一样，任何一个经济主体都可以参与交易。

可见，"排污权"交易是一种以市场机制发挥基础性作用、各经济主体共同参与、政府参与调节的有效运行机制。

三、排污权交易制度的特点

排污权交易是一种基于市场的经济手段。同排污收费相比，排污权交易更充分地发挥了市场机制的配置资源的作用。排污权交易主要特点包括以下几个方面。

1. 成本最小化

在政府管理机构没有增加排污权的供给，即总的环境状况没有恶化的前提下，通过排污权交易，边际治理成本比较高的污染者将买进排污权，而边际治理成本比较低的污染者将出售排污权，其结果是全社会总的污染治理成本最小化。

2. 有利于宏观调控

由于非对称信息的存在，政府决策可能出现失误，也可能落后于形势；而环境标准和排污费征收标准的修改有一定的程序，同时，修改涉及各方面的利益，因而有关方面都会力图影响政府决策，从而使修改久拖不决。有了排污权交易后，政府管理机构可以通过发放或购买排污权来影响排污权价格，从而控制环境标准。

排污权需求的变动会影响排污权的市场价格。在图 11-4 中，假设新的排污者进入该行业，这将使排污权总需求曲线从 D_0 移到 D_1。如果政府管理机构希望保持原有的总排污量，会使发放的排污权数量不变，排污权供给曲线仍为 S_0，而排污权价格从 P_0 上升到 P_2。新进入者或购买排污权，或添置污染处理设备控制污染，成本最小化仍然得以实现。如果管理机构认为由于新企业进入，排污权需求增加，需要增加允许的排污量，便可以发放更多的排污权，使排污权供给曲线右移到 S_2，排污权价格下降到 P_2。相反，如果管理机构认为需要严格排污量的控制，就可以自行进入市场，买进若干排污权，使排污权供给曲线左移到 S_1，价格上升到 P_3。总之，政府可以通过市场操作来控制排污权供给量的价格。

3. 给非排污者表达意见的机会

如果排污权市场是完全自由竞争的，则任何人(不管是不是排污者)都可以进入市场买卖。环境保护组织如果希望降低污染水平，可以进入市场购买排污权，然后把排污权控制在自己手中，不再卖出。这样污染水平就会降低。这种解决办法是有效率的，因为它通过支付意愿反映了人们的选择。

4. 有利于优化资源配置

一般来说，环境标准不能绝对禁止排放污染物。因此，即使某地所有的企业排放的污染物都达到了环境标准的规定，随着企业数量的增加，污染物的排放量仍然会增加。如果为了确保总的排污量指标不被突破，就不允许新企业进入该地从事生产，有时又可能影响经济效益，因为新企业的经济效益有可能高于原来的企业，而其边际治理成本又有可能低于原来的企业。

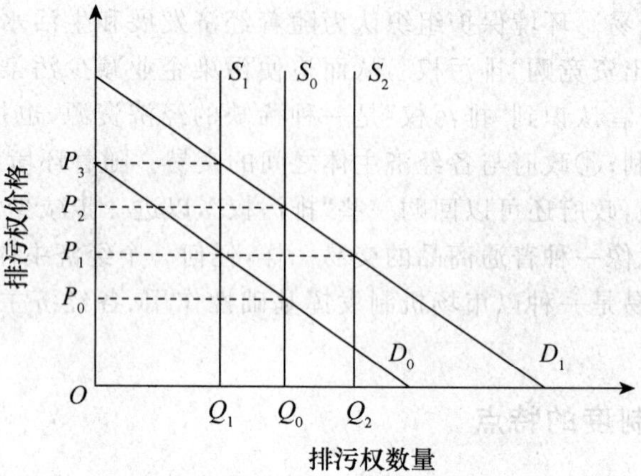

图 11-4 排污权供给和需求的变化

排污权交易为这些企业提供了一个机会。如图 11-4 所示，由于政府发放的排污许可证数量不变，总的污染物排放量不变，因而排污权总供给曲线 S_0 的位置没有变化；在此前提下，新企业的进入将使需求曲线的位置从 D_0 右移到 D_1，因而每单位排污权的市场价格也就上升到 P_2。如果新企业的经济效益高，边际治理成本低，只需要购买少量排污权就足以使其生产规模达到合理水平并盈利，那么，该企业就会以 P_2 的价格购买排污权，那些感到得不偿失的企业则不会购买。显然，这对于优化资源配置是有利的。通过排污权交易，既能保证环境质量水平，又使新、改、扩建企业有可能通过购买排污权得到发展，有助于形成污染水平较低而生产水平较高的合理工业布局。

5. 提高了企业投资污染控制设备的积极性

污染控制投资在技术上往往是整体的、不可分的。要进一步减少一单位污染，通常需要增加一大笔投资。例如，购置一台设备，建设一座污水处理厂。而这些设备不仅可以处理增加的一单位污染，而且可以处理很多单位的污染，直至达到该设备的极限。此后，如果再增加处理量，需要再做一笔大投资。因此，实际的污染治理投资是阶梯形递进的。但是如果按照减少每一单位污染所分摊的成本求出边际治理成本曲线，并以此来确定庇古税，企业将产生和最优庇古税下不同的反应。

如果管理机构错误地估计了企业的控制成本，使庇古税低于控制成本，企业将选择交税而不是添置污染控制设备，这样就达不到排污量的控制指标。投资的整体性助长了企业不愿对控制设备进行投资的倾向。

排污权交易排除了上述问题。因为管理机构只确定排污权的数量(即污染量减少的数量)，排污权的价格是由市场供求确定的。排污权交易使得企业节约下来的排污许可证能够在市场上出售，或贮存起来以备今后企业发展使用，因而能够促使污染者采用先进工艺，减少污染排放或采用更有效的控制设备增大污染物削减量。

6. 更具有市场灵活性

排污权交易避免了排污收费的一些问题。排污权交易不需要像排污收费那样，事先确定排污标准和相应的最优排污费率，而只需确定排污权数量并找到发放排污权的一套机制，然后让市场去确定排污权价格。通过排污权价格的变动，排污权市场可以对经常变动的市场物价和厂商治理成本作出及时的反应。

四、实行排污权交易的条件

如上所述，在环境保护的各种政策手段中，排污权交易对市场机制的利用最充分，如果条件合适，它可以对环境保护起到积极的作用。但是，也正因为排污权交易有赖于市场机制，因而采用这种手段就需要一系列条件。

1. 合理分配排污权

按照"污染者付费"("PPP")原则，排污权应该通过拍卖等手段，有偿分配给排污者。但由于较高的获取成本会使排污权持有者产生惜售心理，从而影响交易市场的形成。现实中，政府往往采取根据一定的条件无偿分配的方式发放排污许可证。这样一来，又产生了两个问题，一是违背了"污染者付费"原则，二是使得新老污染源由于获取排污权方式的不同而处于不平等的竞争地位。因此，合理分配排污权，既能体现"污染者付费"原则，又不会由于获取成本过高而影响交易市场的形成，这是实行排污权交易的重要条件。

2. 完善的市场条件

排污权既然可以买卖，而且从长期来看其价格呈上升趋势，就会有人炒卖排污许可证，甚至有可能出现某些人通过垄断排污权市场牟取暴利的现象。排污权的价格应该由市场决定，但排污权市场的交易秩序需要良好的交易环境。因此，完善的市场是排污权顺利交易的重要条件。

3. 政府部门的有效管理

污染者之所以要购买排污权，是因为没有排污许可证就不能排污。如果政府无法确定目前排污许可证的分布状况，或者虽然能够确定，但无法制止无证排污(无法制止的原因，可能是限于人力物力，管不过来；也可能是污染者有法不依)，那么，排污权交易就根本开展不起来。因此，政府对污染者排污的有效管理，就成为排污权交易存在的第三个条件。

政府部门的有效管理，还特别体现在维持和管理排污权市场竞争交易秩序的能力上。通过买卖排污许可证来保护环境，将使政府部门有关工作人员拥有很大的权力，他们的买卖行为足以左右排污权市场，并影响到整个环境保护事业。因此，对这些工作人员的行为进行有效的监督，防止他们以权谋私，是实现政府部门有效管理的重要保障。

第三节　排污权交易制度的实践

一、美国的排污权交易政策

美国的排污权交易政策开始于20世纪70年代，是分两个阶段进行的。第一阶段是20世纪70年代到80年代，主要是在政府的协调下，做一些局部或区域的交易。第二阶段是20世纪90年代以来实施的SO_2排污权交易。这是一项真正以市场为导向的环境经济政策，实施范围也涵盖了全美国。

1. SO_2排污权交易政策的提出

美国推出的SO_2排污权交易政策是迄今为止尝试过的最广泛的排污权交易实践。在该项政策实施的第四个年头，已经可以看到它的显著效果：SO_2排放削减量大大超过预定目标，许可证的市场价格远远低于预期水平，充分体现了排污权交易政策保证环境质量，降低达标费用的两大优势。

在全国范围内推行 SO_2 排污权交易政策是建立在10多年可交易排污许可证制度实践和从20世纪80年代初起针对欧洲和北美酸雨的科学研究基础之上的。大量的研究结果表明：人为产生的 SO_2 排放是导致美国东部地区水体酸化、能见度下降的主要原因。有关研究还估计出，SO_2 的排放总量每年削减 $(8\sim12)\times10^6$ t 将大大减少长期酸化水体的数量和提高能见度，由此每年将产生120亿～400亿美元因健康改善带来的经济效益，以及35亿美元因能见度改善带来的经济效益。随着研究结果的深入和针对性的加强，大量关于如何有效控制 SO_2 的政策讨论也逐渐具体和明朗。到1989年，美国国会至少审议了70多项涉及酸雨问题的法案。

1990年美国国会通过了《清洁空气法》修正案。该修正案提出了“酸雨计划(acid rain program)”，计划的主要目标之一就是到2010年，美国的 SO_2 年排放量将比1980年的排放水平减少 1×10^7 t。该计划明确地规定了通过在发电厂之间实施 SO_2 排污的总量控制和交易政策(cap and trading)分两个阶段来实现这一目标。

第一阶段从1995年1月到1999年12月，要求110家高污染电厂中的263个重点 SO_2 排放源比1980年减少 3.5×10^6 t SO_2 排放量；第二阶段从2000年1月到2010年，限制对象扩大到了2000多家，包括了规模为 2.5×10^4 kW 的所有电厂，目标是使它们的 SO_2 年排放总量比1980年减少 1×10^7 t。

选择电力事业单位作为酸雨计划的限制对象是基于美国 SO_2 排放源的实际情况而定的。在20世纪80年代，美国每年硫氧化物的排放总量超过 2×10^7 t，其中75%来自火力发电厂，20%来自其他工业污染源，5%来自交通污染源。50家设备落后的老火力发电厂的硫氧化物排放量就占了总排放量的一半。

2. SO_2 排污权交易政策体系

美国 SO_2 排污许可证交易政策以1年为周期，通过确定参加单位、初始分配许可证、再分配许可证和审核调整许可证4部分工作来完成污染控制的管理目标。政策体系的结构示意图见图11-5。SO_2 排污权交易与20世纪80年代的排污权交易政策的一个重要区别就是交易对象的不同。以前的交易对象是排污减少信用(ERC)，而现在则是 SO_2 排放许可证。持有一个 SO_2 排放许可证意味着一个电厂或工业污染源内的某个排污源有权在给定的年份或该年后的任意一年排放1 t SO_2。每年的年末，所有的持证单位持有的许可证数量不能少于它实际的 SO_2 年排放量。当然，不管一个单位持有多少许可证，它的排污量不能超过基于健康因素考虑的环境标准。许可证是完全市场化的商品，一旦分配下去，就可以进行买卖交易或储存到银行以备将来使用。

(1)参加单位的确定　确定参加 SO_2 排污交易政策的单位主要有两类：一是1990年《清洁空气法》修正案在酸雨计划中列出的法定参加者，包括被列入酸雨计划第一阶段控制对象的110家高污染电厂的263个重点污染源和第二阶段在此基础上增加的三部分单位，即2128家装机容量超过 2.5×10^4 kW 的发电厂，1991年后才开始投产运营的新电厂，生产规模低于 2.5×10^4 kW，但将要扩大到 2.5×10^4 kW 时以上的老电厂。二是获选择加入计划(opt-in program)批准的自愿参加者。选择加入计划可以使更多的 SO_2 排放源在自愿的基础上被纳入排污权交易体系中，从而减少实现 SO_2 年排放量削减 1×10^7 t 目标的总费用。因为选择加入的排污单位的 SO_2 削减成本肯定低于交易体系的平均成本(表现为许可证价格)，否则它们不会自愿加入，所以它们的加入必将降低整个体系内的平均削减成本。

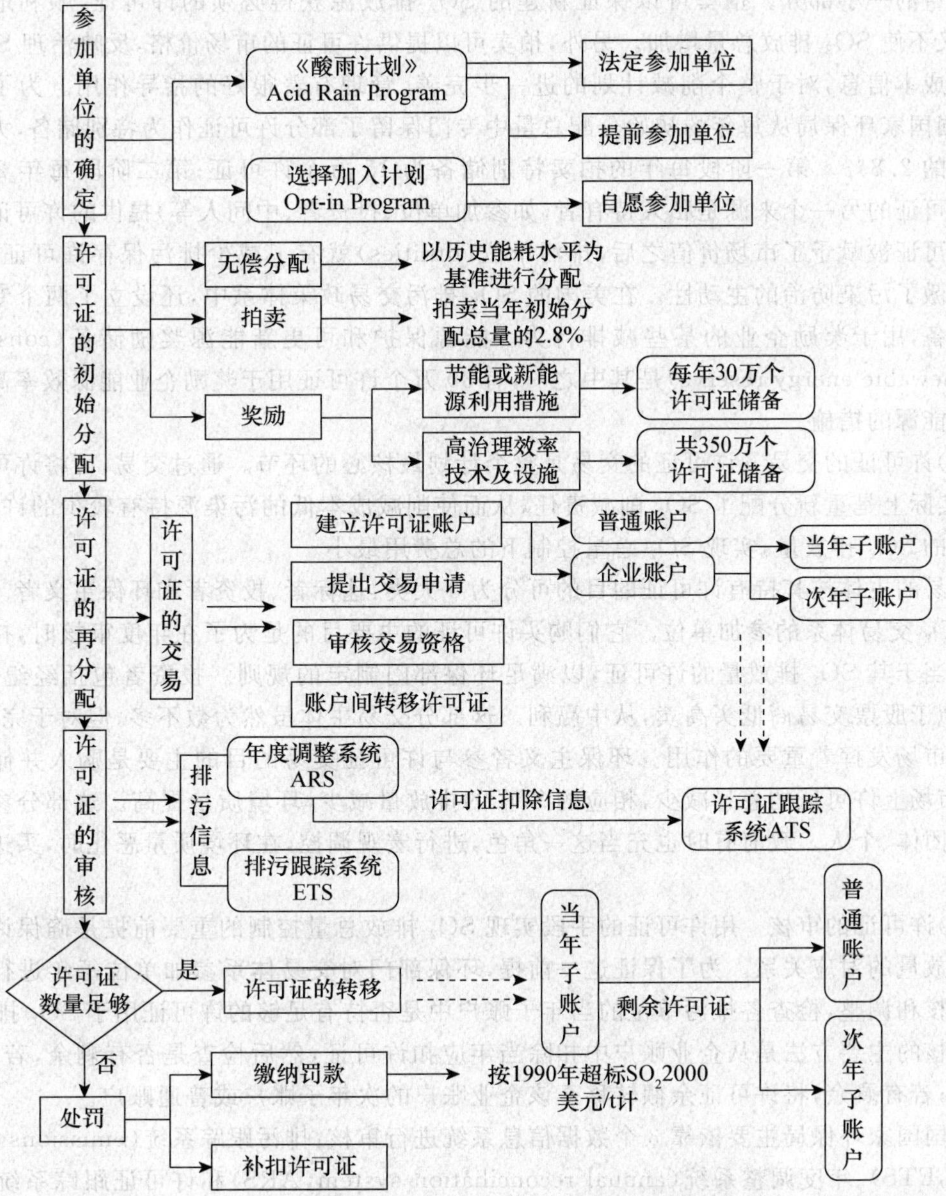

图 11-5 美国 SO_2 排污权交易政策体系结构示意图

(2)许可证的分配　在美国的 SO_2 排污权交易政策体系里，排污许可证的初始分配有 3 种形式：无偿分配、拍卖和奖励。这 3 种形式分配的许可证总和相对稳定，第一阶段年平均 570 万个，第二阶段 895 万个。

无偿分配是许可证初始分配的主要渠道，从 1995 年开始每年分配一次，分配量为初始分配总额的 97.2%。分配的依据是参加单位的基准能耗水平，即 1985—1987 年 3 年平均能耗。如果某参加单位 1985 年之后才开始运行，基准能耗水平改为投产最初 3 年的平均水平。

因为许可证对于确保 SO_2 排污削减计划的经济效益和发电能力的进一步扩大都起着至

关重要的作用,《清洁空气法》修正案在酸雨计划中特别授权美国国家环保局负责每年拍卖许可证总量的一小部分。拍卖可以保证新建的 SO_2 排放源获得必须的许可证,顺利地投产运营,而又不使 SO_2 排放总量增加。另外,拍卖可以提供许可证的市场价格,反映治理 SO_2 的社会平均成本信息,对于整个削减计划的进一步完善、管理有着很好的指导作用。为了实现拍卖,美国国家环保局从每年的初始分配总量中专门保留了部分许可证作为特别储备,大约是分配总量的 2.8%。第一阶段每年的拍卖特别储备为 15 万个许可证;第二阶段每年 25 万个。拍卖许可证的另一个来源是私人持有者(如参加单位、投资者、中间人等)提供的许可证。

许可证被赋予了市场价值之后,排污单位(utilities)就有了减少排污保存许可证的动力,从而刺激了污染防治的主动性。在美国的 SO_2 排污交易政策体系中,还设立了两个专门的许可证储备,用于奖励企业的某些减排行为。能源保护和可更新能源奖励储备(conservation and renewable energy reserve)是其中之一,有 30 万个许可证用于奖励企业能源效率高或使用可更新能源的措施。

(3)许可证的交易　许可证的交易是整个计划最核心的环节。通过交易,可将许可证重新分配,实际上是重新分配了 SO_2 削减责任,从而使削减成本低的污染源持有较少的许可证,削减较多的 SO_2 排放量,实现 SO_2 总量控制下的总费用最小。

交易的主体按其持有许可证的目的可分为 3 大类:达标者、投资者和环保主义者。达标者是指 SO_2 交易体系的参加单位。它们购买许可证的主要目的是为了在年度审核时,持有足够多的相当于其 SO_2 排放量的许可证,以满足环保部门制定的规则。投资者包括经纪人、企业等,类似于股票交易商低买高卖,从中赢利。这部分交易主体虽然为数不多,但对于完善、活跃许可证市场发挥着重要的作用。环保主义者参与许可证交易的目的主要是购入并储存许可证,使市场上许可证的总量减少,相应的 SO_2 的排放量减少,环境质量提高。这部分参与者包括环保团体、个人。政府有时也充当这一角色,进行宏观调控,在环境质量恶化时,买进大量许可证。

(4)许可证的审核　用许可证的手段实现 SO_2 排放总量控制的重要前提是确保许可证和 SO_2 排放量的对应关系。为了保证这一前提,环保部门对交易体系参加单位每年进行一次许可证审核和调整,检查各排污单位的当年子账户中是否持有足够的许可证用于 SO_2 排放。

审核的主要方法是从企业账户中扣除当年应扣许可证,然后检查是否有剩余,若不足,实行惩罚;若有剩余,将许可证余额转移至该企业账户的次年子账户或普通账户。

美国国家环保局主要依靠 3 个数据信息系统进行审核:排污跟踪系统(emissions tracking system,ETS)、年度调整系统(annual reconciliation system,ARS)和许可证跟踪系统(allowance tracking system,ATS)。

排污跟踪系统由各参加单位的连续监测装置(continuous emissions monitoring,CEM)提供支持,保证 SO_2 排放数据的及时、完整和精确性。年度调整系统的主要任务是计算出各账户年终要扣除的许可证数量。许可证跟踪系统是唯一的许可证签发、交易、达标审核的官方记录。该系统的主要作用是为环保局提供有效的、自动监测各参加单位是否达标的信息。同时 ATS 为许可证市场提供了许可证持有者、许可证交易日期等信息。

完整、精确的排污信息是有效实行排污许可证交易政策的关键。只有当排污许可证交易政策与实际排污量对应起来,才能使许可证真正成为保证环境质量前提下的可自由交易的商品。这种对应关系的确立,一方面要求准确及时地把握参加单位持有许可证的信息,另一方面要求准确及时地把握该单位的实际排污信息。前者由 ATS 提供，后者由 ETS 提供，而 ETS 的基础是排污连续监测。

二、中国的排污权交易

在我国，首次尝试“排污权”交易的实践可以追溯到 20 世纪 80 年代初。原国家环境保护局于 1991 年开始在 16 个城市进行大气排污许可证制度的试点工作。在此基础上，自 1994 年起又在其中 6 个城市（包头、开远、柳州、太原、平顶山、贵阳）开展了大气排污权交易的试点。

此后在 1994 年，北京环境与发展研究会和美国环境保护协会合作开展了排污权交易项目研究。1999 年，在美国环境保护署（EPA）的帮助下，国家环保总局开展了在中国引入 SO_2 排污权交易的可行性研究，认为中国具备了实施排污权交易政策的条件，遂开始在太原启动“SO_2 排污权交易机制”项目。2002 年至今，中国一直在不同层面上探索排污权有偿使用和交易制度，2007 年进入试点深化阶段。

目前，在全国范围内开展的排污权交易试点工作已取得了初步成效。截至 2014 年年底，全国试点地区有偿使用和交易总额累计达到 53 亿元。目前，11 个试点省市已经出台了近 20 个指导意见、实施方案和管理办法，结合各地实际情况对政策实施的细节进行了具体规定。2014 年 8 月 6 日，国务院办公厅以国办发〔2014〕38 号印发《关于进一步推进排污权有偿使用和交易试点工作的指导意见》，要求各地区、各有关部门高度重视排污权有偿使用交易试点工作，至 2017 年，试点地区排污权有偿使用和交易制度基本建立，试点工作基本完成。

排污权交易是一种环境管理的经济手段。在满足大气环境质量的前提下，通过排污许可证的买卖，运用市场刺激手段，鼓励企业采用低费用、少污染的措施，并促使污染源合理布局。它必须在总量控制区域内实行排污许可证制度后才能实施。根据我国目前大气污染的特点，排污指标的有偿转让方式有以下 4 种。

(1)老企业将现有的污染指标有偿转让给新建企业；

(2)将多余的排污指标有偿转让给其他排污指标不够用的单位；

(3)停掉部分经济效益差、工艺落后、污染严重又争能源、争原料的产品项目，让出部分排污指标给经济效益好、工艺先进、污染轻的项目；

(4)面源排污指标有偿转让给点源。

我国目前的排污权交易，都是在特定时间段内，在行政部门的安排下进行的。对于多年处于计划经济体制下，排污权交易还刚刚起步的中国来说，这是无法避免的。如何在环境管理工作中充分利用这一经济手段，还是一项十分艰巨的任务。

专栏 11-1　包头市的排污权交易

1986 年，内蒙古自治区人大批准了《包头市环境综合整治条例》，其中规定，“对排氟企业实行总量控制管理”，但未做具体要求。1991 年，包头市环境保护局利用对该条例进行修改的时机，对原条例进行了补充，对排污许可证管理作了具体明确的规定。其中第十条规定，“排放污染物的单位，必须将污染物的种类、数量、浓度（强度）、污染排放设施和处理设施，向有管辖权的环境保护行政主管部门申报登记。对排污单位，环境保护行政主管部门按规划指标，颁发排污许可证或临时排污许可证，持证单位排放污染物必须符合规定的要求。对重点污染源的重点污染物实行排放总量控制。”新条例经内蒙古自治区人大常委会批准，自1992年1月起施行。1991年包头市环境保护局又制定了《包头市大气氟化物排放许可证管理办法》，并由政府常务办公会议讨论通过，以政府令下达实行。

根据《包头市大气氟化物排放许可证管理办法》的规定，大气氟化物排放指标在有利于区域环境总量控制管理的前提下，经环保局批准，可以在排氟单位之间互相调剂。为了使排放方式和地理位置不同、污染贡献各异的大排氟源之间互相调剂，包头市环境保护局引入“污染当量”概念并给出各级当量数，为“排污权交易”的灵活管理创造条件。对一些新老污染源的排污量，提出交换条件，并作出明确限制，形成排污交易。

包头市稀土冶炼厂焙烧工段是一个主要排氟源，治理难度大，而且位于市区内，周围居民反应强烈。为此，包头市环境保护局提出由具有相同生产工艺的包钢稀土三厂向冶炼厂提供焙烧料，冶炼厂搬迁。由于冶炼厂搬迁，对地面大气氟化物浓度贡献减少，包钢获准增加排氟量。冶炼厂因使用包钢提供的焙烧料节省了治理费用。

复习思考题

一、名词解释

1. 排污许可
2. 排污权
3. 排污权交易制度

二、简答题

1. 请列举美国大气、水排污许可的类型。
2. 请简述排污权交易制度的特点。
3. 请简述排污权交易制度的实施条件。

三、论述题

论述美国排污许可制度的实施情况及对我国的启示。

第十二章

环境金融政策

开展环境污染强制责任保险试点工作，建立环境风险管理的长效机制，是应对环境风险严峻形势的迫切需要，是实现环境管理转型的必然要求，也是发挥保险机制社会管理功能的重要任务。

——《关于开展环境污染强制责任保险试点工作的指导意见》

本章学习目标

1. 了解绿色信贷政策定义；
2. 理解绿色保险的定义；
3. 掌握环境污染强制责任保险的定义；
4. 掌握绿色保险的分类。

引导案例

美国墨西哥湾原油泄漏事件

2010 年 4 月 20 日晚，位于美国墨西哥湾路易斯安那州威尼斯东南大约 82 km 处的“深水地平线”钻井平台发生爆炸并引发大火，致7人重伤、11人死亡，大约36 h后沉入墨西哥湾。钻井平台底部油井自4月24日起漏油不止，此后漏油点接连出现，大量原油不断从平台的裂缝处涌出，每天泄漏原油5000多桶，堵漏工作难度极大。事故发生后，根据卫星图像显示，仅4月29日浮油面积接近8000 km^2，至4月30日已达约9900 km^2，原油泄漏的速度远远超过美国政府最初的预期。此次钻井平台事故漏油持续两个多月，近440万桶原油流入墨西哥湾，油污形成5180 km^2 的污染区。

此次原油泄漏事件演变成美国历史上最严重的原油污染灾难，美国政府把墨西哥湾漏油危机列为国家级灾害。墨西哥湾原油泄漏事件不仅影响了当地经济，还对美国路易斯安那州的生态稳定性提出了严峻挑战。墨西哥湾拥有95%的美国渔业资源，是世界上生物多样性最为丰富的地区之一。在这次事故中共有600多个物种受到污染的影响，其中蠵龟、西印度海牛和褐鹈鹕3种珍稀动物的处境更是令人担忧。泄漏原油被强烈的海风吹送到位于路易斯安那州的密西西比河入海口，对密西西比三角洲湿地生态系统造成了严重的破坏。此次受到污染的海域处于陆地和海洋的交界处，根据卫星图像显示，墨西哥湾原油泄漏形成的油污带进入了墨西哥湾南部的海洋环流，在洋流的带动下，受到原油污染的海域面积不断扩大，使更多区域的海洋生物、海洋水体、大气、地质等受到影响。虽然海水本身具备一定的自净能力，但墨西哥湾原油泄漏事件的规模过大，已经远远超过了海水的自净能力，因此，对污染区域油污的清理将是一个旷日持久的过程。墨西哥湾原油泄漏事件对当地海洋生态产生的影响，恐怕至少要花上十几年的时间才能消除，其造成的生态环境损失难以估量。

海上石油勘探、开采、运输等活动，均具有巨大的环境风险，当事人难以独立承担由此导致的海洋环境污染损害赔偿责任，商业保险是转移与分散该巨大风险的最佳途径。然而，墨西哥湾原油泄漏事件中的相关责任人并未投保足额足量的、针对性较强的商业保险。石油开采商所投保险的金额与事故实际损失额相比，不仅差距巨大，而且仅有的一些保险项目的责任范围并没有明确的针对性。这不仅不利于科学地分散风险，也充分暴露了当事国在石油开采中存在的海洋环境保护责任保险缺陷。

资料来源：董菁．墨西哥湾：每天多漏10万桶油　油井“堵漏”迫在眉睫．新华网，2010.5

社会和经济的发展离不开人类赖以生存的自然环境。在物质财富极大丰富、科技进步日新月异的今天，人类生活的环境却每况愈下。资源的枯竭、环境的恶化不仅直接影响经济的可持续发展和人类生活的质量，甚至威胁人类的生存。发展绿色经济、建设生态文明成为当今世界普遍关注的问题。

金融是现代经济的核心，在市场经济条件下，金融业掌握着巨大的经济资源，对推动环境保护、转变经济发展方式发挥着重要作用。从国际经验来看，绿色信贷是商业银行面对环境危机和风险所作出的战略调整和基于应对环境风险所产生的系列新的业务流程和管理系统。绿色信贷政策作为一种重要的经济手段，是国际上通用的一项市场化环保措施。本书在环境金融政策一章中，重点讲解绿色信贷政策和绿色保险政策。

第一节　绿色信贷政策

一、绿色信贷的内涵

1.绿色信贷的界定

关于绿色信贷，国际和国内均没有权威定义。实际上，在国外并没有“绿色信贷”一词，在相关研究中，主要集中于金融业与绿色发展的关系问题，如绿色金融（sustainable finance）、环境金融（environmental finance）、环境风险（environment risk management，ERM）和企业社会责任（corporate social responsibility，CSR）。国际上对绿色信贷的界定一般以“赤道原则”为标准，也称为国际绿色信贷政策，即在向一个项目投资时，对该项目可能产生的环境和社会影响进行综合评估，并且利用金融杠杆促进该项目在环境保护和社会和谐发展中发挥积极的作用。随着绿色信贷在我国的开展，越来越多的商业银行开始意识到环境因素在战略发展和融资服务领域中占有日益重要的地位。银行作为特殊的社会企业，不仅应通过利益传导机制承担环境责任，还应承担更为广泛的社会责任。由此可见，当前中国的绿色信贷，与国际社会中被广泛认同的“绿色金融”“环境金融”“银行业社会环境责任”等在本质上具有相当的一致性，虽然后者关注的内涵更加丰富和完整，但两者都是国家通过恰当的规制性政策和监控性措施引导银行等金融机构自愿承担和履行更多社会环境责任的具体体现。

在我国，“绿色信贷”并未被法律法规或其他官方途径正式定义，它通常以“节能减排授信”出现在官方文件上，直到2012年2月中国银监会颁布的《绿色信贷指引》中，“绿色信贷”一词才第一次出现在中国官方文件中，但也没有给出明确的定义。因此，一直以来如何理解和界定绿色信贷存在着一定争议。

在当前的理论研究和实践中，一般认为绿色信贷的内涵有广义和狭义之分。狭义的绿色信贷仅仅是指商业银行的信贷经营行为，而广义的绿色信贷是指国家相关部门和银行业联合限制、阻断企业危害环境的行为，鼓励、发展企业环境友好的行为，是促进企业节能减排、降低金融风险的重要经济手段。因此，广义的绿色信贷应包括两个层面的含义：一是国家政策层面，即政府通过政策激励引导商业银行在信贷经营中承担相应的社会环境责任；二是商业银行自身经营管理层面，即培育和支持资源节约型、环境友好型企业成长和发展，对污染性或存在环境问题的企业和项目的投资贷款和流动资金等进行资金限制。

2.绿色金融、碳金融及绿色信贷的辨析

从世界范围来看，环境污染、资源耗竭、生态失衡等环境问题已经上升为全球性的经济政治问题，关乎人类生存与社会发展。加强环境保护、实现经济社会的绿色发展已成为各国的共识。为缓解环境问题和应对气候变化，一些国际组织、政府部门和学术机构探索着各种路径，以实现人类绿色发展。在国内外众多相关研究中，经常能看见的是绿色金融、碳金融、环境金融、绿色信贷等概念。对于这些含义相近、相互联系但又有所区别的概念，目前学术界并没有给出明确的界定，容易引起混淆。因此有必要对这些概念进行对比分析，以助于人们更清晰地认识绿色信贷的内涵和外延。

在绿色金融、碳金融及绿色信贷这3个概念中，内涵范围最大、最为宏观的概念是“绿色金融”一词。绿色金融，也称环境金融，起源于人们对于环境与人类和谐共存、绿色发展的认识。1987年，世界环境与发展委员会在《我们共同的未来》的报告中，提出了“绿色发展”的概念；1992年，联合国环境与发展大会通过了《里约环境与发展宣言》和《21世纪议程》两个文件，在签署《联合国气候变化框架公约》《生物多样化公约》之后，环境保护和节能减排逐渐成为世界各国关注的焦点，绿色金融理念得以较快推广。1997年，《京都议定书》的签订进一步推动了绿色金融的研究和发展。对于绿色金融的概念，金融界和环境保护界等运用各自的语言、体系和方法予以界定，但至今没有形成完全统一的认识。国外观点主要包括：绿色金融是寻求环境保护路径的金融创新，是金融业和环境产业的桥梁；绿色金融主要是探讨发展绿色经济资金融通问题，是绿色经济和金融学的交叉学科；绿色金融是以市场为研究基础，是提高环境质量、转移环境风险的金融工具等。国内的研究则起步较晚，对绿色金融的认识基本还处于消化吸收和借鉴国外经验的阶段。尽管学者们对绿色金融的概念提出了不同的看法，但其核心并没有偏离环境保护和绿色发展理念。概括而言，绿色金融就是通过最优金融工具和金融产品组合解决全球环境污染和气候变化问题，实现经济、社会、环境的绿色发展。它既包含了国家利用经济金融手段保护环境的系列政策措施，也包含了金融业自身的一系列行为准则，还包含了不断创新的绿色金融产品和工具，如绿色信贷、绿色保险、绿色证券、绿色基金、社会责任投资、环境证券化、碳金融等。绿色金融是现代金融发展的一个重要趋势，也是对传统金融的延伸和扩展。这一概念的提出，为21世纪金融业的发展提供了竞争的制高点。从金融活动过程来看，它和传统金融是一致的。然而绿色金融更强调维护人类社会的长期利益及长远发展，它把经济发展和环境保护协调起来，减轻了传统金融业的片面追求利益最大化的负面效应，促进了经济健康有序发展。

绿色信贷是包含在绿色金融当中的一部分，它是特指政府和银行业金融机构为促进经济社会全面协调绿色发展，围绕节能减排、环境保护和社会进步，所作出的相关制度安排和信贷活动，既包括对从事循环经济生产、绿色制造、生态农业、环保治污和新能源开发的企业或机构提供资金扶持，也包括对污染性或存在环境问题的企业和项目的投资贷款和流动资金等进行资金限制。由于我国金融体系的特殊性，以商业银行为主体和以间接融资为主，企业的资金需求主要依赖于银行体系的供给，国家的宏观经济政策往往也会通过商业银行的业务运营予以贯彻。因此，目前绿色信贷在我国承载了主要的绿色金融功能，国内关于绿色金融工具的理论成果也主要集中在绿色信贷研究上。国际上，通常认为绿色信贷源于“赤道原则”，它是一套全球银行通行的自愿性原则，要求金融机构在项目融资中审慎考虑环境和社会风险，强调环境、社会和企业发展的和谐统一，推动商业银行从早期的“股东利益最大化”向“充分考虑多元利益主体诉求”的新阶段发展。由此可见，绿色信贷是绿色金融的有机组成部分，也是较早进行的绿色金融实践。随着国际上对绿色金融、绿色发展理念的深入认识，发达国家全方位构建绿色金融体系，对市场行为、行政力量、环境资源、金融机构等进行有效的整合，这些都值得我国借鉴。

另一个在内涵上相近的概念是“碳金融”，它是指金融支持低碳经济发展并服务于限制温室气体排放的一切活动，这是现代金融根据环境金融延伸出来的最新提法与发展方向。2003年，英国政府在其能源白皮书中首次提出了“低碳经济”的概念，加上《京都议定书》中市场机制的设计使原本是免费的环境资源的“温室气体减排量”商品化，从环境金融应对气候变化方面延伸出的“碳金融”概念便应运而生，并得到众多学者的广泛关注。

一般来讲，碳金融是指建立在《京都议定书》框架下的、为温室气体减排项目提供资金支持的机制，这是个比较广泛、抽象的概念。世界银行对碳金融概念的界定相对狭隘，认为碳金融是提供给温室气体减排量购买者的资源。近年来，国外一些研究对碳金融的内涵进行了梳理和拓展，认为碳金融是环境金融的一个分支，它通过探讨与碳排放限制下有关的财务风险和机会，提供和应用市场机制转移环境风险和促进环境目标的实现。当前，作为环境金融比较新兴和活跃的一个分支，人们对碳金融的内涵认识比较深入清晰。总的来讲，碳金融包括广义和狭义的内涵。广义的碳金融是旨在减少温室气体排放及转移碳交易风险的各种金融制度安排和金融交易活动的统称，它既包括碳排放权及其衍生品的交易、低碳项目开发的投融资，也包括碳保险、碳基金和其他相关金融中介活动及碳交易币种的确定等制度安排；狭义碳金融仅指碳交易。碳金融的特殊性在于，它以碳排放量的交易为核心，不仅具备在交易中形成的商品属性，而且随着在商品市场中的流通使其逐渐由商品属性向金融属性过渡，其实质上是“碳交易＋金融”属性。碳排放权具有准金融属性，而且可以进一步衍生为具有投资价值的金融资产，通过对碳金融收益的追逐可以带来产业结构的升级和经济增长方式的转变。因此，碳金融是社会属性、商品属性和金融属性的特殊集合体，成为了一个相对独立的领域。

通过以上对比分析可以看到，绿色金融或者环境金融的概念是最早出现的，源于为了降低经济发展过程中日益严峻的环境问题对人类生存的负面影响，人们试图从经济理论的角度对环境问题进行思考。在实践的过程中，由于金融是现代经济的核心，人们发现在众多的经济手段中，金融手段是保护资源和环境行之有效的手段之一，从而产生了绿色信贷、碳金融等一系列国际准则下的绿色金融创新活动。它们都是绿色金融的有机组成部分，核心目标是相同的，但是关注的焦点和具体运作形式有很大差别。绿色信贷侧重于从商业银行角度对环境问题作出安排，而碳金融则以金融交易为切入点，侧重特定市场机制的完善和相关金融衍生品的创新。从两者的广义内涵来看，绿色信贷和碳金融在节能减排、生态环保项目融资等实践中也有重合的部分，并且由于目前我国尚无全国统一的碳交易市场，交易品种单一、规模较小，许多碳金融活动仍然主要依赖银行的绿色信贷业务，目前尚无法将两者进行严格区分。当然，无论绿色信贷还是碳金融，在我国都有巨大的发展空间，并将出现更多的绿色金融产品创新，共同推动我国绿色金融事业发展，真正构建起人与自然相互依存的和谐社会。

二、绿色信贷理论

国外绿色信贷的理论研究建立在商业银行经营与管理、绿色金融、环境金融等基础上，它们是对传统金融投资理论的批判性继承。

1. 商业银行资产负债理论

绿色信贷是商业银行面对环境危机和风险作出的战略调整和基于对环境风险和机遇所创新的系列新的业务流程和管理系统。绿色信贷发展的理论基础之一就是商业银行资产负债理论。资产负债管理是商业银行为实现安全性、流动性和效益性“三性”统一的目标而采取的经营管理方法。随着银行实力和社会经济、金融、法律等经营环境的变化，资产负债管理理论和方法也在不断更新，绿色信贷的产生和发展恰恰顺应了经济形势的变化和商业银行发展的需要。

当前，各国商业银行普遍认同在其经营管理过程中必须遵循“安全性、流动性、效益性”的目标，这是银行资产负债管理理论的基础。但是这 3 个目标之间存在着一定的矛盾，资产负债理论随着这个矛盾的变化而不断发展。

20世纪60年代以前，商业银行所处的经营环境较为简单，一方面负债来源稳定，银行无法主动扩大资金来源；另一方面由于金融市场不发达，融资工具单一，间接融资是经济活动中最主要的融资方式，银行主要通过对资产规模结构和层次的管理来适当保持流动性，实现其经营管理目标，由此形成了资产管理理论。

20世纪60年代以后，经济金融环境发生了很大变化，单纯的资产管理理论对商业银行经营发展而言，就显得比较落后了。此时，在金融市场发展和金融创新的推动下，银行经营管理理论也发生了重大变化，负债管理理论取代了资产管理理论，成为指导商业银行经营的主流理论。该理论主张商业银行资产应该按照既定的目标增长，主要通过调整资产负债表中的负债方项目，通过在货币市场上的主动负债，或者购买资金来支持银行资产的扩张，实现银行的"三性"目标。负债管理理论改变了银行主要依赖较高水平的现金资产和出售短期证券来满足流动性和规模扩张的需要，而是主动对负债进行管理，根据资产发展的需要调整或组织负债，让负债适应或支持资产。负债管理使商业银行降低了流动性资产储备水平，提高了资产的盈利能力。但负债管理也增大了银行的经营风险和经营成本。

自20世纪70年代中期开始，由于市场利率大幅度上升，负债管理在负债成本及经营风险上的压力越来越大，因此，一种更高层次的系统管理——资产负债综合管理占据了主导地位。资产负债管理理论吸收了前两种管理理论的合理内容，并对其进行深化和发展。该理论认为商业银行追求的目标是财富最大化，或者说预期净值最大化，而银行的净值是资产和负债的差额，因而，资产负债综合管理理论认为单靠资产管理或负债管理都难以达到流动性、安全性、效益性的最优均衡，只有兼顾银行的资产方和负债方，强调资产和负债两者之间的整体规划和协调搭配，通过资产结构和负债结构的共同调整以及协调统一管理，才能控制市场利率波动的风险，保持资产的流动性，实现利润最大化的经营目标。

在利率和经营活动自由化、金融创新不断涌现以及衍生交易增加的背景下，商业银行的经营风险大大增加，迫使银行必须采取更为全面的资产负债综合管理方法，提高风险管理技术，实现"三性"目标的最佳组合。《巴塞尔协议》和COSO委员会对《全面风险管理框架》的提出，更是为银行建立全面风险管理模式提供了指引和基础。正是在资产负债综合管理突出强调风险管理的理念下，随着人类对环境问题的日益关注，人们认识到环境风险和市场风险、信用风险等一样会影响银行的经营目标，充分评估和审查企业的环境和社会信息是确保银行安全性和流动性的重要措施，由此诞生了国际公认的"赤道原则"，随之绿色信贷得以不断发展。可见，绿色信贷是商业银行资产负债管理理论的延伸，并非是脱离原有理论体系的探索，而是对原有理论的扩充和完善。此外，在当前绿色发展理念共同认知的背景下，商业银行以环境和社会风险与机会作为切入点，更加注重环境风险因子的管理，将其纳入资产负债综合管理体系中，构建更加完备的商业银行资产负债管理理论和体系。

2. 金融创新理论

1973年"布雷顿森林体系"崩溃，西方主要国家相继取消外汇管制，逐步开始银行自由化改革，国际金融领域出现了金融创新浪潮，给国际银行业的经营与管理带来深刻影响。广义上的金融创新是一个连续不断的过程。金融领域为了适应社会、经济发展的需要，不断演进和发展，这过程中的每一个环节都可看作一种金融创新。目前我们通常所讲的金融创新，泛指20世纪70年代以来西方国家银行体系中出现的一系列新的金融资产形式、新的金融市场和新的支付转账媒介。这一时期，金融市场的扩张、金融服务需求的扩大与金融管理体制产生了冲突，金融创新活动开始快速增长。相应地，一些学者开始将创新理论应用到金融理论的研究中来，以解释金融创新的原因、机制和影响。到了20世纪90年代，金融创新理论基本形成了体系，成为金融研究的一个重要领域。

金融创新的主要原因是金融企业为了追求更大的利润，降低自身风险，满足市场对金融服务的新需求。社会财富的增长直接导致人们对新的金融产品和服务的需求，金融机构只有通过金融创新活动才能满足市场的新需求，进而才能参与分享社会财富增长带来的好处，实现利润的持续增长。也有观点认为金融创新是银行适应外部经营环境变化的结果，是银行依据外生变量的变化对经营管理内生变量的调整，也是对科技进步的积极吸收。但是这两种观点虽然说明了金融创新与经营环境变化之间存在的联系，但并不能有效解释为什么金融创新在特定年代更加活跃。因此第三种观点认为金融创新最主要的原因是金融组织规避管制的结果，当某时期管制外的盈利机会足够大时，金融机构为了规避管制就会热衷于金融创新；当创新活动对金融体系的稳健性产生较大不利影响时，监管当局就会进一步严格管制，进而形成两者不断交替的一个相互推动过程。这一观点很好地解释了20世纪90年代以前的金融创新活动。

20世纪90年代末期以后，金融创新活动呈现出持续不断、逐步增强的趋势，创新的客体开始超越传统的货币、信用对象，越来越丰富，一些过去与金融活动无关的因素（如天气、污染等）逐步成为金融创新的考虑对象，绿色信贷即是商业银行应对环境风险与机遇的一种金融创新。尤其是2008年国际金融危机以来，人类越来越清晰地认识到工业文明所带来的黑色危机的严峻性，重大的变革与创新往往起源于巨大的危机，人类正面临着前所未有的绿色发展历史机遇，并给予全面生态变革与绿色转型的强大动力。这是危机创新时代，黑色发展危机迫使绿色创新发展。绿色信贷正是应运而生的重大创新，是应对黑色危机、促进绿色经济与绿色发展的重要市场手段。

3. 环境风险理论

维护经济与生态环境的和谐发展，改变以资源过度消耗和牺牲环境为代价的粗放型发展模式，转变经济发展方式已成为社会经济活动中的重要课题。与此同时，金融对生态环境保护和绿色经济的支持作用也成为理论和政策层面的关注焦点。对于我国以银行为主导的金融体系而言，绿色信贷也就合乎逻辑地成为金融支撑经济绿色发展的重要手段。但环境问题具有复杂性、动态性和广泛性等特征，商业银行在信贷活动中，不仅需要对企业或项目的环境影响进行评价，还需要构建银行环境风险管理基本框架。

商业银行自诞生之日起，就面临着各种风险，其必然要通过对风险进行分析、预测和控制来实现降低风险的目的。但是对于商业银行而言，长期以来环境风险问题一直被认为是企业面临的风险，与银行没有直接的相关性。因此，银行在决定任何一项贷款时，主要考虑企业经济效益因素，很少将环境风险因素考虑在内，一些严重污染企业由于其成本低而具有更好的经济效益成了一些银行的优质客户。但从20世纪70年代以来，环境问题对银行信贷业务的影响开始凸显，很多银行因此遭受了巨额损失，商业银行为了保证信贷投资活动的效益和资金安全，对企业和项目的环境问题和环境风险进行评估是必然的战略选择。

商业银行环境风险是指企业及企业实施的项目中的污染行为导致严重的环境恶化、能源极度消耗，突破了环境的承载能力及公众对环境绿色发展的要求，进而给企业的资金供给者——商业银行带来的风险。它包括污染企业无力还贷的风险、银行承担污染连带责任的风险、第三方要求损害赔偿的法律风险、声誉风险和不适应新的环境要求而失去市场份额的风险。当前，由于各种涉及环境问题的国际、国内法律法规和环境标准大量出台并且日趋严格，使企业的生产经营活动受到越来越多的环境监控与管制，从而使环境风险成为信贷活动中风险评估和风险管理的重要对象。环境风险管理(ERM)是商业银行对环境风险识别、评估、控制、转移和监控的过程，能够减少银行的不良资产，提高银行的经营效益。因此，环境风险管理已成为商业银行不可或缺的经营管理活动。

商业银行环境风险管理的基本动因，一方面是企业恶劣的环境行为可能导致资金紧张、成本上升、法律诉讼以及声誉风险等，这些风险在一定程度上会转嫁给银行，导致贷款风险、投资风险和声誉受损的风险；另一方面，银行间的竞争加剧促使其进行环境风险管理，以便获得新的机遇和竞争优势。除此以外，外部动因也在促使银行加强环境风险管理，如政府对环境法律与法规的不断强化，公众对绿色产品的需求以及非政府组织对环保的关注，以及国际规则、法规的压力等。在内因和外因的驱动下，目前世界上著名的大银行都建立了比较先进的环境风险管理系统。开发新的金融产品，把代际公平纳入其商业伦理中，关注银行自身的社会责任，特别是在实现以人为本的绿色发展中的社会责任，追求商业利益的同时，关注绿色发展的效果，从而促进整个社会、经济与自然环境的和谐发展，并实现银行自身的绿色发展，这是商业银行环境风险管理的演进路径，也是最终目的。

目前，在商业银行环境风险管理方面，国际上已经形成了一套较为完整的理论体系，而且这一理论仍在实践中不断发展和完善。其中最为著名的是关于商业银行项目融资的环境风险管理体系——“赤道原则”，这也是世界各国银行在开展绿色信贷业务时所共同遵守的原则。

4. 生态经济与绿色经济理论

生态经济学及绿色经济学是绿色信贷的理论基础，绿色信贷是其在金融领域上的延续和创新。很长一段时间，人们一直认为水、空气等环境资源取之不尽，用之不竭，视大自然为净化废弃物的场所。但是随着时间的推移，自然环境恶化的问题不断显现出来，资源环境的利用和保护越来越成为焦点。随着生态经济学研究的不断展开，许多学者提出在经济发展规划中要考虑生态因素，社会经济发展必须既能满足人类的基本需要，又不能超出环境负荷。超过了环境负荷，自然资源的再生增值能力和环境自净能力会受到破坏，引起严重的环境问题，社会经济也不能持续发展。

当今世界系统运行是依靠“环境透支”“生态赤字”来维持的，而且自然生态系统的生态赤字还在不断扩大。工业文明发展的辉煌成就的取得，是以自然、人、社会的巨大损害为代价的，尤其是以毁灭自然生态环境为代价的。尤其在 20 世纪后期人类连续遭受世界性的环境事件的危害，资源短缺、全球变暖、生态退化、荒漠化加重、人口剧增、失业、贫困、疾病、社会不公平等，引发了经济、政治和社会等各种错综复杂的矛盾，面对日益严峻的全球性问题，人们理性地提出了绿色发展的理论构想。

发展绿色经济、推进绿色发展，是世界各国的共同目标和绿色使命。然而，当前西方发达资本主义国家对内实行绿色资本主义的发展路线，是在不根本触动资本主义文明及工业文明黑色经济体系与发展模式的前提下，通过单纯的技术路线来治理、修复、改善自然生态环境，寻求自然生态环境和资本主义协调发展，缓解人与自然的尖锐矛盾，并在对高度现代化的工业文明重新塑造的基础上走有限的“生态化或绿色化转型发展道路”，即绿色发展道路。实践已经证明，这是不可能走出工业文明黑色危机的。

21世纪是建设生态文明和发展绿色经济的新世纪，它的社会文明的主导形态是生态文明或绿色文明，主导经济形态是生态经济或绿色经济。我国将经济社会绿色化作为生态文明建设与绿色发展的核心内容与基本途径，从而在当今世界率先开拓了从工业文明黑色发展道路与模式转向生态文明绿色发展道路与模式。

5. 绿色金融理论

“绿色金融”又被称为“可持续金融”，主要指从环境保护和绿色发展角度重新调整金融机构的经营理念、管理政策、产品创新和业务流程，从而实现金融机构自身效益、企业社会责任以及环境保护的“共赢”。

传统的效率市场理论认为，金融投资可以使市场达到资源配置的最优状态，但这种“最优”并非绿色发展的“最优”。一方面金融市场的价格信息没有反映环境成本，资源配置会因扭曲的价格导致失衡；另一方面金融市场的资源配置没有考虑代际公平原则。在绿色金融中，从金融和环境的关系入手，重新审视金融，将生态观念引入金融，改变过去高能耗、低产出、重数量、轻质量的金融增长方式，以形成有利于节约资源、降低消耗、增加效益、改善环境的金融增长模式。可见，这一理论是绿色发展理论在金融领域的延伸，是对该理论的进一步发展，它从金融机构的角度，对绿色发展的路径进行了设计。金融是现代经济的核心，金融机构与绿色发展密切相关，通过金融机构的有效运作，可以大大提高环境保护的效率，从而推动整个社会的绿色发展。绿色金融是金融领域的创新，是传统金融意识和现代环保意识的融合。它依靠金融手段和金融创新影响企业的投资取向，进而影响经济取向。

绿色金融理论认为，发展绿色金融能够有效克服市场失灵和政府失灵问题。环境污染问题有很强的负外部性，通过市场手段进行调节会出现失灵甚至无效的情况。而政府的介入口往往以事后处罚为主，并因为地方保护主义、办事程序拖沓、效率低等原因而导致政府失灵。绿色金融将环境风险纳入金融机构的风险管理当中，借助市场机制、政府管制、行业自律，社会监督等多重力量，既能解决市场失灵，又能规避政府失灵，推进经济的绿色可持续发展。

2000年《美国传统同典》将绿色金融定义为环境经济的一部分，研究如何使用多样化的金融工具来保护环境、保护生物多样性。国外往往把碳金融作为绿色金融研究和实践重点。1997年，《京都议定书》的签订为二氧化碳排放权的交易提供了可能性。2002年10月，国际金融公司联合荷兰银行等9家商业银行制定了《环境与社会风险的项目融资指南》，即“赤道原则”，全球大型融资项目的90%以上都遵循“赤道原则”。目前很多国际组织、政府部门、学术机构和金融机构都在对绿色金融理论进行深入研究或实践。综合来看，这方面的研究主要包括4类问题：识别环境风险和机遇、资产定价和审核、环境风险管理、金融工具创新。绿色金融的实践则主要集中在两方面：一是通过监督金融机构注重环境问题来规避环境危机带来的金融风险；二是运用金融手段来达到保护环境的目的，金融机构在业务经营中注重将社会、环境价值等纳入公司治理目标。

由于我国资本市场和保险市场尚未充分发展，因此，我国全面发展绿色金融理念必须以商业银行为主要载体，这意味着绿色信贷在我国绿色发展进程中将发挥不可替代的作用。在绿色信贷中，银行将环境因素视为一种可利用的资源，其社会职能就出现了演变，不仅是资金资源配置的中介，也成为风险资源和环境资源配置的主体，银行将从中获得新的机遇和竞争优势。商业银行对资金、风险、环境资源进行配置，有利于引导资金流向和公众投资行为，有利于社会环境和社会福利的改进，有利于绿色经济和生态经济的建设。

三、国内外绿色信贷的实践

1. 汇丰银行——绿色发展的践行者

汇丰银行是世界上最早接受赤道原则的银行之一，始终把环境保护和回馈社会作为一项重要使命，把绿色发展作为发展战略的重要部分，在绿色信贷的推广中发挥了积极的带头作用。其特色主要体现在以下几个方面。

(1)塑造绿色发展的企业文化　汇丰银行全球企业绿色发展总监西蒙·马丁说，企业绿色发展部门是一个重要的部门，是塑造整个集团文化的部门。绿色发展不是在做慈善，而是应该像经营商业一样来经营绿色发展，包括利用“绿色贷款”政策鼓励企业走在绿色发展的道路上。另外，通过推出环球气候变化基准指数，追踪那些最可能从应对气候变化中获益的主要公司的股价表现，让机构更有把握地投资于气候变化事业。

(2)贷款标准明确　汇丰银行在发放贷款和进行投资的过程中，坚持遵循国际最高标准。这些国际标准包括“赤道原则”“联合国全球协定”“责任投资原则”以及世界银行、国际金融公司的相关指引。汇丰银行还从环境保护和社会责任角度出发，制定了一系列涵盖环境敏感行业的绿色发展信贷政策，明确了不提供信贷支持的行业和领域，包括能源、化工、矿产与金属、森林、土地与森林产品等。在贷款提案中，信贷经理通常使用环境监测一览表全面地评估其环境风险，对于那些被政府界定为“双高”，即高耗能和高污染的行业，更要全面细致地进行评估。

(3)力行碳中和　汇丰集团是一个有着30万员工、在全球80多个国家和地区运营的庞大机构，仅维持机构运作的用水、用电，每年就会给环境带来几十万吨的二氧化碳排放。汇丰非常重视自身给环境带来的影响，并于2005年成为了第一个实现碳中和的大型国际银行。通过购买“绿色电力”来减少因使用电力而产生的碳排放；通过购买碳抵免额度来抵消剩余的碳排放量，以达到碳中和。在日常营运中，汇丰制定了具体的减排指标，推行环保节能举措，通过减少自身营运所消耗的能源、水以及固体废物和二氧化碳排放来降低对环境的直接影响。

(4)对环境保护、节能减排的信贷支持力度不断增加　2007年汇丰银行斥资1亿美元，携手国际四大环保组织——气候组织、守望地球组织、史密森尼热带研究所和世界自然基金会，在全球启动了为期5年的“汇丰与气候伙伴同行”项目，以应对气候变化带来的挑战。由表12-1可以看出，汇丰银行近几年的绿色信贷授权许可交易数量大体上是逐年上升的，可见该行对绿色信贷的支持力度。而且，从项目融资这一栏也可以看到，融资主要是对B类和C类的项目发放的，也就是说该行融资的对象主要是对环境有一般的负面影响或是基本无负面影响的项目和企业。对于A类，即对环境有严重负面影响的项目，该行对其融资的数量是极少的，2005—2009年只占总数量的7.5%、1.3%、6.8%、3%、7.7%。

表12-1　英国汇丰银行绿色交易表

年份	项目	授权许可交易	贷款	咨询	项目融资		
					A类	B类	C类
2005	数量/件	67	67	n/a	5	38	24
	价值/万美元	4601	4601	n/a	809	1917	1875
2006	数量/件	76	76	n/a	1	41	34
	价值/万美元	5171	5171	n/a	80	2708	2383

续表

年份	项目	授权许可交易	贷款	咨询	项目融资		
					A类	B类	C类
2007	数量/件	129	103	26	7	57	39
	价值/万美元	8705	8705	n/a	1407	5184	2114
2008	数量/件	148	100	48	3	59	38
	价值/万美元	6842	6842	n/a	178	4348	2316
2009	数量/件	80	65	15	5	32	28
	价值/万美元	6844	6844	n/a	1296	2754	2794

注：n/a表示无数据。表中的A类、B类、C类三类项目即是按照ESRM政策所分的三种环境与社会风险类型。

2. 兴业银行绿色信贷实践

兴业银行作为国内首家“赤道银行”，是我国倡导绿色信贷的先行者。2007年10月，兴业银行正式签署了《金融机构关于环境和绿色发展的声明》，加入联合国环境规划署金融行动，并作出遵守相关环境法律法规的承诺，同时建立环境管理系统，将环境因素纳入其商业信贷决策的考量范畴。2008年10月31日，兴业银行正式宣布采纳“赤道原则”，成为全球第63家、中国首家“赤道银行”。近年来，兴业银行已经成为国内践行绿色信贷的典范。

(1)成立了专门机构和制定发展战略　2009年年初设置了专门负责能效金融、环境金融和碳金融的产品开发与市场推广机构——绿色金融中心，相继出台了《节能减排业务管理办法》《节能减排项目准入细则》《环境金融领域节能减排项目属性认定标准》等一系列节能减排项目贷款准入指引，组织了多期节能减排培训。同时，兴业银行通过加强对电力、煤炭、焦炭、铁合金、钢铁、有色金属、电石等行业中落后产能的分析和研究，形成了严格的内部信用业务准入规范，坚决退出落后生产能力企业贷款。兴业银行支持“资源节约型、环境友好型”社会建设，促进循环经济、节能减排、环境保护和低碳经济发展。兴业银行还充分利用银监会“信息披露系统”和国家各部委发布的环保信息，将其作为“授信前调查、授信中审查以及授信后检查”各环节的重要参考依据。

(2)积极开展绿色信贷产业和服务　2004年兴业银行在国内率先开发气候变化类融资产品，专为节能减排和清洁能源项目提供资金支持，被称为能效贷款。能效贷款是指对合格借款人发放的贷款，用于能源设备以及改善建筑、工业流程和提高能源效率的项目或商品和服务。与一般企业贷款相比较，能效贷款的特点表现为：经济效益和社会效益并重；适当降低担保门槛，以借款人和项目现金流的测算作为风险考量的重点；向中小企业提供中长期贷款，但期限不超过5年；提供专业的技术援助，包括合格项目贷款确认和节能技术审查及咨询服务；根据客户现金流的实际状况，可以采用分期还款的方式。在国际金融公司的帮助下，2006年5月，兴业银行将能效贷款付诸实施，这一绿色信贷产品推出后广受欢迎，一期额度46亿元，不到11个月就全部用完，实施节能减排项目46个，其中绝大部分贷给中小企业，具体涉及工业锅炉改造、节电、余热回收以及工业能源利用等。项目完成后每年可减少大约350万t二氧化碳等气体排放，相当于21万辆出租车行驶一年所排放的气体。在第一期合作成功的基础上，2008年2月25日，兴业银行又与国际金融公司在北京签署了二期合作协议，不仅扩大了贷款额度，而且拓展了融资范围。到2010年12月末，已累计发放节能减排贷款478.6亿元，支持的项目，每年可节约标准煤1871.41万t，减排二氧化碳5165.08万t，减排二氧化硫2.01万t，减排化学需氧量(COD)76.84万t，节水量4389.10万t，年综合利用固体废物673.76万t。

2010 年，兴业银行在《兴业银行年度信用业务准入细则》中明确优先支持节能减排业务，绿色信贷服务范围已拓展到能效金融、环境金融、碳金融三大板块；覆盖能效、新能源和可再生能源、CDM、SO_2 减排、污水处理和水域治理、固废处理 6 大领域，并针对不同客户群体和项目类型量身定做 8 种融资服务模式，并为碳交易前中后各环节量身定制金融服务。

(3)开展绿色信贷的国际合作　兴业银行于 2004 年开始与国际金融公司合作，全面落实绿色信贷政策。通过与国际金融公司合作，兴业银行不仅扩展了经营领域，引进了一定资金，分散了信贷风险，同时学到了现代经营理念，尝试了先进的风险管理及技术，提升了整体水平和效益，增强了市场竞争能力。从实践情况看，绿色金融不仅没有成为兴业银行的财务负担，还为其开创了新的业务领域，获得了优质的资产和新的收入来源。

四、绿色信贷对保护生态环境、发展绿色经济的作用

改革开放以来，我国社会、经济发展取得了举世瞩目的成就，人民生活得到了巨大改善。2010 年我国国内生产总值(GDP)跃居世界第二，经济总量仅次于美国，已经成为全球经济体系的重要组成部分。但是在发展的过程中，出现了资源的过度开发和低效利用以及生态环境恶化的趋势，经济发展与生态平衡的矛盾日益尖锐，以牺牲资源和环境为代价、单纯追求高增长的经济发展模式已经难以为继，取而代之的是低碳经济、绿色发展理念。党的十八大报告明确提出："建设生态文明，是关系人民福祉、关乎民族未来的长远大计。面对资源约束趋紧、环境污染严重、生态系统退化的严峻形势，必须树立尊重自然、顺应自然、保护自然的生态文明理念，把生态文明建设放在突出地位，融入经济建设、政治建设、文化建设、社会建设各方面和全过程，努力建设美丽中国，实现中华民族永续发展。"

绿色信贷政策作为一种重要的经济手段，被发达国家广泛采用，是国际上通用的一项环保措施，其在治理污染、保护生态环境、促进绿色发展方面具有重要的作用。

1. 绿色信贷能够有效规范企业经营行为

绿色信贷主要是通过融资环节影响企业资本成本，进而对企业生产经营产生影响，抑制企业的环境污染行为，鼓励和规范企业正规经营行为。绿色信贷不仅对低碳和节能减排的项目及企业实施绿色信贷以优惠支持，也对那些污染环境的企业实施信贷控制，对严重污染环境的企业，银行甚至还会采取相应的措施来收回已经发放的贷款，从资金源头上防止企业进行盲目投资和低水平重复建设。因此，绿色信贷的有效实施，能够直接或间接截断"两高一剩"企业的资金链条，通过增加企业的融资成本来抑制企业投资于有可能造成环境污染、资源浪费的项目，其效果就相当于对高耗能、高污染和产能过剩企业开征污染税，既惩罚了污染企业，有效限制了企业的污染行为，又不至于降低市场的资源配置效率。绿色信贷通过银行信贷严格控制对污染企业的资金投入，遏制其投资冲动和规模扩大，这就促使企业进行节能减排或将资金投入到非污染行业中去，使这些企业在防污治污上由被动变主动，促进企业环境意识的觉醒或提高，增强企业的社会责任感，通过绿色创新，促进经济结构的调整和经济增长方式的转变。

2. 绿色信贷能够引导资金流向

银行在配置与调控资源上具有独特的作用，实施绿色信贷，银行在管理项目融资上使用更为严格的评审标准与流程，可以依靠科学的筛选工具选择优质项目，决定了只有那些效益好、能效低、环境和社会风险能够得到控制的项目或企业才能获得融资支持，而限制了那些对环境和社会造成损害的项目或企业的发展，从而将金融资源引向那些有良好环境表现的企业或项

目，实现更有效的配置。为了规避绿色金融的惩戒和赢得相应的发展机会，很多创业者就会更多地涉足于环境风险低的领域，很多成功的企业就会在上市融资和再融资上更多地倾向于绿色产业、环保产业，从而使得投资结构优化，不断推进产业的环保化。2007 年以来，我国商业银行逐渐加大对节能减排、新能源等国家政策鼓励领域的支持力度，将工业节能改造、资源循环利用、污染防治、生态保护、新能源和可再生能源利用以及绿色产业链列为重点支持项目。

3. 绿色信贷能够有效克服市场失灵和政府失灵

环境资源属于公共产品，同时又是公共资源，环境污染问题具有很强的负外部性，但由于其具有的产权不明晰或具有多重性，市场机制在这一领域显然是无能为力的，从而进入"破坏环境"的纳什均衡状态。这种负外部性只能通过行政管制和外部性的内部化来加以解决。从行政管制来看，政府的介入往往以事后处罚为主，并且会因地方保护主义、办事程序拖沓、效率低等原因而导致政府失灵。例如政府制定的某些经济发展目标，如 GDP 的增长、经济增长速度的提高等，使经济主体片面追求经济总量的增加而忽视质量的提高，无形之中又加重了政府失灵和市场失灵的程度，使"生态赤字"越来越严重。绿色信贷将环境风险纳入金融机构的风险管理当中，借助市场机制、政府管制、行业自律、社会监督等多重力量，既可解决市场失灵，又能回避政府失灵，推进经济的绿色可持续发展。

4. 绿色信贷能够缓解环境和生态问题

面对资源约束趋紧、环境污染严重、生态系统退化的严峻形势，以绿色信贷推进生态文明建设是时代赋予金融行业的责任与使命。

从发达国家的经验来看，一旦环境退化水平超过生态阈值，可能会造成实物上的不可逆转或者逆转费用极其高昂。而解决环境问题，关键在于生态补偿机制。绿色金融本质上是一种市场化的生态补偿机制。银行业金融机构在执行绿色信贷的过程中，需要重点关注其客户及其重要关联方在建设、生产、经营活动中可能给环境和社会带来的危害及相关风险，包括与耗能、污染、土地、健康、安全、移民安置、生态保护、气候变化等有关的环境与社会问题。银行通过履行审慎性的审核调查义务，可以更有效地去评价、识别环境与社会风险；通过金融杠杆作用和资源配置功能引导社会资源流向，实现经济的可持续发展以及人与自然的和谐共处，促进金融与实体经济的良性互动和可持续发展。因此，绿色信贷应当成为金融生态经济发展的重要组成部分，通过吸收运用生态经济原理，在实现自身可持续发展的基础上不断推动我国生态经济发展的进程。

五、绿色信贷风险及其评估

绿色信贷风险指商业银行在从事绿色信贷业务过程中面临的贷款人信用情况、履约能力、利率、汇率等市场因子、环保政策及背景、环保因素及社会影响因素等因子变化造成的银行信贷资产受损以及不良的社会因素的可能性。

根据《巴塞尔协议》，商业银行传统信贷风险一般可分为 8 类：信用风险、流动性风险、操作风险、市场风险、法律风险、国家风险、声誉风险、战略风险。绿色信贷在具有传统信贷风险特点的同时又具有其特殊性。这主要源于绿色信贷的经营理念：一切信贷以绿色环保为出发点，从信贷政策、信贷流程、信贷模式和风险管控等各个方面重视环境因素的影响。

1. 绿色信贷风险的表现形式

(1)信用风险　信用风险是所有风险中最复杂、最重要的风险，因此要对信用风险做出严格的界定，即由于各种不确定性导致借款人违约，无法及时足额偿还贷款，从而导致信贷资产受损的可能性。传统信贷模式下，信用风险多由企业盈利能力下降或资产价值缩水等原因引发。在新兴绿色信贷模式下，信贷风险的诱因众多且表现形式多样。根据与传统信贷的异同将绿色信贷信用风险表现形式大致划分为两类。

第一类与传统信贷表现形式相同，即贷款企业产品竞争力低、盈利性差、因违法违规遭遇罚款从而陷入财务困境；信用等级下降；资产和证券价值下跌造成潜在违约风险增加，银行面临信用风险。对于CDM项目，中国碳交易定价机制不完善，主要依托于国际定价标准，而交易价格与国际市场存在差距且价格波动频繁使得项目收益不确定，信用风险上升。对于非CDM项目，通常属于环保改造类项目，资金数额大、回收期长、现金流小易加大信用风险。

第二类是基于环境因素的信用风险，也是绿色信贷所特有的表现形式。

①从项目建设角度来看，分为建设中信用风险和建设后信用风险。建设中信用风险主要来源于环境方面可行性研究不到位、初始环保设施构建不合理、环保技术水平不达标、能源消耗大、环境污染严重等。项目盲目上马，面临追加和改造成本增加甚至暂停建设导致信用风险。建设后的信用风险主要表现为由项目污染处理未达到预期理想指标、技术过时遭遇淘汰、政策逐步严格加以限制等问题引发的违约。

②从企业经营角度来看，重点表现为企业运行过程因"三废"排放、节能减排、破坏生态环境等因素投入大量环境处置成本和行政处罚成本，加大了企业经营管理和取得收益的难度，增大了无法按时偿还贷款的信用风险。

我们可以依据绿色信贷的表现形式，总结其风险的特殊性。首先，绿色信贷信用风险受环境政策影响较大，而政策具有明显的不可测性和不可逆性的特点，因而风险也呈现出随机性的特点；其次，环境风险、市场风险等其他风险均是信用风险的诱导和影响因素，从各个层面直接或间接左右其大小，所以风险具有综合性的特点；最后，较普通信贷而言，绿色信贷业务信用风险普遍偏大而信贷收益偏低，因而表现出收益与不确定性不匹配的特点。

(2)市场风险　市场风险是银行信贷业务普遍面临的风险，绿色信贷业务也不例外。市场风险是指因金融市场因子的变动引起的信贷资产潜在损失的风险。它包括利率风险、汇率风险、通货膨胀风险等。

①利率风险。绿色信贷业务受利率波动影响明显，且贷款项目大多属于政策扶持性项目，贷款利率低且周期长。因此，在利率上升的情况下，一方面，银行不得不为存款来源付出更大的利息成本；另一方面，银行不能随意提高利率以弥补成本上升的损失，存贷利率差进一步缩小，造成了高成本、低收益局面，面临资产损失的风险。有学者研究得出绿色信贷占比与银行盈利呈负相关的结论也是基于利率风险的重要影响。

②汇率风险。在全球银行业大力开展绿色信贷业务的背景下，许多大型国际项目引入了银团贷款的方式，我国的银行也会参与到境外的项目中去。许多国家的国际贷款项目，大部分以外汇的形式进行结算。例如，招商银行在美洲、欧洲、非洲等地区涉及多项新能源开发和天然气开发项目，截至2009年海外投资总额已经达到总贷款额的1.38%。由此，外汇汇率的变动将直接影响信贷资产回收和盈利情况。

③通货膨胀风险。众所周知，通货膨胀会导致资产在银行和借款人之间重新分配，直接体现为本金和利息的缩水。绿色信贷资产实际价值下降低于其账面价值，银行从而遭受损失。

(3)环境风险　环境风险是绿色信贷所特有的风险，其内涵有广义和狭义之分。广义的环境风险既包括银行直接由于环境问题造成的损失，也包括由于企业的环境风险所引发的违约风险。狭义的环境风险只包括银行因向环保不达标项目或企业贷款而项目中止造成的直接的资产损失、经济处罚以及声誉损失。由于前文已将企业环境风险所诱发的违约风险划分为绿色信贷信用风险，因此，本小节基于狭义的环境风险进行分析。

一方面，环境风险表现为银行受环境问题影响，贷款项目中止或被迫撤回贷款直接导致信贷资产损失和盈利受损。例如，基阿尼克尔塔斯纸浆厂计划以苏马林都林木种植园的树木为来源，每天采伐 525 t 以供应生产，但该项目严重破坏了当地的生态环境，影响了当地居民的生存。鉴于该项目的影响程度恶劣，非政府组织发起了反对运动并取得了胜利。德意志银行因此对该纸浆厂的持有方 United Fiber Systems(UFS)撤资，世界银行也取消了 UFS 的申请。另一方面，环境风险表现为由于信贷传递机制，已经授予贷款的企业的环境风险传递给银行，使银行遭遇连带责任或经济、行政处罚而资产损失以及声誉受损的可能性。

由于环境风险对银行绿色信贷业务发展存在重大潜在威胁，银行必须高度重视环境风险管理，将其纳入风险管理体系，切实做好贷前、贷中、贷后的风险防控措施。从风险识别阶段入手，准确界定和识别风险及其影响程度，针对不同项目的风险特性，制定出合理可行的应对措施。实时密切关注项目的进展情况，严禁项目实施过程中有破坏环境的行为，以避免因项目环境问题而被叫停的风险。与此同时，银行要不断提升和增强整体环境风险意识，从各个方面降低损失的可能性。

(4)政策风险　政策风险是一种导致银行损失和不利后果的可能性。政策风险主要体现为：

①政府出台的绿色信贷政策零散不成体系，相关法律法规不完善，大部分政策仅局限于框架指导层面，没有明确的立法和框架，使得绿色信贷业务没有统一的标准和口径。由此，各银行对相同项目的评估指标制定和授信额度各不相同。另外，绿色信贷操作过程复杂且难度大，操作过程及信贷审批具有很大的不确定性，在没有明确标准的情况下，可能存在被某家银行拒贷的项目可以获得其他银行的贷款的现象，从而部分银行面临客户流失、信贷规模受损的风险。

②从整体社会层面上，我国是积极推进环境转变，促进企业进行环保结构升级的，但各地方政府落实情况参差不齐，中央政策与地方性政策之间存在差距和空隙。这些差距和空隙不能给银行提供整个良好的政策制度保障，制约了绿色信贷的发展，更可能引发其他减损资产的可能性。

③我国仅依靠提倡可持续金融理念来促进绿色信贷发展，并没有实际采取相关的配套措施。例如，未出台相应的税收政策对绿色信贷银行进行减免税优惠；没有专项的绿色信贷补贴。我国环保和信贷政策变动频繁，没有以上实际措施给予绿色信贷发展的软环境支持，银行将很容易受到政策变动的影响而扭盈为亏。

④随着国际相关法律和准则的变更，某些 CDM 项目退出强制减排体系，而银行无法立即采取相对应的措施，可能对银行已发贷款回收产生不利影响。

从上述情况来看，健全和完善政策体系是未来绿色信贷发展的必要环节，但完善途径和方向尚不清晰明确，还需要不断研究探索。基于绿色信贷政治风险表现形式的特殊多样，政府和银行双方需要共同努力，相互配合做好风险管理工作。

2.绿色信贷风险评估

银行传统的信贷业务在进行风险管理时，主要是根据《巴塞尔协议》的指导，依据借款企业提供和发布的年度资产负债表、利润表以及现金流量表及附注等财务报表，结合企业的各项非财务信息进行指标的计算。根据企业的盈利性、偿债能力和信用状况等多方面判断违约的可能性和风险的大小。绿色信贷与传统普通信贷不同，其信贷的目标是支持国家可持续发展，促进信贷资金从高耗污染产业撤出，向环保节约产业流动。因此，环境因素作为绿色信贷最主要的因素必须加入信贷风险指标体系，且处于重要位置。根据我国"环保一票否决制"的信贷政策，本书在原有信贷风险指标体系的基础上进行改进和创新，将指标体系分为两个层级。第一层级先对申请贷款的企业进行环保评级，参照国家环保部门发布的《企业环境业绩指标标准》，选取多个环境指标，利用科学的方法赋予合理的权重，根据企业的情况逐个进行打分，计算出企业在环境方面的得分并进行评级。对应于《企业环境业绩指标标准》中对企业5个等级的划分，黑色与红色的企业不予以贷款。对于达到标准的绿色、蓝色、黄色等级的企业，进入第二层级的评估。第二层级即针对环保达标的企业，在原有的传统的财务指标和非财务指标体系的基础上，加入环境指标，重新确定各项权重，综合衡量企业全面风险。该指标体系可以使银行先识别出环境危险型企业，排除高环境风险贷款的可能性，然后综合考虑盈利性、安全性、环保性对贷款企业风险进行评估。该体系为银行提供了一种方法，可以对申请贷款企业进行择优选择，努力做到低风险、高收益。

第二节　绿色保险政策

一、绿色保险的概念与分类

1.绿色保险的概念

本书所说的绿色保险是生态保险的拓展。生态保险一词于20世纪80年代出现于俄文文献中。

(1)概念　绿色保险是指被保险人在生产、经营、运输、销售过程中，因为发生意外的、非故意的、突发或累积渐变的生态环境食品经济危险事故，造成环境污染，或食品不安全，或生态破坏，致使侵权受害者人身伤亡、健康受损、财产损失，依法、依约承担赔偿受害的第三者经济损失、环境污染治理、或消除食品安全隐患，或以生态系统修复责任为标的的责任保险。

(2)释义　这里的被保险人范围很广，他们是生产、经营、运输、销售、维修、矿产资源采掘和木材、中草药采集，工程、水利设施建设和其他所有可能污染或者破坏生态环境、造成食品不安全的企事业单位、个人，也涉及种植业和养殖业。上述行业包括外资、国有、集体、民营企业。责任范围涉及上、中、下游企业。保险标的不单一，有三个，抑或三者居其二：被保险人的侵权赔偿责任；污染治理民事责任；生态系统修复责任。

定义中"意外的"是指突发的或出乎人们意料之外的。这里需要指出的是，因地震等不可抗的生态巨灾引发的生态破坏和环境污染，目前宜视为绿色保险除外责任。对"非故意的"需要详加解释。在"资本的逻辑"主导的经济领域内，人们争取实现经济效益的极大化，用高昂的生态环境成本换取了经济利益。过度地追求经济效益而忽略生态成本，导致严重的环境污染，或食源性疾患损害，或生态破坏损失。环境污染、食品不安全和生态破坏造成生态环境食品经济损失的类型大致可分为故意的、胁从的、非故意的、意外的 4 种，表现为：①一些利益集团或个人明知自己的经济行为会造成生态环境食品经济损失，但唯利是图、急功近利；②为了某个利益集团的经济目的，一些企业盲从长官意志，进行生产或经营，导致生态环境食品经济损失；③一些生态环境食品经济侵权致害者知识面不宽，只知追求经济利益，不识生理、病理变化规律，不懂生态规律，不明自然法则，不能预料自已经济行为的不良后果会给被侵权者造成损害；④天灾来得太突然，不可抗拒，或者生态环境食品经济风险不可控，侵权者无法适应环境的突然变化，造成被侵权者损害，或者环境污染，或者食品药品不安全，或者生态破坏。故意的侵权致害经济行为，或者造成严重后果而触犯刑律的应受法律制裁；"胁从的"和"非故意的"加总可视为意外伤害保险所指"非本意的"，属于过失或无过失民事责任，是可保的。换言之，绿色保险的定义中将故意的生态环境食品经济侵权事故责任作为除外责任，即违反法律，不按许可证规定限额而超标直接排污，或者制售有毒农药、化肥、医用药品、饮品、食品，或者不按有关法规修复林木植被，加固已毁或有可能毁坏的矿井坑道、涵洞，不安全生产，致使生态破坏态势延续，直接(或间接)损害第三者的，应依法追究其相关责任，保险公司不承保上述责任。随着生态保护、食品安全、环境经济政策及法律体系逐渐形成，对生态破坏和环境污染者的惩罚将越来越严，绿色保险正是要保障那些因意外的或非本意的生态环境食品经济危险事故发生，对造成环境污染，或饮食不安全，或生态破坏的企事业单位和个人给以经济保障，使他们提高认识水平，防灾减损，并使受害者获得经济赔偿，也对环境保护、食品安全、生态修复予以补偿。

2.绿色保险的适用范围

凡是在生产经营过程中，由于意外的、胁迫的、非故意的危险事故发生，可能导致环境污染、食品不安全，生态破坏、造成对受害第三者侵权损失的企事业单位，有责任向保险公司投保绿色保险，或者强制参加绿色保险。国务院批准施行的《产业结构调整指导目录》(2005 年、2007 年)中，把调整结构的产业划分为三类：鼓励类、限制类、淘汰类。淘汰类中目前尚未淘汰的所有企业、限制类中的绝大部分企业、鼓励类中的一部分企业都应投保绿色保险。参保绿色保险的企事业单位缴纳必要的保险费，在保险责任事故发生后，获得经济保障。

3.绿色保险的分类

绿色保险是一类特殊的责任保险，是责任保险的子险种，可分为环境保护责任保险、食品安全责任保险、生态损失责任保险三大类。这三个险种的每一个险种又可划分为若干个子险种。这些子险种可以成为单独的险种，也可以作为其他险种的附加险。按承保方式，绿色保险可分为政策性强制保险、任意(自愿)保险、法定(强制)保险。按保单划分，绿色保险可以是单独保险合同，也可以是其他保险合同的附加险种。

二、环境保护责任保险

1.环境保护责任保险定义

环境保护责任保险是以环境侵权者因污染环境而应承担被侵权的第三者损害赔偿和污染治理责任或生态系统修复责任为标的的责任保险。

2. 软、硬保险生态环境

跨学科研究，多学科相互交叉、渗透、整合，是当今世界科学发展的趋势之一。随着金融生态、金融生态系统等概念的提出、论述、应用，保险生态系统、保险生态环境等术语也顺势而生。保险生态环境有软环境与硬环境之分。软的保险生态环境是指包括生态文明、社会经济、政治制度、法律制度、文化传统和精神心理意识等在内的社会形态。硬的保险生态环境是指包括地质地理区域、物候（天气、水体、土壤）和动植物在内的天然和人造生态环境。环境污染责任保险与硬生态环境有密切的关系，硬生态环境状况的恶化迫使并促进环境污染责任保险的发展。由于社会经济、法律制度、科学技术、文化传统的变化以及生态文明建设发展滞后，使得软生态环境制约了我国环境污染责任保险的发展。我国保险业在 1958 年被停办，中断 22 年，1980 年恢复，此后保险业发展速度很快，世界排名逐渐上升，2013 年中国保险市场规模位列世界第 4，这与软保险生态环境的先制约、后促进是分不开的。多年来，包括社会经济、政治制度、法律制度、文化传统和精神心理意识等在内的我国软保险生态环境在不断改善。进一步改善软保险生态环境是推动环境污染责任保险发展的基础。当前环境污染责任保险的试点工作继续开展，一些迹象表明，环境污染责任保险在向环境保护责任保险过渡。例如，截至 2013 年 6 月 10 日，南京市有 140 家企业投保环境污染责任保险，所交保费的 5% 由南京市环保局统一管理，用于污染清理。环境保护责任保险的标的不再是单一的环境侵权民事赔偿责任，而是增加了污染治理责任和生态系统修复责任，保险责任范围不限于突发或意外的污染事故，而是保险责任范围扩大到累积渐变的生态环境食品经济危险事故责任。

3. 环境保护责任保险的分类

按环境要素分类可把环境污染分为大气污染、水污染、土壤污染、饮食污染、场所污染、居室污染；按污染的性质可分为生物污染、化学污染和物理污染；按污染物的形态可分为废气污染、废水污染、固体废物污染、噪声污染、辐射污染；按污染产生的来源可分为工业污染、农业污染、交通运输污染和生活污染等；按污染物的分布范围，又可分为全球性污染、区域性污染、局部性污染等。此外，还可以以损害的类型来划分。这些环境污染后面皆可缀以责任保险，当然这过于简单，最好是根据某一类企业的污染性质来归类。这些险种又可划分为若干个子险种。我国过去实施的环境污染责任险有油污责任险、渗漏污染责任险、核电污染责任险、船舶污染责任险、场所污染责任险、高新技术企业污染责任险。由于对外贸易要求遵循国际惯例，需要投保法定环境污染责任险，所以我国有关海洋法的法律规定我国对外航运船只法定参保油污责任险、渗漏污染责任险。总之，我国环境污染责任险险种少，承保范围窄，需要借鉴发达国家成熟的经验并加以创新。

三、生态损失（破坏）责任保险

1. 生态破坏

生态破坏（有人又称其为环境破坏，严格地说，生态破坏与环境破坏是有区别的，因为生态系统与环境系统的内涵是有区别的）是指人类不合理或过度地开发、利用自然资源和兴建工程项目而引起的生态系统失稳、演替、退化，环境质量下降、生态环境状况恶化，从而对人类的生存环境产生不良影响的行为与状况。常见的过度利用自然资源的行为和现象有：乱砍滥伐、植被破坏造成森林覆盖率下降、土地涵养水分的功能丧失而致水土流失，进而导致干旱或洪涝灾害，沙尘暴四起，火灾蔓延，洪水肆虐，水土流失诱发泥石流，冲毁道路桥梁等公共建筑设施，坍塌崖崩;过度放牧、人为开发,使草原、植被退化,土地沙化、荒漠化,土壤盐碱化,生物多样性减少等,导致生态系统退化。生态破坏、环境破坏造成的后果往往需要很长的时间才能恢复,许多破坏甚至是不可逆的,即不可修复的。生态破坏的"公害"特征非常明显。

环境污染往往对生态破坏推波助澜,风助火势,引起严重的生态破坏,反之亦然。例如,我国以燃煤为主的能源结构导致 SO_2 的排放量居世界第一,SO_2 生成的酸雨使土壤营养素透过率增加,养分流失,土壤肥力下降,土地贫瘠化。此外,酸雨直接危害农作物生长发育,酸雨伤害的树林,木材产量大幅度降低。酸雨还使湖泊、河流酸化,影响水生生物繁殖,危害人体健康。

我国从 1999 年开始推行退耕还林还草、退田还湖,但成效不十分显著。21 世纪初,福建、云南等一些省区过度砍伐森林,导致森林面积大幅度减小,进而引起动物生存空间减少,食物链被破坏,生物多样性也遭到灭顶之灾。2006 年起我国开始推行林权改革,四川东部地区原来的 10 万砍树大军变成了生态育林大军,一些地区开始在只剩下树根、树桩的大面积地段补种树苗,并封山育林。但是要大大提高森林及植被覆盖率,提高森林蓄积量和植被的生物量,需百年育林,保护植被,才能固碳。

2. 生态损失责任保险

生态损失(破坏)责任保险是指被保险人在采掘作业、生产经营、建筑施工过程中,因为发生生态环境经济危险事故,造成生态破坏,致使侵权受害者人身伤亡、健康受损、财产损失,依法、依约承担赔偿侵权受害者人身伤害、经济损失和生态系统修复责任为标的的责任保险。

我国安监部门界定了六大高危行业:煤矿开采行业、非煤矿开采行业、建筑施工行业、危险化学品行业、烟花爆竹行业以及民用爆破行业。这些高危行业危险系数较其他行业高,事故发生率也高,财产损失较大,短时间难以恢复或无法恢复。高危行业安全生产责任保险是以高危行业生产经营的单位为被保险人,生产经营中疏忽、过失等行为造成的第三者民事损害赔偿责任为保险标的的保险。

生态损失责任保险和高危行业安全责任保险的交集非空,即它们有重叠,保险标的都有侵权受害的第三者赔偿责任。目前,我国高危行业造成的环境污染责任现在归环境污染责任保险承保,高危行业工伤保险与高危行业安全责任保险并列。

需要指出的是,导致生态破坏的企业除了上述六大高危行业中的企业以外,还有林木采伐、爆破采石挖沙、中草药采集、野生动植物猎捕采集(需有关部门允许)等易导致生态破坏的企业。在矿藏采掘作业、建筑施工过程中出现坍塌下陷,导致第三者人身伤亡和财产损失,应由生态损失责任保险予以保障。当前,我国虽然尚未开展生态损失责任保险,但在试点与生态损失责任保险有交叉重叠的高危行业安全责任保险。

3. 生态损失责任保险的分类

生态损失责任保险可划分为:生态损失(破坏)责任保险、高危行业安全生产责任保险(B款)、高危行业环境污染强制责任保险。生态损失责任保险可按企业的性质来分类,也可按企业可能导致的生态破坏的类别、危险事故发生的频率、损失的程度来划分。

高危行业作业过程中可能造成第三者伤亡与财产损失,应予以赔偿,应投保高危行业安全生产责任保险(B 款);矿井意外塌陷有可能破坏原来的生态系统,矿主有责任修复被破坏的生态系统;采掘业施工的过程中经常发生植被破坏,滑坡、崖崩塌陷,第三者伤亡与财产损失,甚至植被长期破坏而导致泥石流、沙尘暴等生态灾害,采掘业承包人负有修复被破坏生态系统和赔偿第三者损失的责任，应投保生态损失责任保险；高危行业作业过程中有可能发生环境污染，应投保环境污染强制责任保险。

四、绿色保险的特征

1. 绿色保险是生态文明建设的助推器

绿色保险既具有保险业所共有的分摊经济损失、经济补偿或给付的基本职能和防灾减损、积累资金、社会管理的派生职能，还具有一般保险业所不具有的生态文明建设助推器的基本职能。

(1)有助于提高生态文明建设的水平

①开展绿色保险是保障生态安全的需要，即使人们所处的生态系统保持正常的功能与结构。生态安全是国家安全和社会稳定的重要组成部分。生态破坏和环境污染使人们丧失大量生存的空间，生态安全是生态与环境保护的首要任务，生态安全得到保障是生态文明建设、人与大自然和谐相处的标志之一。绿色保险还可使人们加深对生态补偿机制的理解。

②开展绿色保险，可以提高保险双方的生态安全和环境保护意识，提高人们树立尊重自然、顺应自然、保护自然的生态文明理念和社会责任心，增加节能减排降耗的投资，支持环保产业的发展，促进修复被破坏的生态系统和治理污染。绿色保险是保障人与大自然和谐相处，促进生态环境与经济建设协调、稳定、健康发展的有效措施之一。因此，绿色保险可以促进资源节约型和环境友好型社会的构建，推动生态文明建设向纵深发展。

③开展绿色保险是实现食品安全的需要，食品安全涉及每个国民的身心健康，也是生态安全、社会稳定的助推器。它既是农业生态系统的稳定器，也可提高食品生产、加工、流通、营销领域商家的社会责任心，使得民以食为安。

④在绿色保险的试点、推行、拓宽的过程中，将进一步积累、充实、规范监测数据，细化考核办法、健全奖惩制度，促进环境保护、食品安全和生态安全法律、法规的建立、健全和完善，对制定符合生态文明要求的目标体系、考核办法、奖惩机制等制度，有助推作用。

(2)有助于构建和谐社会

①一般的责任保险具有使人与社会、人与人和谐的特征，责任保险以被保险人的侵权赔偿民事责任为保险标的。在发生无(或有)过失的侵权危险责任事故时，成千上万家企业分摊个别企业的经济损失，有利于在保险事故发生后，企业降低损失成本，由保险人承担赔偿责任，保障了被保险人，使被保险人尽快恢复生产经营或正常的生活；保险人先对受害人进行赔付会有效地保障侵权受害者的权益，解决一部分民生问题。责任保险比一般险种能更好地发挥保险社会管理的职能，协调公共场所管理、使用、参与者的关系，协调雇主与雇员、医生与患者、产品生产供应商与消费者、使用者之间的关系，为建立合理、公平、公正的和谐社会铺路架桥。

②绿色保险具有使人与自然、人自身和谐的特征。绿色保险是责任保险的主要险种之一，绿色保险除了具有一般责任保险所具有的使人与社会、人与人和谐的特征外，还具有一般责任保险所不具有的人与自然和谐、人自身和谐的特征。人与自然的和谐是人与人和谐、人与社会和谐、人自身和谐的基础，是和谐社会的核心。当侵权致害者发生无(或有)过失的生态环境食品经济危险责任事故，造成环境污染，或食品不安全，或生态破坏时，如果他们是绿色保险的被保险人，保险人不仅要替被保险人承担赔偿受害者的责任，还要承担环境污染治理或生态系统修复，以及消除食品安全隐患的责任，可以为构建资源节约型社会和环境友好型社会发挥巨大

的作用，维护人与大自然和谐，促进生态环境与经济建设协调、稳定、健康发展。

投保绿色保险可以提高被保险人环境保护、生态安全、食品安全责任意识，想方设法节能、减排、降耗，降低环境治理、生态系统修复、消除食品安全隐患的成本，注重企业自身的和谐。侵权受害者提高了生态安全、环境保护、食品安全意识，首先学会保护自己，懂得维权，在侵权损害事故发生后，会向保险公司索赔。因为所有责任保险的保险合同约定，责任保险保险事故的发生以受害者提起索赔为准则。所以，只有唤醒大众，提高生态文明的理念，努力使自己具备环境保护、生态安全、食品安全意识，学会维权，才能免受或少受伤害。受害者在受到侵权伤害后能及时提起索赔，尽快获得赔偿，使自己的权益得到保障。因此，绿色保险具有使人自身和谐的特征。

2.绿色保险是一类特殊的责任保险

(1)绿色保险是一类特殊的责任保险　责任保险是以被保险人的侵权民事赔偿责任为标的的保险。责任保险要求保险当事人双方重视社会责任，注重保障民生，维护民权，使弱势群体少受侵害，或者受害者能及时得到赔偿。绿色保险不仅承担赔偿被侵权受害的第三者经济损失的责任，而且是以承担环境污染治理，或生态系统修复，或消除食品安全隐患的责任为标的的责任保险。绿色保险是关系到生态安全、环境保护、食品安全、人身健康、社会和谐的一类责任保险。因此绿色保险是特殊的责任保险，是责任保险的分支、延伸与发展。

生态环境食品经济危险责任事故具有公害性、扩散性、广域化、规模化的特征，“公害”特点明显。生态环境食品经济危险责任事故损失大小以及对受害者的经济赔偿、生态补偿的额度要由专业机构评估、确定，不能像一般的责任保险以第三者请求被保险人赔偿为保险事故，而是由专门机构认定被保险人赔偿责任为保险事故。

(2)绿色保险需要健全的相关法律制度为其保驾护航　责任保险的基础是健全的法律制度，它承保的风险是民事法律责任。不同的责任保险依据与其相关的法律，赔偿对象是受害的第三者。制约我国责任保险发展的因素之一是大多数责任保险是任意险而非强制险。我国《侵权责任法》于 2010 年 7 月 1 日起施行，此法律的颁布实施对促进社会公平、合理、和谐有很大的作用，但鉴于中国国情，此法还没有发挥其应有的作用。西方发达国家实施各种责任保险有 157 年了。至今多数西方发达国家仍实施各种法定责任保险，即制定相应法律强制实施，或者以法定责任保险为主，以任意(自愿)保险为辅。1980 年保险业复办以后，我国先施行汽车第三者责任险，20 世纪 90 年代以后逐渐开展其他责任保险。

我国绿色保险需要以《环境保护法》《国土资源法》《食品安全法》《侵权责任法》《水污染防治法》《民法通则》等法律为准绳，但这些法律均不涉及环境保护责任保险、食品安全责任保险、生态损失责任保险的具体条文，所以需要建立健全。

(3)备择的决策方案　现阶段继续试点，乃至在全国推广前的一段时期，我国应该把绿色保险纳入政策保险，强制实施，在条件成熟后，再颁布相关法律法规，推出法定绿色保险，强制实施。再经过相当长的一段时间，当制度健全、社会责任意识普遍提高后，将绿色保险逐步放开，以法定保险为主，任意保险为辅。

3.绿色保险是绿色经济的子系统

传统的商业保险以保险公司营利为目的，社会保险和政策保险不以营利为目的。社会保险保障劳动者正常的生活，政策保险为某种政策导向服务。改革开放以来，经济增长的大潮推动中国经济突飞猛进。然而一些利益集团和个人在经济利益面前，道德沦丧、社会责任缺失，不能抗拒诱惑。传统的保险业是经济的一部分,从传统经济观念来看,思想道德、社会责任险具有外部性,只能用制度与法律去约束。绿色经济将经济系统的发展纳入生态系统之中,绿色保险也把自身所处的经济系统纳入局域生态系统之中;而广义的绿色保险和狭义的绿色保险把生态因子和环境因子作为外部因素,即把它们自身所属经济系统与相应局域生态系统看成两个不同的系统。因此,在所有保险类别中,只有绿色保险才是绿色经济的子系统。

4.绿色保险是生态环境食品经济风险管理的有效工具

保险是主要风险管理的有效工具,但保险主要管理社会经济风险。近年来,我国社会保险制度建设与社会保险立法发展得很快,商业保险与政策保险也突飞猛进。但传统的保险业以及广义的绿色保险对生态环境食品经济危险的管理往往鞭长莫及,或者杯水车薪。生态环境食品经济风险评价要比社会经济风险评价困难,所以生态环境食品经济风险控制、管理也更加困难。当今世界各国生态环境食品经济危险管理的工具较多,如通过生态环境监管、食品药品监管,信息披露公开、透明,监测数据曝光等手段来控制危险,用带有各种附加条件的许可证(排污、餐饮经营许可证)发放、超标罚款、停业整顿来降低危险发生的频率,减少损失程度。用政策导向,发挥绿色金融工具的杠杆作用,用各种激励举措来减少负能量,增加正能量。在自然资源开采利用时,用生态培训方式对管理者、工程技术人员进行安全生产培训,减少施工过程中的盲目性,控制作业中事故发生的不确定性,进而避免恶性事故的发生。

绿色保险是生态环境食品经济危险管理的主要工具之一。生态破坏使人们丧失大量适宜生存的空间,生态损失责任保险可以保障生态安全,使人们生存的生态环境保持正常的物质流通、能量转换、信息传递功能,保护生物多样性及生态系统营养网络结构。与生态损失责任保险交叉重叠的高危行业安全责任保险已开始实行,它将对生态安全、环境保护、侵权受害人身体健康和财产损失产生积极的保障作用。近半个世纪中,环境污染责任保险成为发达国家环境保护的环境经济管理的重要工具,也逐渐成为我国生态环境食品经济危险管理的工具。我国食品安全责任保险近年来才起步,未来,食品安全强制责任保险必将成为保障食品安全、管理食品经济危险的一个重要工具。

5.绿色保险标的损失规律统计难

我国生态破坏、环境污染、食品不安全所造成的生态环境食品药品经济损失的统计工作起步较晚,许多损失数据缺少,或者数据不完整而信息无法透明。近年来,中国统计年鉴内容越来越充实,各行业统计年鉴之间可以互补,可作为决策的参考依据。而要进行生态环境食品经济风险评估、科学研究,许多统计年鉴的数据细化得不够,一些较权威的文献数学模拟的结果也显得粗糙、不理想。大部分内容由国外引进的环境污染成本评估理论与方法,还需要我国不同地区、不同行业具体的实际数据来印证、充实、纠偏、完善。原环境保护部印发的《环境污染损害数额计算推荐方法》(环发〔2011〕60 号)附件规定的环境污染损害数额计算推荐方法对污染事故发生以后,承保环境污染责任保险的保险公司委托环境污染损害鉴定评估专业机构,对污染事故的损害情况进行测算,以便对定损有很好的参考价值,但上述文件还显得原则、笼统,还需要下大力气细化、具体,提高可操作性。而食品安全责任保险和生态损失责任保险还缺少可供参考的损害数据计算推荐方法。例如,一些含重金属的食物被人摄入后,重金属在人体内会产生各种生物化学反应,人体会发生一系列生理变化,进而发生病理变化,导致各种疾病发生。患病信息多长时间显现,如何计算整个患病过程中的经济损失尚需详究,需下大力气才能掌握绿色保险标的实际损失的统计规律。

6. 绿色保险费率需要科学、公平、合理化

非寿险保费厘定的科学性、公平性、合理性，依赖于多年积累的、大量的、分门别类的实际损失的统计数据，尤其是要依赖过去长期的保险损失统计资料的分析和推断的结果。构成非寿险保险损失的因素十分复杂、多变，而且未来的风险损失因素未必能用过去的损失资料来揭示，所以实际和预期赔付差异的波动性较大。在非寿险实务中，根据保单的条款，已付和应付给被保险人和受害第三者的数额称为损失。索赔是指受损害的第三方根据保险合同条款提出的赔付要求。索赔统计量是费率厘定过程中的关键元素。已付损失指在一个特定时期已经支付给索赔人的损失。非寿险往往根据当年的损失率来修正来年的费率，因此，非寿险费率是经常需要微调的。

类似地，科学、公平、合理地厘定绿色保险保险费率，一方面依据多年积累的、大量的生态破坏、环境污染、饮食不安全损失统计数据；另一方面要依据多年积累的、大量的绿色保险历史经验数据。在我国，这两方面的工作都很薄弱。当前试点的环境污染责任保险的费率是信息不充分的经验估费。只有通过大量、长期的积累生态破坏、环境污染、饮食不安全实际损失转化为经济损失的统计数据，并且经营大量、长期的绿色保险业务，在实务中积累多年的、大量的、各子险种的历史经验损失数据，才能使费率趋于科学、公平、合理。

在我国，绿色保险是典型的新生事物，既要加强试点工作，积累经验，逐步推广，更要开展理论研究，提高理论水平，才能指导实践。我们需要研究借鉴国外经验，制定中国环境经济政策、绿色经济新政，研究绿色金融的杠杆作用、使用的力度、强度，研究绿色保险经济学前沿问题，抓住绿色保险发展的机遇，迎接绿色保险的挑战。

复习思考题

一、名词解释

1. 绿色信贷
2. 绿色保险
3. 环境保护责任保险

二、简答题

1. 简述绿色信贷的理论基础。
2. 简要分析绿色信贷风险的主要表现形式。
3. 简述绿色保险的分类。

三、论述题

请查阅相关文献谈谈环境金融政策对生态文明建设的作用。

参考文献

1. 巴利·C. 菲尔德,玛莎·K. 菲尔德. 环境经济学. 5 版. 原毅军,陈艳,译. 大连:东北财经大学出版社,2010.

2. 彼得·伯克,格洛丽亚·赫尔方. 环境经济学. 北京:中国人民大学出版社,2013.

3. 陈喜红. 环境经济学. 北京:化学工业出版社,2006.

4. 葛察忠,王金南,杨朝飞. 环境经济研究进展第二卷. 北京:中国环境科学出版社,2009.

5. 侯伟丽. 环境经济学. 北京:北京大学出版社,2016.

6. 焦露. 环境与自然资源经济学导引与案例. 北京:经济科学出版社,2017.

7. 金南. 环境经济学. 北京:清华大学出版社,1993.

8. 李克国. 环境经济学. 北京:中国环境科学出版社,2014.

9. 李永峰,梁乾伟,李传哲. 环境经济学. 北京:机械工业出版社,2013.

10. 刘德海. 绿色发展. 南京:江苏人民出版社,2016.

11. 路君平. 项目评估与管理. 北京:中国人民大学出版社,2009.

12. 马中. 环境与自然资源经济学概论. 北京:高等教育出版社,2010.

13. 曼昆. 经济学原理. 北京:北京大学出版社,2015.

14. 钱翌,张培栋. 环境经济学. 北京:化学工业出版社,2015.

15. 乔纳森·M. 哈里斯,布瑞恩·罗奇. 环境与自然资源经济学. 孙星,译. 上海:上海财经大学出版社,2017.

16. 曲福田. 资源与环境经济学. 2 版. 北京:中国农业出版社,2011.

17. 邵金菊,孙家良. 微观经济学. 杭州:浙江大学出版社,2010.

18. 沈满洪. 资源与环境经济学. 北京:中国环境科学出版社,2008.

19. 孙强. 环境经济学概论. 北京:中国建材工业出版社,2005.

20. 孙元鹏. 微观经济学. 北京:北京大学出版社,2008.

21. 汤姆·蒂坦伯格,琳恩·刘易斯. 环境与自然资源经济学,10 版. 北京:中国人民大学出版社,2016.9.

22. 严法善. 环境经济学概论. 上海:复旦大学出版社,2003.

23. 杨克磊. 技术经济学. 上海:复旦大学出版社,2007.

24. 姚建. 环境经济学. 成都:西南财经大学出版社,2001.

25. 曾克峰. 环境与资源经济学教程. 杭州:中国地质大学出版社,2004.

26. 张帆,夏凡. 环境与自然资源经济学,3 版. 上海:格致出版社,2016.

27. 张坤. 循环经济理论与实践. 北京:中国环境科学出版社,2003.

28. 赵国杰. 技术经济学. 天津:天津大学出版社,2006.

29. 郑健壮. 微观经济学. 杭州:浙江大学出版社,2010.

30. 郑亚莉. 微观经济学. 杭州:浙江大学出版社,2009.

31. 左玉辉. 环境经济学. 北京:高等教育出版社,2003.

附　　录

附表一　1元复利终值系数表

期数	1%	2%	3%	4%	5%	6%	7%	8%	9%	10%	12%
1	1.010 0	1.020 0	1.030 0	1.040 0	1.050 0	1.060 0	1.070 0	1.080 0	1.090 0	1.100 0	1.120 0
2	1.020 1	1.040 4	1.060 9	1.081 6	1.102 5	1.123 6	1.144 9	1.166 4	1.188 1	1.210 0	1.254 4
3	1.030 3	1.061 2	1.092 7	1.124 9	1.157 6	1.191 0	1.225 0	1.259 7	1.295 0	1.331 0	1.404 9
4	1.040 6	1.082 4	1.125 5	1.169 9	1.215 5	1.262 5	1.310 8	1.360 5	1.411 6	1.464 1	1.573 5
5	1.051 0	1.104 1	1.159 3	1.216 7	1.276 3	1.338 2	1.402 6	1.469 3	1.538 6	1.610 5	1.762 3
6	1.061 5	1.126 2	1.194 1	1.265 3	1.340 1	1.418 5	1.500 7	1.586 9	1.677 1	1.771 6	1.973 8
7	1.072 1	1.148 7	1.229 9	1.315 9	1.407 1	1.503 6	1.605 8	1.713 8	1.828 0	1.948 7	2.210 7
8	1.082 9	1.171 7	1.266 8	1.368 6	1.477 5	1.593 8	1.718 2	1.850 9	1.992 6	2.143 6	2.476 0
9	1.093 7	1.195 1	1.304 8	1.423 3	1.551 3	1.689 5	1.838 5	1.999 0	2.171 9	2.357 9	2.773 1
10	1.104 6	1.219 0	1.343 9	1.480 2	1.628 9	1.790 8	1.967 2	2.158 9	2.367 4	2.593 7	3.105 8
11	1.115 7	1.243 4	1.384 2	1.539 5	1.710 3	1.898 3	2.104 9	2.331 6	2.580 4	2.853 1	3.478 5
12	1.126 8	1.268 2	1.425 8	1.601 0	1.795 9	2.012 2	2.252 2	2.518 2	2.812 7	3.138 4	3.896 0
13	1.138 1	1.293 6	1.468 5	1.665 1	1.885 6	2.132 9	2.409 8	2.719 6	3.065 8	3.452 3	4.363 5

续附表一

期数	1%	2%	3%	4%	5%	6%	7%	8%	9%	10%	12%
14	1.149 5	1.319 5	1.512 6	1.731 7	1.979 9	2.260 9	2.578 5	2.937 2	3.341 7	3.797 5	4.887 1
15	1.161 0	1.345 9	1.558 0	1.800 9	2.078 9	2.396 6	2.759 0	3.172 2	3.642 5	4.177 2	5.473 6
16	1.172 6	1.372 8	1.604 7	1.873 0	2.182 9	2.540 4	2.952 2	3.425 9	3.970 3	4.595 0	6.130 4
17	1.184 3	1.400 2	1.652 8	1.947 9	2.292 0	2.692 8	3.158 8	3.700 0	4.327 6	5.054 5	6.866 0
18	1.196 1	1.428 2	1.702 4	2.025 8	2.406 6	2.854 3	3.379 9	3.996 0	4.717 1	5.559 9	7.690 0
19	1.208 1	1.456 8	1.753 5	2.106 8	2.527 0	3.025 6	3.616 5	4.315 7	5.141 7	6.115 9	8.612 8
20	1.220 2	1.485 9	1.806 1	2.191 1	2.653 3	3.207 1	3.869 7	4.661 0	5.604 4	6.727 5	9.646 3
21	1.232 4	1.515 7	1.860 3	2.278 8	2.786 0	3.399 6	4.140 6	5.033 8	6.108 8	7.400 2	10.803 8
22	1.244 7	1.546 0	1.9161	2.3699	2.9253	3.6035	4.4304	5.4365	6.6586	8.1403	12.100 3
23	1.257 2	1.576 9	1.973 6	2.464 7	3.071 5	3.819 7	4.740 5	5.871 5	7.257 9	8.954 3	13.552 3
24	1.269 7	1.608 4	2.032 8	2.563 3	3.225 1	4.048 9	5.072 4	6.341 2	7.911 1	9.849 7	15.178 6
25	1.282 4	1.640 6	2.093 8	2.665 8	3.386 4	4.291 9	5.427 4	6.848 5	8.623 1	10.834 7	17.000 1
26	1.295 3	1.673 4	2.156 6	2.772 5	3.555 7	4.549 4	5.807 4	7.396 4	9.399 2	11.918 2	19.040 1
27	1.308 2	1.706 9	2.221 3	2.883 4	3.733 5	4.822 3	6.213 9	7.988 1	10.245 1	13.110 0	21.324 9
28	1.321 3	1.741 0	2.287 9	2.998 7	3.920 1	5.111 7	6.648 8	8.627 1	11.167 1	14.421 0	23.883 9
29	1.334 5	1.775 8	2.356 6	3.118 7	4.116 1	5.418 4	7.114 3	9.317 3	12.172 2	15.863 1	26.749 9
30	1.347 8	1.811 4	2.427 3	3.243 4	4.321 9	5.743 5	7.612 3	10.062 7	13.267 7	17.449 4	29.959 9
40	1.488 9	2.208 0	3.262 0	4.801 0	7.040 0	10.285 7	14.974 5	21.724 5	31.409 4	45.259 3	93.051 0
50	1.644 6	2.691 6	4.383 9	7.106 7	11.467 4	18.420 2	29.457 0	46.901 6	74.357 5	117.390 9	289.002 2
60	1.816 7	3.281 0	5.891 6	10.519 6	18.679 2	32.987 7	57.946 4	101.257 1	176.031 3	304.481 6	897.596 9

续附表一

期数	14%	15%	16%	18%	20%	24%	28%	32%	36%
1	1.140 0	1.150 0	1.160 0	1.180 0	1.200 0	1.240 0	1.280 0	1.320 0	1.360 0
2	1.299 6	1.322 5	1.345 6	1.392 4	1.440 0	1.537 6	1.638 4	1.742 4	1.849 6
3	1.481 5	1.520 9	1.560 9	1.643 0	1.728 0	1.906 6	2.097 2	2.300 0	2.515 5
4	1.689 0	1.749 0	1.810 6	1.938 8	2.073 6	2.364 2	2.684 4	3.036 0	3.421 0
5	1.925 4	2.011 4	2.100 3	2.287 8	2.488 3	2.931 6	3.436 0	4.007 5	4.652 6
6	2.195 0	2.313 1	2.436 4	2.699 6	2.986 0	3.635 2	4.398 0	5.289 9	6.327 5
7	2.502 3	2.660 0	2.826 2	3.185 5	3.583 2	4.507 7	5.629 5	6.982 6	8.605 4
8	2.852 6	3.059 0	3.278 4	3.758 9	4.299 8	5.589 5	7.205 8	9.217 0	11.703 4
9	3.251 9	3.517 9	3.803 0	4.435 5	5.159 8	6.931 0	9.223 4	12.166 5	15.916 6
10	3.707 2	4.045 6	4.411 4	5.233 8	6.191 7	8.594 4	11.805 9	16.059 8	21.646 6
11	4.226 2	4.652 4	5.117 3	6.175 9	7.430 1	10.657 1	15.111 6	21.198 9	29.439 3
12	4.817 9	5.350 3	5.936 0	7.287 6	8.916 1	13.214 8	19.342 8	27.982 5	40.037 5
13	5.492 4	6.152 8	6.885 8	8.599 4	10.699 3	16.386 3	24.758 8	36.937 0	54.451 0
14	6.261 3	7.075 7	7.987 5	10.147 2	12.839 2	20.319 1	31.691 3	48.756 8	74.053 4
15	7.137 9	8.137 1	9.265 5	11.973 7	15.407 0	25.195 6	40.564 8	64.359 0	100.712 6
16	8.137 2	9.357 6	10.748 0	14.129 0	18.488 4	31.242 6	51.923 0	84.953 8	136.969 1
17	9.276 5	10.761 3	12.467 7	16.672 2	22.186 1	38.740 8	66.461 4	112.139 0	186.277 9
18	10.575 2	12.375 5	14.462 5	19.673 3	26.623 3	48.038 6	85.070 6	148.023 5	253.338 0
19	12.055 7	14.231 8	16.776 5	23.214 4	31.948 0	59.567 9	108.890 4	195.391 1	344.539 7

续附表一

期数	14%	15%	16%	18%	20%	24%	28%	32%	36%
20	13.743 5	16.366 5	19.460 8	27.393 0	38.337 6	73.864 1	139.379 7	257.916 2	468.574 0
21	15.667 6	18.821 5	22.574 5	32.323 8	46.005 1	91.591 5	178.406 0	340.449 4	637.260 6
22	17.861 0	21.644 7	26.186 4	38.142 1	55.206 1	113.573 5	228.359 6	449.393 2	866.674 4
23	20.361 6	24.891 5	30.376 2	45.007 6	66.247 4	140.831 2	292.300 3	593.199 0	1178.677 2
24	23.212 2	28.625 2	35.236 4	53.109 0	79.496 8	174.630 6	374.144 4	783.022 7	1603.001 0
25	26.461 9	32.919 0	40.874 2	62.668 6	95.396 2	216.542 0	478.904 9	1033.590 0	2180.081 4
26	30.166 6	37.856 8	47.414 1	73.949 0	114.475 5	268.512 1	612.998 2	1364.338 7	2964.910 7
27	34.389 9	43.535 3	55.000 4	87.259 8	137.370 6	332.955 0	784.637 7	1800.927 1	4032.278 6
28	39.204 5	50.065 6	63.800 4	102.966 6	164.844 7	412.864 2	1004.336 3	2377.223 8	5483.898 8
29	44.693 1	57.575 5	74.008 5	121.500 5	197.813 6	511.951 6	1285.550 4	3137.935 4	7458.102 4
30	50.950 2	66.211 8	85.849 9	143.370 6	237.376 3	634.819 9	1645.504 6	4142.074 8	10143.019 3
40	188.883 5	267.863 5	378.721 2	750.378 3	1469.771 6	5455.912 6	19426.688 9	66520.767 0	*
50	700.233 0	1083.657 4	1670.703 8	3927.356 9	9100.438 2	46890.434 6	*	*	*
60	2595.918 7	4383.998 7	7370.201 4	20555.140 0	56347.514 4	*	*	*	*

附表二　1元复利现值系数表

期数	1%	2%	3%	4%	5%	6%	7%	8%	9%	10%
1	0.990 1	0.980 4	0.970 9	0.961 5	0.952 4	0.943 4	0.934 6	0.925 9	0.917 4	0.909 1
2	0.980 3	0.961 2	0.942 6	0.924 6	0.907 0	0.890 0	0.873 4	0.857 3	0.841 7	0.826 4
3	0.970 6	0.942 3	0.915 1	0.889 0	0.863 8	0.839 6	0.816 3	0.793 8	0.772 2	0.751 3
4	0.961 0	0.923 8	0.888 5	0.854 8	0.822 7	0.792 1	0.762 9	0.735 0	0.708 4	0.683 0
5	0.951 5	0.905 7	0.862 6	0.821 9	0.783 5	0.747 3	0.713 0	0.680 6	0.649 9	0.620 9
6	0.942 0	0.888 0	0.837 5	0.790 3	0.746 2	0.705 0	0.666 3	0.630 2	0.596 3	0.564 5
7	0.932 7	0.870 6	0.813 1	0.759 9	0.710 7	0.665 1	0.622 7	0.583 5	0.547 0	0.513 2
8	0.923 5	0.853 5	0.789 4	0.730 7	0.676 8	0.627 4	0.582 0	0.540 3	0.501 9	0.466 5
9	0.914 3	0.836 8	0.766 4	0.702 6	0.644 6	0.591 9	0.543 9	0.500 2	0.460 4	0.424 1
10	0.905 3	0.820 3	0.744 1	0.675 6	0.613 9	0.558 4	0.508 3	0.463 2	0.422 4	0.385 5
11	0.896 3	0.804 3	0.722 4	0.649 6	0.584 7	0.526 8	0.475 1	0.428 9	0.387 5	0.350 5
12	0.887 4	0.788 5	0.701 4	0.624 6	0.556 8	0.497 0	0.444 0	0.397 1	0.355 5	0.318 6
13	0.878 7	0.773 0	0.681 0	0.600 6	0.530 3	0.468 8	0.415 0	0.367 7	0.326 2	0.289 7
14	0.870 0	0.757 9	0.661 1	0.577 5	0.505 1	0.442 3	0.387 8	0.340 5	0.299 2	0.263 3
15	0.861 3	0.743 0	0.641 9	0.555 3	0.481 0	0.417 3	0.362 4	0.315 2	0.274 5	0.239 4
16	0.852 8	0.728 4	0.623 2	0.533 9	0.458 1	0.393 6	0.338 7	0.291 9	0.251 9	0.217 6
17	0.844 4	0.714 2	0.605 0	0.513 4	0.436 3	0.371 4	0.316 6	0.270 3	0.231 1	0.197 8
18	0.836 0	0.700 2	0.587 4	0.493 6	0.415 5	0.350 3	0.295 9	0.250 2	0.212 0	0.179 9
19	0.827 7	0.686 4	0.570 3	0.474 6	0.395 7	0.330 5	0.276 5	0.231 7	0.194 5	0.163 5

续附表二

期数	1%	2%	3%	4%	5%	6%	7%	8%	9%	10%
20	0.819 5	0.673 0	0.553 7	0.456 4	0.376 9	0.311 8	0.258 4	0.214 5	0.178 4	0.148 6
21	0.811 4	0.659 8	0.537 5	0.438 8	0.358 9	0.294 2	0.241 5	0.198 7	0.163 7	0.135 1
22	0.803 4	0.646 8	0.521 9	0.422 0	0.341 8	0.277 5	0.225 7	0.183 9	0.150 2	0.122 8
23	0.795 4	0.634 2	0.506 7	0.405 7	0.325 6	0.261 8	0.210 9	0.170 3	0.137 8	0.111 7
24	0.787 6	0.621 7	0.491 9	0.390 1	0.310 1	0.247 0	0.197 1	0.157 7	0.126 4	0.101 5
25	0.779 8	0.609 5	0.477 6	0.375 1	0.295 3	0.233 0	0.184 2	0.146 0	0.116 0	0.092 3
26	0.772 0	0.597 6	0.463 7	0.360 7	0.281 2	0.219 8	0.172 2	0.135 2	0.106 4	0.083 9
27	0.764 4	0.585 9	0.450 2	0.346 8	0.267 8	0.207 4	0.160 9	0.125 2	0.097 6	0.076 3
28	0.756 8	0.574 4	0.437 1	0.333 5	0.255 1	0.195 6	0.150 4	0.115 9	0.089 5	0.069 3
29	0.749 3	0.563 1	0.424 3	0.320 7	0.242 9	0.184 6	0.140 6	0.107 3	0.082 2	0.063 0
30	0.741 9	0.552 1	0.412 0	0.308 3	0.231 4	0.174 1	0.131 4	0.099 4	0.075 4	0.057 3
35	0.705 9	0.500 0	0.355 4	0.253 4	0.181 3	0.130 1	0.093 7	0.067 6	0.049 0	0.035 6
40	0.671 7	0.452 9	0.306 6	0.208 3	0.142 0	0.097 2	0.066 8	0.046 0	0.031 8	0.022 1
45	0.639 1	0.410 2	0.264 4	0.171 2	0.111 3	0.072 7	0.047 6	0.031 3	0.020 7	0.013 7
50	0.608 0	0.371 5	0.228 1	0.140 7	0.087 2	0.054 3	0.033 9	0.021 3	0.013 4	0.008 5
55	0.578 5	0.336 5	0.196 8	0.115 7	0.068 3	0.040 6	0.024 2	0.014 5	0.008 7	0.005 3

续附表二

期数	12%	14%	15%	16%	18%	20%	24%	28%	32%	36%
1	0.8929	0.8772	0.8696	0.8621	0.8475	0.8333	0.8065	0.7812	0.7576	0.7353
2	0.7972	0.7695	0.7561	0.7432	0.7182	0.6944	0.6504	0.6104	0.5739	0.5407
3	0.7118	0.6750	0.6575	0.6407	0.6086	0.5787	0.5245	0.4768	0.4348	0.3975
4	0.6355	0.5921	0.5718	0.5523	0.5158	0.4823	0.4230	0.3725	0.3294	0.2923
5	0.5674	0.5194	0.4972	0.4761	0.4371	0.4019	0.3411	0.2910	0.2495	0.2149
6	0.5066	0.4556	0.4323	0.4104	0.3704	0.3349	0.2751	0.2274	0.1890	0.1580
7	0.4523	0.3996	0.3759	0.3538	0.3139	0.2791	0.2218	0.1776	0.1432	0.1162
8	0.4039	0.3506	0.3269	0.3050	0.2660	0.2326	0.1789	0.1388	0.1085	0.0854
9	0.3606	0.3075	0.2843	0.2630	0.2255	0.1938	0.1443	0.1084	0.0822	0.0628
10	0.3220	0.2697	0.2472	0.2267	0.1911	0.1615	0.1164	0.0847	0.0623	0.0462
11	0.2875	0.2366	0.2149	0.1954	0.1619	0.1346	0.0938	0.0662	0.0472	0.0340
12	0.2567	0.2076	0.1869	0.1685	0.1372	0.1122	0.0757	0.0517	0.0357	0.0250
13	0.2292	0.1821	0.1625	0.1452	0.1163	0.0935	0.0610	0.0404	0.0271	0.0184
14	0.2046	0.1597	0.1413	0.1252	0.0985	0.0779	0.0492	0.0316	0.0205	0.0135
15	0.1827	0.1401	0.1229	0.1079	0.0835	0.0649	0.0397	0.0247	0.0155	0.0099
16	0.1631	0.1229	0.1069	0.0930	0.0708	0.0541	0.0320	0.0193	0.0118	0.0073
17	0.1456	0.1078	0.0929	0.0802	0.0600	0.0451	0.0258	0.0150	0.0089	0.0054
18	0.1300	0.0946	0.0808	0.0691	0.0508	0.0376	0.0208	0.0118	0.0068	0.0039
19	0.1161	0.0829	0.0703	0.0596	0.0431	0.0313	0.0168	0.0092	0.0051	0.0029

续附表二

期数	12%	14%	15%	16%	18%	20%	24%	28%	32%	36%
20	0.103 7	0.072 8	0.061 1	0.051 4	0.036 5	0.026 1	0.013 5	0.007 2	0.003 9	0.002 1
21	0.092 6	0.063 8	0.053 1	C.044 3	0.030 9	0.021 7	0.010 9	0.005 6	0.002 9	0.001 6
22	0.082 6	0.056 0	0.046 2	0.038 2	0.026 2	0.018 1	0.008 8	0.004 4	0.002 2	0.001 2
23	0.073 8	0.049 1	0.040 2	0.032 9	0.022 2	0.015 1	0.007 1	0.003 4	0.001 7	0.000 8
24	0.065 9	0.043 1	0.034 9	0.028 4	0.018 8	0.012 6	0.005 7	0.002 7	0.001 3	0.000 6
25	0.058 8	0.037 8	0.030 4	0.024 5	0.016 0	0.010 5	0.004 6	0.002 1	0.001 0	0.000 5
26	0.052 5	0.033 1	0.026 4	0.021 1	0.013 5	0.008 7	0.003 7	0.001 6	0.000 7	0.000 3
27	0.046 9	0.029 1	0.023 0	0.018 2	0.011 5	0.007 3	0.003 0	0.001 3	0.000 6	0.000 2
28	0.041 9	0.025 5	0.020 0	0.015 7	0.009 7	0.006 1	0.002 4	0.001 0	0.000 4	0.000 2
29	0.037 4	0.022 4	0.017 4	0.013 5	0.008 2	0.005 1	0.002 0	0.000 8	0.000 3	0.000 1
30	0.033 4	0.019 6	0.015 1	0.011 6	0.007 0	0.004 2	0.001 6	0.000 6	0.000 2	0.000 1
35	0.018 9	0.010 2	0.007 5	0.005 5	0.003 0	0.001 7	0.000 5	0.000 2	0.000 1	*
40	0.010 7	0.005 3	0.003 7	0.002 6	0.001 3	0.000 7	0.000 2	0.000 1	*	*
45	0.006 1	0.002 7	0.001 9	0.001 3	0.000 6	0.000 3	0.000 1	*	*	*
50	0.003 5	0.001 4	0.000 9	0.000 6	0.000 3	0.000 1	*	*	*	*
55	0.002 0	0.000 7	0.000 5	0.000 3	0.000 1	*	*	*	*	*

* <0.000 1。

附表三　1元年金终值系数表

期数	1%	2%	3%	4%	5%	6%	7%	8%	9%	10%
1	1.000 0	1.000 0	1.000 0	1.000 0	1.000 0	1.000 0	1.000 0	1.000 0	1.000 0	1.000 0
2	2.010 0	2.020 0	2.030 0	2.040 0	2.050 0	2.060 0	2.070 0	2.080 0	2.090 0	2.100 0
3	3.030 1	3.060 4	3.090 9	3.121 6	3.152 5	3.183 6	3.214 9	3.246 4	3.278 1	3.310 0
4	4.060 4	4.121 6	4.183 6	4.246 5	4.310 1	4.374 6	4.439 9	4.506 1	4.573 1	4.641 0
5	5.101 0	5.204 0	5.309 1	5.416 3	5.525 6	5.637 1	5.750 7	5.866 6	5.984 7	6.105 1
6	6.152 0	6.308 1	6.468 4	6.633 0	6.801 9	6.975 3	7.153 3	7.335 9	7.523 3	7.715 6
7	7.213 5	7.434 3	7.662 5	7.898 3	8.142 0	8.393 8	8.654 0	8.922 8	9.200 4	9.487 2
8	8.285 7	8.583 0	8.892 3	9.214 2	9.549 1	9.897 5	10.259 8	10.636 6	11.028 5	11.435 9
9	9.368 5	9.754 6	10.159 1	10.582 8	11.026 6	11.491 3	11.978 0	12.487 6	13.021 0	13.579 5
10	10.462 2	10.949 7	11.463 9	12.006 1	12.577 9	13.180 8	13.816 4	14.486 6	15.192 9	15.937 4
11	11.566 8	12.168 7	12.807 8	13.486 4	14.206 8	14.971 6	15.783 6	16.645 5	17.560 3	18.531 2
12	12.682 5	13.412 1	14.192 0	15.025 8	15.917 1	16.869 9	17.888 5	18.977 1	20.140 7	21.384 2
13	13.809 3	14.680 3	15.617 8	16.626 8	17.713 0	18.882 1	20.140 6	21.495 3	22.953 4	24.522 7
14	14.947 4	15.973 9	17.086 3	18.291 9	19.598 6	21.015 1	22.550 5	24.214 9	26.019 2	27.975 0
15	16.096 9	17.293 4	18.598 9	20.023 6	21.578 6	23.276 0	25.129 0	27.152 1	29.360 9	31.772 5
16	17.257 9	18.639 3	20.156 9	21.824 5	23.657 5	25.672 5	27.888 1	30.324 3	33.003 4	35.949 7
17	18.430 4	20.012 1	21.761 6	23.697 5	25.840 4	28.212 9	30.840 2	33.750 2	36.973 7	40.544 7
18	19.614 7	21.412 3	23.414 4	25.645 4	28.132 4	30.905 7	33.999 0	37.450 2	41.301 3	45.599 2
19	20.810 9	22.840 6	25.116 9	27.671 2	30.539 0	33.760 0	37.379 0	41.446 3	46.018 5	51.159 1

续附表三

期数	1%	2%	3%	4%	5%	6%	7%	8%	9%	10%
20	22.019 0	24.297 4	26.870 4	29.778 1	33.066 0	36.785 6	40.995 5	45.762 0	51.160 1	57.275 0
21	23.239 2	25.783 3	28.676 5	31.969 2	35.719 3	39.992 7	44.865 2	50.422 9	56.764 5	64.002 5
22	24.471 6	27.299 0	30.536 8	34.248 0	38.505 2	43.392 3	49.005 7	55.456 8	62.873 3	71.402 7
23	25.716 3	28.845 0	32.452 9	36.617 9	41.430 5	46.995 8	53.436 1	60.893 3	69.531 9	79.543 0
24	26.973 5	30.421 9	34.426 5	39.082 6	44.502 0	50.815 6	58.176 7	66.764 8	76.789 8	88.497 3
25	28.243 2	32.030 3	36.459 3	41.645 9	47.727 1	54.864 5	63.249 0	73.105 9	84.700 9	98.347 1
26	29.525 6	33.670 9	38.553 0	44.311 7	51.113 5	59.156 4	68.676 5	79.954 4	93.324 0	109.181 8
27	30.820 9	35.344 3	40.709 6	47.084 2	54.669 1	63.705 8	74.483 8	87.350 8	102.723 1	121.099 9
28	32.129 1	37.051 2	42.930 9	49.967 6	58.402 6	68.528 1	80.697 7	95.338 8	112.968 2	134.209 9
29	33.450 4	38.792 2	45.218 9	52.966 3	62.322 7	73.639 8	87.346 5	103.965 9	124.135 4	148.630 9
30	34.784 9	40.568 1	47.575 4	56.084 9	66.438 8	79.058 2	94.460 8	113.283 2	136.307 5	164.494 0
40	48.886 4	60.402 0	75.401 3	95.025 5	120.799 8	154.762 0	199.635 1	259.056 5	337.882 4	442.592 6
50	64.463 2	84.579 4	112.796 9	152.667 1	209.348 0	290.335 9	406.528 9	573.770 2	815.083 6	1163.908 5
60	81.669 7	114.051 5	163.053 4	237.990 7	353.583 7	533.128 2	813.520 4	1253.213 3	1944.792 1	3034.816 4

续附表三

期数	12%	14%	15%	16%	18%	20%	24%	28%	32%	36%
1	1.000 0	1.000 0	1.000 0	1.000 0	1.000 0	1.000 0	1.000 0	1.000 0	1.000 0	1.000 0
2	2.120 0	2.140 0	2.150 0	2.160 0	2.180 0	2.200 0	2.240 0	2.280 0	2.320 0	2.360 0
3	3.374 4	3.439 6	3.472 5	3.505 6	3.572 4	3.640 0	3.777 6	3.918 4	4.062 4	4.209 6
4	4.779 3	4.921 1	4.993 4	5.066 5	5.215 4	5.368 0	5.684 2	6.015 6	6.362 4	6.725 1
5	6.352 8	6.610 1	6.742 4	6.877 1	7.154 2	7.441 6	8.048 4	8.699 9	9.398 3	10.146 1
6	8.115 2	8.535 5	8.753 7	8.977 5	9.442 0	9.929 9	10.980 1	12.135 9	13.405 8	14.798 7
7	10.089 0	10.730 5	11.066 8	11.413 9	12.141 5	12.915 9	14.615 3	16.533 9	18.695 6	21.126 2
8	12.299 7	13.232 8	13.726 8	14.240 1	15.327 0	16.499 1	19.122 9	22.163 4	25.678 2	29.731 6
9	14.775 7	16.085 3	16.785 8	17.518 5	19.085 9	20.798 9	24.712 5	29.369 2	34.895 3	41.435 0
10	17.548 7	19.337 3	20.303 7	21.321 5	23.521 3	25.958 7	31.643 4	38.592 6	47.061 8	57.351 6
11	20.654 6	23.044 5	24.349 3	25.732 9	28.755 1	32.150 4	40.237 9	50.398 5	63.121 5	78.998 2
12	24.133 1	27.270 7	29.001 7	30.850 2	34.931 1	39.580 5	50.895 0	65.510 0	84.320 4	108.437 5
13	28.029 1	32.088 7	34.351 9	36.786 2	42.218 7	48.496 6	64.109 7	84.852 9	112.303 0	148.475 0
14	32.392 6	37.581 1	40.504 7	43.672 0	50.818 0	59.195 9	80.496 1	109.611 7	149.239 9	202.926 0
15	37.279 7	43.842 4	47.580 4	51.659 5	60.965 3	72.035 1	100.815 1	141.302 9	197.996 7	276.979 3
16	42.753 3	50.980 4	55.717 5	60.925 0	72.939 0	87.442 1	126.010 8	181.867 7	262.355 7	377.691 9
17	48.883 7	59.117 6	65.075 1	71.673 0	87.068 0	105.930 6	157.253 4	233.790 7	347.309 5	514.661 0
18	55.749 7	68.394 1	75.836 4	84.140 7	103.740 3	128.116 7	195.994 2	300.252 1	459.448 5	700.938 9
19	63.439 7	78.969 2	88.211 8	98.603 2	123.413 5	154.740 0	244.032 8	385.322 7	607.472 1	954.276 9

续附表三

期数	12%	14%	15%	16%	18%	20%	24%	28%	32%	36%
20	72.052 4	91.024 9	102.443 6	115.379 7	146.628 0	186.688 0	303.600 6	494.213 1	802.863 1	1 298.816 6
21	81.698 7	104.768 4	118.810 1	134.840 5	174.021 0	225.025 6	377.464 8	633.592 7	1 060.779 3	1 767.390 6
22	92.502 6	120.436 0	137.631 6	157.415 0	206.344 8	271.030 7	469.056 3	811.998 7	1 401.228 7	2 404.651 2
23	104.602 9	138.297 0	159.276 4	183.601 4	244.486 8	326.236 9	582.629 8	1 040.358 3	1 850.621 9	3 271.325 6
24	118.155 2	158.658 6	184.167 8	213.977 6	289.494 5	392.484 2	723.461 0	1 332.658 6	2 443.820 9	4 450.002 9
25	133.333 9	181.870 8	212.793 0	249.214 0	342.603 5	471.981 1	898.091 6	1 706.803 1	3 226.843 6	6 053.003 9
26	150.333 9	208.332 7	245.712 0	290.088 3	405.272 1	567.377 3	1 114.633 6	2 185.707 9	4 260.433 6	8 233.085 3
27	169.374 0	238.499 3	283.568 8	337.502 4	479.221 1	681.852 8	1 383.145 7	2 798.706 1	5 624.772 3	11 197.996 0
28	190.698 9	272.889 2	327.104 1	392.502 8	566.480 9	819.223 3	1 716.100 7	3 583.343 8	7 425.699 4	15 230.274 5
29	214.582 8	312.093 7	377.169 7	456.303 2	669.447 5	984.068 0	2 128.964 8	4 587.680 1	9 802.923 3	20 714.173 4
30	241.332 7	356.786 8	434.745 1	530.311 7	790.948 0	1 181.881 6	2 640.916 4	5 873.230 6	1 2940.858 7	28 172.275 8
40	767.091 4	1 342.025 1	1 779.090 3	2 360.757 2	4 163.213 0	7 343.857 8	22 728.802 6	69 377.460 4	*	*
50	2 400.018 2	4 994.521 3	7 217.716 3	10 435.648 8	21 813.093 7	45 497.190 8	*	*	*	*
60	7 471.641 1	18 535.133 3	29 219.991 6	46 057.508 5	*	*	*	*	*	*

* >99 999。

附表四 1元年金现值系数表

期数	1%	2%	3%	4%	5%	6%	7%	8%	9%
1	0.990 1	0.980 4	0.970 9	0.961 5	0.952 4	0.943 4	0.934 6	0.925 9	0.917 4
2	1.970 4	1.941 6	1.913 5	1.886 1	1.859 4	1.833 4	1.808 0	1.783 3	1.759 1
3	2.941 0	2.883 9	2.828 6	2.775 1	2.723 2	2.673 0	2.624 3	2.577 1	2.531 3
4	3.902 0	3.807 7	3.717 1	3.629 9	3.546 0	3.465 1	3.387 2	3.312 1	3.239 7
5	4.853 4	4.713 5	4.579 7	4.451 8	4.329 5	4.212 4	4.100 2	3.992 7	3.889 7
6	5.795 5	5.601 4	5.417 2	5.242 1	5.075 7	4.917 3	4.766 5	4.622 9	4.485 9
7	6.728 2	6.472 0	6.230 3	6.002 1	5.786 4	5.582 4	5.389 3	5.206 4	5.033 0
8	7.651 7	7.325 5	7.019 7	6.732 7	6.463 2	6.209 8	5.971 3	5.746 6	5.534 8
9	8.566 0	8.162 2	7.786 1	7.435 3	7.107 8	6.801 7	6.515 2	6.246 9	5.995 2
10	9.471 3	8.982 6	8.530 2	8.110 9	7.721 7	7.360 1	7.023 6	6.710 1	6.417 7
11	10.367 6	9.786 8	9.252 6	8.760 5	8.306 4	7.886 9	7.498 7	7.139 0	6.805 2
12	11.255 1	10.575 3	9.954 0	9.385 1	8.863 3	8.383 8	7.942 7	7.536 1	7.160 7
13	12.133 7	11.348 4	10.635 0	9.985 6	9.393 6	8.852 7	8.357 7	7.903 8	7.486 9
14	13.003 7	12.106 2	11.296 1	10.563 1	9.898 6	9.295 0	8.745 5	8.244 2	7.786 2
15	13.865 1	12.849 3	11.937 9	11.118 4	10.379 7	9.712 2	9.107 9	8.559 5	8.060 7
16	14.717 9	13.577 7	12.561 1	11.652 3	10.837 8	10.105 9	9.446 6	8.851 4	8.312 6
17	15.562 3	14.291 9	13.166 1	12.165 7	11.274 1	10.477 3	9.763 2	9.121 6	8.543 6
18	16.398 3	14.992 0	13.753 5	12.659 3	11.689 6	10.827 6	10.059 1	9.371 9	8.755 6
19	17.226 0	15.678 5	14.323 8	13.133 9	12.085 3	11.158 1	10.335 6	9.603 6	8.950 1

续附表四

期数	1%	2%	3%	4%	5%	6%	7%	8%	9%
20	18.045 6	16.351 4	14.877 5	13.590 3	12.462 2	11.469 9	10.594 0	9.818 1	9.128 5
21	18.857 0	17.011 2	15.415 0	14.029 2	12.821 2	11.764 1	10.835 5	10.016 8	9.292 2
22	19.660 4	17.658 0	15.936 9	14.451 1	13.163 0	12.041 6	11.061 2	10.200 7	9.442 4
23	20.455 8	18.292 2	16.443 6	14.856 8	13.488 6	12.303 4	11.272 2	10.371 1	9.580 2
24	21.243 4	18.913 9	16.935 5	15.247 0	13.798 6	12.550 4	11.469 3	10.528 8	9.706 6
25	22.023 2	19.523 5	17.413 1	15.622 1	14.093 9	12.783 4	11.653 6	10.674 8	9.822 6
26	22.795 2	20.121 0	17.876 8	15.982 8	14.375 2	13.003 2	11.825 8	10.810 0	9.929 0
27	23.559 6	20.706 9	18.327 0	16.329 6	14.643 0	13.210 5	11.986 7	10.935 2	10.026 6
28	24.316 4	21.281 3	18.764 1	16.663 1	14.898 1	13.406 2	12.137 1	11.051 1	10.116 1
29	25.065 8	21.844 4	19.188 5	16.983 7	15.141 1	13.590 7	12.277 7	11.158 4	10.198 3
30	25.807 7	22.396 5	19.600 4	17.292 0	15.372 5	13.764 8	12.409 0	11.257 8	10.273 7
35	29.408 6	24.998 6	21.487 2	18.664 6	16.374 2	14.498 2	12.947 7	11.654 6	10.566 8
40	32.834 7	27.355 5	23.114 8	19.792 8	17.159 1	15.046 3	13.331 7	11.924 6	10.757 4
45	36.094 5	29.490 2	24.518 7	20.720 0	17.774 1	15.455 8	13.605 5	12.108 4	10.881 2
50	39.196 1	31.423 6	25.729 8	21.482 2	18.255 9	15.761 9	13.800 7	12.233 5	10.961 7
55	42.147 2	33.174 8	26.774 4	22.108 6	18.633 5	15.990 5	13.939 9	12.318 6	11.014 0

续附表四

期数	10%	12%	14%	15%	16%	18%	20%	24%	28%	32%
1	0.909 1	0.892 9	0.877 2	0.869 6	0.862 1	0.847 5	0.833 3	0.806 5	0.781 2	0.757 6
2	1.735 5	1.690 1	1.646 7	1.625 7	1.605 2	1.565 6	1.527 8	1.456 8	1.391 6	1.331 5
3	2.486 9	2.401 8	2.321 6	2.283 2	2.245 9	2.174 3	2.106 5	1.981 3	1.868 4	1.766 3
4	3.169 9	3.037 3	2.913 7	2.855 0	2.798 2	2.690 1	2.588 7	2.404 3	2.241 0	2.095 7
5	3.790 8	3.604 8	3.433 1	3.352 2	3.274 3	3.127 2	2.990 6	2.745 4	2.532 0	2.345 2
6	4.355 3	4.111 4	3.888 7	3.784 5	3.684 7	3.497 6	3.325 5	3.020 5	2.759 4	2.534 2
7	4.868 4	4.563 8	4.288 3	4.160 4	4.038 6	3.811 5	3.604 6	3.242 3	2.937 0	2.677 5
8	5.334 9	4.967 6	4.638 9	4.487 3	4.343 6	4.077 6	3.837 2	3.421 2	3.075 8	2.786 0
9	5.759 0	5.328 2	4.946 4	4.771 6	4.606 5	4.303 0	4.031 0	3.565 5	3.184 2	2.868 1
10	6.144 6	5.650 2	5.216 1	5.018 8	4.833 2	4.494 1	4.192 5	3.681 9	3.268 9	2.930 4
11	6.495 1	5.937 7	5.452 7	5.233 7	5.028 6	4.656 0	4.327 1	3.775 7	3.335 1	2.977 6
12	6.813 7	6.194 4	5.660 3	5.420 6	5.197 1	4.793 2	4.439 2	3.851 4	3.386 8	3.013 3
13	7.103 4	6.423 5	5.842 4	5.583 1	5.342 3	4.909 5	4.532 7	3.912 4	3.427 2	3.040 4
14	7.366 7	6.628 2	6.002 1	5.724 5	5.467 5	5.008 1	4.610 6	3.961 6	3.458 7	3.060 9
15	7.606 1	6.810 9	6.142 2	5.847 4	5.575 5	5.091 6	4.675 5	4.001 3	3.483 4	3.076 4
16	7.823 7	6.974 0	6.265 1	5.954 2	5.668 5	5.162 4	4.729 6	4.033 3	3.502 6	3.088 2
17	8.021 6	7.119 6	6.372 9	6.047 2	5.748 7	5.222 3	4.774 6	4.059 1	3.517 7	3.097 1
18	8.201 4	7.249 7	6.467 4	6.128 0	5.817 8	5.273 2	4.812 2	4.079 9	3.529 4	3.103 9
19	8.364 9	7.365 8	6.550 4	6.198 2	5.877 5	5.316 2	4.843 5	4.096 7	3.538 6	3.109 0

续附表四

期数	10%	12%	14%	15%	16%	18%	20%	24%	28%	32%
20	8.513 6	7.469 4	6.623 1	6.259 3	5.928 8	5.352 7	4.869 6	4.110 3	3.545 8	3.112 9
21	8.648 7	7.562 0	6.687 0	6.312 5	5.973 1	5.383 7	4.891 3	4.121 2	3.551 4	3.115 8
22	8.771 5	7.644 6	6.742 9	6.358 7	6.011 3	5.409 9	4.909 4	4.130 0	3.555 8	3.118 0
23	8.883 2	7.718 4	6.792 1	6.398 8	6.044 2	5.432 1	4.924 5	4.137 1	3.559 2	3.119 7
24	8.984 7	7.784 3	6.835 1	6.433 8	6.072 6	5.450 9	4.937 1	4.142 8	3.561 9	3.121 0
25	9.077 0	7.843 1	6.872 9	6.464 1	6.097 1	5.466 9	4.947 6	4.147 4	3.564 0	3.122 0
26	9.160 9	7.895 7	6.906 1	6.490 6	6.118 2	5.480 4	4.956 3	4.151 1	3.565 6	3.122 7
27	9.237 2	7.942 6	6.935 2	6.513 5	6.136 4	5.491 9	4.963 6	4.154 2	3.566 9	3.123 3
28	9.306 6	7.984 4	6.960 7	6.533 5	6.152 0	5.501 6	4.969 7	4.156 6	3.567 9	3.123 7
29	9.369 6	8.021 8	6.983 0	6.550 9	6.165 6	5.509 8	4.974 7	4.158 5	3.568 7	3.124 0
30	9.426 9	8.055 2	7.002 7	6.566 0	6.177 2	5.516 8	4.978 9	4.160 1	3.569 3	3.124 2
35	9.644 2	8.175 5	7.070 0	6.616 6	6.215 3	5.538 6	4.991 5	4.164 4	3.570 8	3.124 8
40	9.779 1	8.243 8	7.105 0	6.641 8	6.233 5	5.548 2	4.996 6	4.165 9	3.571 2	3.125 0
45	9.862 8	8.282 5	7.123 2	6.654 3	6.242 1	5.552 3	4.998 6	4.166 4	3.571 4	3.125 0
50	9.914 8	8.304 5	7.132 7	6.660 5	6.246 3	5.554 1	4.999 5	4.166 6	3.571 4	3.125 0
55	9.947 1	8.317 0	7.137 6	6.663 6	6.248 2	5.554 9	4.999 8	4.166 6	3.571 4	3.125 0